PKPM

结构软件工程应用及实例剖析

杨 星 编著

中国建筑工业出版社

内容提要
ABSTRACT

本书取自作者多年来在全国各地举办 PKPM 结构软件应用讲座的演讲幻灯片，内容涵盖最新版 PKPM 结构软件从建立模型、计算分析、绘施工图、特殊结构设计到基础设计等主要设计环节，将 PKPM 结构软件在工程应用中的常见疑难问题分成专题，从规范理解、软件实现、工程应用相结合的角度，结合汶川等地震灾害的经验教训，通过剖析工程实例，给予深入浅出的解答。本书论述提纲挈领，简明扼要，重点突出，图文并茂，适用于各层次结构专业读者阅读。

本书可供建筑结构设计、施工图审查、科研人员及大专院校土建专业师生使用和参考。

前 言

PKPM结构系列软件是由中国建筑科学研究院推出的，经过二十多年的研发和升级换代，软件日臻完善，系统涵盖建筑结构设计的各个方面，国内用户数超万家，有多个外文版软件远销海外，成为国内最有影响力的建筑结构CAD软件，深受用户的青睐，是广大结构工程师设计工作中必不可少的利器。

作为PKPM软件市场部和技术支持部的负责人，我长年从事PKPM系列软件的宣传推广、演讲展示、咨询答疑等技术服务工作，先后承担02版、05版和08版PKPM结构软件发布宣讲会的策划组织和演讲工作，参与并主讲的展示会、研讨会和培训班超过百场，遍及全国除港澳台外的所有省、市、自治区。教学相长，相得益彰，通过向各方面专家学者的探讨请教，通过与广大工程设计人员的切磋交流，博采众长，融会贯通，使讲课素材不断丰富，讲课内涵得以升华。我始终认为，讲课不应仅代表个人的水平能力，而应集中PKPM工程部员工的集体智慧和创造性，融合广大工程设计工作者软件应用实践的经验体会。既然是公众的财富，就应回馈给公众，此次把讲课的原始演讲稿付印成书，希望与结构设计工程师，特别是没有机会听课的工程技术人员分享，如果能对他们有所裨益和帮助，我将深感欣慰。

本书与我先前撰写的《PKPM结构软件从入门到精通》(以下简称《入门》)一书互为姊妹篇，两本书虽然内容总体相同，但各有侧重，互为补充。本书为讲课的PPT幻灯片集合,《入门》为讲课的配套教材；本书为讲课提纲，图文并茂，生动活泼，《入门》则力求阐述完整准确，逻辑性和系统性更强；如果把本书比喻为树木的主干，则《入门》就是树木的枝叶了。与《入门》不同之处是，本书阐述并涉及PKPM软件的最新功能改进，融入了PKPM软件专家学者对结构设计原理的最新感悟和理念。此外，对规范规定不明确或有矛盾之处，对学术界有争论甚至在PKPM研发人员中也有不同看法的问题，本书都给出了明确的建议和做法，相信广大读者有明辨是非的能力，能用批判的眼光看待这些有争议的问题，做出自己正确的判断和取舍，为工程设计和理论研究提供参考和借鉴。此外，两本书论述方式也不同，本书按讨论专题撰写，《入门》按教学顺序撰写，为便于相互对照阅读，本书的每个专题前都注明了相关论述在《入门》中的页码。

本书共分四篇，每篇讲课半天，两天的讲课内容涵盖了 PKPM 结构软件建立模型、计算分析、绘施工图、特殊结构设计、基础设计等主要设计环节。本书将 PKPM 结构软件在工程应用中的常见疑难问题分成专题，从规范理解、软件实现、工程应用相结合的角度，结合汶川等地震灾害的经验教训，通过剖析工程实例给予深入浅出的解答。本书直接取自讲课幻灯片原稿，论述提纲挈领，简明扼要，重点突出，是出书表现形式的一次新尝试，相信只要有一定 PKPM 软件使用经验的读者都可以心领神会，获益匪浅。

本书汲取引用了中国建筑科学研究院内外众多专家学者和同事的论文及讲稿中的精华部分，有些同事还提供了自己多年收集整理的专题讲稿和工程实例，对此深表谢意。

为了使 PPT 图片实现表现最大化、版面最经济合理化，本书在排版时特意采用横排摆放图片的方式，这一点或与读者传统的阅读习惯不太一致，需要适应一下，对此也表歉意。

书中如有疏漏之处，恳请批评指正。

目　录
CONTENTS

第一篇　建模改进与操作技巧

第二篇 计算参数设置与调整

第三篇 特殊建筑结构的设计分析

第四篇 基础工程设计与分析

第一篇
建模改进与操作技巧

PKPM结构软件
工程应用及实例剖析

中国建筑科学研究院 China Academy of Building Research

PKPM软件研讨会安排

第一篇（第1天上午）
建模改进与操作技巧
第二篇（第1天下午）
计算参数设置与调整
第三篇（第2天上午）
特殊建筑结构的设计分析
第四篇（第2天下午）
基础工程设计与分析

时间：9:00–12:00，14:00–17:00

yx China Academy of Building Research

中国建筑科学研究院 China Academy of Building Research

注 意 事 项

- 讲座起点：
  中级水平，已能熟练使用PKPM软件
- 学习要点：
  重点介绍08版软件的功能改进
  执行结构规范的重点与难点
  软件工程应用常见问题解答
  汲取汶川等地震灾害的经验教训
- 注意事项：
  以看和听为主，以教材为辅，不拷贝讲稿
  课后集体答疑，共同研究解决工程设计问题

yx China Academy of Building Research

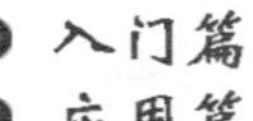

配套教材：
《PKPM结构软件
从入门到精通》

- 入门篇
- 应用篇
- 提高篇
- 答疑篇

注：本演讲稿中所指页码均对应于该配套教材。

1 2
3 4

5 6
7 8

第一篇

建模改进与操作技巧

中国建筑科学研究院 China Academy of Building Research

主要依据：设计规范

- 《建筑结构可靠度设计统一标准》GB50068-2001
- 《建筑结构荷载规范》GB50009-2001
- 《建筑抗震设计规范》GB50011-2001（2008年版）
- 《混凝土结构设计规范》GB50010-2002
- 《建筑地基基础设计规范》GB50007-2002
- 《高层建筑混凝土结构技术规程》JGJ3-2002
- 《砌体结构设计规范》GB50003-2001
- 《建筑地基处理技术规范》JGJ79-2002
- 《高层建筑箱形与筏形基础技术规范》JGJ6-99
- 《建筑桩基技术规范》JGJ94-2008
- 《人民防空地下室设计规范》GB50038-2003
- 《混凝土异形柱结构技术规程》JGJ149-2006

yx China Academy of Building Research

中国建筑科学研究院 China Academy of Building Research

P179

专题1 合理选择结构计算软件

yx China Academy of Building Research

国内流行的建筑结构分析软件

1. PKPM软件：　中国建筑科学研究院
2. TBSA软件：　中国建筑科学研究院
3. GSCAD软件：深圳市广厦软件有限公司
4. TUS软件：　清华大学建筑设计研究院
5. ETABS/SAP2000软件：美国CSI公司
6. ANSYS软件：　美国ANSYS公司
7. ALGOR软件：　美国ALGOR公司
8. MIDAS/Gen软件：　韩国MIDAS公司

以PKPM结构软件为重点作介绍

各类结构分析软件的功能特点

规范：《抗震规范》3.6.6条规定，计算模型的建立，必要的简化计算与处理，应符合结构的实际工作状况。

计算软件的技术条件应符合本规范及有关标准的规定，并应阐明其特殊处理的内容和依据。

1. QITI软件：是采用基底剪力法分析的软件，适用于砌体结构、底框结构和配筋混凝土砌块结构的分析设计
2. PK软件：是平面杆系二维结构计算软件，适用于框排架结构和连续梁计算，尤其是带重型吊车的工业厂房设计
3. TAT软件：是采用薄壁柱模型的空间分析软件，适用于一般多高层建筑设计
4. SATWE软件：是基于壳元模型的空间有限元分析软件，适用于复杂多高层建筑设计
5. PMSAP软件：是通用空间有限元分析软件，适用于任意空间结构及复杂多高层建筑设计
6. EPDA软件：是弹塑性分析软件，适用于复杂超限结构分析

(1) 砌体、底框、混凝土砌块结构分析QITI

结构抗震验算
墙体抗剪计算
墙体受压计算
墙体高厚比计算
局部受压计算

G3=9235.6 F3=443.8 V3=4813.5 M =5.0 MU=10.0

3 层抗震验算结果（抗力与效应之比，括号内为配筋面积）

QITI 圈梁详图

- 圈梁截面的形状
  1. 矩形截面　2. L形
  3. 倒L形截面　4. T形截面
  5. Z形截面
- 圈梁平面布置简图

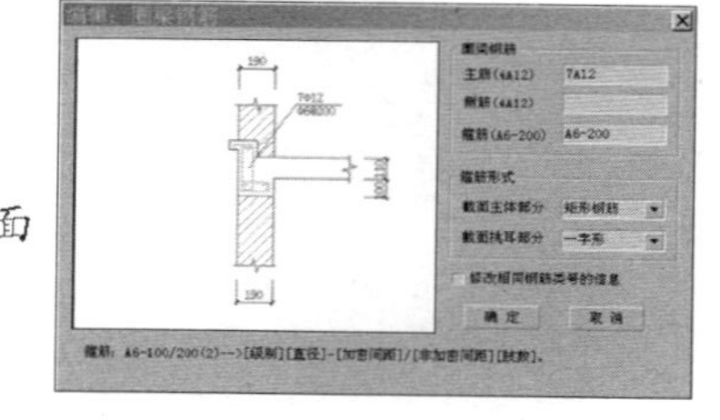

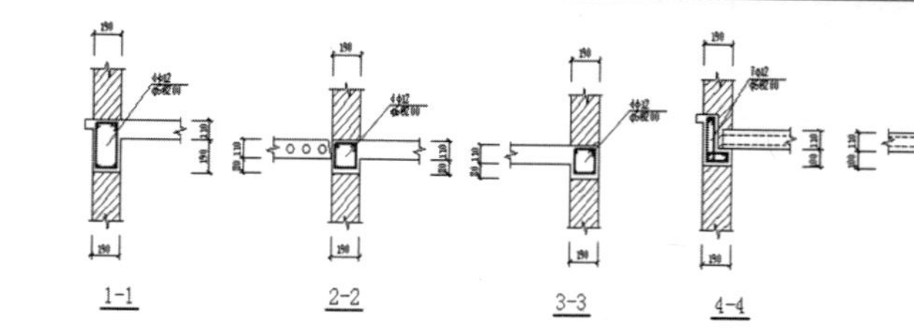

(2) 平面杆系二维计算PK

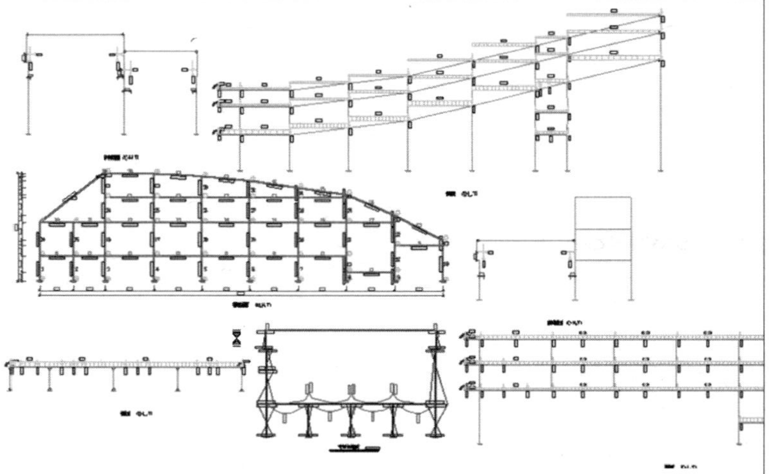

PK排架柱施工图

QITI 构造柱详图

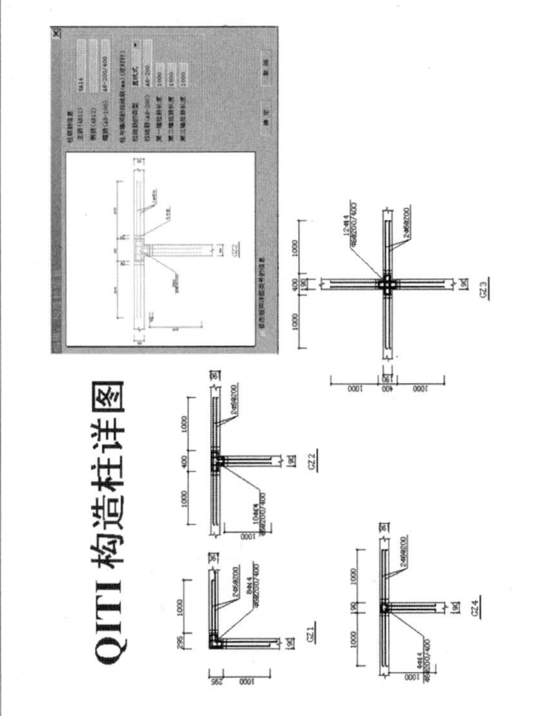

PK排架柱牛腿尺寸和荷载的设置

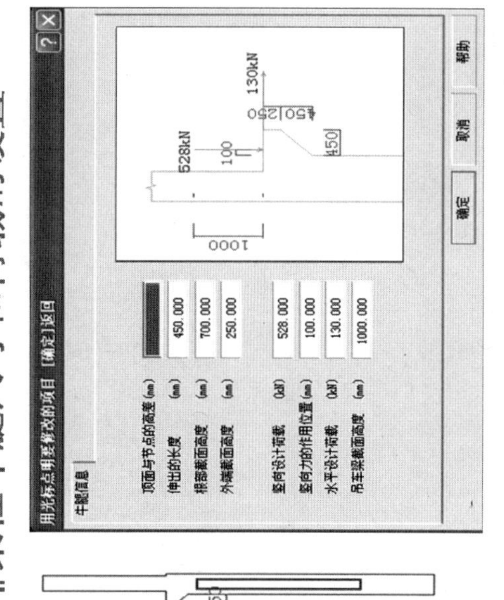

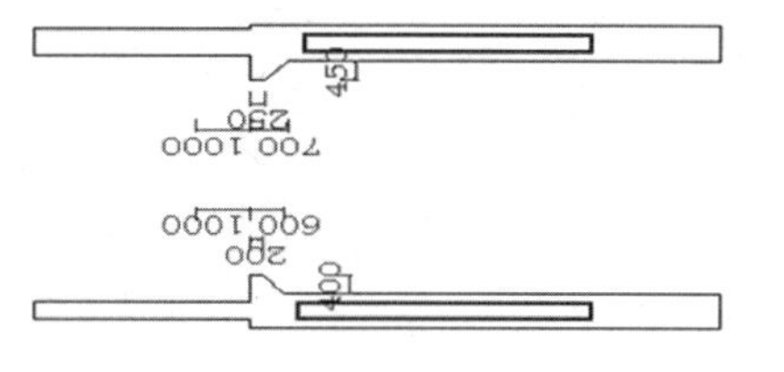

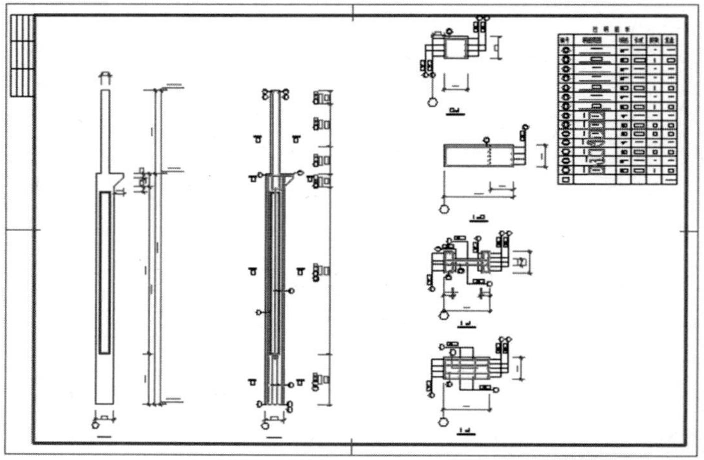

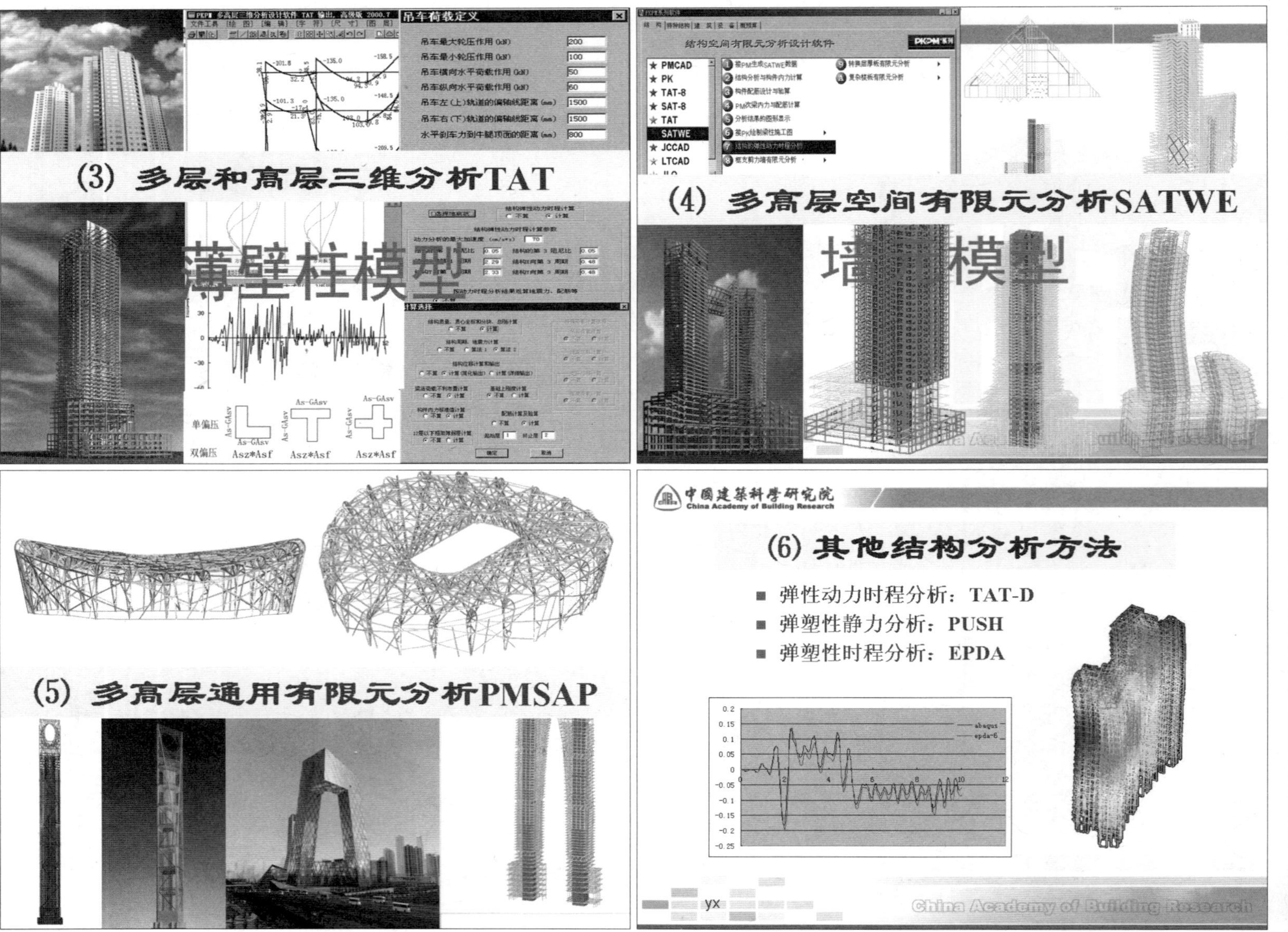
(3) 多层和高层三维分析TAT
薄壁柱模型
(4) 多高层空间有限元分析SATWE
(5) 多高层通用有限元分析PMSAP
中国建筑科学研究院
China Academy of Building Research
(6) 其他结构分析方法
弹性动力时程分析：TAT-D
弹塑性静力分析：PUSH
弹塑性时程分析：EPDA
China Academy of Building Research

PKPM系列软件构成图

给水排水 WPM
建筑电器 EPM
三维建筑设计 APM
建筑采暖 HPM
建筑节能 CHEC
弹塑性分析EPDA
建立结构模型 PMCAD
砌体结构分析QITI
框排架 PK
多高层 TAT
多高层 SATWE
多高层 PMSAP
梁柱墙施工图
钢结构 STS
预应力 PREC
基础 JCCAD
施工软件 CMIS
概预算 STAT
企业信息化

PKPM软件各类结构应用一览表 P361

结构类型	砖混结构	底框—抗震墙结构	钢筋混凝土结构		钢结构	
			一般工业民用建筑	带重型吊车的厂房	单榀刚架支架	其他结构
建模	QITI（三维）	QITI（三维）	PMCAD（三维）	PK（二维）	STS（二维）	STS（三维）
计算	QITI	QITI	TAT SATWE PMSAP	PK	STS	TAT SATWE PMSAP
出图	QITI PM3	QITI PM3	梁柱墙图 PM3	PK	STS	STS

各类建筑结构抗震计算方法 P180

《抗震规范》5.1.2条规定：各类建筑结构的抗震计算，应采用下列方法：

1、高度不超过40m、以剪切变形为主且质量和刚度沿高度分布比较均匀的结构，以及近似于单质点体系的结构，可采用底部剪力法等简化方法。— **QITI**（砌体、底框、混凝土砌块结构）

2、除1款外的建筑结构，宜采用振型分解反应谱法。

— **TAT、SATWE、PMSAP**（各类多高层结构）

3、特别不规则的建筑、甲类建筑和表5.1.2-1所列高度范围的高层建筑，应采用时程分析法进行多遇地震下的补充计算。

— **TAT-D**弹性动力时程分析（不规则多高层结构）

4、计算罕遇地震下结构的变形，应按本章第5.5节规定，采用简化的弹塑性分析法。— **SATWE**自动完成（**12**层框架结构）

或弹塑性时程分析法。— **EPDA/PUSH**（特别不规则结构）

汶川大地震房屋损毁原因

■ 是否按规范要求进行抗震设计，是否进行抗震计算分析，建筑抗震效果大不相同

汶川大地震房屋损毁情况对比

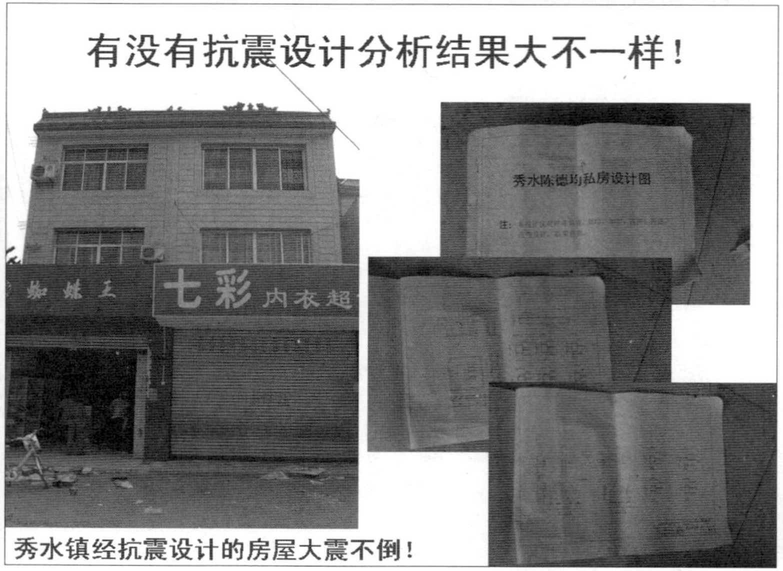
有没有抗震设计分析结果大不一样！
蜘蛛王
七彩 内衣超
秀水陈德均私房设计图
秀水镇经抗震设计的房屋大震不倒！

29 30
31 32

有没有抗震设计分析结果大不一样！

三峡移民新房大震不坏！

中国建筑科学研究院
China Academy of Building Research

建筑抗震设计分析大有可为！

- 汶川地震实际烈度远远高于该地区的抗震设防烈度
- 但只要做到：
  - 严格按照规范进行设计
  - 严格保证工程施工质量
  - 震前经过抗震加固改造

  房屋都能做到“大震不倒”
- 极震地区的有些建筑裂而不倒，坏而不倒，或只有轻微损坏，提供了极其宝贵的经验

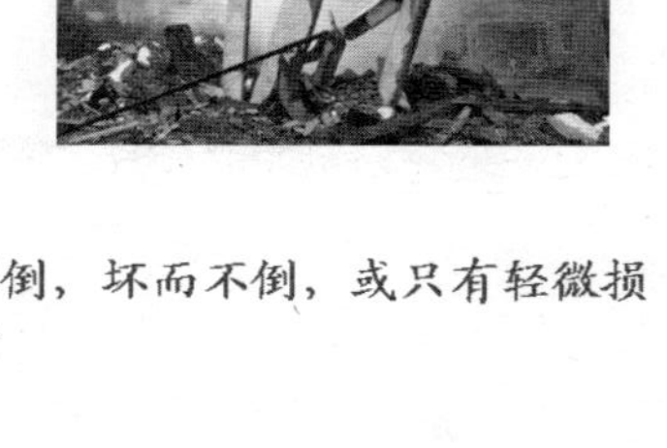

yx China Academy of Building Research

中国建筑科学研究院
China Academy of Building Research

P25

专题2 PKPM软件建模改进

yx China Academy of Building Research

PKPM提供四种建模方式

P27

1. PMCAD建立模型
2. 读取APM建筑模型
3. 转换DWG图形文件
4. SpasCAD复杂空间结构建模

中国建筑科学研究院 China Academy of Building Research

■ 读取APM建筑模型

因数据结构相同，可以读取建筑模型数据

软件自动将填充墙转化为梁间均布线荷载

yx China Academy of Building Research

中国建筑科学研究院 China Academy of Building Research

■ 转换 AutoCAD平面图为结构模型 P363

➢ 05版以AutoCAD为平台转换
➢ 08版增加以CFG为平台转换
自动识别门窗表布置墙洞口

yx China Academy of Building Research

中国建筑科学研究院 China Academy of Building Research

■ SpasCAD复杂空间建模软件加入PMCAD

原来仅在PMSAP和STS中

yx China Academy of Building Research

中国建筑科学研究院 China Academy of Building Research

SpasCAD复杂空间建模实例

yx China Academy of Building Research

33 34
35 36

建模操作实现三合一

P31

- 建模主菜单1、2、3合并
- 砌体结构设计分立
- 不破坏05版建模数据

整合原PM2楼板操作

- 梁、柱、墙、板布置会合
- 自动按设定板厚生成楼板
- 楼板半透明显示
- 板洞透明显示

增强楼板处理功能

- 任意形状和宽度的悬挑板
- 任意厚度和标高的悬挑板
- 任意形状和角度的板洞

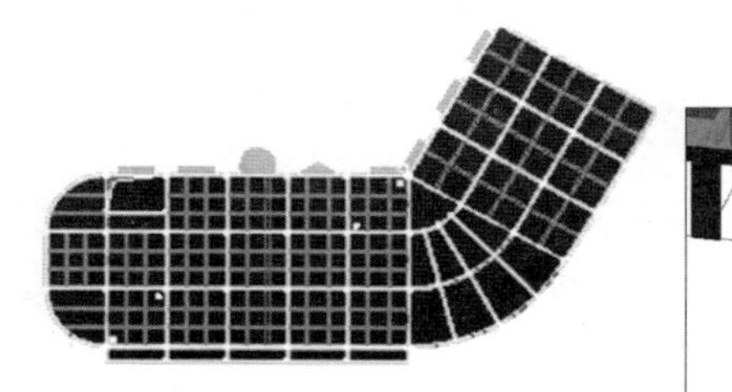

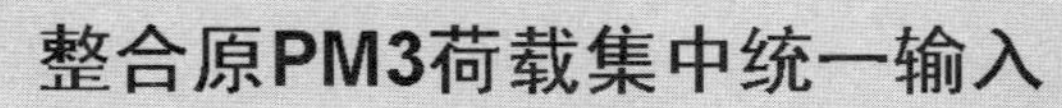

整合原PM3荷载集中统一输入

P38

- 所有构件荷载统一集中输入
- 荷载与构件联动修改

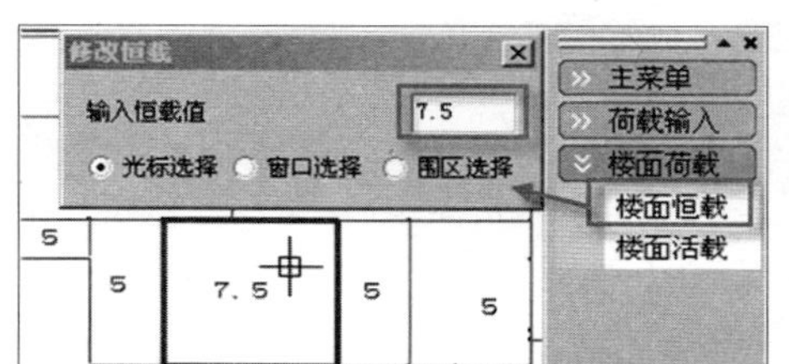

中国建筑科学研究院 China Academy of Building Research

人防荷载设置前移

- 人防荷载在PMCAD建模时输入
- 计算软件共同调用
- 避免重复操作
- 实现一模多算

注意：

可以在PMCAD中修改人防荷载，没有人防要求的楼板可改为0

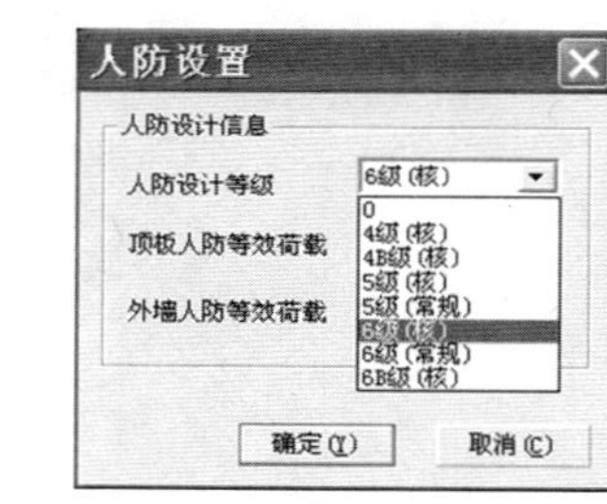

China Academy of Building Research

中国建筑科学研究院 China Academy of Building Research

吊车荷载设置前移

- 吊车荷载在PMCAD中输入
- 结构计算软件共同调用
- 实现一模多算

主菜单
荷载输入
读APM荷
层间复制
恒活设置
楼面荷载
梁间荷载
柱间荷载
墙间荷载
节点荷载
次梁荷载
人防荷载
吊车荷载

主菜单
荷载输入
吊车荷载
吊车布置
查询修改
选择删除
全部删除
吊车显示
荷载显示

China Academy of Building Research

中国建筑科学研究院 China Academy of Building Research

增加梁水平和扭矩荷载

选择荷载类型
无截面设计
无截面设计
放 弃(C)

08版增加的荷载：

- 梁水平集中荷载
- 梁水平均布荷载
- 梁集中扭矩
- 梁均布扭矩
- 柱间集中荷载
- 柱间均布荷载

“无截面设计”：

- 对结构内力有影响
- 对杆件无影响

China Academy of Building Research

中国建筑科学研究院 China Academy of Building Research

P25

专题3 突破层模型限制

yx

China Academy of Building Research

41 42 43 44

中国建筑科学研究院
China Academy of Building Research

P25

05版层模型的局限

- 默认全楼划分若干标准层
- 默认构件布置在标准层内
- 默认以标准层组装成全楼
- 默认柱、墙与标准层等高，总是垂直于地面
- 默认梁、板与标准层同高，总是平行于地面
- 默认一个网点（线）布置一根柱（梁）
- 默认标准层内的构件具有相同的属性
- 默认任何构件不超过本标准层层高

优点：三维模型二维操作，学习使用方便

缺点：难于实现复杂工程建模

yx

China Academy of Building Research

- 将全楼统一轴网改为各标准层独立轴网

取消层间节点对齐、合并等操作

国家大剧院

苏州东方之门

CCTV新址

- 将全楼统一轴网改为各标准层独立轴网

中国之最

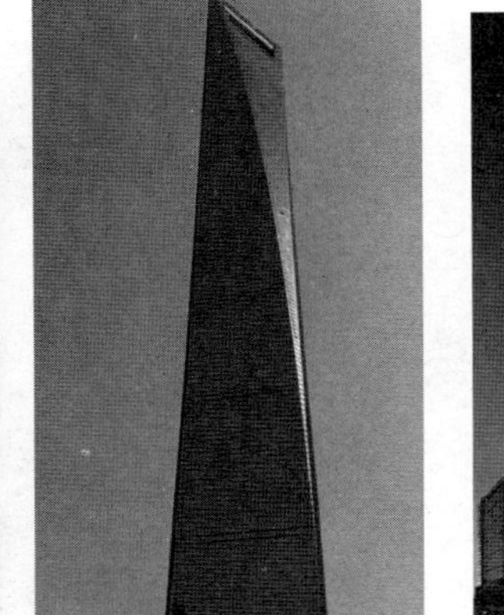

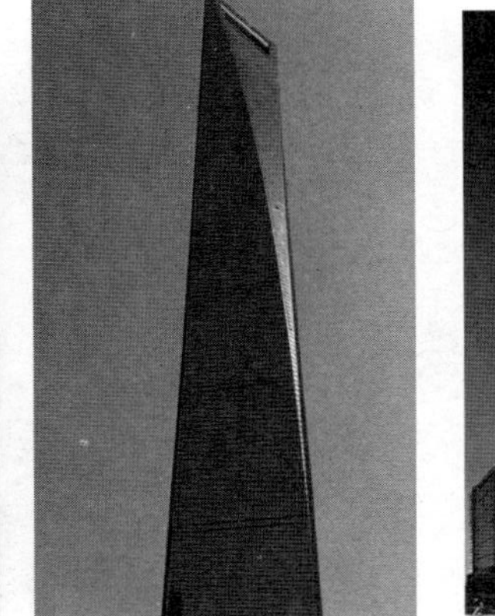

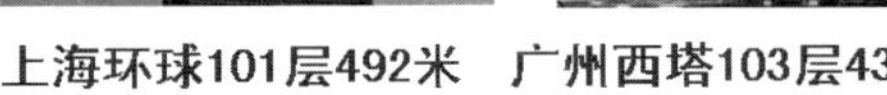

北京国贸75层330米　上海环球101层492米　广州西塔103层432米

- 将全楼统一轴网改为各标准层独立轴网

世界之最

台湾-0-101层509米　上海中心127层632米　迪拜大楼160层828米

■ 将全楼统一轴网改为各标准层独立轴网

英国创意之馆　日本“太空堡垒”　中国之冠　波兰“民间剪纸”　韩国馆

突破一根轴线只能布置一根梁的限制

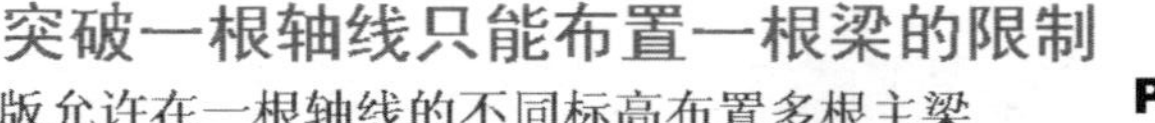

P32

- 08版允许在一根轴线的不同标高布置多根主梁
- 取消05版“层间梁”操作
- 柱中部可增加三个节点，且每段不小于500mm

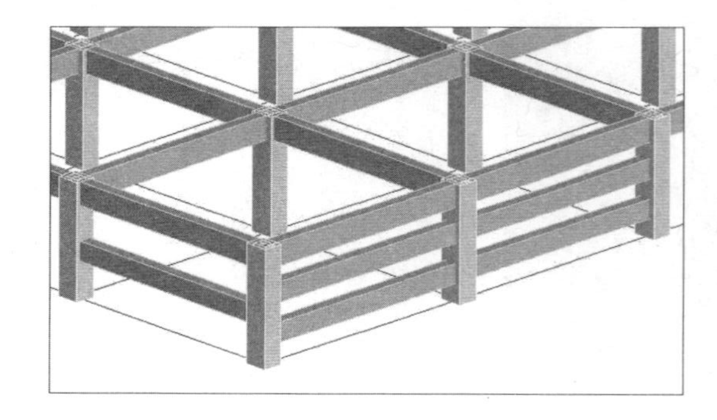

墙突破楼层标高的限制

P32

- 08版软件允许设置墙顶和墙底的标高
- 08版软件可以计算斜墙和山墙等异形墙

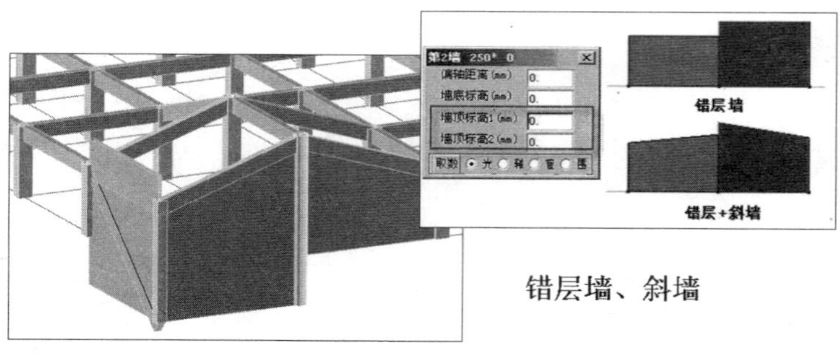

错层墙、斜墙

通过墙顶/底标高和上节点高功能，生成错层墙

第1墙
偏轴距离(mm) 0.
墙底标高(mm) 1500
墙顶标高1(mm) 1500.
墙顶标高2(mm) 1500.
取数 光 辩 窗 图

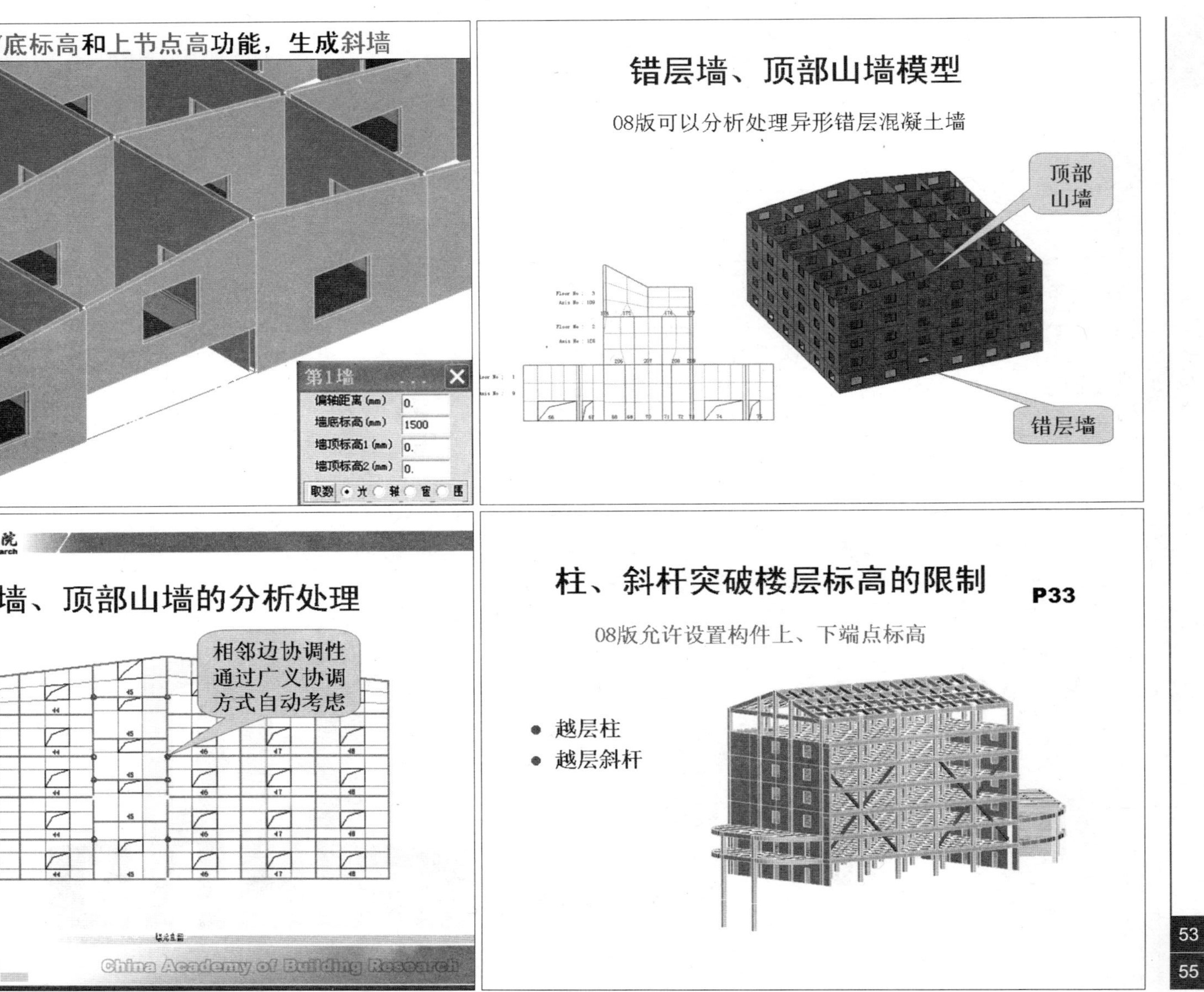
通过墙顶/底标高和上节点高功能，生成斜墙
第1墙
偏轴距离(mm) 0.
墙底标高(mm) 1500
墙顶标高1(mm) 0.
墙顶标高2(mm) 0.
错层墙、顶部山墙模型
08版可以分析处理异形错层混凝土墙
顶部山墙
错层墙
中国建筑科学研究院
China Academy of Building Research
错层墙、顶部山墙的分析处理
相邻边协调性通过广义协调方式自动考虑
China Academy of Building Research
柱、斜杆突破楼层标高的限制
P33
08版允许设置构件上、下端点标高
越层柱
越层斜杆

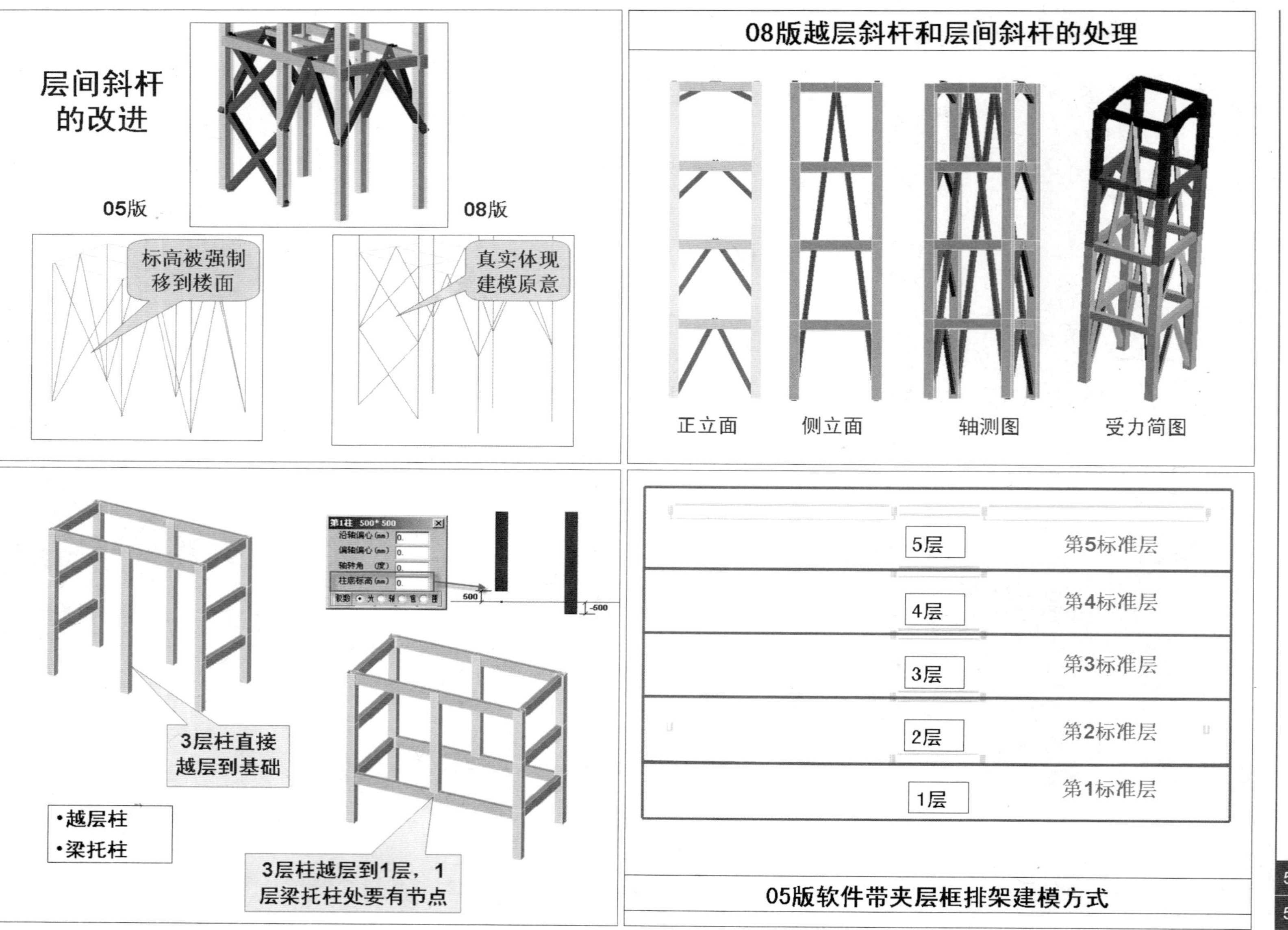
层间斜杆
的改进
05版
08版
标高被强制
移到楼面
真实体现
建模原意
08版越层斜杆和层间斜杆的处理
正立面
侧立面
轴测图
受力简图
•越层柱
•梁托柱
3层柱直接
越层到基础
3层柱越层到1层，1
层梁托柱处要有节点
500
-500
5层
第5标准层
4层
第4标准层
3层
第3标准层
2层
第2标准层
1层
第1标准层
05版软件带夹层框排架建模方式

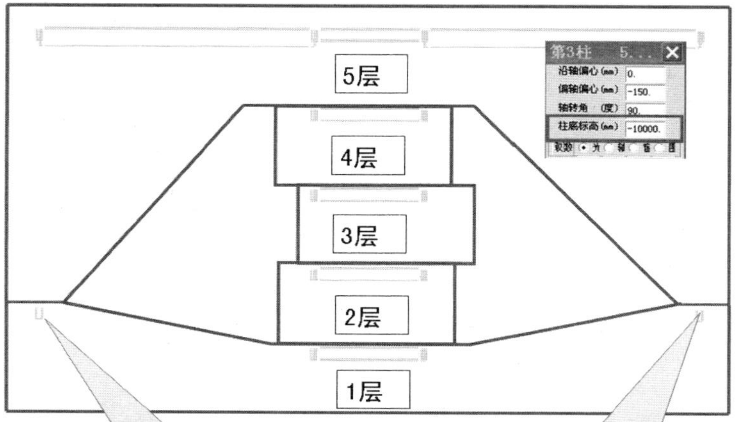

5层
4层
3层
2层
1层

第3柱 5...
沿轴偏心(mm) 0.
偏轴偏心(mm) -150.
轴转角 (度) 90.
柱底标高(mm) -10000.

1层上节点高上延
2000与5层柱衔接

5层柱底标高向下延
-10000与1层柱衔接

08版软件修改柱标高，生成带夹层的越层柱排架

中国建筑科学研究院
China Academy of Building Research

越层柱的改进

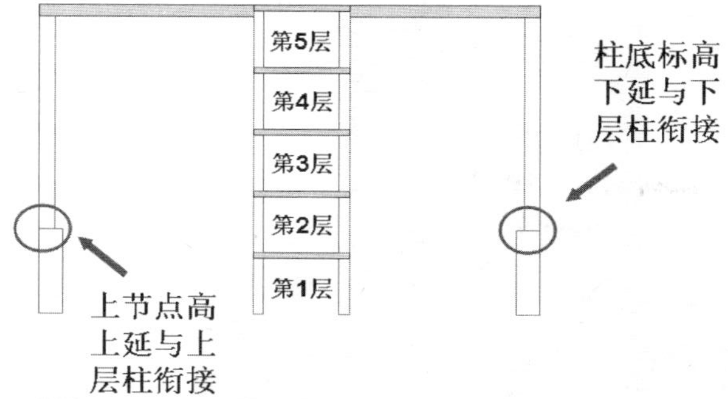

第5层
第4层
第3层
第2层
第1层

上节点高
上延与上
层柱衔接

柱底标高
下延与下
层柱衔接

yx

China Academy of Building Research

■ 坡屋顶与斜梁

P35

- 【上节点高】
- 【错层斜梁】
- 【构件查改】

生成复杂坡屋顶

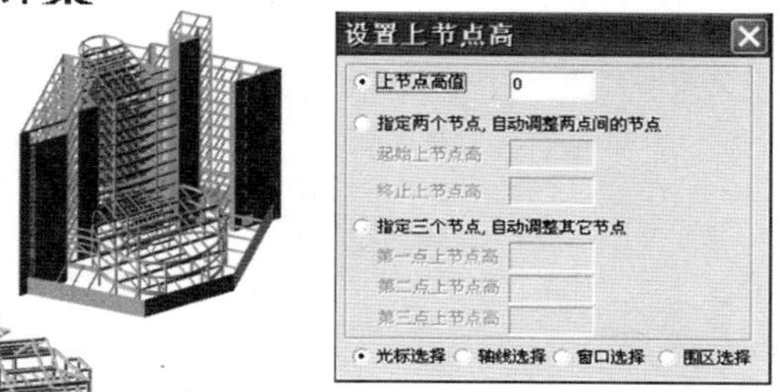

设置上节点高
上节点高值 0
指定两个节点，自动调整两点间的节点
起始上节点高
终止上节点高
指定三个节点，自动调整其它节点
第一点上节点高
第二点上节点高
第三点上节点高
光标选择 轴线选择 窗口选择 围区选择

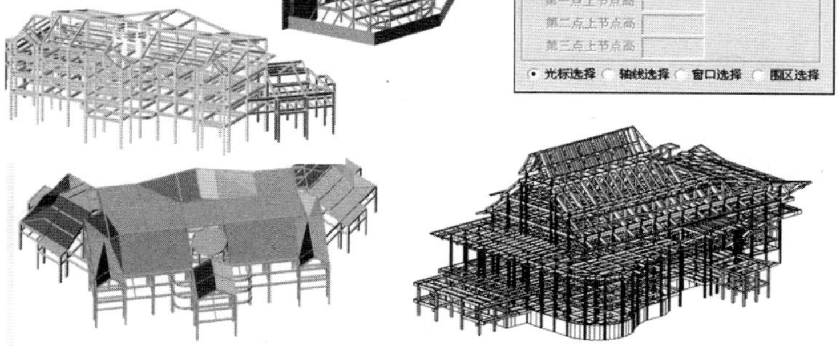

工程问题：坡屋顶的计算分析

- 坡屋顶斜板的荷载可以传递给周边斜梁，计算斜梁轴力
- 斜板不能采用刚性楼板假定，斜板兼有楼板和剪力墙的特性
- 旧版SATWE不考虑斜板刚度
  - 设置斜板为弹性膜
  - 布置斜撑模拟斜板刚度
  - 采用PMSAP软件以多边形壳元模型分析斜板

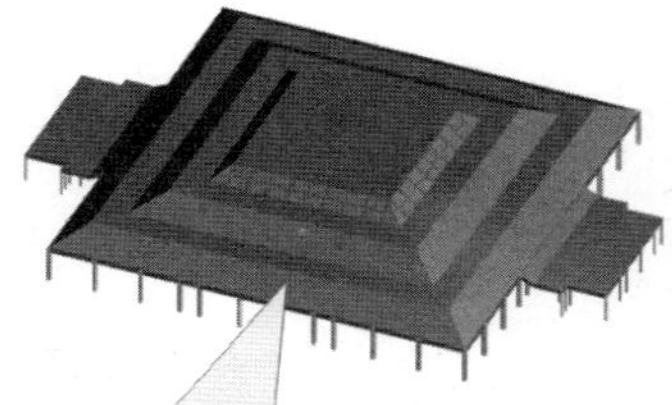

斜板应作为弹性膜
并作整体分析设计

注意：2009更新版SATWE自动将斜板转换为弹性膜，可以计算坡屋面的斜板刚度。

65 66 67 68

工程问题：坡屋顶的计算分析

- ❖ 斜板的配筋计算由PM3完成，可以正确计算钢筋实际长度，钢筋搭接关系须人工处理
- ❖ 圆弧斜梁应先将其改为折线梁，再改变标高
- ❖ 增加【梁压弯算】功能，如斜梁或梁受平面外荷载影响时，可以将梁按纯弯或压弯构件设计

工程问题：椭圆建筑建模方法 P330

1) 适当提高圆弧精度
2) 键入“Ellipse”命令画椭圆
3) 键入“Explode”命令将椭圆分解成折线
4) 再次键入“Explode”将折线分解成直线
5) 进行“形成网点”、“布置构件”等操作

工程问题：带水平梁的坡屋顶 P189

1、布置层间梁没有楼板
2、增加标准层有楼板
- ❖ 降低屋檐处节点标高
- ❖ 屋檐处柱的处理方法：

05版必须在上下层梁连接处布置200mm虚柱
08版软件自动连接，不必布置虚柱

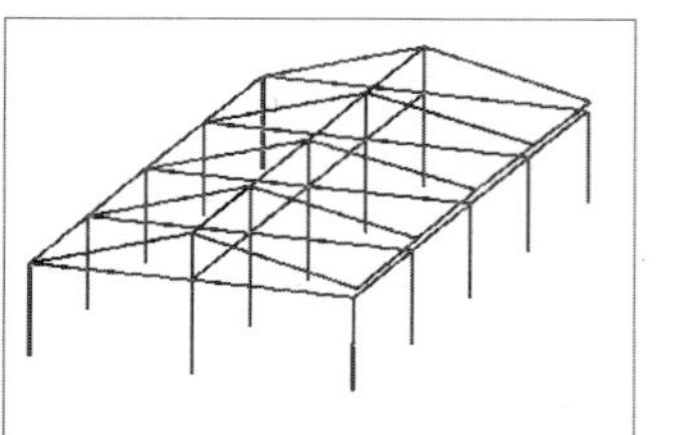
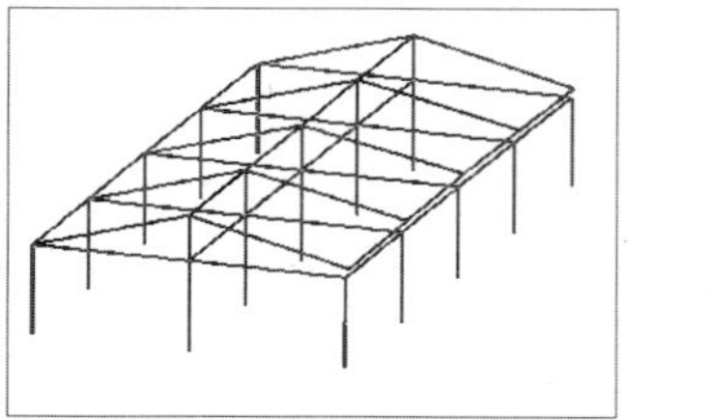
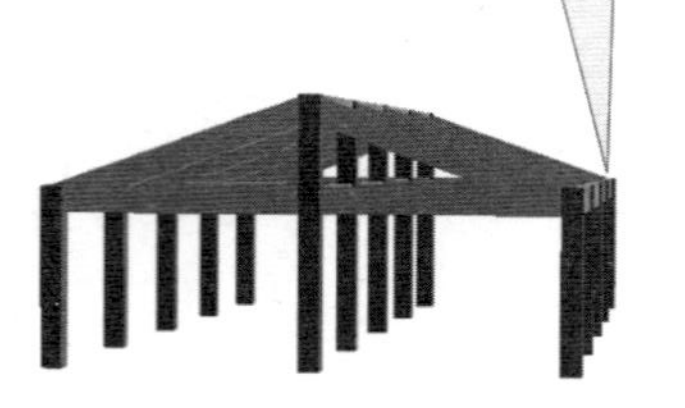

工程问题：带水平梁的坡屋顶

3、屋檐处边梁处理方法：
05版手工将上层梁的荷载布置到下层梁上
08版自动完成梁间导荷
以下层梁配筋结果为准
4、梁端为剪力墙时应布置虚梁

此处两层都
应布置边梁

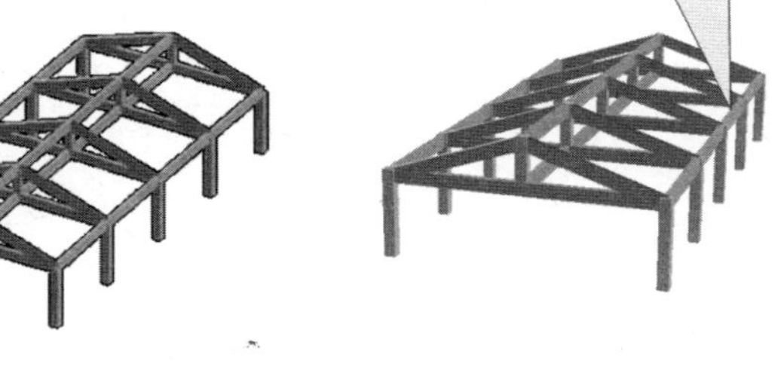

工程问题：体育场馆斜梁的处理

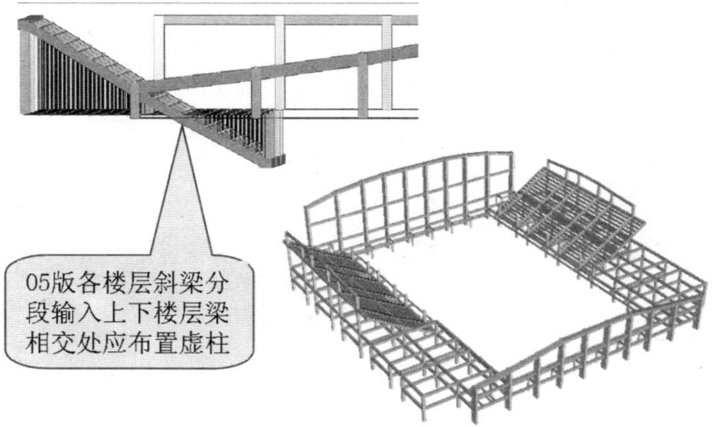

05版各楼层斜梁分
段输入上下楼层梁
相交处应布置虚柱

工程问题：看台上下层梁连接问题

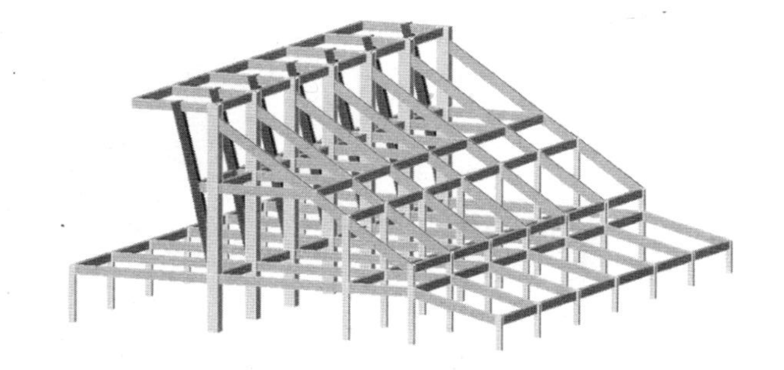

注意：1）坡屋面的封口梁应与下层梁节点一一对应
2）坡屋面的封口梁下层必须有楼面梁
3）坡屋面与剪力墙相连应布置100mm*100mm虚梁

中国建筑科学研究院 China Academy of Building Research

错层斜梁自动连接

08版不必布置虚柱
梁相交处应有节点

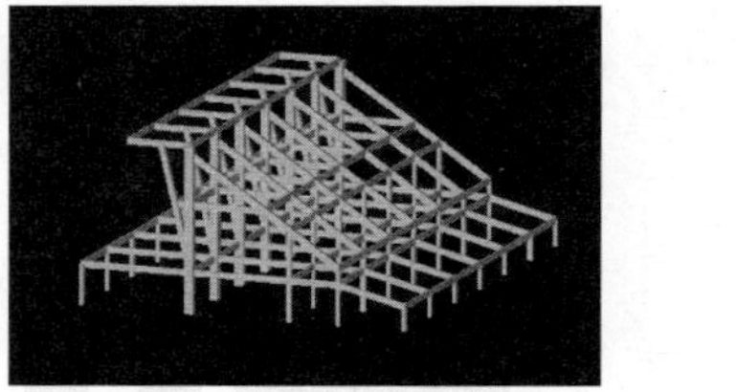

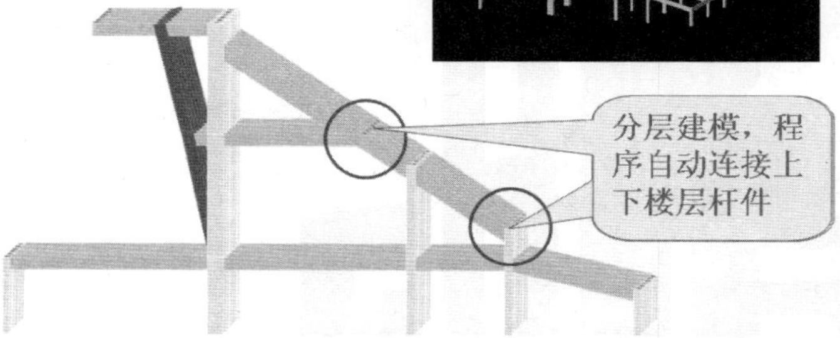

分层建模，程
序自动连接上
下楼层杆件

yx

China Academy of Building Research

08版增加柱的截面类型 P34

- ❖ 增加异形柱截面
- ❖ 增加型钢混凝土截面
- ❖ 增加任意多边形截面

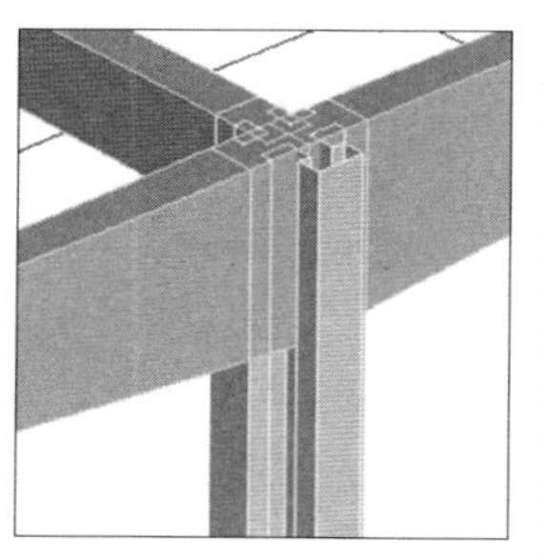

KZ-2
44Φ16
Φ12@100

08版增加梁的截面类型

- ❖ 增加型钢混凝土截面
- ❖ 增加变截面梁
- ❖ 加腋梁暂不能做

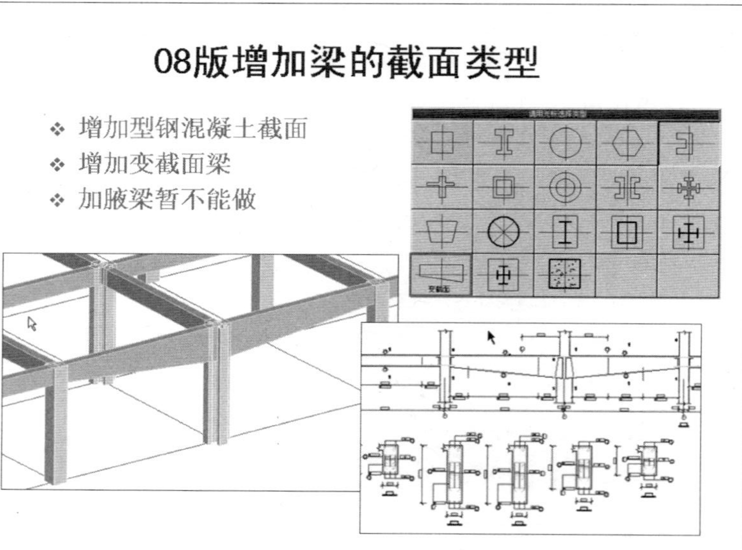

中国建筑科学研究院 China Academy of Building Research

P43

广 义 楼 层 组 装

第2标准层
第3标准层
第1标准层
3.5m
4.5m

yx China Academy of Building Research

中国建筑科学研究院 China Academy of Building Research

传统楼层组装

- 各塔在同一个标准层
- 各层自下而上顺序组装
- 楼层上下关系是唯一的

广义楼层组装

- 各塔有各自独立标准层
- 各层任意组装
- 按楼层底标高确定楼层位置

yx China Academy of Building Research

77 78
79 80

序号	对比项目	普通楼层组装	广义楼层组装
1	各楼层底标高	由组装顺序决定	由用户指定
2	自然楼层顺序	必须由低到高顺序排列	任意排列，由楼层底标高决定
3	与本层连接的楼层	唯一的相邻上下楼层	相邻或不相邻的多个上下楼层
4	构件连接关系	只能是相邻楼层的构件	可以是任意楼层的构件

81 82
83 84

普通楼层组装

■ 默认选择“自动计算底标高”

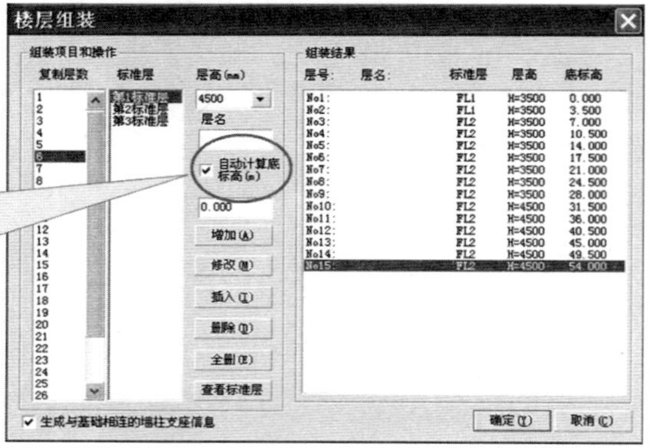

非广义楼层组装取默认值

中国建筑科学研究院
China Academy of Building Research

工 程 拼 装

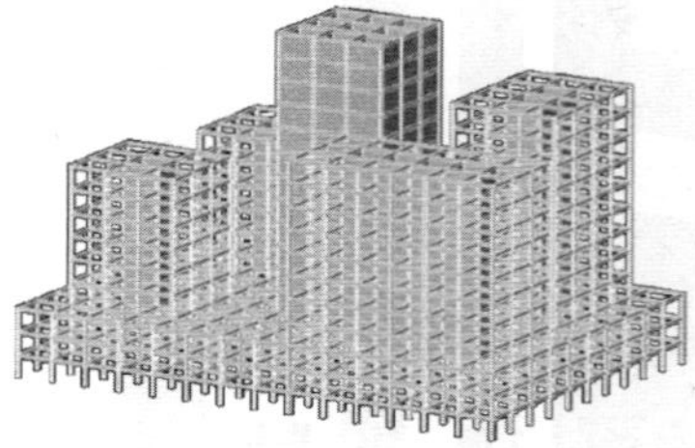

yx
China Academy of Building Research

工程拼装1—合并标高相同的标准层 P49

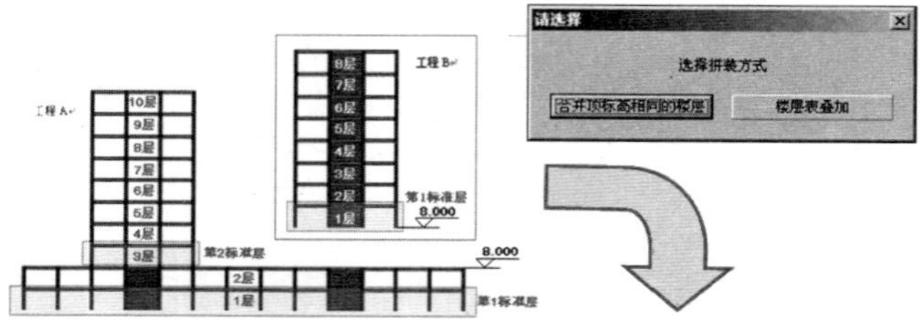

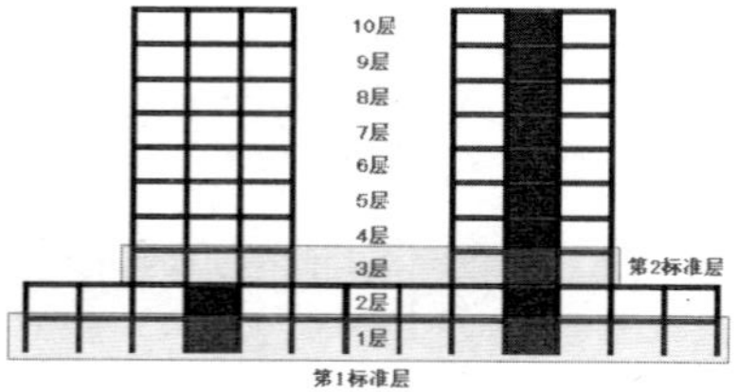

改进：
- 拼装后各塔楼的构件、荷载、属性保持不变
- 拼装时可以合并标准层
- 提供工程拼装方案记录

中国建筑科学研究院
China Academy of Building Research

工程拼装可以合并两个工程的标准层

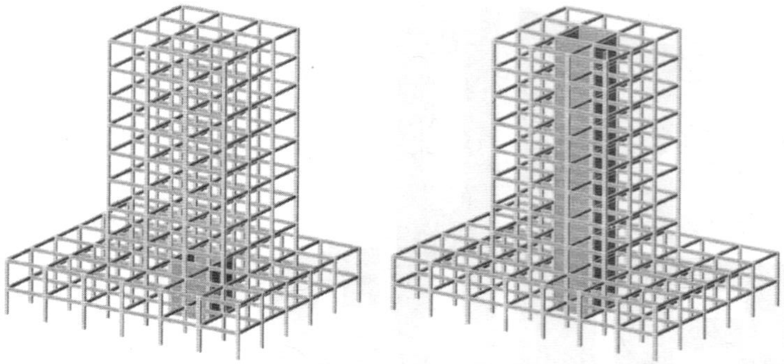

yx
China Academy of Building Research

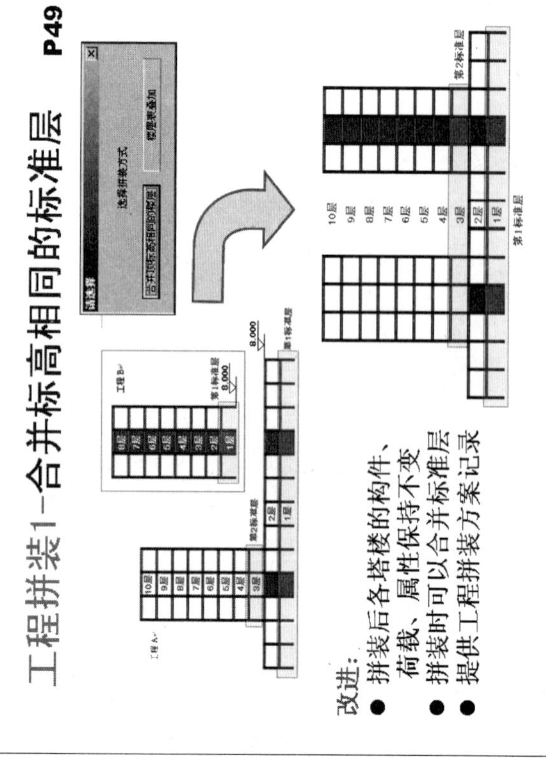

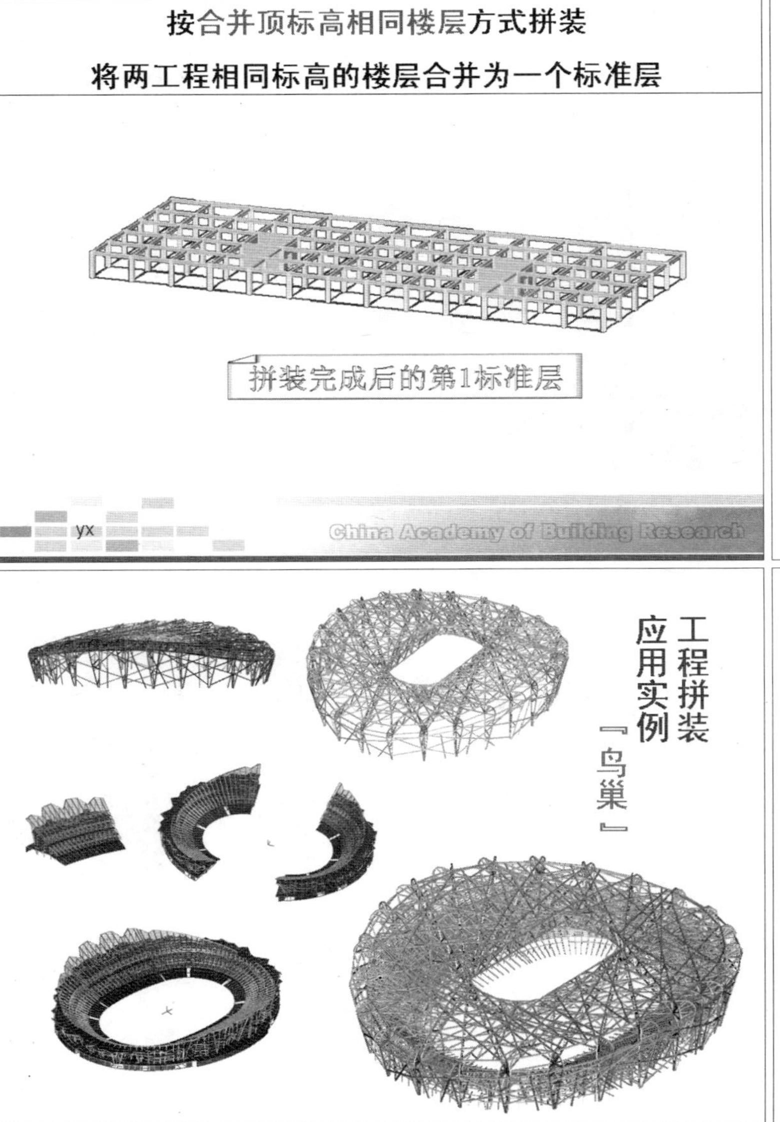
按合并顶标高相同楼层方式拼装
将两工程相同标高的楼层合并为一个标准层
拼装完成后的第1标准层
yx
China Academy of Building Research
工程拼装
应用实例
『鸟巢』

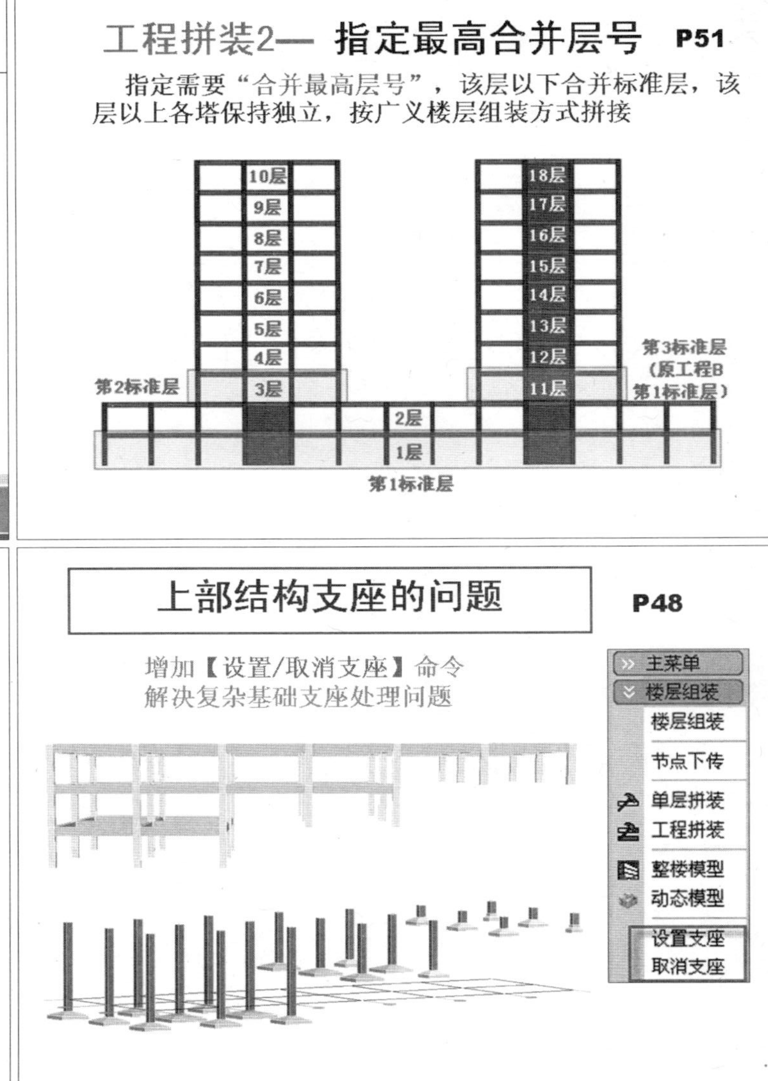
工程拼装2— 指定最高合并层号 P51
指定需要“合并最高层号”，该层以下合并标准层，该层以上各塔保持独立，按广义楼层组装方式拼接
10层
9层
8层
7层
6层
5层
4层
3层
18层
17层
16层
15层
14层
13层
12层
11层
2层
1层
第2标准层
第3标准层
(原工程B
第1标准层）
第1标准层
上部结构支座的问题
P48
增加【设置/取消支座】命令
解决复杂基础支座处理问题
主菜单
楼层组装
楼层组装
节点下传
单层拼装
工程拼装
整楼模型
动态模型
设置支座
取消支座

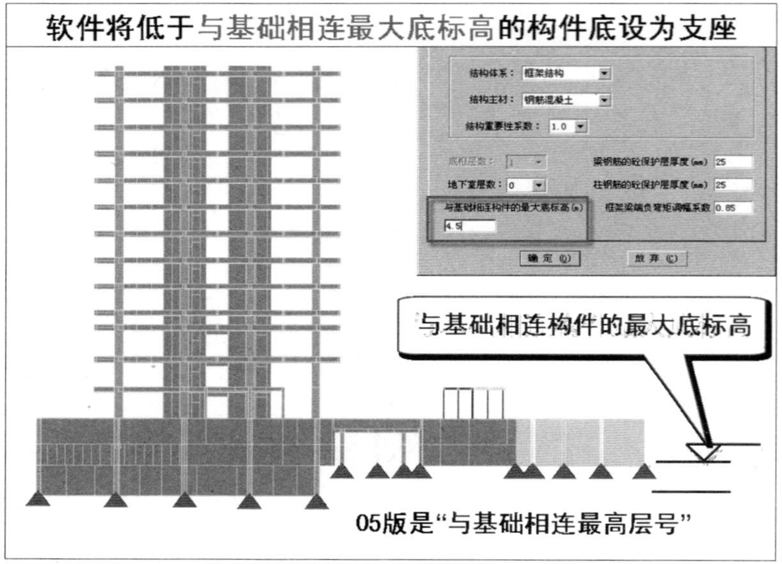

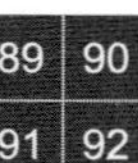

软件将低于与基础相连最大底标高的构件底设为支座

结构体系：框架结构
结构主材：钢筋混凝土
结构重要性系数：1.0
地下室层数：0
梁钢筋的砼保护层厚度(mm) 25
柱钢筋的砼保护层厚度(mm) 25
与基础相连构件的最大底标高(m) 4.5
框架梁端负弯矩调幅系数 0.85
确 定 放 弃

与基础相连构件的最大底标高

05版是“与基础相连最高层号”

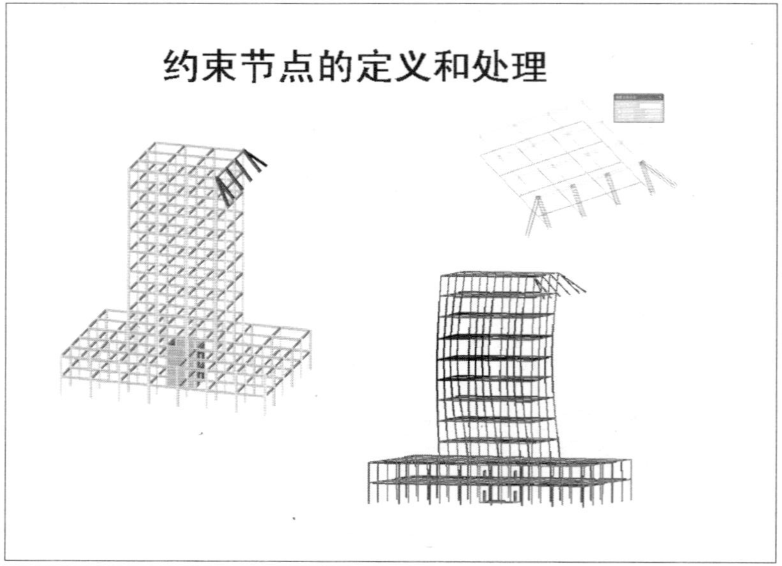

约束节点的定义和处理

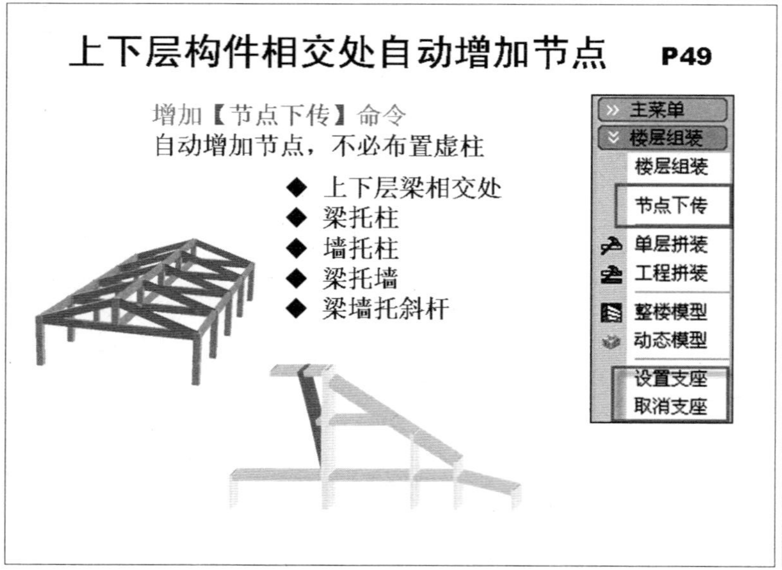

上下层构件相交处自动增加节点 P49

增加【节点下传】命令

自动增加节点，不必布置虚柱

- ◆ 上下层梁相交处
- ◆ 梁托柱
- ◆ 墙托柱
- ◆ 梁托墙
- ◆ 梁墙托斜杆

主菜单
楼层组装
楼层组装
节点下传
单层拼装
工程拼装
整楼模型
动态模型
设置支座
取消支座

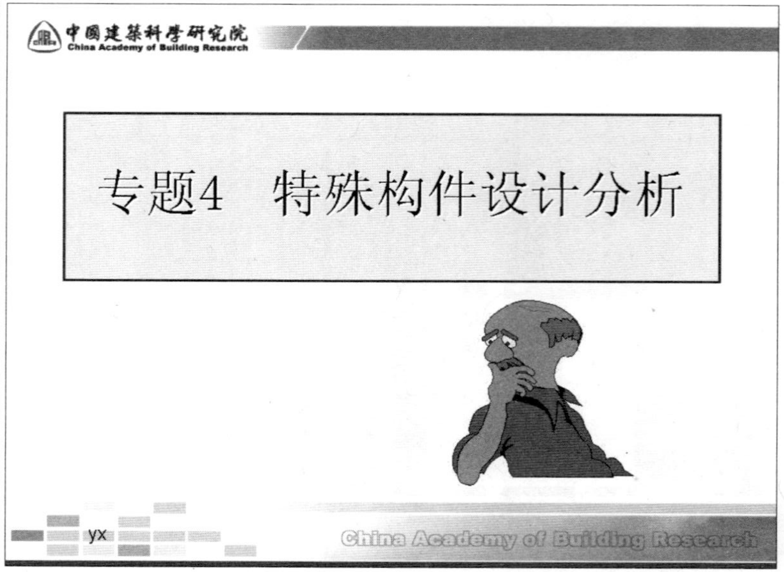

中国建筑科学研究院
China Academy of Building Research

专题4 特殊构件设计分析

yx

China Academy of Building Research

93 94 95 96

中国建筑科学研究院 China Academy of Building Research

P181

两类次梁的比较

yx China Academy of Building Research

次梁按主梁输和按次梁输的区别(一) P181

- 输入方式不同

  次梁按主梁输入,必须输入轴线，程序自动划分房间，使房间数和节点数大大增加

  次梁按次梁输入，不必输入轴线，程序不划分房间
- 导荷方式相同

  两种次梁输入方式均可按单向板或双向板方式正确导荷，且总荷载相同，但平面局部可能会有差异
- 内力计算不同

  次梁按主梁输入，程序将所有梁作为主梁，按空间交叉梁系计算，即根据节点变形协调条件和各梁线刚度进行计算

  次梁按次梁输入，次梁的内力按连续梁方式一次性计算完成
- 地震作用不同

  次梁按主梁输入，次梁的刚度计入结构整体刚度，对地震作用如刚度、周期、位移等均有影响

  次梁按次梁输入，次梁只是将荷载传给主梁，次梁的刚度不带入空间计算中，对地震作用没有影响

次梁按主梁输和按次梁输的区别(二) P181

- 支座形式不同

  次梁按主梁输入，梁梁相交不分主次互为支座，梁支座有三角和圆圈之分，考虑支座处的竖向位移

  次梁按次梁输入，主梁总为次梁的支座，不考虑竖向位移
- 梁梁相交节点缺省条件不同

  按主梁输入的次梁与主梁刚接，传递竖向力和弯矩、扭矩

  按次梁输入的次梁与主梁铰接，传递竖向力，无弯矩和扭矩
- 梁支座负弯矩调幅隐含意义不同

  按主梁输入的次梁默认为不调幅梁，但可以设定其为调幅梁

  按次梁输入的次梁默认为可调幅梁，可以人工指定调幅系数
- 施工图不同

  按主梁输入的次梁根据支座的形式，判定其跨数及是否为次梁，最小配筋率按非抗震情况取值

  按次梁输入的次梁主梁是其支座，其恒为连续梁（次梁）
- 两类次梁计算配筋结果相近

中国建筑科学研究院 China Academy of Building Research

两类次梁应用建议

◆ 大跨度无柱交叉梁系（井字梁），不论是否有主次梁之分，所有梁均应作为主梁输入

使全部梁参加空间交叉梁系计算，以保证计算精度，出图调整全部梁支座为“连通”

◆ 小跨度，轻荷载情况下，次梁可以作为次梁输入

这种次梁不划分房间，不增加节点，虽然是简化计算，仍可满足工程设计要求

◆ 其他情况酌情处理

yx China Academy of Building Research

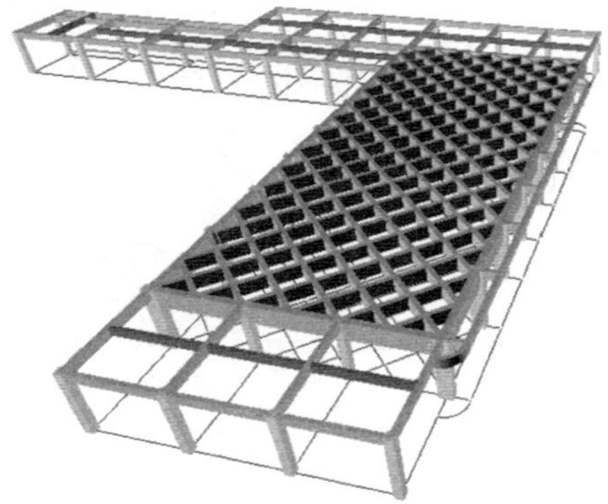

大跨度交叉梁系的所有梁都应按主梁输入

施工图中主梁相交处改为连通（圆圈）偏于安全

注意：在施工图中如主梁相交处需要分为两跨，可以改为支座，用三角形表示。如需要合并为一跨，可以改为连通，用圆圈表示。

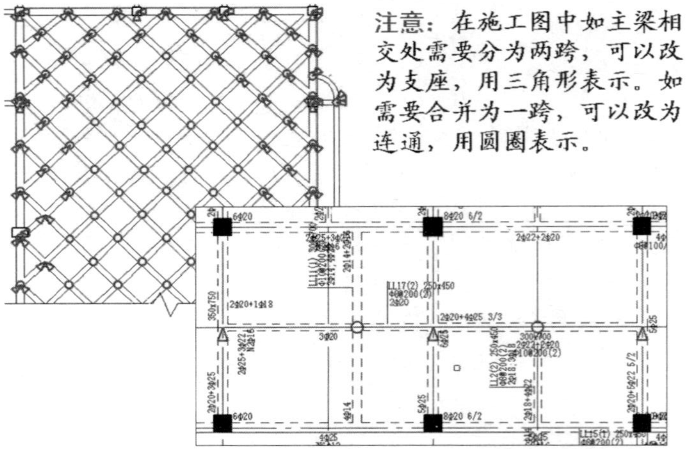

中國建築科學研究院 China Academy of Building Research

次梁当主梁输入应用举例

- 需要次梁划分房间
- 没有与次梁平行或垂直的边
- 次梁与次梁不是正交

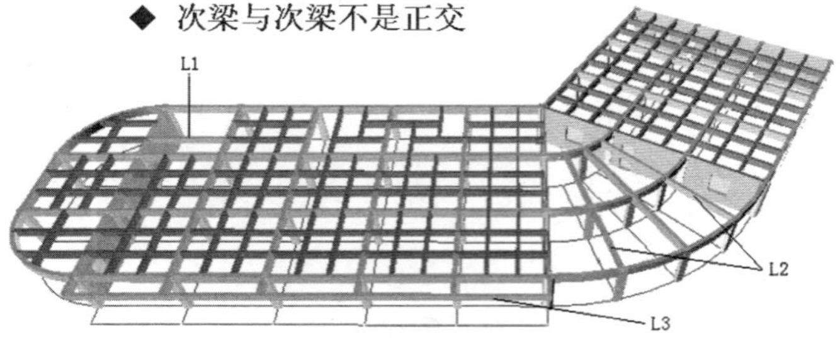

yx China Academy of Building Research

混凝土边梁是否设置铰接

《高规》6.1.1条规定，主体结构除个别部位外，不应采用铰接。

- 混凝土梁都是刚接，没有严格意义的铰接。
- 通常先取程序默认的连接方式，如内力和配筋不能满足要求再做铰接处理，并采取相应的构造措施。
- 铰接梁设置太多，会导致内力重分布。
- 梁超筋应具体情况具体分析，切勿通过盲目设置铰接，达到梁不超筋的目的。

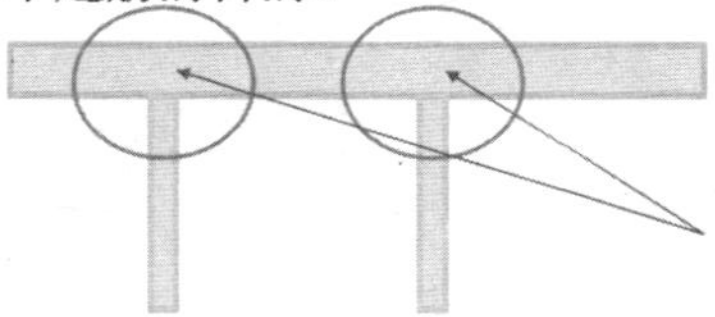

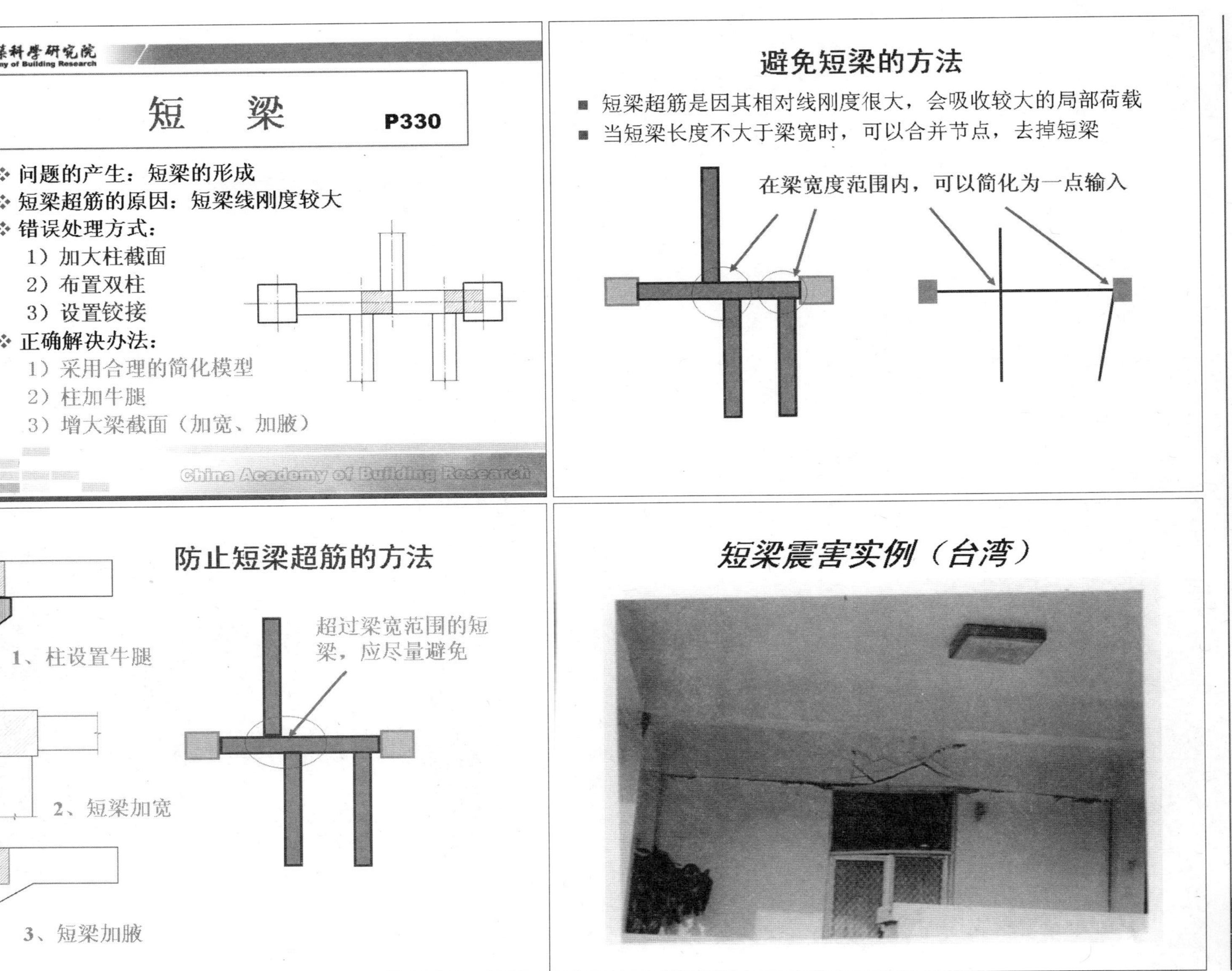
中國建築科學研究院 China Academy of Building Research
短 梁
P330
问题的产生：短梁的形成
短梁超筋的原因：短梁线刚度较大
错误处理方式：
1）加大柱截面
2）布置双柱
3）设置铰接
正确解决办法：
1）采用合理的简化模型
2）柱加牛腿
3）增大梁截面（加宽、加腋）
yx
China Academy of Building Research
避免短梁的方法
短梁超筋是因其相对线刚度很大，会吸收较大的局部荷载
当短梁长度不大于梁宽时，可以合并节点，去掉短梁
在梁宽度范围内，可以简化为一点输入
防止短梁超筋的方法
1、柱设置牛腿
2、短梁加宽
3、短梁加腋
超过梁宽范围的短梁，应尽量避免
短梁震害实例（台湾）

短梁震害实例（北川）

中国建筑科学研究院 China Academy of Building Research

短 柱

- ❖ 问题的提出
- ❖ 受力分析
- ❖ 计算长度

yx

China Academy of Building Research

短柱的特征

- 短柱定义1：《高规》6.4.10条规定，柱剪跨比不大于2
  《抗规》6.3.6条规定，剪跨比不大于2的柱
- 短柱定义2：《抗规》6.3.10条规定，因设置填充墙等形成的柱净高与柱截面高度之比不大于4的柱
- 结论：剪跨比＞2 为长柱 轴压比限值见规范表
  1.5＜剪跨比≤2 为短柱 轴压比限值降低0.05
  剪跨比≤1.5 为极短柱 轴压比限值专门研究
- 短柱延性较差，易发生剪切型脆性破坏
- 软件不能自动对短柱采用加强措施，设计人员应自行加强

短柱抗震构造设计

短柱构造要求：

- ◆ 轴压比限值应降低0.05《抗震规范》6.3.7
- ◆ 箍筋间距不应大于100mm《抗震规范》6.3.8
- ◆ 一级柱每侧纵向钢筋配筋率不宜大于1.2%《抗震规范》6.3.9
- ◆ 柱的箍筋加密范围，取全高《抗震规范》6.3.10
- ◆ 宜采用复合螺旋箍筋或井字复合箍，其体积配箍率不应小于1.2%，9度时不应小于1.5% 《抗震规范》6.3.12
- ◆ 节点核心区配箍特征值不宜小于核心区上、下柱端的较大配箍特征值《抗震规范》6.3.14
- ◆ 提高混凝土强度，增设剪力墙，梁铰接，减小梁的刚度等

超短柱构造要求：增设交叉斜筋、外包钢板、采用分体柱、设置型钢等。

105 106
107 108

109 110
111 112

钢筋混凝土结构应避免短柱

- 当同一楼层皆为短柱，各柱之间抗侧力刚度不悬殊，并有较强的剪力墙时，地震危险相对较小。
- 当同一楼层都为长柱，仅有少量短柱，又无剪力墙时，少数短柱的抗侧刚度远大于一般柱，吸收地震剪力大，极易破坏，地震危险相对较大。
- 注意隐性短柱，如框架柱间有砌筑不到顶的隔墙、窗间墙等，由于其对框架柱的约束，会使框架柱变成隐性短柱，地震危险相对较大。
- 矮墙与短柱情况类似。

地震造成短柱和隐形短柱破坏（台湾）

短柱损毁（汶川）

- 框架结构的窗间墙形成短柱，损毁严重

113 114
115 116

矮墙损坏

短柱破坏
（都江堰）

矮墙损坏

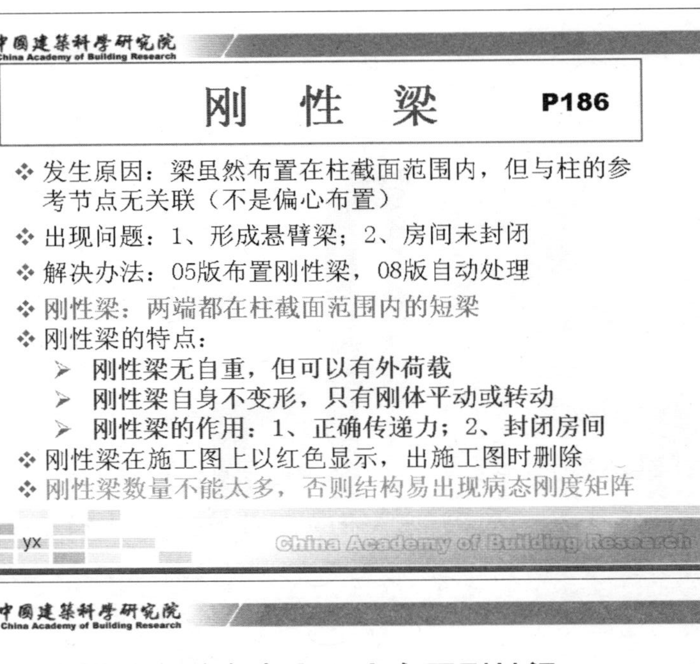
中國建築科學研究院 China Academy of Building Research
刚 性 梁
P186
❖ 发生原因：梁虽然布置在柱截面范围内，但与柱的参考节点无关联（不是偏心布置）
❖ 出现问题：1、形成悬臂梁；2、房间未封闭
❖ 解决办法：05版布置刚性梁，08版自动处理
❖ 刚性梁：两端都在柱截面范围内的短梁
❖ 刚性梁的特点：
➢ 刚性梁无自重，但可以有外荷载
➢ 刚性梁自身不变形，只有刚体平动或转动
➢ 刚性梁的作用：1、正确传递力；2、封闭房间
❖ 刚性梁在施工图上以红色显示，出施工图时删除
❖ 刚性梁数量不能太多，否则结构易出现病态刚度矩阵
yx
China Academy of Building Research

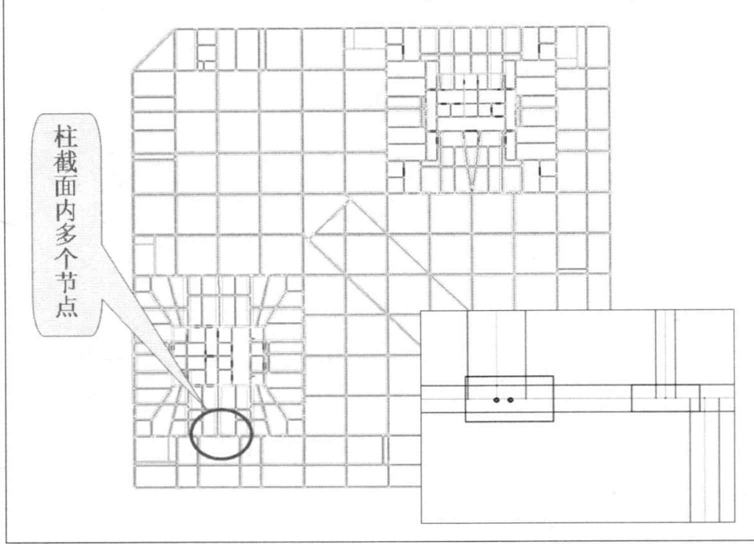
柱截面内多个节点

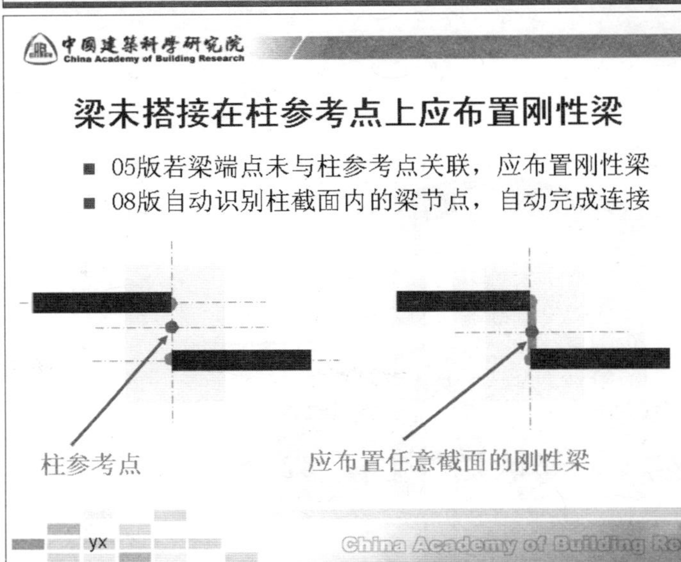
中國建築科學研究院 China Academy of Building Research
梁未搭接在柱参考点上应布置刚性梁
■ 05版若梁端点未与柱参考点关联，应布置刚性梁
■ 08版自动识别柱截面内的梁节点，自动完成连接
柱参考点
应布置任意截面的刚性梁
yx
China Academy of Building Research

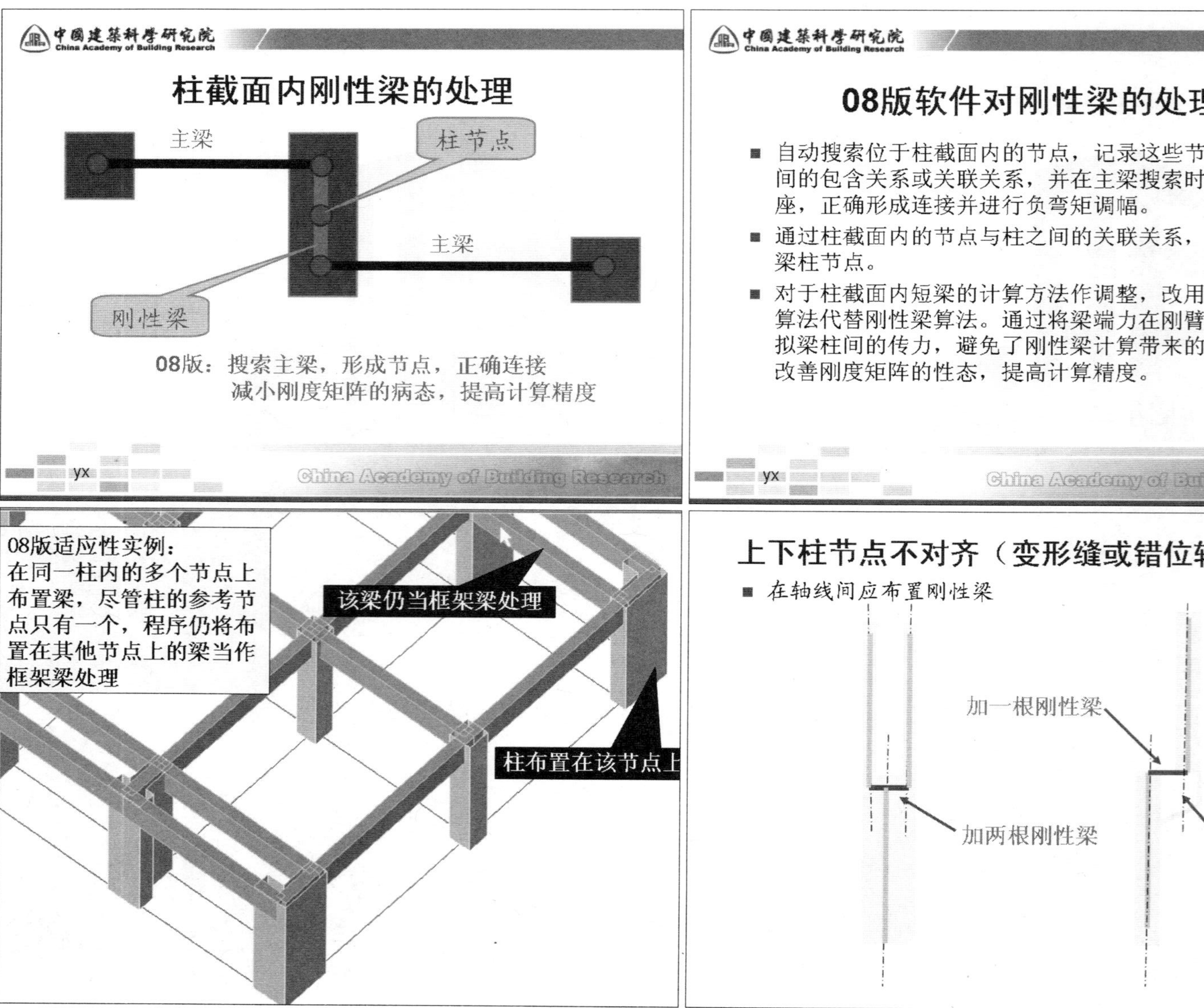
中國建築科學研究院
China Academy of Building Research
柱截面内刚性梁的处理
主梁
柱节点
主梁
刚性梁
08版：搜索主梁，形成节点，正确连接
减小刚度矩阵的病态，提高计算精度
yx
China Academy of Building Research
中國建築科學研究院
China Academy of Building Research
08版软件对刚性梁的处理
■ 自动搜索位于柱截面内的节点，记录这些节点与柱之间的包含关系或关联关系，并在主梁搜索时找到柱支座，正确形成连接并进行负弯矩调幅。
■ 通过柱截面内的节点与柱之间的关联关系，正确形成梁柱节点。
■ 对于柱截面内短梁的计算方法作调整，改用矩阵变换算法代替刚性梁算法。通过将梁端力在刚臂上平移模拟梁柱间的传力，避免了刚性梁计算带来的大刚度，改善刚度矩阵的性态，提高计算精度。
yx
China Academy of Building Research
08版适应性实例：
在同一柱内的多个节点上布置梁，尽管柱的参考节点只有一个，程序仍将布置在其他节点上的梁当作框架梁处理
该梁仍当框架梁处理
柱布置在该节点上
上下柱节点不对齐（变形缝或错位转换）
■ 在轴线间应布置刚性梁
加一根刚性梁
加两根刚性梁
牛腿

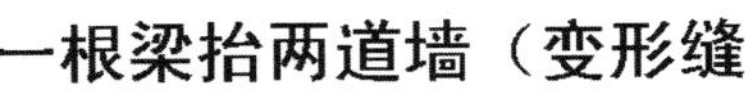

一根梁抬两道墙（变形缝）

■ 当一道宽梁承托两道墙时，应间隔布置刚性杆

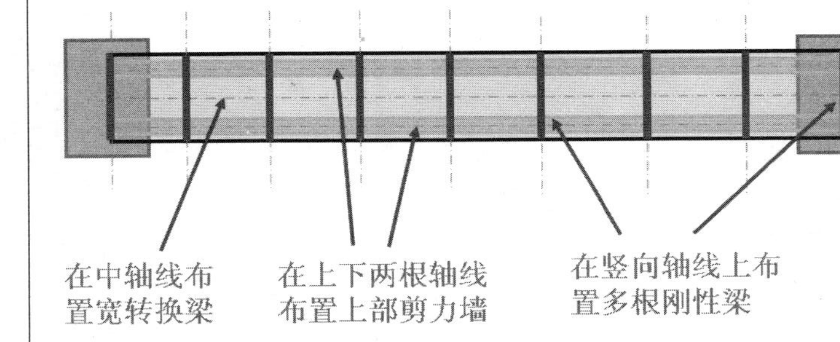

注意：刚性杆间距2~5m，梁两端至少各有一根

中国建筑科学研究院 China Academy of Building Research

布置刚性杆

■ 刚性杆用于在转换梁上布置偏心墙体，布置间距宜2m，且至少两端各一根

■ 刚性杆可定义为100mm*100mm

■ 刚性杆无自重，刚度无限大，完成不同轴线间荷载的传导

■ 有时短肢剪力墙也应布置刚性杆

yx China Academy of Building Research

中国建筑科学研究院 China Academy of Building Research

“悬　臂　梁”　P331

❖ 问题的提出：

➢ 大跨度，长悬臂，重荷载，小封口梁

❖ 受力分析

柱抗扭刚度大，梁抗扭刚度小

❖ 错误做法：

➢ 增加单“悬臂梁”

➢ 增加双“悬臂梁”

❖ 解决办法：

yx China Academy of Building Research

从主梁伸出的“悬臂梁”不是悬臂梁

■ 从主梁伸出的“悬臂梁”，与从柱伸出的悬臂梁，其变形协调是不同的，它受到主梁变形（竖向位移）的影响很大，从而降低了刚度，把自身的荷载卸向两边刚度大的悬臂梁。

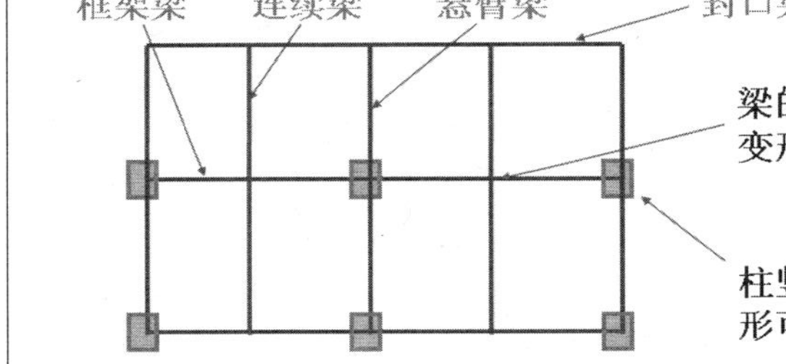

129 130
131 132

跨度悬臂梁例题

解决封口梁超筋的办法

❖ 加大框架梁的刚度：
  1、改为型钢混凝土梁
  2、改为预应力梁
❖ 减小封口梁的荷载：
  1、封口梁设为两端铰接
  2、封口梁不参与计算
❖ 同类情况：
  ➢ 梁一端搭在柱上一端搭在梁上（梁剪力差异大）
  ➢ 梁上抬柱（柱轴力减小）

结论：节点竖向位移会引起内力重分布

梁 托 柱 P332

❖ 问题的提出：
❖ 特殊现象：
  1、被托柱的柱底轴力减小
  2、被托柱抬的梁无负弯矩
❖ 受力分析：

梁抬柱的传力途径

■ 梁抬柱结构是由梁柱协调变形完成的，柱的轴力由梁的剪力平衡。

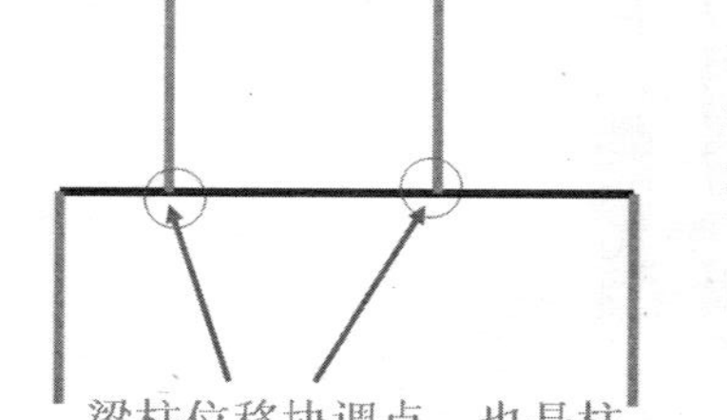

注意：
1、托柱梁应设定为转换梁
2、柱梁虽然会被柱的下节点打断，但出施工图时可合并为一根梁

中國建築科學研究院 China Academy of Building Research

梁托柱结构实例分析

工程实例：

1、工程概况

某工程为梁抬柱结构，共30层，含4层地下室，地震设防烈度为8度，地震基本加速度为0.2g。第四层节点1处为梁1和梁2的交点，该节点抬了一根1200mm×1200mm的劲性混凝土柱1，如图1所示。该结构的第五层平面图如图2所示。

yx China Academy of Building Research

中國建築科學研究院 China Academy of Building Research

梁2 梁1 节点1 梁1 梁2 抽柱部位

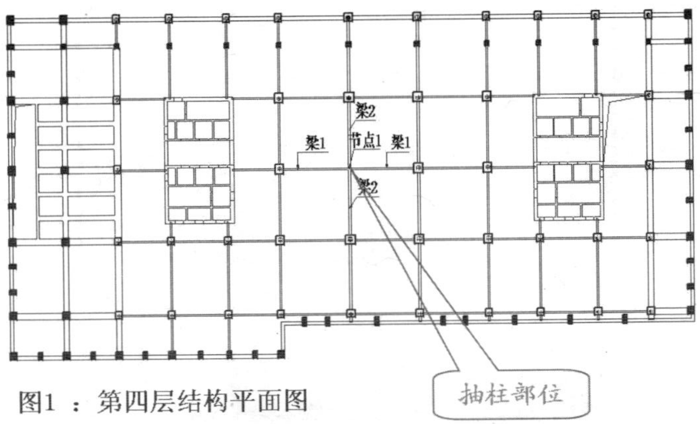

图1 ：第四层结构平面图

yx China Academy of Building Research

中國建築科學研究院 China Academy of Building Research

柱4 柱5 柱6 柱3 柱1 柱7 柱2 柱9 柱8 被梁托的柱

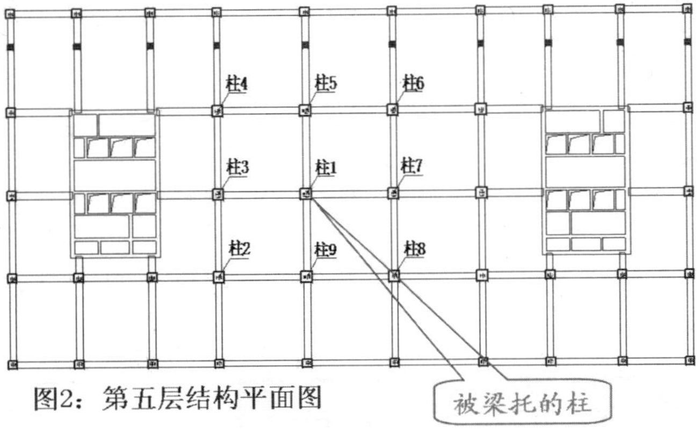

图2：第五层结构平面图

yx China Academy of Building Research

中國建築科學研究院 China Academy of Building Research

2、内力分析

计算结果如下：

（1）柱1在恒载作用下的柱底轴力标准值为586.5 kN，远远小于周边柱的轴力。

（2）结构总质量校核相同：

1）PMCAD软件中“平面荷载显示校核”计算出的结构总质量为84012.4t。

2）SATWE软件中质量文件WMASS.OUT中显示的结构总质量为84233.484t。

（3）柱底竖向位移86mm。

结论：节点竖向位移引起内力重分布

yx China Academy of Building Research

3、计算结果

表1 不同梁截面尺寸下的柱底轴力（单位：kN·m）

柱号	梁1和梁2截面尺寸（单位：mm）			
	250×600	300×900	400×1200	500×1500
柱1	-586.5	-2110.5	-4692.8	-7033.9
柱2	-9015.7	-8944.8	-8824.5	-8715.8
柱3	-12176.2	-11701.1	-10895.3	-10164.5
柱4	-9204.3	-9130.2	-9004.6	-8891.1
柱5	-11251.7	-10999.0	-10570.8	-10182.5
柱6	-10081.0	-10010.2	-9890.1	-9781.7
柱7	-15007.5	-14555.5	-13789.1	-13094.6
柱8	-9732.7	-9666.4	-9554.0	-9452.5
柱9	-10731.8	-10487.2	-10072.3	-9692.2
节点1位移(mm)	-86.06	-74.8	-55.695	-38.397

梁托柱结构

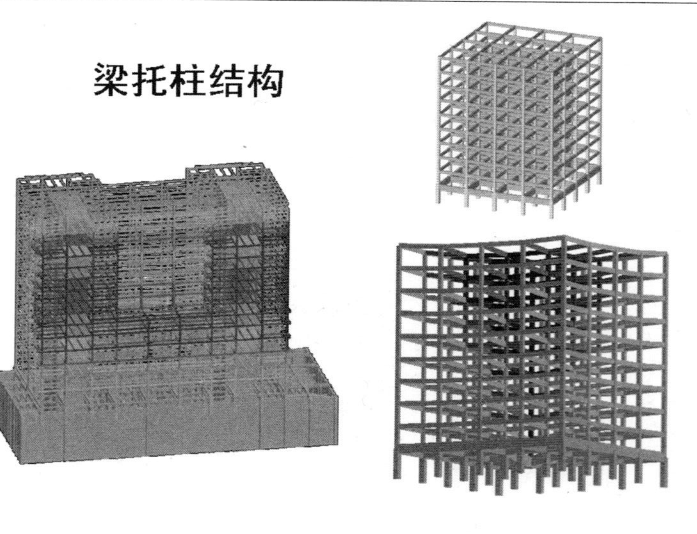

中国建筑科学研究院
China Academy of Building Research

柱计算长度系数与越层柱

P190

- ❖ 问题的提出
- ❖ 计算长度
- ❖ 受力分析

yx
China Academy of Building Research

混凝土柱计算长度系数

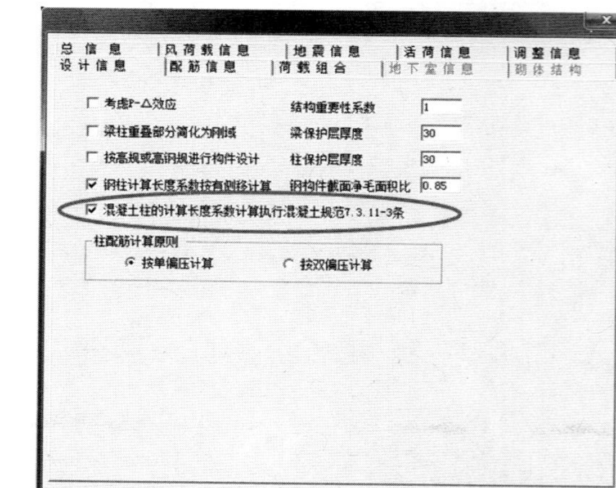

□ 混凝土柱的计算长度系数计算 执行混凝土规范7.3.11-3条

规范：《混凝土规范》7.3.11条：2.一般多层房屋中梁柱为刚接的框架结构，各层柱的计算长度l_0可按表7.3.11-2取用。 表7.3.11-2 框架结构各层柱的计算长度

楼盖类型	柱的类别	l_0
现浇楼盖	底层柱	1.0H
	其余各层柱	1.25H
装配式楼盖	底层柱	1.25H
	其余各层柱	1.5H

3. 当水平荷载产生的弯矩设计值占总弯矩设计值的75%以上时，框架柱的计算长度 l_0 可按下列两个公式计算，并取其中的较小值：

$$l_0=[1+0.15(\psi_u+\psi_l)]H \quad (7.3.11\text{-}1)$$

$$l_0=(2+0.2\psi_{min})H \quad (7.3.11\text{-}2)$$

- 不选择此项，柱计算长度系数按表7.3.11-2取用。
- 选择此项，程序自动检查每一组设计组合内力的水平力产生的设计弯矩是否占总弯矩的75%，如有一组大于75%时，自动按公式（7.3.11-3）计算混凝土柱的长度系数；否则按表7.3.11-2取用
- 2007年以后的软件可以勾选此项，由软件自动设定系数。

柱计算长度系数注意事项

1、刚性屋盖单层房屋排架柱、露天吊车柱和栈桥柱，其计算长度l_0可按表7.3.11-1取用。

注意：1）程序没有考虑高宽比超限和工业厂房的情况，用户应按规范调整修改柱计算长度系数。

2）当柱纵横方向梁高不等时，X和Y方向分布取不同的柱计算长度系数，不应考虑单边悬挑梁对计算长度系数的影响。

3）程序内定与Z轴夹角大于25°的混凝土斜撑和钢斜撑的计算长度系数为1.0。与Z轴夹角小于25°的斜撑计算长度系数取1或1.25，可以像柱一样进行0.2Q_0调整。

4）程序内定剪力墙边框柱的计算长度系数为0.75。

5）程序内定混凝土柱计算长度系数上限为2.5，钢柱计算长度系数上限为6.0。

越层柱的计算模型

- 越层柱特点：柱在越层处不受楼板和梁的约束
- 对不与梁及楼板相连的柱和墙，程序判断为越层构件，但受层模型限制，内力计算和配筋仍按层模型表述

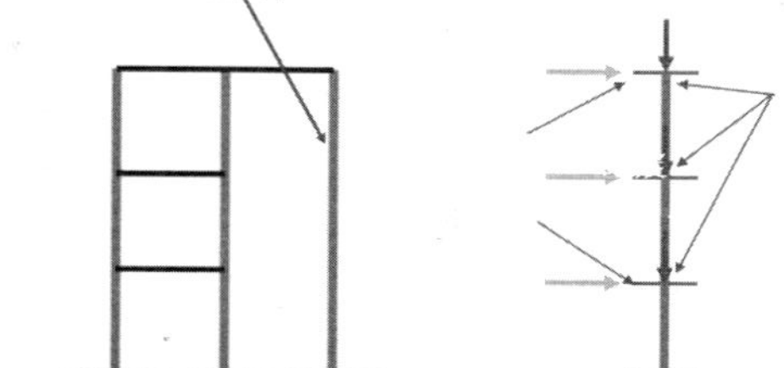

越层柱长度系数计算方法

越层柱的长度折算系数：如某越层柱分为三段输入，各段高h1, h2, h3，则柱全高H=h1+h2+h3。

1. SATWE可以正确计算越层柱的实际长度（地下室除外）
2. 计算整根柱H的计算长度系数μ
3. 计算各个柱段的长度折算系数：
   H/h1 ， H/h2 ， H/h3
4. 计算各个柱段的计算长度系数：
   μ1=H/h1*μ
   μ2=H/h2*μ
   μ3=H/h3*μ
5. 越层柱按各柱段的计算长度系数分层计算

- SATWE给越层柱和墙的各层顶部增加了水平力，使柱各段的配筋可能不一样，出施工图时取大值
- 对单边越层柱，软件按两方向的实际情况分别计算

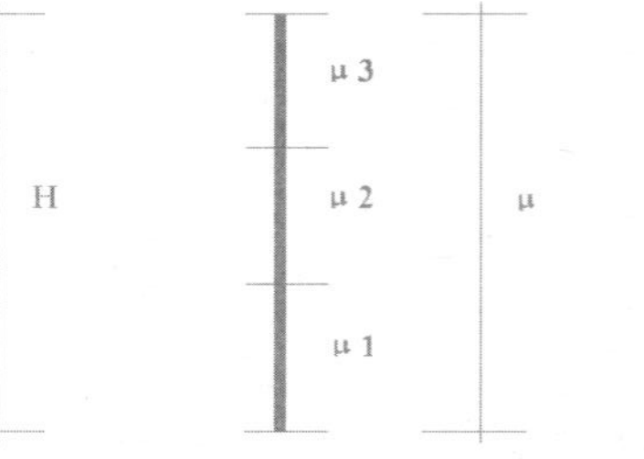

注意：1）如柱一个方向与悬臂梁相连，程序仍认为有约束，柱的计算长度有可能不对，需要人工调整
2）软件暂不考虑地下室的越层柱

越层柱建模应注意的问题

- 如越层柱布置在建筑外侧，有可能减少了中间楼层的迎风面积。
- 不能提高越层柱上节点，与上层梁连接
- 不能修改越层柱底标高，与下层梁连接
- 可采用分段布柱方式输入越层柱，但层间梁不能超过3根
- 由于地下室强制采用刚性板假定，程序将越层柱按普通柱处理，逐层逐段计算长度系数

中国建筑科学研究院 China Academy of Building Research

强梁弱柱讨论

- 汶川地震反映的突出问题

yx

China Academy of Building Research

149 150
151 152

强梁弱柱

强梁弱柱

都江堰玉华酒店

153 154
155 156

强梁弱柱

都江堰金叶宾馆

典型的强梁弱柱

台湾集集地震

强梁弱柱的原因

梁钢筋有多次增大机会

- 未考虑梁端刚域影响
- 中梁刚度放大
- 梁设计弯矩放大
- 控制梁裂缝宽带
- 未考虑楼板配筋的影响

柱钢筋没有增大机会
值得研究探讨，有人建议：

- 梁小震设计，柱中震设计
- 柱抗震等级高于梁
- 确保柱梁适宜的线刚度比
- 把握梁纵筋箍筋的适宜性

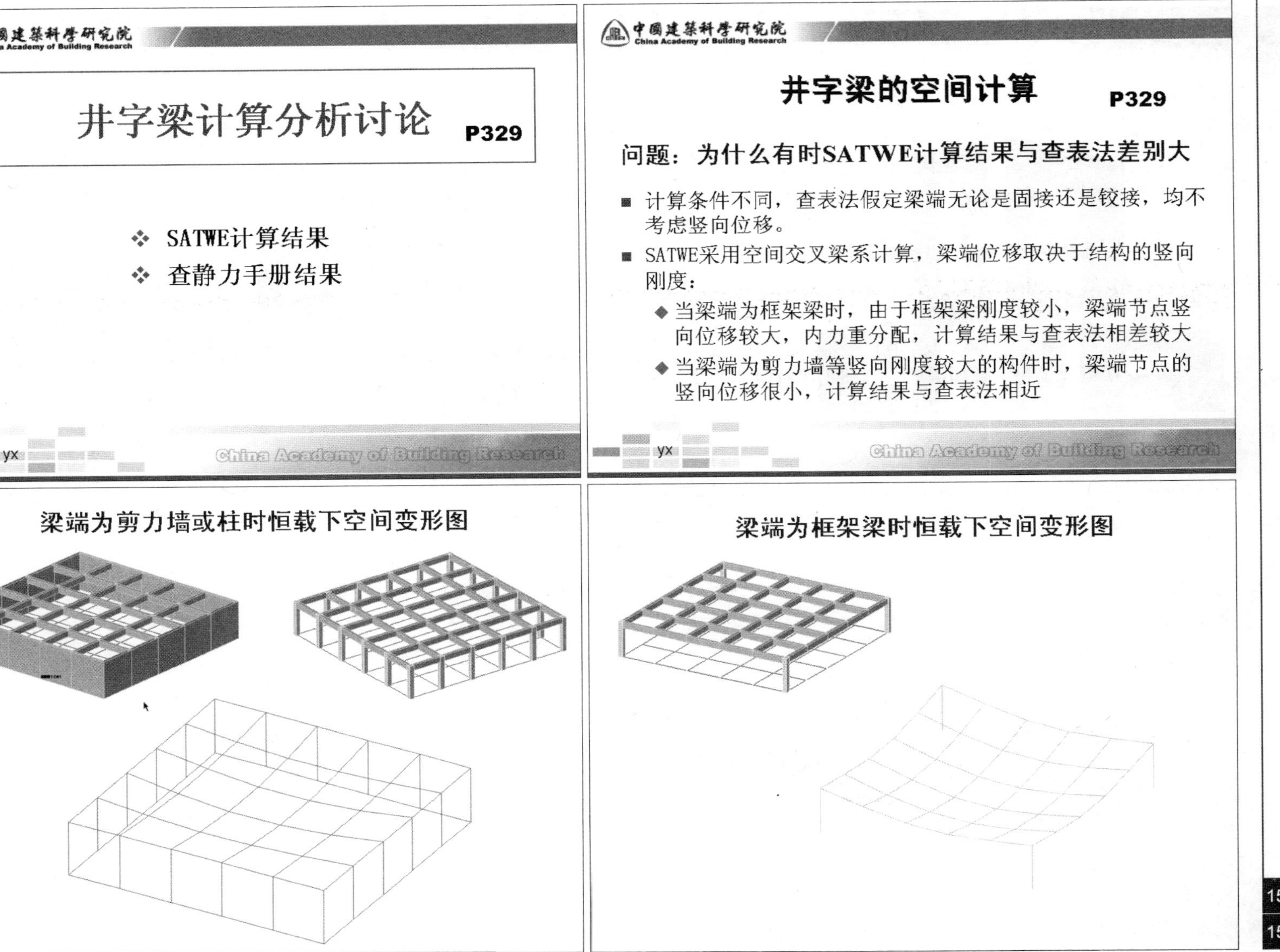
中国建筑科学研究院
China Academy of Building Research
井字梁计算分析讨论 P329
❖ SATWE计算结果
❖ 查静力手册结果
yx
China Academy of Building Research
中国建筑科学研究院
China Academy of Building Research
井字梁的空间计算 P329
问题：为什么有时SATWE计算结果与查表法差别大
■ 计算条件不同，查表法假定梁端无论是固接还是铰接，均不考虑竖向位移。
■ SATWE采用空间交叉梁系计算，梁端位移取决于结构的竖向刚度：
◆ 当梁端为框架梁时，由于框架梁刚度较小，梁端节点竖向位移较大，内力重分配，计算结果与查表法相差较大
◆ 当梁端为剪力墙等竖向刚度较大的构件时，梁端节点的竖向位移很小，计算结果与查表法相近
yx
China Academy of Building Research
梁端为剪力墙或柱时恒载下空间变形图
梁端为框架梁时恒载下空间变形图
157 158
159 160

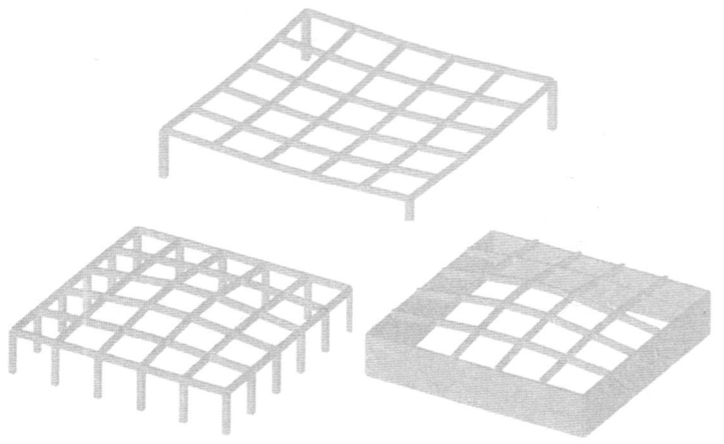

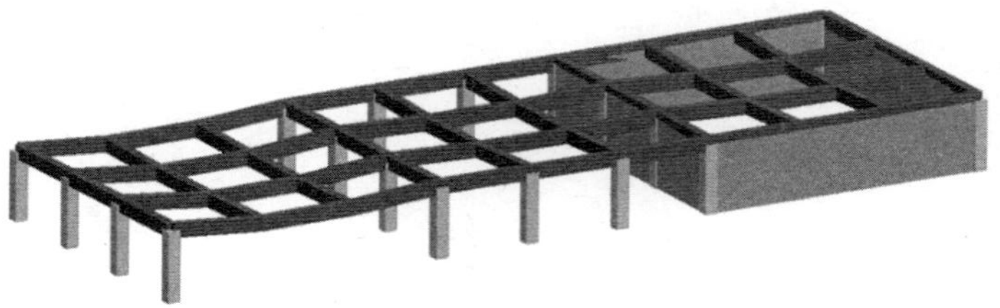

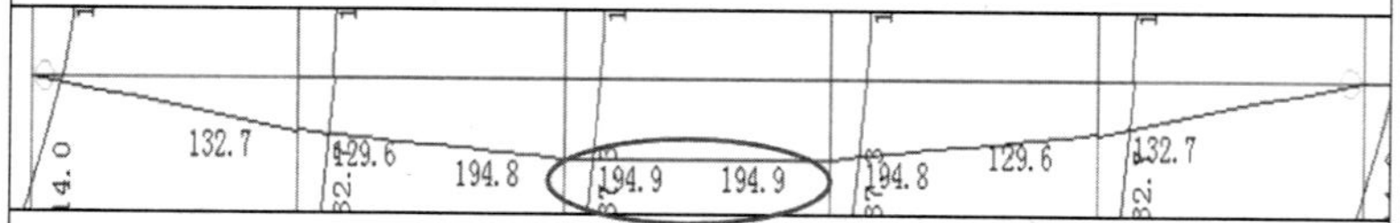

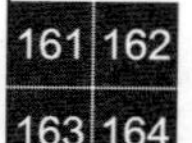

中国建筑科学研究院 China Academy of Building Research

梁端为框架梁时，SATWE计算边梁的弯矩=194.9

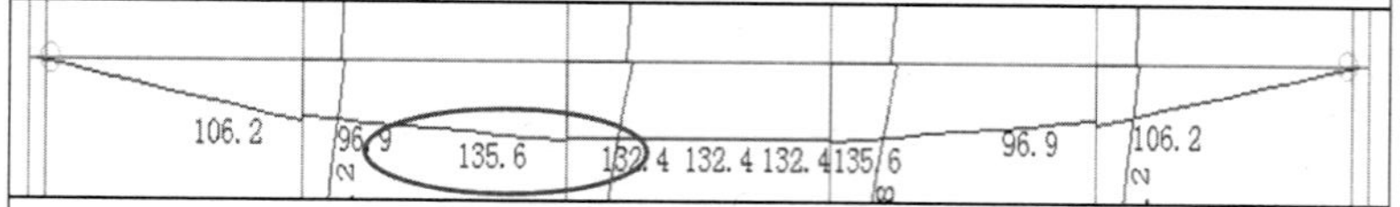

梁端为剪力墙时，SATWE计算边梁的弯矩=135.6

China Academy of Building Research

中国建筑科学研究院 China Academy of Building Research

- 查《结构静力手册》，边梁的跨中最大弯矩为：M=1.0641×5×3×3×3=143.65kN•m
- 当梁端为框架梁时，该梁的跨中最大弯矩为94.9kN•m，误差：［(194.9−143.65)/143.65］×100%=35.7%
- 当梁端为剪力墙时，该梁的跨中最大弯矩为135.6kN•m，误差：［(143.65−135.6)/143.65］×100%=5.6%
- 结论：静力手册数据仅适用于梁端为剪力墙的情况
- SATWE在两种情况下的计算结果都是正确的

China Academy of Building Research

中国建筑科学研究院 China Academy of Building Research

砖混结构中井字梁楼盖计算方法

QITI不能算井字梁，SATWE不能计算砖墙，解决方法：

- 在SATWE软件中选取“有限元算法”，井字梁只看SATWE的计算结果
- 砖墙抗震计算只看QITI的计算结果
- **两个软件，各算一次，各取所需**
- 不能用PK软件计算井字梁

yx China Academy of Building Research

中国建筑科学研究院 China Academy of Building Research

建模中常见问题解答

yx China Academy of Building Research

中国建筑科学研究院 China Academy of Building Research

混凝土柱的轴压比

P339

- 问题的提出：轴压比没有超限却显示红色
- 规范规定
- 问题原因

(0.88)
3.4
1.3
11
G3.4-0.0

yx China Academy of Building Research

中国建筑科学研究院 China Academy of Building Research

混凝土柱轴压比的计算规定

规范：《抗震规范》6.3.7条：柱轴压比不宜超过表6.3.7的规定；建造于Ⅳ类场地且较高的高层建筑，柱轴压比限值应适当减小。

结构类型	抗震等级		
	一	二	三
框架结构	0.7	0.8	0.9
框架-剪力墙，板柱-抗震墙及筒体	0.75	0.85	0.95
部分框支抗震墙	0.6	0.7	—

yx China Academy of Building Research

《抗震规范》6.3.7条 注：

2、表内限值适用于剪跨比大于2、混凝土强度等级不高于C60的柱；

剪跨比不大于2的柱轴压比限值应降低0.05；

剪跨比小于1.5的柱，轴压比限值应专门研究并采取特殊构造措施；程序将轴压比限值降低0.10。

5、柱轴压比不应大于1.05。

《高规》6.4.2条 注：

2、表内数值适用于混凝土强度等级不高于C60的柱。

当混凝土强度等级为C60～C70时，轴压比限值应比表中数值降低0.05；

当混凝土强度等级为C75～C80时，轴压比限值应比表中数值降低0.10。

混凝土柱轴压比超限的原因

1）柱轴压比限值随剪跨比的减小而降低。

2）柱轴压比限值随混凝土强度等级的增加而降低。

3）有时非抗震设计柱轴压比更大，这是由于柱轴力设计值大于地震作用组合轴力设计值。

混凝土梁的箍筋面积计算

P339

- 问题的提出：混凝土梁箍筋计算结果加密区和非加密区相同
- 规范规定
- 问题原因

G0.6-0.6
6-0-6
6-5-6

混凝土梁箍筋面积计算规定

规范：《抗震规范》6.3.3条：梁的钢筋配置，应符合下列各项的要求：

抗震等级	加密区长度（采用较大值）（mm）	箍筋最大间距（采用最小值）（mm）	箍筋最小直径（mm）
一	$2h_b$, 500	$h_b/4$, 6d, 100	10
二	$1.5h_b$, 500	$h_b/4$, 8d, 100	8
三	$1.5h_b$, 500	$h_b/4$, 8d, 150	8
四	$1.52h_b$, 500	$h_b/4$, 8d, 150	6

3、梁端箍筋加密区的长度、箍筋最大间距和最小直径应按表6.3.3采用，当梁端纵向受拉钢筋配筋率大于2%时，表中箍筋最小直径数值应增大2mm。

169 170 171 172

中国建筑科学研究院 China Academy of Building Research

混凝土梁加密区与非加密区箍筋相同的原因：

1）有时梁剪力变化均匀，混凝土梁加密区与非加密区剪力值相差很小。

2）有时梁配筋较小，混凝土梁加密区与非加密区的箍筋面积都由最小配箍率控制。

3）有时计算的梁加密区与非加密区的箍筋间距相同，都为设计人员在“配筋信息”中输入的箍筋间距值。

注意：在SATWE计算简图中增加了“梁压弯算”功能，程序将用户选择梁的各工况内力读出，按照压弯或拉弯构件重新进行配筋计算。对桁架的上弦杆和受水平荷载的梁可进行压弯验算。

yx China Academy of Building Research

中国建筑科学研究院 China Academy of Building Research

■ 程序在计算梁箍筋面积时，无论加密区还是非加密区均按设计人员输入的一个箍筋间距值计算，非加密区箍筋面积是根据剪力实际计算出来的。如果梁的剪力图平缓，加密区或非加密区剪力值相差很小，箍筋面积就相等或相差很小。

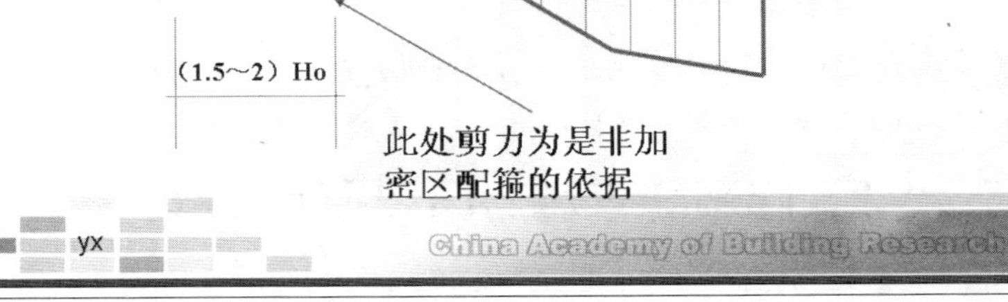

yx China Academy of Building Research

中国建筑科学研究院 China Academy of Building Research

节点间距小于150mm P334

模型错误检查 - 记事本
文件(F) 编辑(E) 格式(O) 查看(V) 帮助(H)
总信息检查
下列两节点间距小于150mm，可能引起后面复杂计算出错，可检查前面输入是否有错，或增大合并的节点距离。（网格节点图上绿色标出）

原因：

- 应进行轴线简化及合并，删除无用节点
- 检查上下楼层的节点是否对齐
- 检查建模中的错误，如轴线出头或未连接
- 确属工程中需要的近节点，可以不予理睬

注意：这是警告性提示，不是错误提示

yx China Academy of Building Research

多塔定义错误

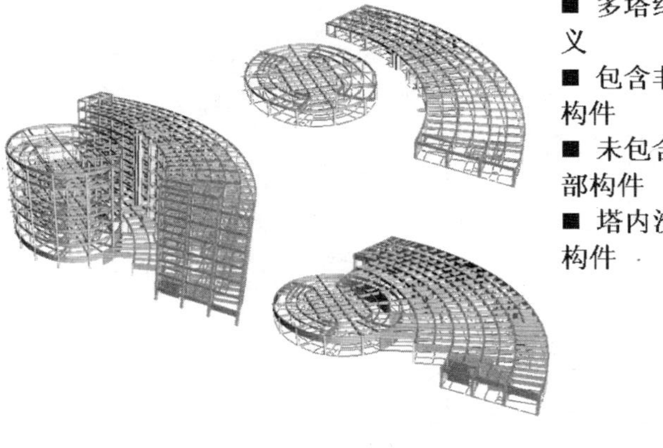

- 多塔结构未定义
- 包含非本塔的构件
- 未包含本塔全部构件
- 塔内没有任何构件

177 178
179 180

铰接定义太多

不能将梁梁交点都设定为铰接

程序不能处理零自由度结构

产生机构

《高规》6.1.1条规定，框架主体结构除个别部位外，不应采用铰接。

《高规》8.1.6条规定，框架-剪力墙主体结构构件之间除个别节点外不应采用铰接。

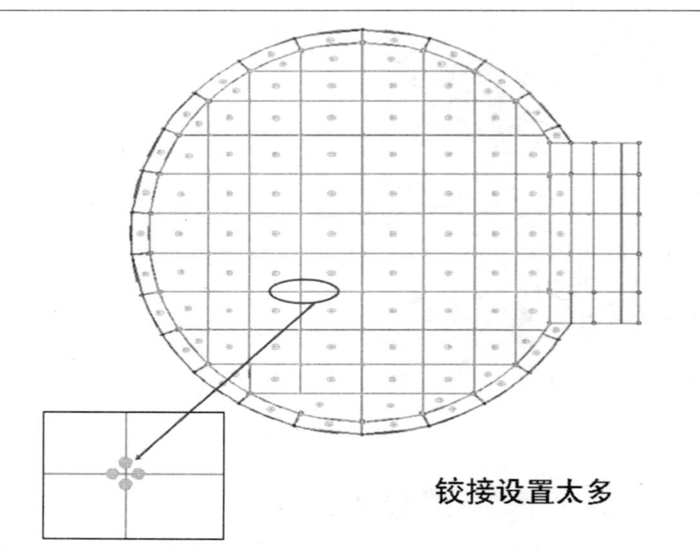

铰接设置太多

越层支撑和斜柱

05版SATWE在处理越层支撑时，仍按层分段考虑，混凝土支撑默认为两端刚接，钢支撑默认为两端铰接，应改为刚接，避免越层支撑在节点处成为机构。

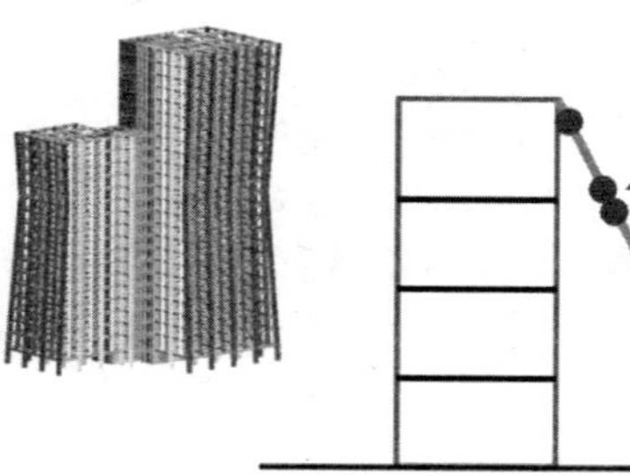

节点铰接产生机构，应改为两端刚接

斜柱设计方法：

- 按斜撑建模
- 修改长度系数
- 修改活载折减
- 修改配筋模式

PKPM软件暂不能直接建立与地面不垂直的柱和墙

一个节点连接构件数量的限制 P333

05版允许一个节点最多连接6根梁或墙，08版增加到16根，如超过此限制，可以通过增加环梁解决

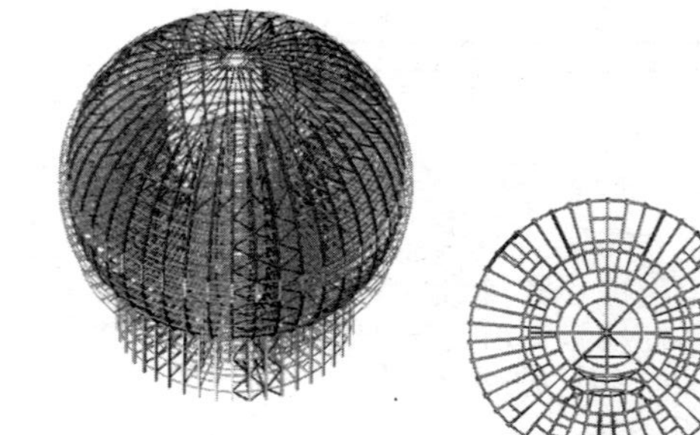

房间没有荷载组合 P333

1）没有布置活荷载，如支架
2）房间周边的主梁和墙不封闭
3）房间轴线夹角小于15°

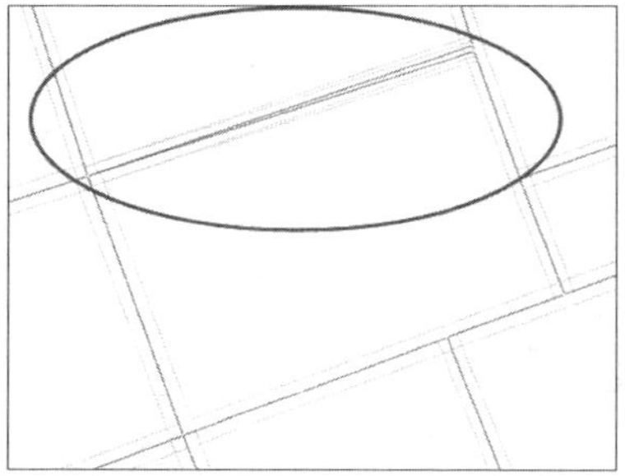

中国建筑科学研究院
China Academy of Building Research

梁、墙悬空

China Academy of Building Research

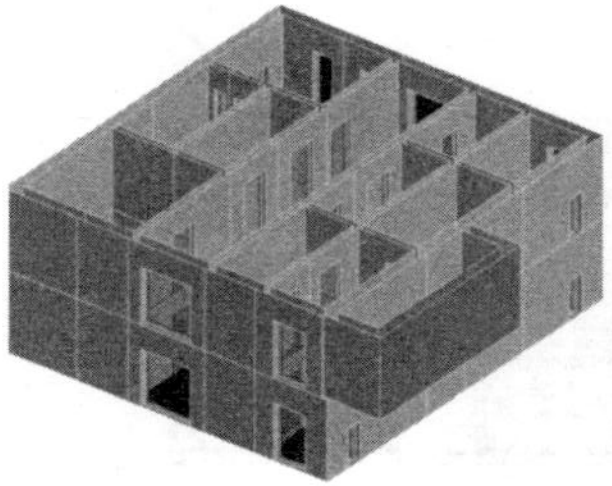

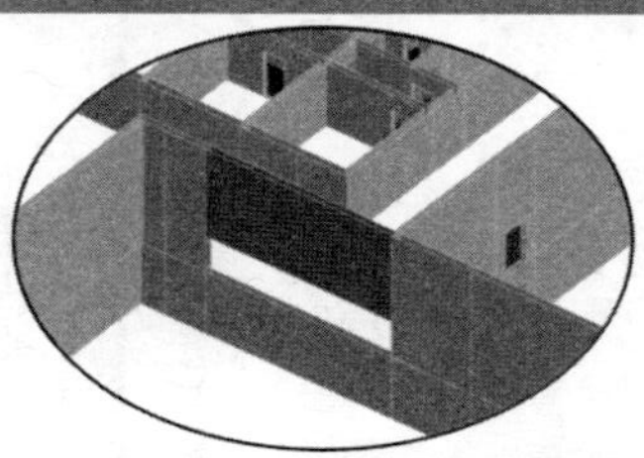

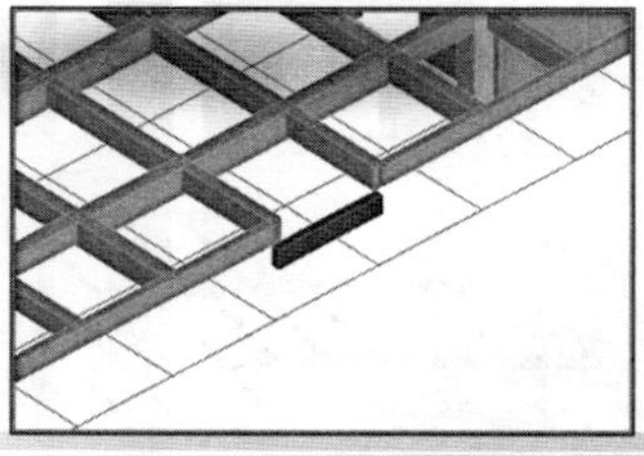

◆ 梁悬空

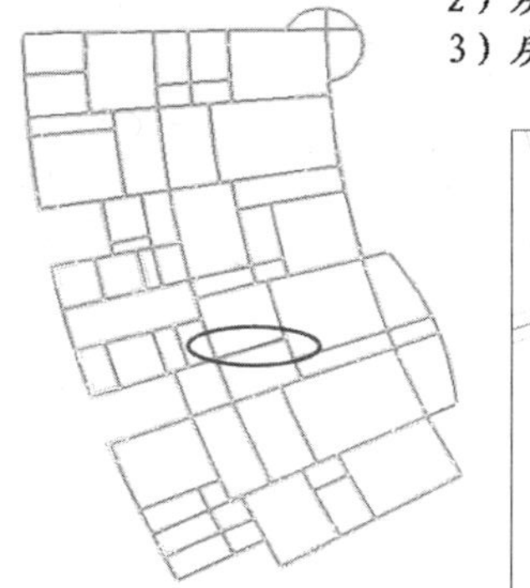

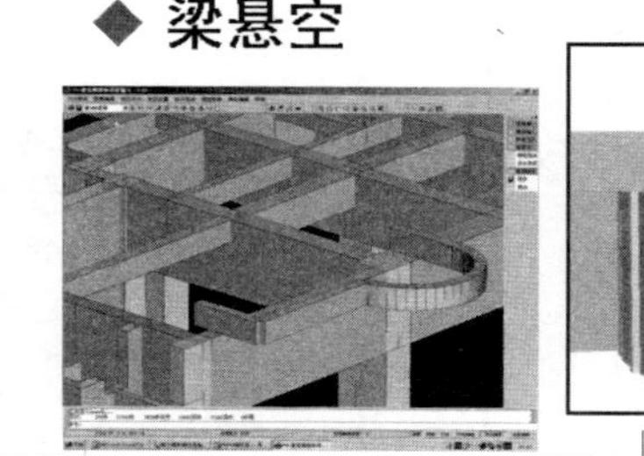

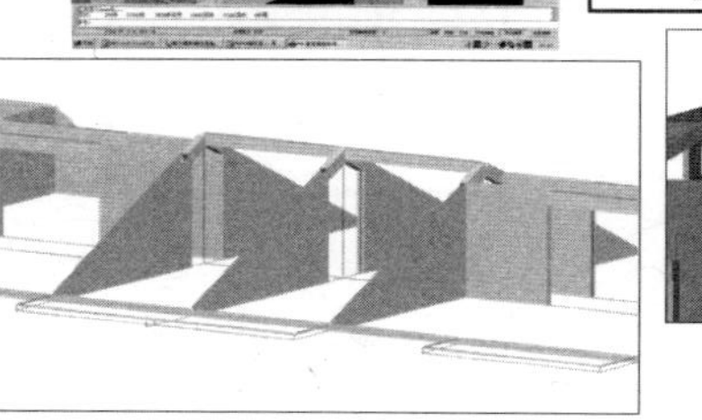

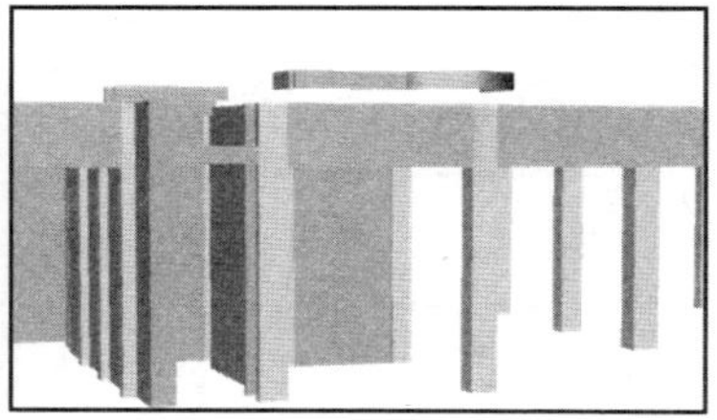

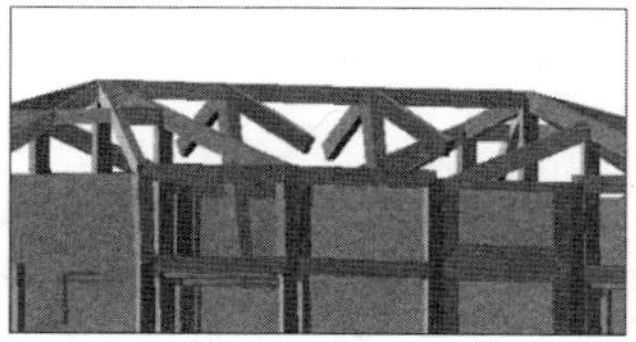

坡屋顶的混凝土山墙08版可以分析，05版仍按矩形墙分析

楼板不能形成复连通域

楼板复连通域导荷有问题，应避免房间形成复连通域。

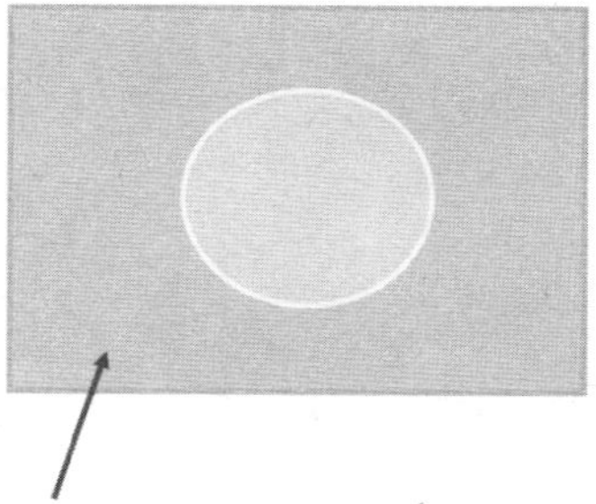

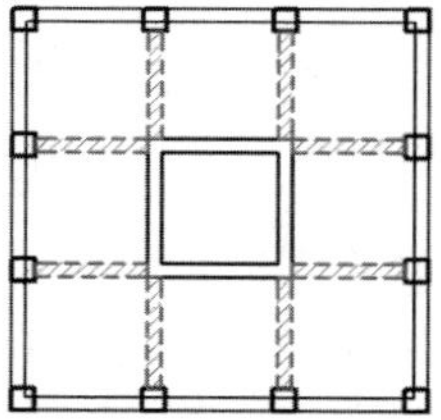

此区域的荷载导算有问题，应避免

复连通域实例：板柱-剪力墙结构

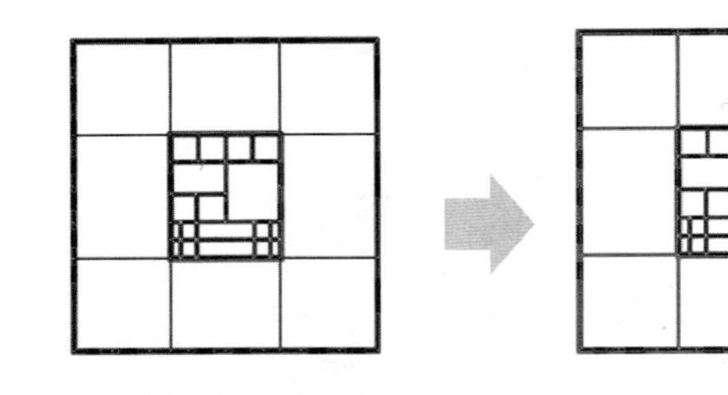

解决办法：布置100mm*100mm的虚梁

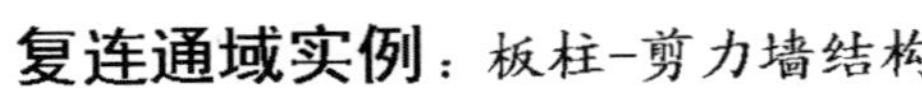

剪力墙组合截面配筋

基于平截面假定的剪力墙配筋验算

P113

传统的分段配筋方式

目前软件计算剪力墙配时，将多肢剪力墙分解为多个直线墙段，对各墙段按单向偏心受力构件计算配筋，只能输出各段直线墙和暗柱的计算配筋

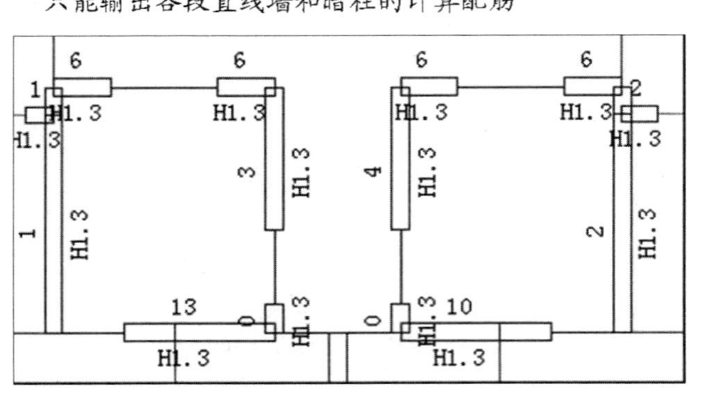

剪力墙配筋问题

暗柱：取直线墙段端部计算纵筋

端柱：墙柱分开计算之后相加一般比直接计算的要大；

翼墙：没有考虑翼缘的作用

转角墙：取两个直线墙段端部计算纵筋之和

一般情况下分段相加的方法偏于保守

15.剪力墙组合配筋修改及验算 P113

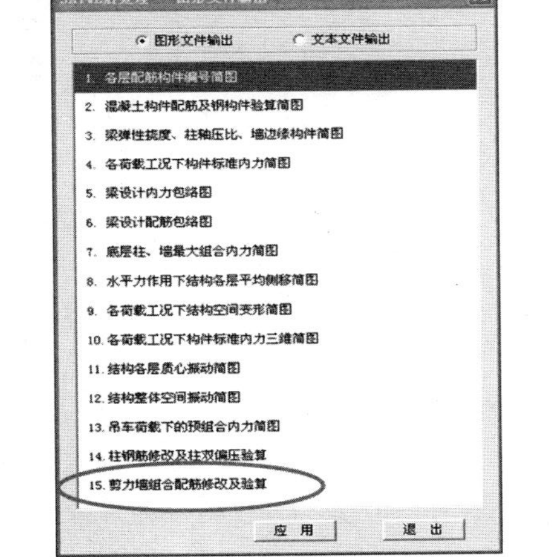

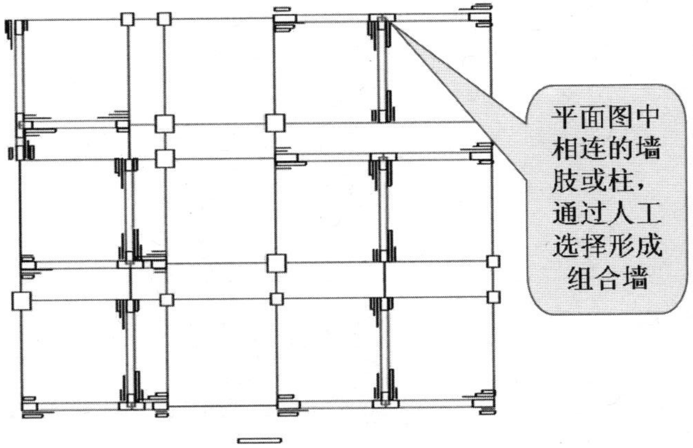

平面图中相连的墙肢或柱，通过人工选择形成组合墙

SATWE计算后对剪力墙配筋异常部位进行验算修改

程序对组合墙自动合并计算

- 将分段墙肢的内力组合至组合截面的形心
- 将组合墙作为一个整体截面按照异形柱的配筋方式计算配筋，再给节点处钢筋赋初值，按双偏压构件计算配筋

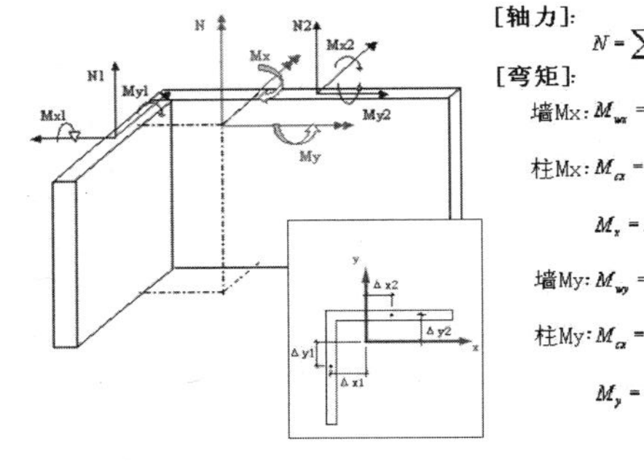

[轴力]:

$$N=\sum N_{wi}+\sum N_{ci}$$

[弯矩]:

墙Mx: $M_{wx}=\sum\left(M_{wxi}\times\sin\theta_{wi}+M_{wyi}\times\cos\theta_{wi}+N_{wi}\times\Delta y_i\right)$

柱Mx: $M_{cx}=\sum\left(M_{cxi}\times\cos\theta_{ci}+M_{cyi}\times\sin\theta_{ci}+N_{ci}\times\Delta y_i\right)$

$$M_x=M_{wx}+M_{cx}$$

墙My: $M_{wy}=\sum\left(M_{wxi}\times\cos\theta_{wi}+M_{wyi}\times\sin\theta_{wi}+N_{wi}\times\Delta x_i\right)$

柱My: $M_{cy}=\sum\left(M_{cxi}\times\sin\theta_{ci}+M_{cyi}\times\cos\theta_{ci}+N_{ci}\times\Delta x_i\right)$

$$M_y=M_{wy}+M_{cy}$$

<实例>实例1

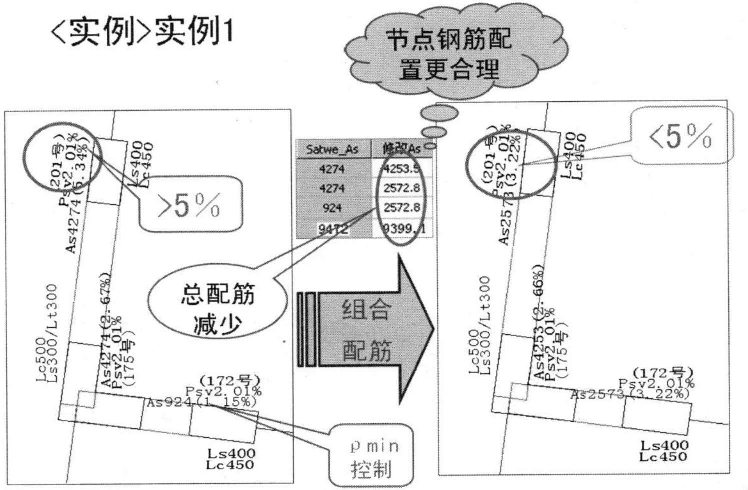

节点钢筋配置更合理

(201号) Psv2.01% As4274(5.34%)
>5%
Ls400 Lc450
Lc500 Ls300/Lt300
As4274(2.67%) Psv2.01% (175号)
(172号) Psv2.01% As924(1.15%)
Ls400 Lc450
总配筋减少
ρmin控制

Satwe_As	修改As
4274	4253.5
4274	2572.8
924	2572.8
9472	9399.1

组合配筋

(201号) Psv2.01% As2573(3.22%)
<5%
Ls400 Lc450
Lc500 Ls300/Lt300
As4253(2.66%) Psv2.01% (175号)
(172号) Psv2.01% As2573(3.22%)
Ls400 Lc450

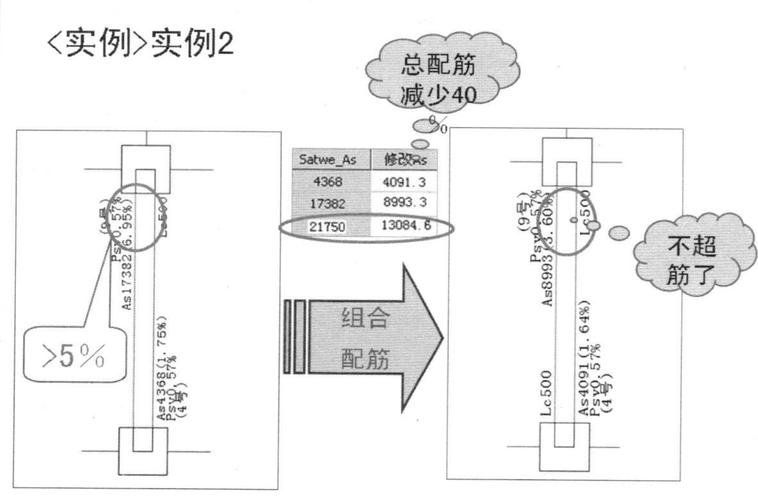

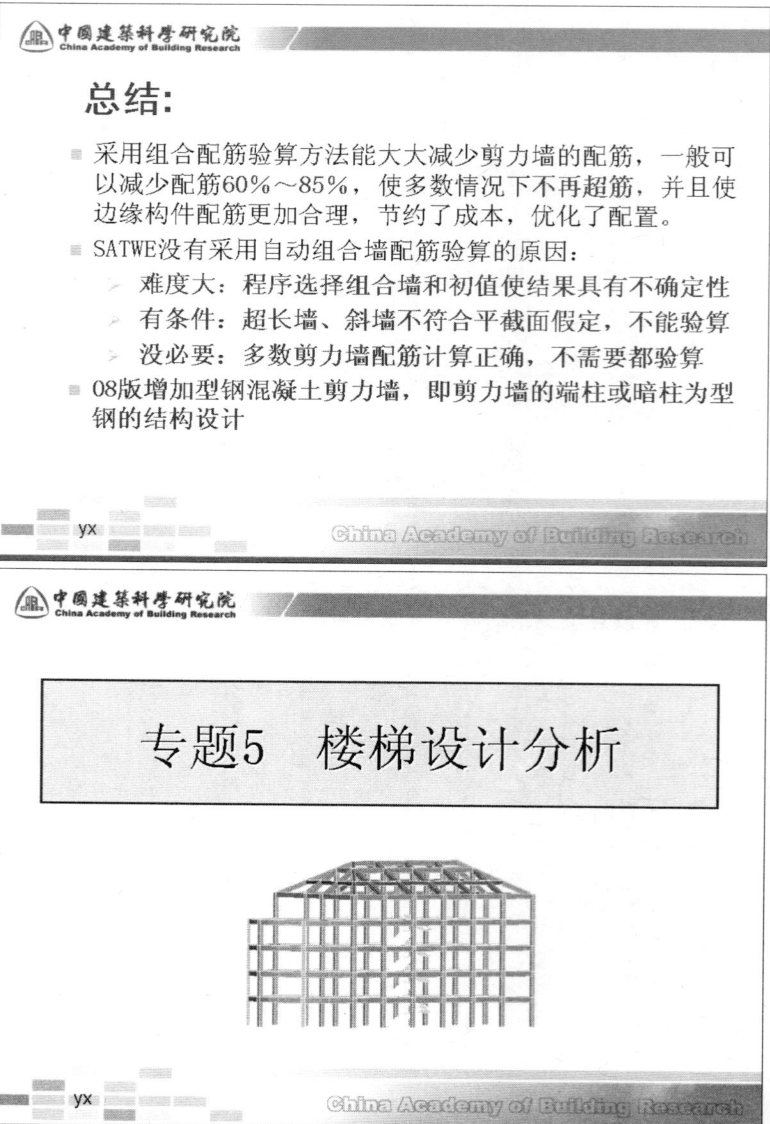

剪力墙边框柱如何出图

与剪力墙相连的柱：

◆ 是剪力墙的一部分，称为剪力墙端柱，应与剪力墙一同出图

◆ 不宜按框架柱出图

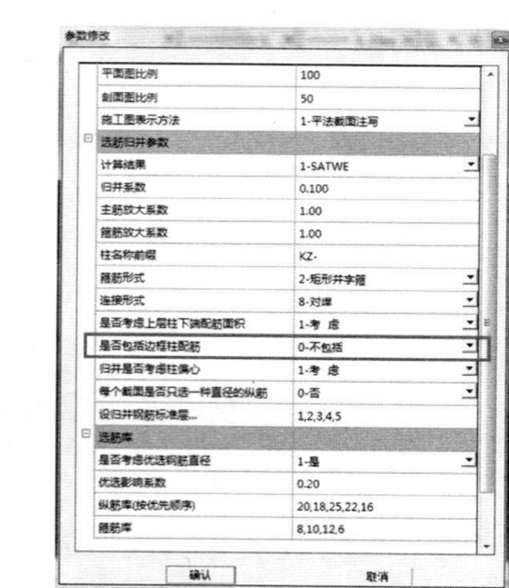

中国建築科學研究院 China Academy of Building Research

楼梯计算的作用和地位

- ❖ 整体建模，整体计算
- ❖ 抓大放小，合理简化
- ❖ 楼梯是否参与整体分析
- ❖ 楼梯是逃生的唯一通道

《抗震规范局部修订》：计算中应考虑楼梯构件的影响。

《北京细则》：楼梯间在多层砌体房屋抗震中是薄弱环节，须要用构造柱等措施来加强。

yx

楼梯间损毁严重

- 在地震中楼梯间损毁严重

都江堰

楼梯间损毁原因：

- 楼梯平台是错层板
- 楼梯板相当于刚度很大的剪刀撑，吸收地震能量大
- 楼梯间四角没有构造柱或不与圈梁连接
- 楼梯踏步板在1/3-1/2处留施工缝不妥
- 施工质量不能保证
- 无室外疏散楼梯

楼梯设计分析方法

- 《抗震规范局部修订》3.6.6条，计算模型的建立、必要的简化计算与处理，应符合结构的实际工作状况；计算中应考虑楼梯构件的影响。

旧版PKPM软件楼梯分析方法：

- 整体计算仅考虑楼梯荷载，不考虑楼梯刚度
  - 设置楼板厚度为0，保留楼梯荷载
  - 将楼梯荷载布置在相应构件上
- 楼梯设计在LTCAD软件中完成
  - 没有考虑楼梯刚度对整体结构的影响

05版楼梯设计分析方法

- 楼梯变通建模方法：
  - 梁式楼梯输入斜梁，再自动布置均匀楼板
  - 板式楼梯输入虚梁，修改柱底标高防重叠
- 楼梯参与计算的影响：
  - 楼梯参与计算对框架结构影响较大
  - 楼梯板形成的剪刀撑刚度大，导致结构刚度不均匀，周期缩小，扭转加剧
  - 楼梯周围的柱内力增加，休息平台宜加强
- 采用加强楼梯的构造措施
  - 提高抗震等级，楼梯板双层双向配筋
  - 楼梯墙体增设拉筋，楼梯柱全高加密

08版楼梯设计分析方法

- 在四边形房间内布置两跑楼梯，或对折三跑、四跑楼梯，建模方法与LTCAD相同

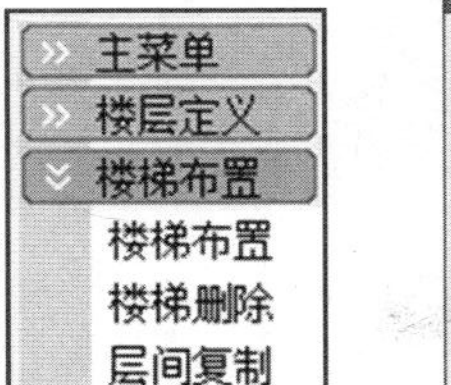

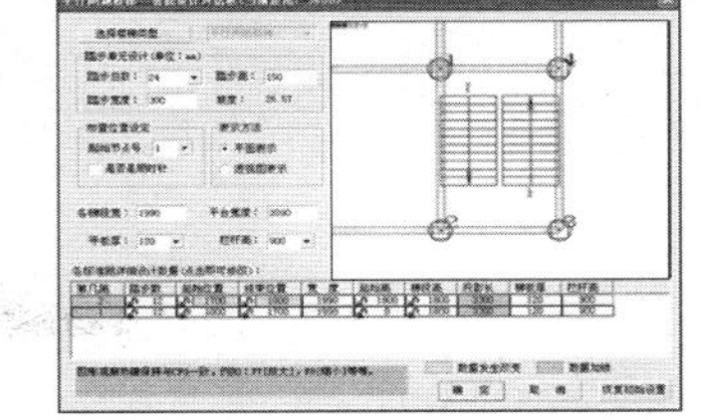

注意：建议在楼层组装后布置楼梯，楼梯间板厚设为0，楼梯底部梁端可加支撑作为嵌固端

209 210
211 212

08版楼梯设计分析方法

- 建模结束退出时，选择将楼梯转换为梁，程序另建LT子目录
- LT目录的模型分析考虑楼梯影响，原目录的模型不考虑楼梯影响

请选择
选择后续操作
楼梯自动转换为梁（数据在LT目录下）
生成梁托柱、墙托柱的节点
清理无用的网格、节点
生成遗漏的楼板
检查模型数据
楼面荷载倒算
竖向导荷
确定 取消

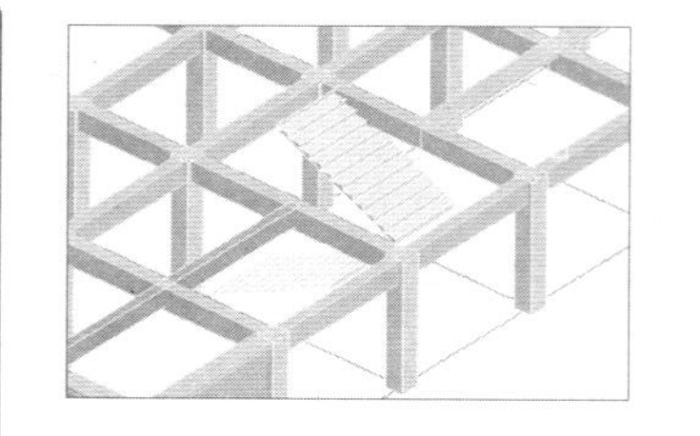

08版楼梯设计分析方法

- 程序自动将每跑楼梯用三段宽扁梁模拟，休息平台增加250mm×500mm的层间梁，每跑楼梯都与框架梁或平台梁相接，考虑楼梯的影响。

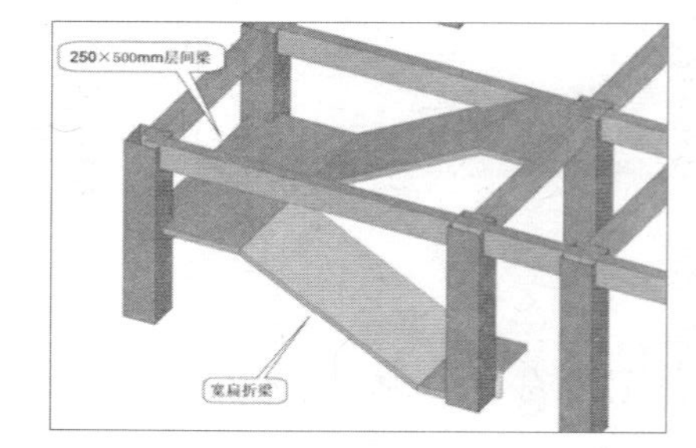

08版楼梯设计分析方法

- 在LT目录中楼梯参与三维整体计算
- 楼梯的内力配筋计算仍在LTCAD中完成

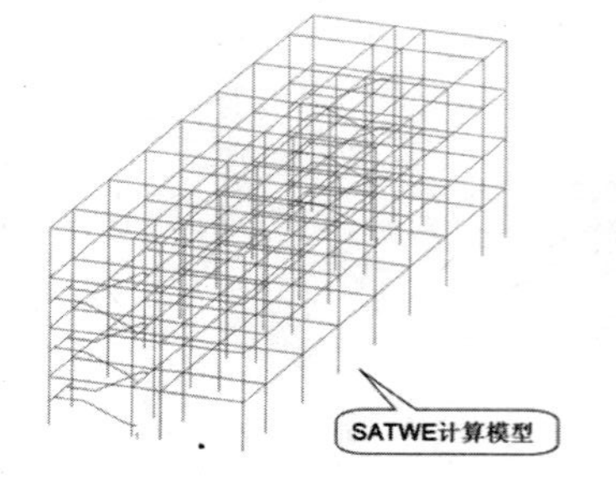
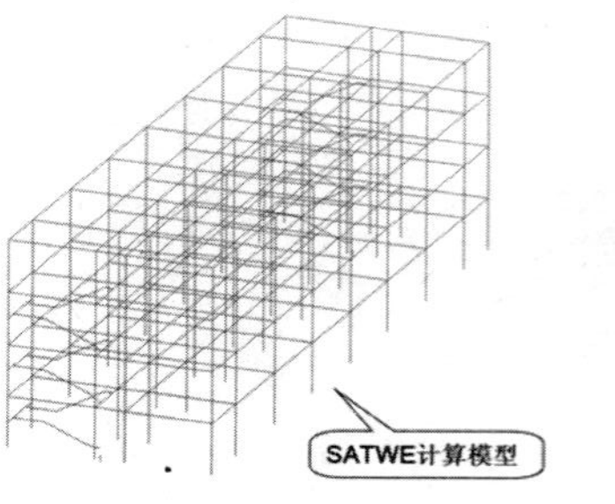
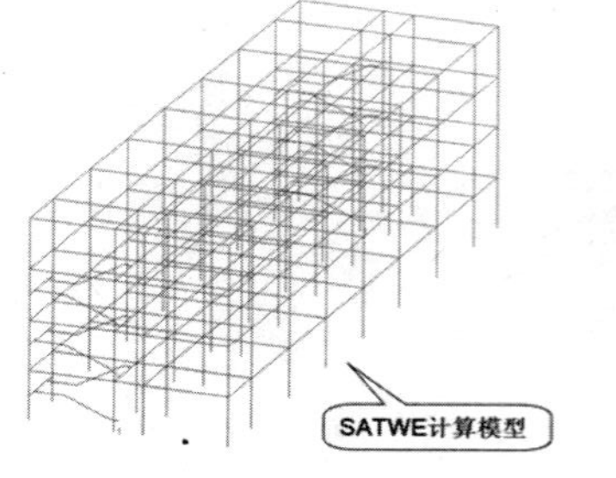

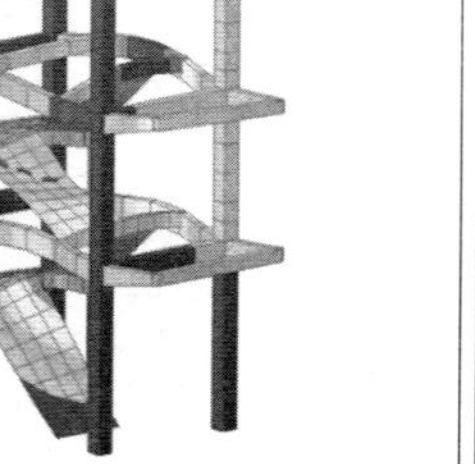

中国建筑科学研究院
China Academy of Building Research

专题6 汶川大地震给工程设计人员的启示

yx

China Academy of Building Research

中国建筑科学研究院 China Academy of Building Research

汶川大地震的基本情况

yx

China Academy of Building Research

国 殇

- 人员遇难6.9万，受伤37万，失踪1.8万
- 倒塌房屋778.91万间，损坏2459万间
  其中民房27.4%，非住宅20.4%，道路市政21.9%
- 公路、水、电、气等公共设施和线路损毁严重
- 余震、滑坡、泥石流、堰塞湖等次生灾害严重
- 6443个规模以上的工业企业一度停产
- 损失畜禽达4462万头
- 受灾面积6.5万平方公里，涉及6个市、州
- 直接经济损失8451亿元

汶川地震基本情况

- 震级：M 8.0
- 断层：龙门山断裂
- 断层类型：逆冲右旋走滑断层
- 断裂长度：主震185km，余震300km
- 震源深度：14km
- 烈度分布：6-11度
- 地震加速度：不详

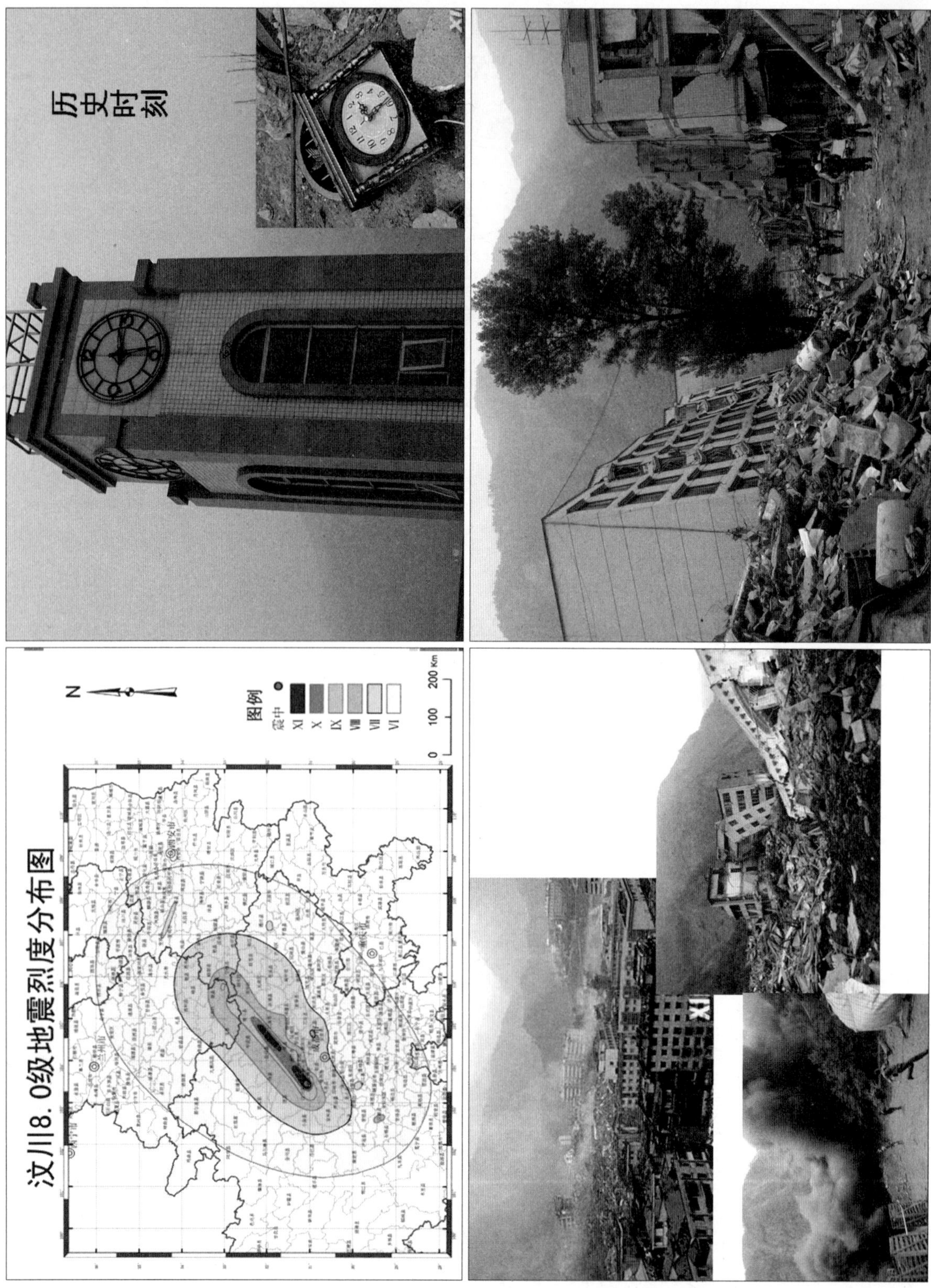

汶川8.0级地震烈度分布图
N
兰州市
西安市
重庆市
图例
震中
XI
X
IX
VIII
VII
VI
0
100
200 Km

历史时刻

221 222
223 224

中国建筑科学研究院 China Academy of Building Research

两座县城的强烈对比

汶川县　　北川县

yx China Academy of Building Research

中国建筑科学研究院 China Academy of Building Research

强烈对比

- 绵阳市北川县死亡8410人（8605）
  县城几乎夷为平地，无重建意义
- 阿坝州汶川县死亡2871人（15941）
  其中：映秀镇和漩口镇死亡2300人
  　　县城威州镇死亡500人
  　　县城中心区死亡10余人
- 两个县城都是7度抗震设防，都地处震中，地震烈度为10-11度，但地震后果相差悬殊

yx China Academy of Building Research

中国建筑科学研究院 China Academy of Building Research

汶川、北川等地抗震设防等级

- 震中：
  汶川、北川、什邡—7度（0.1g）
  茂县—7度（0.15g）
- 震区：
  青川、绵竹、都江堰、
  理县—7度（0.1g）
- 周边：
  广元、绵阳、德阳—6度（0.05g）

yx China Academy of Building Research

中國建築科學研究院 China Academy of Building Research

地震中人员遇难原因分析

对历次地震灾害分析显示：

- 人员伤亡总数的95%以上由房屋倒塌造成
- 直接由地震及地震引发的水灾、山体滑坡等导致的人员伤亡不足5%
- 汶川县城2万平方米建筑，基本完好的不足10%，完全损毁或者严重倒塌而需要重建的房屋占五成以上。虽然房屋损毁严重，但绝大部分楼房毁而不倒，挽救了不少生命。

yx　China Academy of Building Research

汶川县地震前后比较

北川县地震前后比较

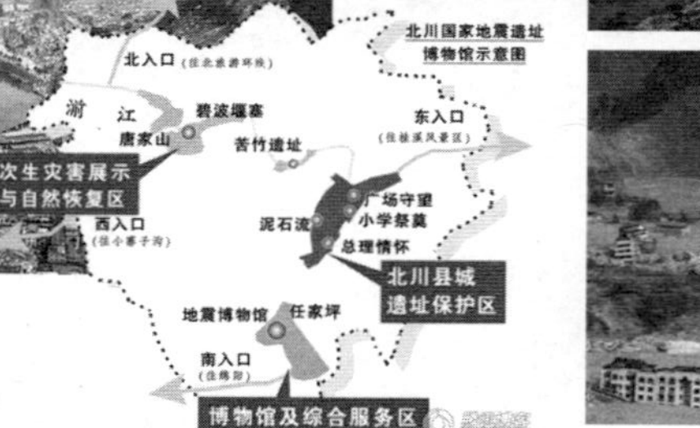

中國建築科學研究院 China Academy of Building Research

两类学校的强烈对比

yx　China Academy of Building Research

汶川大地震中震害严重的幼儿园和中小学

- 崇州市怀远镇
- 都江堰聚源中学
- 都江堰新建小学
- 都江堰市向峨乡中学
- 重庆梁平县文化镇中心小学
- 德阳市实古镇中心小学
- 莹华镇中心小学
- 莹华镇中心中学
- 八角镇中心小学
- 洛水镇中心小学
- 北川县北川中学
- 绵竹汉旺东方汽轮机厂子弟中学
- 绵竹市汉旺镇武都小学
- 什邡市龙居镇龙居小学
- 绵竹市富新镇富新二小

德阳市旌阳区孝泉中学
德阳市遵道镇欢欢幼儿园
德阳市九龙镇小学
绵阳市平武县南坝小学
绵阳市平武县平通镇初中
绵阳市平武县平通镇中心小学
北川县任家坪镇北川一中
四川省青川县木鱼镇木鱼中学
汶川县映秀镇中心小学
汶川县映秀镇漩口中学
什邡市洛水镇洛水中学
什邡市洛水镇洛城小学
青川县青川初级中学
四川蓥华镇仁和村小学
什邡市红白中心小学
映秀镇映秀幼儿园
映秀镇漩口幼儿园
北川县曲山小学

汶川县漩口中学

北川中学

233 234
235 236

都江堰市聚源中学

学校建筑损毁原因

- 教育投资不足
- 抗震等级偏低
- 学校设计不合理

极易造成师生群死群伤的惨剧

教学楼倒塌分析

- 有些偏远地区的学校建造年代较早，教育投入较低，抗震构造措施没有执行，加固改造工作没有跟上。
- 农村学校，特别是老、少、边、穷地区学校的抗震设防等级较低，有的教学条件很差。

再穷不能穷教育，再苦不能苦孩子！

- 中央分两期投入校舍改造工程资金100亿元
- 三、四年内完成改造工程任务
- 重点扶持中西部农村和老、少、边、穷地区

教学楼结构设计不合理

◆ 教室采用大开间大开窗结构，教室中部的梁直接支撑在纵向窗间砖墙上，没有设置构造柱

教学楼结构设计不合理

◆ 中小学教学楼人员密集，上课时教室都是满载，对楼面活荷载应不折减或少折减，活荷载组合系数一律取0.5值得商榷。

教学楼结构设计不合理

◆ 教室采用单跨外挑走廊形式，使结构弱轴方向构件数量和抗震冗余度太小

241 242
243 244

带悬挑梁的单跨框架教学楼损毁严重

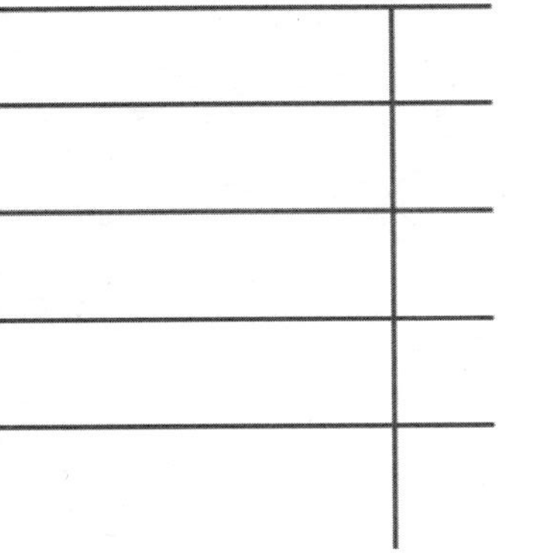

《高层规程》6.1.2条规定：抗震设计的框架结构不宜采用单跨框架。

单跨框架或单跨砌体教学楼不符合抗震多道设防目标。

外挑走廊应设悬挑外廊柱。

震害实例：台湾集集地震9层RC建筑倾覆

（单跨框架且不封闭，传力路经中断）

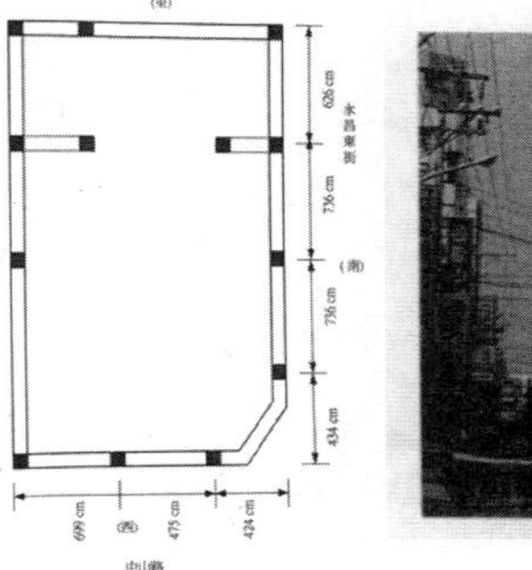
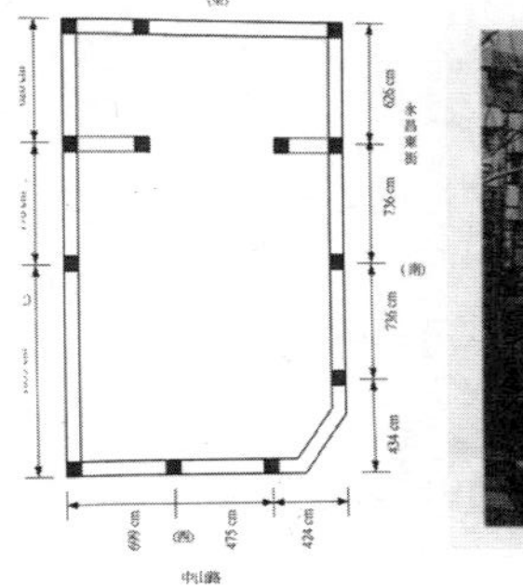

台湾16层单跨框架高层建筑震害实例

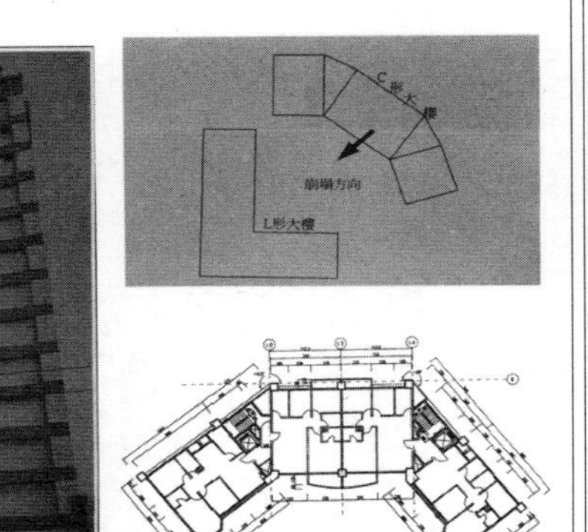

台湾某学校严重破坏（纵向少墙，大悬臂走廊）

解决办法：增加跨数，增加柱间斜撑，增加剪力墙，外挑走廊加柱，改变平面形状，加强转角处的梁、柱、墙

相片 11 国姓村转弯的连栋店铺住宅

相片 12 民雄乡转弯的连栋式店铺住宅

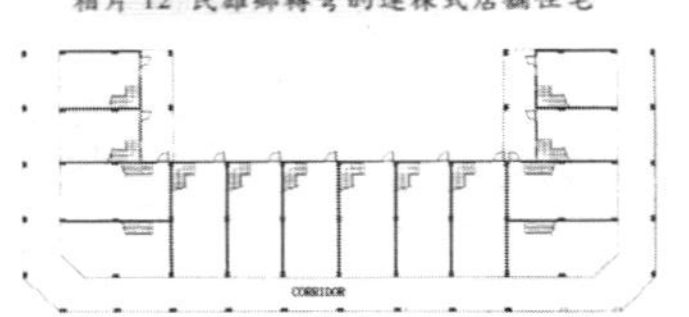

图 4 转弯连栋式店铺住宅第一層平面图

街角建筑震害较轻
（U形平面纵、横墙
分布均匀）

师生无伤亡奇迹—安县桑枣中学

- 绵阳市安县桑枣中学
- 2300师生无一伤亡
- 实验楼17万建两年，40万加固
- 监督施工，装饰大理石“干挂”
- 每年进行防灾疏散演练
- 史上最牛的校长—叶志平

师生无伤亡奇迹—邓家汉龙小学

- 北川县曲山镇海光村邓家汉龙小学
- 全校483名学生和28名教师无一伤亡
- 71名学生在9位教师带领下到达绵阳
- 1998年汉龙集团捐建52万+20万
- 史上最牛希望小学造价400元/m²

中国建筑科学研究院
China Academy of Building Research

- 知名传媒人士李××在博客中写道：

汉龙集团办公室主任曾给我发来一则短信：“打扰您了，可以负责的告诉你，绵阳五所希望小学建设均由我经办，而此次大地震未能撼动一幢，巍然屹立！师生未损毫发！请你来绵阳做客！这次邓家汉龙小学无一人死亡成为一个奇迹，让我明白一个道理：所谓奇迹—就是你修房子时能在十年前，想到十年后的事情。”

“最牛希望小学”不仅是爱心的丰碑，也是施工企业视质量如生命的典范。

yx

China Academy of Building Research

249 250
251 252

学校师生没有或很少伤亡的奇迹

- 广元市青川县大院乡民族小学800名师生无一伤亡
  2003年25万元捐建“川航楼”，仅倒塌7栋辅助用房
- 茂县宝洁希望小学　（四川共9所）
  宝洁集团再捐钱修建
  抗震希望小学
- 汶川县威州中学
- 北川县陈家坝小学

同样是学校反差如此之大的原因！？

北川县擂鼓中学
初中教学楼

德阳市汉旺镇
东汽小学

安县秀水镇第一小学

中国建筑科学研究院
China Academy of Building Research

建筑工程抗震设计讨论

yx
China Academy of Building Research

近年来世界各国地震灾害统计

1920.12.16	宁夏海原	8.5级	死亡23万	
1966.3.8	河北邢台	6.9级	死亡8064人	
1976.2.4	危地马拉	7.9级	死亡2.3万	
1976.7.28	河北唐山	7.8级	死亡24万	
1985.9.19	墨西哥城	8.1级	死亡3.5万	损失400亿
1988	澜沧耿马	7.6级	死亡748人	
1990.6.21	伊朗西北	7.3级	死亡5万	损失640亿
1994.1.17	美国北部	6.7级		损失200亿
1995.1.17	日本阪神	7.2级		损失1000亿
1999.9.21	台湾集集	7.3级		损失94亿
2007.7.16	日本新泻	6.8级		
2008.5.12	四川汶川	8.0级	死亡8万	损失8400亿
2010.1.12	海地	7.3级	死亡30万	
2010.2.27	智利	8.8级	死亡800人	损失2100亿

地震灾害经验总结

结论：

- 地震发生是无法避免的
- 地震预报是尚未解决的世界难题
- 我们只有把关注点放在——如何提高建筑物的抗震性能：
  - ➢ 抵抗地震灾害：增强、加固
  - ➢ 减轻地震灾害：隔震、减震

建筑抗震可以有所作为

- 在强大的自然灾害面前，人类感到了自己的渺小
- 但是防灾、减灾、抗灾，人类是可以有所做为的
- 我们建筑工程设计工作者责无旁贷，重任在肩

建筑结构设计原则

- 建筑结构设计原则（规范总则）：
  安全适用，技术先进，经济合理，方便施工
- 结构设计“四项基本原则”：
  刚柔相济，多道设防，抓重放轻，疏通节点
  简单、规则、均匀、对称
- 结构安全的影响因素：
  结构方案：数倍的影响
  内力分析：数成的影响
  截面设计：百分之几的影响

建筑结构抗震设计思想

“三水准设防目标”：

- 小震不坏（比基本烈度低1.55度）
  小震为50年内超越概率63%，重现期为50年
- 中震可修（基本烈度）
  中震为50年内超越概率10%，重现期为475年
- 大震不倒（比基本烈度高1度）
  大震为50年内超越概率2%~3%，重现期为2000年

265 266
267 268

269 270
271 272

中国建筑科学研究院 China Academy of Building Research

建筑结构抗震设计思想

"两阶段设计"：

- 第一阶段对构件截面承载力验算

  按多遇地震进行结构分析，地震力计算，截面配筋计算和弹性位移控制，保证小震不坏和中震可修

- 第二阶段对弹塑性变形验算

  对重要的和特别不规则的结构，进行罕遇大震下的弹塑性变形验算

yx China Academy of Building Research

中国建筑科学研究院 China Academy of Building Research

建筑抗震设计认识的不断深化

- 1966年邢台地震后提出：

  "基础深一点，墙体厚一点，屋顶轻一点"

- 1976年唐山地震后创造出：

  构造柱和圈梁的结构形式

- 1988年澜沧-耿马地震后修订89规范：

  "小震不坏，中震可修，大震不倒"

yx China Academy of Building Research

中国建筑科学研究院 China Academy of Building Research

汶川大地震后的反思

2008年汶川地震后的思考— "大震不倒"：

- 次要房屋（仓库、临建）：

  "大震不倒" – 中震下满足极限承载力

- 一般房屋（住宅、办公、商业）：

  "大震可修" – 大震下满足极限承载力

- 重要房屋（学校、医院、体育、公共）：

  "大震不坏" – 中震下基本弹性

- 生命线工程（通讯、电力、交通、市政管线）：

  "大震可用" – 大震下基本弹性

yx China Academy of Building Research

中国建筑科学研究院 China Academy of Building Research

请记住：

- **好的建筑结构是生命的绿洲！**
- **差的建筑结构是杀人的机器！**

请选择：

- **是做人民生命的保护神！**
- **还是做地震杀手的帮凶！**

保 护 生 命 责 任 重 于 泰 山 ！

China Academy of Building Research

第二篇
计算参数设置与调整

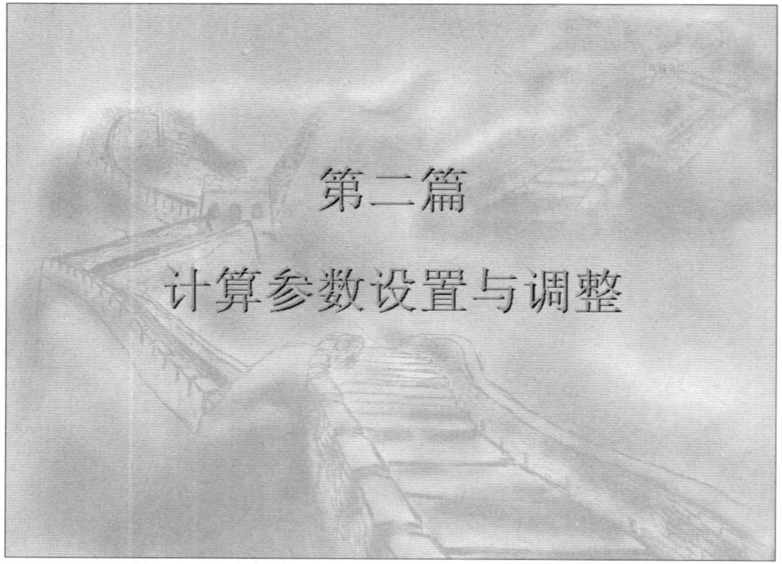

273 274
275 276

第二篇

计算参数设置与调整

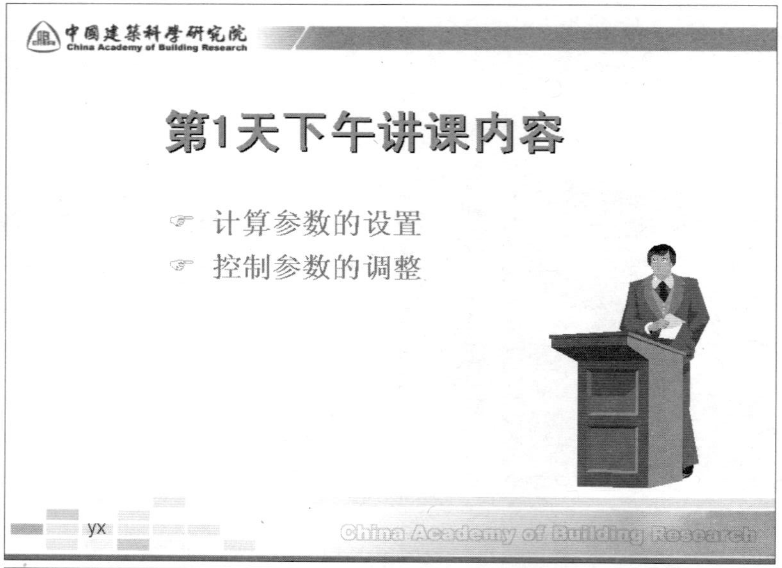

第1天下午讲课内容

- 计算参数的设置
- 控制参数的调整

yx

P61

结构计算前处理

以SATWE软件为例

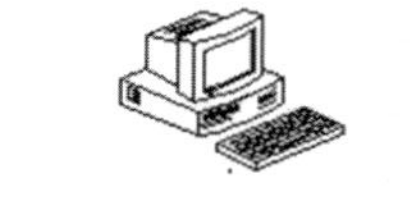

yx

SATWE计算前处理

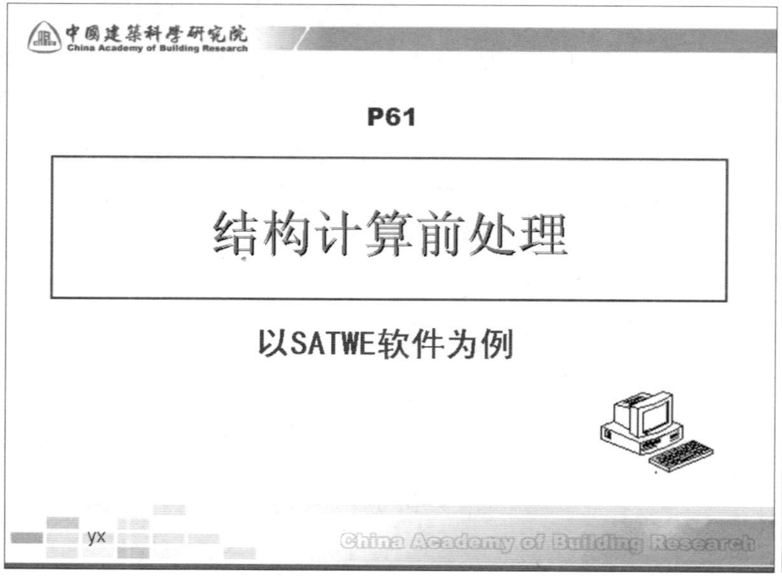

SATWE前处理---接PMCAD生成SATWE数据

补充输入及SATWE数据生成　图形检查

1. 分析与设计参数补充定义(必须执行)
2. 特殊构件补充定义
3. 温度荷载定义
4. 弹性支座/支座位移定义
5. 特殊风荷载定义
6. 多塔结构补充定义
7. 生成SATWE数据文件及数据检查(必须执行)
8. 修改构件计算长度系数
9. 水平风荷载查询/修改
10. 人防荷载修改
11. 用户指定0.2Q0调整系数
12. 查看数检报告文件 (CHECK.OUT)
13. SATWE最新更新说明 (README.SAT)

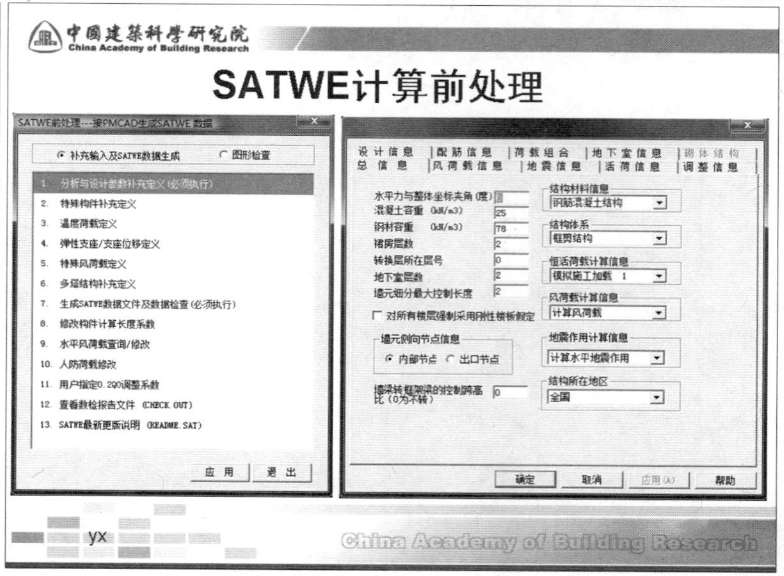

应用　退出

设计信息 总信息 | 配筋信息 风荷载信息 | 荷载组合 地震信息 | 地下室信息 活荷信息 | 砌体结构 调整信息

水平力与整体坐标夹角(度) 0
混凝土容重 (kN/m3) 25
钢材容重 (kN/m3) 78
裙房层数 2
转换层所在层号 0
地下室层数 2
墙元细分最大控制长度 2
对所有楼层强制采用刚性楼板假定
墙元侧向节点信息：内部节点　出口节点
墙梁转框架梁的控制跨高比(0为不转) 0

结构材料信息：钢筋混凝土结构
结构体系：框剪结构
恒活荷载计算信息：模拟施工加载 1
风荷载计算信息：计算风荷载
地震作用计算信息：计算水平地震作用
结构所在地区：全国

确定　取消　应用(A)　帮助

yx

专题7 结构计算参数设置

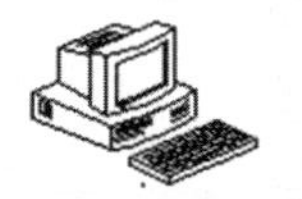

地震作用信息

设计信息 | 配筋信息 | 荷载组合 | 地下室信息 | 砌体结构
总信息 | 风荷载信息 | 地震信息 | 活荷信息 | 调整信息

水平力与整体坐标夹角(度) 0
混凝土容重 (kN/m3) 25
钢材容重 (kN/m3) 78
裙房层数 0
转换层所在层号 0
地下室层数 0
墙元细分最大控制长度 2
对所有楼层强制采用刚性楼板假定
墙元侧向节点信息：内部节点 出口节点
墙梁转框架梁的控制跨高比（0为不转） 0

结构材料信息：钢筋混凝土结构
结构体系：框剪结构
恒活荷载计算信息：模拟施工加载 3
风荷载计算信息：计算风荷载
地震作用计算信息：计算水平地震作用
不计算地震作用
计算水平地震作用
计算水平和竖向地震作用

施工次序
层号	次序号
1	1
2	2
3	3
4	4
5	5

确定 取消 应用(A)

抗震设计是否考虑竖向地震作用 P68

规范：

《抗震规范》5.1.1条规定，8、9度时的大跨度和长悬臂结构及9度时的高层建筑，应计算竖向地震作用。

《高规》3.3.2条规定，8度、9度抗震设计时，高层建筑中的大跨度和长悬臂结构应考虑竖向地震作用；

9度抗震设计时应计算竖向地震作用。

《高规》10.5.2条规定，8度抗震设计时，连体结构的连接体应考虑竖向地震的影响。

《高规》10.2.6条规定，带转换层的高层建筑结构，8度抗震设计时转换构件尚应考虑竖向地震的影响。

地震作用计算信息 计算水平地震力 P68

实现：

- **不计算地震作用**：6度以下（6度甲类和Ⅳ类场地高层以外）
- **计算水平地震作用**：7～8度地区
- **计算水平和竖向地震作用**：
  - 9度地区：高层建筑
    - 长悬臂板 （>1.5米）
    - 长悬臂梁 （>4.5米）
    - 大跨度屋盖（>18米）
  - 8度地区：长悬臂板 （>2米）
    - 长悬臂梁 （>6米）
    - 大跨度屋盖（>24米）
    - 连接体、转换构件

注意：《住宅建筑设计规范》6.1.3条规定，**抗震设防烈度为6度及以上地区的住宅建筑，必须进行抗震设计，其抗震设防类别不应低于丙类。**

扭转耦联

规范：《高规》3.3.4条规定，对质量和刚度不对称、不均匀的结构，以及高度超过100m的高层建筑结构应采用考虑扭转耦联振动影响的振型分解反应谱法。

实现：

- 耦联计算适用于任何空间结构计算，非耦联通常用于平面结构计算
- 耦联计算的结果不一定比非耦联计算的大
- SATWE软件取消扭转耦联选项，总考虑扭转耦联，因此不考虑结构两个边榀地震作用效应放大，参看《抗震规范》5.2.3条。

考虑双向地震作用

□考虑双向地震作用 P73

规范：《抗震规范》5.1.1条规定，**质量和刚度分布明显不对称、不均匀的结构，应计算双向水平地震作用下的扭转影响。**
《高规》3.3.1条规定，**质量与刚度分布明显不对称、不均匀的结构，应计算双向水平地震作用下的扭转影响；**

实现：考虑双向地震扭转效应，在X和Y方向地震作用的反应分别为S_X和S_Y，则：

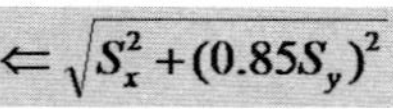

$$S_x \Leftarrow \sqrt{S_x^2+(0.85S_y)^2} \qquad S_y \Leftarrow \sqrt{S_y^2+(0.85S_x)^2}$$

- 这意味着对于X和Y地震作用都作不同程度的放大。
- 考虑双向地震时，构件配筋平均增大5%~8%。

中国建筑科学研究院 China Academy of Building Research

明显不对称不规则结构的判定建议

◆位移比判定方法：

- 位移比<1.2　　规则结构
- 1.2<位移比<1.35　不规则结构（B级1.3）
- 1.35<位移比<1.5　**明显不规则结构**（B级1.4）
- 位移比>1.5　　严重不规则结构（不允许）

注意：

1、应在刚性楼板假定下计算位移比

2、位移比仅是判定不规则结构的重要参数之一

yx　China Academy of Building Research

明显不规则结构的判定

《北京细则》5.9.3条，结构不规则性程度的判别：

- 一般不规则……
- 特别不规则结构是指：一可以作为明显不规则的参考

（1）同时具有两种以上复杂类型（带转换层、带夹层、错层、多塔、连体、大底盘大小不等的多塔）的结构；

（2）高位转换结构（6、7度高于5层，8度高于3层）；

（3）各部分层数，结构布置或刚度等有较大不同的错层、连体结构；

（4）单塔或大小不等的多塔偏置过大的大底盘结构；

（5）7、8度设防的厚板转换结构；

（6）单跨的框架结构的高层建筑。

- 严重不规则……

超限高层建筑工程抗震设防专项审查技术要点

建设部　建质[2003]46号　发布日期：2003/09/27

■ 一、同时具有两项以上平面、竖向不规则以及某项不规则程度超过规定很多的高层建筑。

注：规定值见《建筑抗震设计规范》3.4.2、3.4.3条和《高层建筑混凝土结构技术规程》（以下简称《高层混凝土结构规程》）4.3.4～4.3.6、4.4.4、4.4.5条等。

■ 二、结构布置明显不规则的复杂结构和混合结构的高层建筑，主要包括：

1、同时具有两种以上复杂类型（带转换层、带加强层和具有错层、连体、多塔）的高层建筑；

2、转换层位置超过《高层混凝土结构规程》规定的高位转换的高层建筑；

3、各部分层数、结构布置或刚度等有较大不同的错层、连体高层建筑；

4、单塔或大小不等的多塔位置偏置过多的大底盘（裙房）高层建筑；

5、七、八度抗震设防时厚板转换的高层建筑。

注：相关规定见《高层混凝土结构规程》4.3.4、10.1.4、10.2.2、10.2.3、10.2.10、10.4.2、10.5.1、10.6.1和10.6.2条等。

■ 三、单跨的框架结构的高层建筑。

考虑偶然偏心

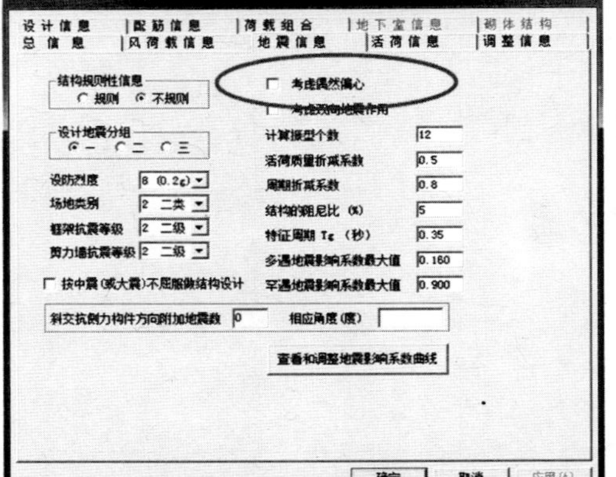

□ 偶然偏心 P73

规范：《高规》3.3.3条规定，**计算单向地震作用时应考虑偶然偏心的影响。**

意义：由偶然因素引起的结构质量分布的变化，会导致结构固有振动特性的变化，因而结构在相同地震作用下的反应也将发生变化。附加偏心距可取与地震作用方向垂直的建筑物边长的5%。

实现：程序中考虑了下列四种偏心方式：

A) X向地震，所有楼层的质心沿Y轴正向偏移5%，记作EXP
B) X向地震，所有楼层的质心沿Y轴负向偏移5%，记作EXM
C) Y向地震，所有楼层的质心沿X轴正向偏移5%，记作EYP
D) Y向地震，所有楼层的质心沿X轴负向偏移5%，记作EYM

注意：1）考虑偶然偏心将使地震组合数增加。
2）考虑偶然偏心将使位移比增大，但配筋增加不多。

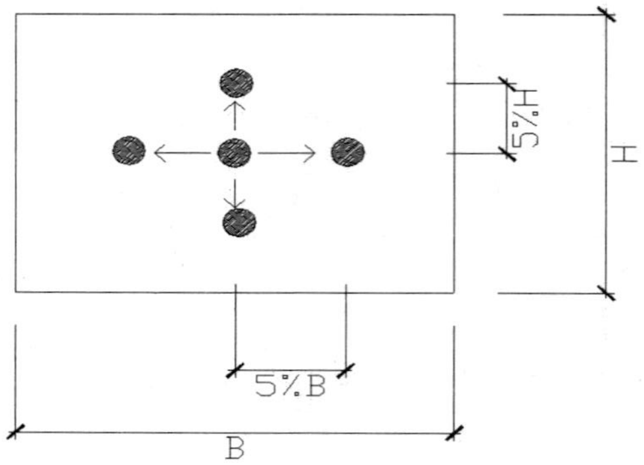

偶然偏心的四种方式

柱局部坐标下的标准内力输出：

第1柱单元 上节点号：1 下节点号：1 主轴夹角：0.0000(rad)

(工况号)	轴力	X向剪力	Y向剪力	X向底弯矩	Y向底弯矩	X向顶弯矩	Y向顶弯矩
(1)	91.5	-219.5	22.7	-61.9	-1038.6	-60.5	-148.1
(+5%)	81.8	-237.9	30.6	-83.6	-1124.2	-81.5	-162.0
(-5%)	102.2	-201.5	-19.9	54.3	-954.7	53.2	-134.5
(2)	222.1	-146.8	-108.8	294.6	-619.7	292.8	-178.9
(+5%)	209.2	-166.4	-95.5	258.5	-709.1	257.5	-194.1
(-5%)	235.6	-129.9	-122.8	332.9	-545.3	330.2	-164.9
(3)	26.1	-49.3	0.0	-0.2	-230.4	0.0	-35.6
(4)	107.4	-48.1	-51.0	138.0	-187.2	137.4	-72.6
(5)	-1214.7	-85.5	5.1	-12.5	-780.4	-15.0	318.4
(6)	-138.0	7.7	0.5	-1.0	-19.7	-1.6	61.0

考虑偶然偏心时的地震内力

考虑偶然偏心配筋增加不多

工程实例	柱配筋变化	梁配筋变化
• 15层框剪	11.9%	2.3%
• 13层框剪	0.4%	1.7%
• 8层框架	7.7 %	3.9%
• 21层框剪	0.9%	1.2%
• 19层框剪	1.3%	1.2%
• 18层框剪	0.7%	3.0%
平均增加	3.82%	2.01%

考虑偶然偏心位移比增加很大

工程实例	不考虑	考虑	增加
• 15层框剪	1.20	1.31	8.11%
• 13层框剪	1.82	1.95	6.99%
• 33层框支	1.05	1.5	30.32%
• 8层框架	1.76	2.39	26.22%
• 19层框剪	1.57	1.75	10.04%
• 18层框剪	1.43	2.03	29.16%
平均增加			18.47%

参数设置建议

◆扭转耦联：

任何结构空间计算应考虑

◆偶然偏心：

任何高层结构应考虑

◆双向地震：

明显不规则的结构（1.35<位移比<1.5）应考虑

注意：

可以同时考虑偶然偏心与双向地震，程序分别计算取最不利结果

计算振型个数

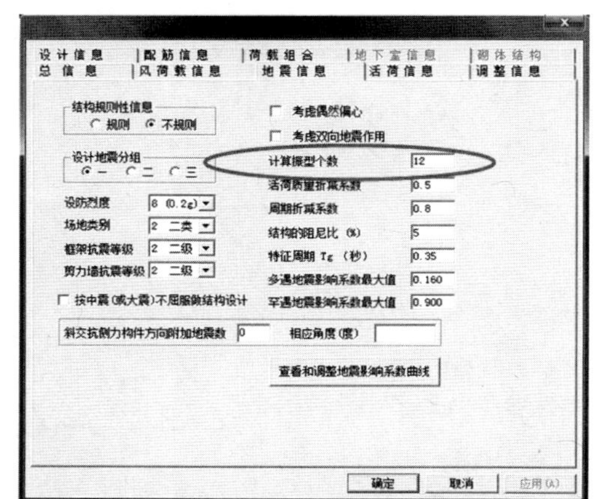

计算振型个数 15 P73

规范：《高规》5.1.13条规定，抗震计算时，宜考虑平扭耦联计算结构的扭转效应，振型数不应小于15，对多塔结构的振型数不应小于塔楼数的9倍，且计算振型数应使振型参与质量不小于总质量的90%。

参考《抗震规范》5.2.2条和5.2.3条有关振型数的规定

实现：查看计算书中的有效质量系数值，如大于0.9，基底剪力误差一般小于5%，可以认为振型数选够了。

注意：

1）振型数不能取少，即有效质量系数应大于0.9，否则计算数据可能失真。

2）振型数也不能取太多，不能多于结构有质量贡献的自由度总数，对刚性楼板结构不能超过楼层数的3倍，否则可能出现异常。

3）05版SATWE最多取100个振型，08版增大为199个。

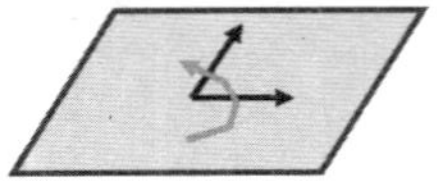

刚性楼板有3个带质量的自由度 Dx、Dy、θz

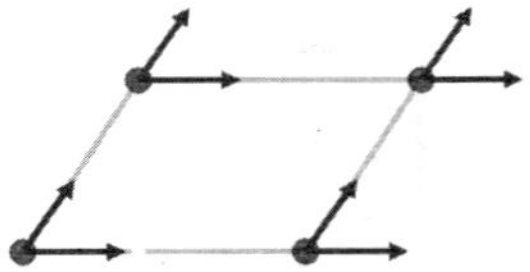

弹性节点有2个带质量的自由度 dx、dy

工程实例问题：如何选取振型数量

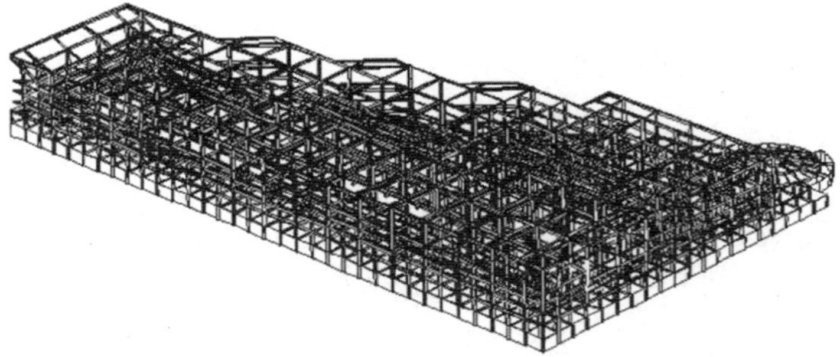

8层钢框架错层结构存在大量越层柱和弹性节点，需要考虑较多的振型才能使有效质量系数满足要求。

8层钢框架结构

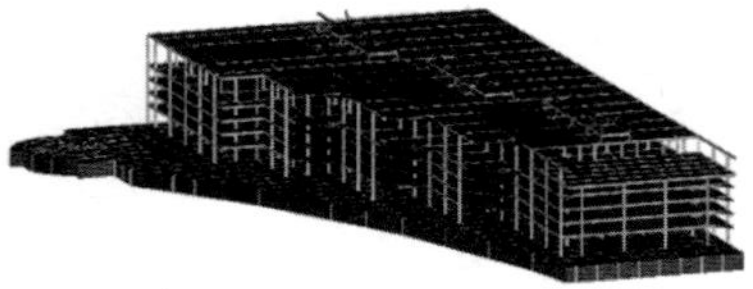

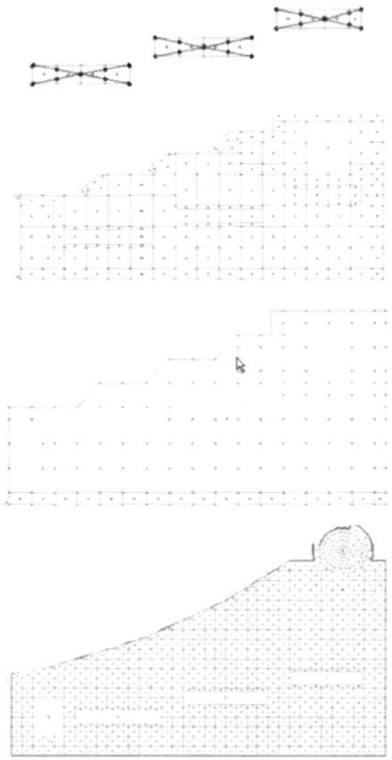

WZQ.OUT - 记事本

文件(F) 编辑(E) 搜索(S) 帮助(H)

Qox : X 向的基底剪力
Mox : X 向的地震倾覆弯矩
Qox/Ge : X 向剪压比

Floor	Tower	Fx (kN)	Vx (kN)	Mx (kN·m)	Static Fx (kN)
8	1	477.14	477.14	1479.15	3276.94
7	1	4303.87	4733.58	30227.25	3335.06
6	1	2372.54	6689.28	63200.80	1947.20
5	1	11656.44	16087.09	134255.97	10073.28
4	1	1351.56	16908.54	215696.38	897.08
3	1	2106.52	17478.76	301065.12	702.90
2	1	1932.47	17969.67	424088.97	549.08
1	1	1521.06	18339.02	533416.94	4206.93

Qox = 18339.02 (kN) Qox/Ge = 1.60%
Mox = 533416.94 (kN-m)

X 方向的有效质量系数: 50.14%
X 方向地震力放大系数: 1.582

取30个振型有效质量系数仍不够

中国建筑科学研究院 China Academy of Building Research

实例问题：有效质量系数不满足要求

某工程为框架结构，共六层，其第6层层高为4600mm，但局部框架高度为3600mm。采用SATWE软件“总刚模型”分析时，虽然不断增加振型数，但结构有效质量系数总不满足要求。但采用“侧刚模型”分析却较容易满足要求。

计算振型数		18		30		39		45	
地震作用方向		X	Y	X	Y	X	Y	X	Y
有效质量系数	侧刚模型	99.76%	99.76%	——	——	——	——	——	——
	总刚模型	83.63%	78.34%	84.17%	84.54%	84.18%	84.63%	85.08%	84.74%

yx China Academy of Building Research

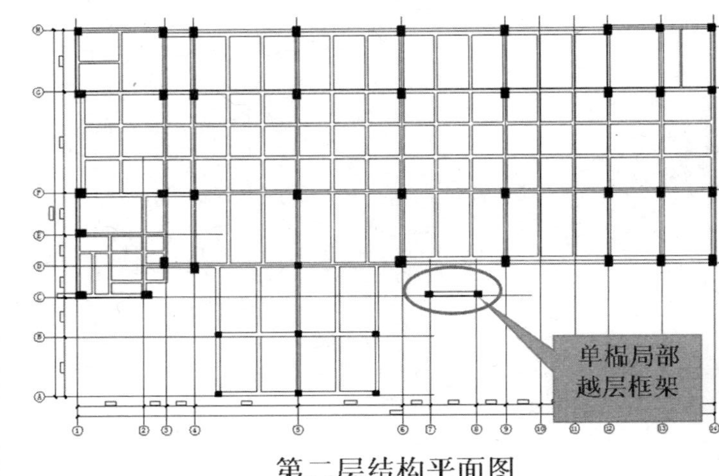

第二层结构平面图

```
Qox     : X 向的基底剪力
Mox     : X 向的地震倾覆弯矩
Qox/Ge  : X 向剪压比
```

Floor	Tower	Fx (kN)	Vx (kN)	Mx (kN·m)	Static Fx (kN)
8	1	304.63	304.63	944.35	1193.87
7	1	2756.49	3019.92	19255.53	12824.04
6	1	1500.15	4251.31	40212.25	7487.40
5	1	7774.70	10371.83	85045.88	38733.95
4	1	2071.78	10705.79	136502.58	3449.45
3	1	2112.37	11149.08	190318.94	2702.82
2	1	2003.63	11398.11	268026.34	2111.35
1	1	34976.07	36760.76	396935.81	16176.55

Qox = 36760.76 (kN)   Qox/Ge = 3.21%   剪压比相差很大

Mox = 396935.81 (kN-m)

X 方向的有效质量系数: 96.90%

X 方向地震力放大系数: 1.000

取60个振型有效质量系数够了

中国建筑科学研究院 China Academy of Building Research

结构三维轴测图

yx China Academy of Building Research

305 306
307 308

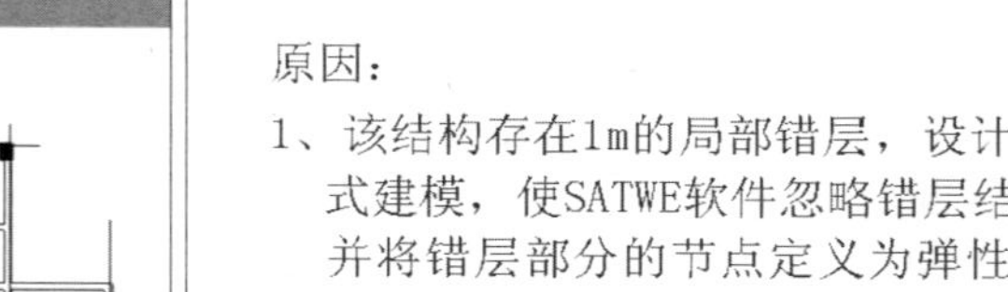

第六层结构平面图

原因：

1、该结构存在1m的局部错层，设计人员采用“降节点高”方式建模，使SATWE软件忽略错层结构楼板对框架结构的约束，并将错层部分的节点定义为弹性节点，使结构自由度数大为增加。

2、当采用侧刚模型计算时，相当于采用了刚性板假定，当取结构最大自由度数后，结构有效质量系数能够满足要求。

3、当采用总刚模型计算时，由于弹性节点大量存在使结构自由度数大大增加，需要的振型数也相应增加。

结论：本工程有效质量系数增加很慢的原因是：弹性节点引起局部振动造成的。

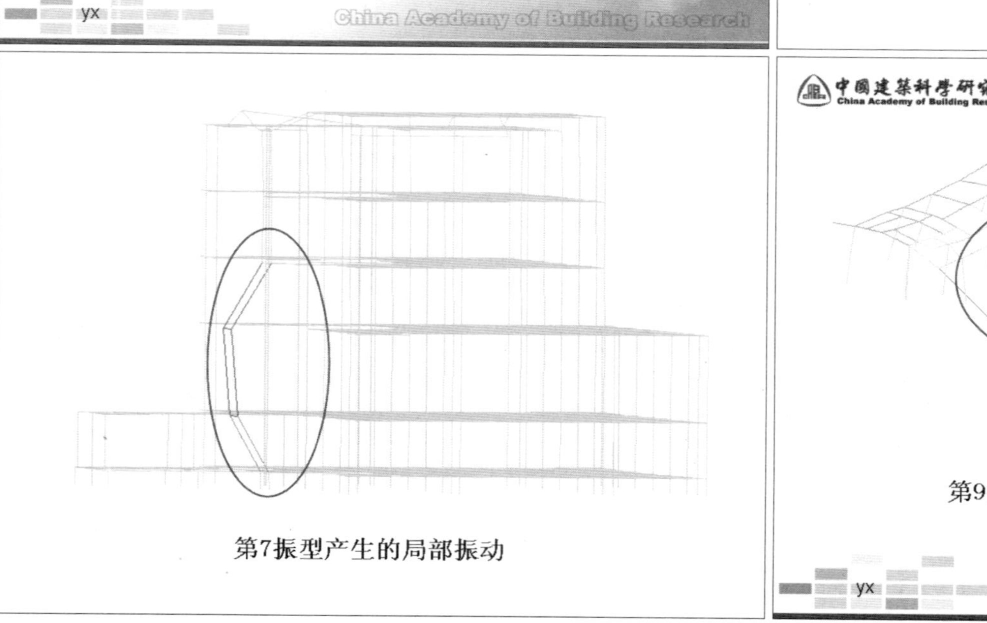

第7振型产生的局部振动

第9振型在第6层产生的局部振动

309 310
311 312

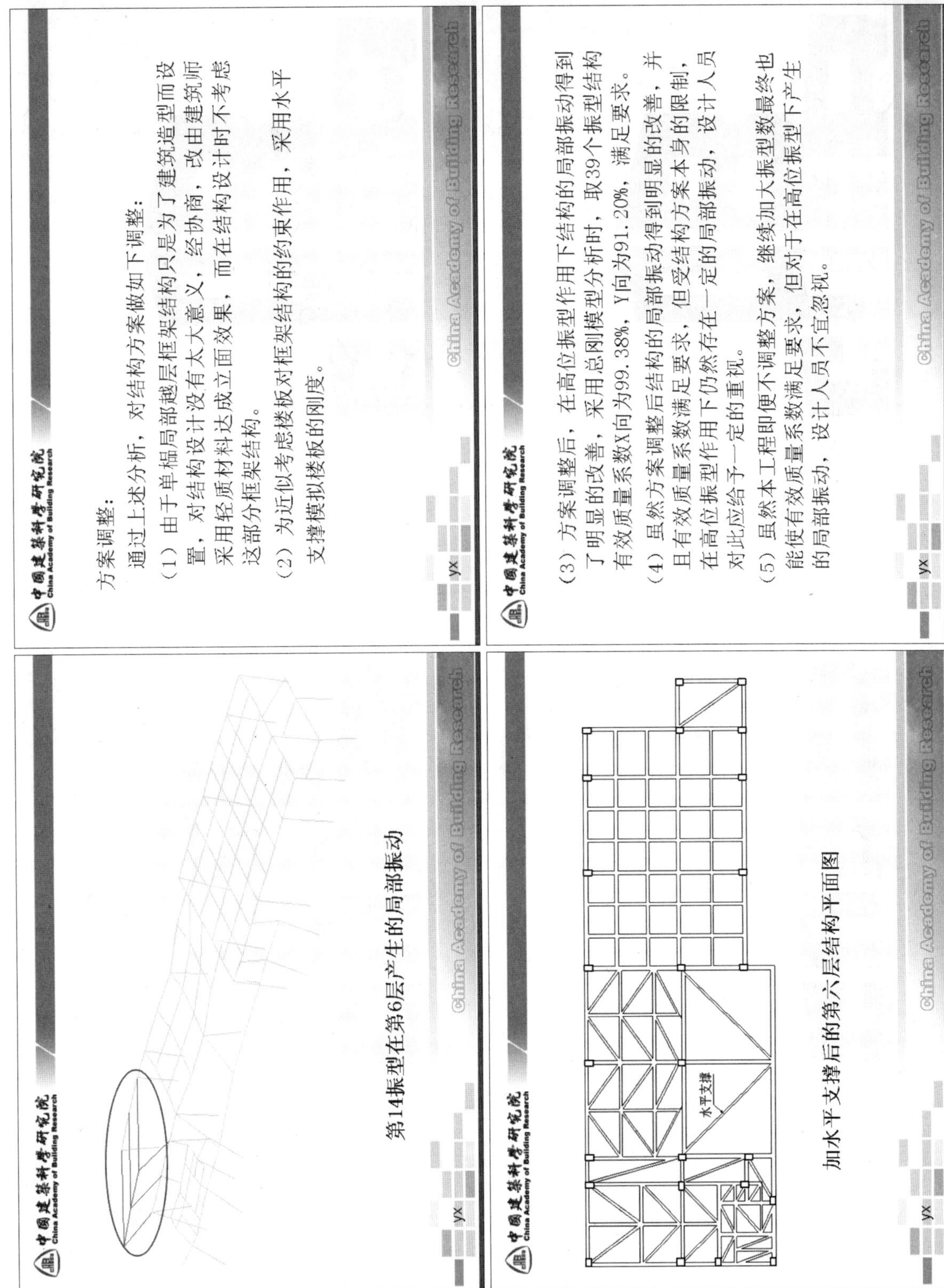

输入最大地震作用方向

设计信息 | 配筋信息 | 荷载组合 | 地下室信息 | 砌体结构
总信息 | 风荷载信息 | 地震信息 | 活荷信息 | 调整信息

水平力与整体坐标夹角(度) 0
混凝土容重 (kN/m3) 25
钢材容重 (kN/m3) 78
裙房层数 0
转换层所在层号 0
地下室层数 0
墙元细分最大控制长度 2
对所有楼层强制采用刚性楼板假定
墙元侧向节点信息：内部节点 出口节点
墙梁转框架梁的控制跨高比（0为不转） 0
结构材料信息：钢筋混凝土结构
结构体系：框剪结构
恒活荷载计算信息：模拟施工加载 3
风荷载计算信息：计算风荷载
地震作用计算信息：计算水平地震作用
结构所在地区：全国
施工次序：层号 1 2 3 4 5；次序号 1 2 3 4 5
确定 取消 应用(A)

地震作用最大方向：水平力与整体坐标夹角(度) 0

P62

概念： 当地震或风沿不同方向作用，结构反应的大小一般也不同，那么必然存在某个角度使得结构反应最大，这个方向我们就称为最不利地震作用方向，逆时针方向为正。

当结构与整体坐标不正交时，也应考虑这个方向。

实现： SATWE可以自动计算出这个最不利方向角，并在计算书WZQ.OUT文件输出。

注意： 1、如该角度偏于主轴±15度，应当把该角度值回填到此参数项中，重新进行计算，以体现最不利地震作用的影响。

2、也可将该角度在多方向水平地震参数中考虑，避免图形旋转带来不便。

3、这不是规范要求的参数，供参考。

中国建筑科学研究院 China Academy of Building Research

最不利方向
45°

最不利地震作用方向示意

yx China Academy of Building Research

《抗震规范》5.1.1条和《高层规程》3.3.2条规定，一般情况下，应允许在建筑结构的两个主轴方向分别计算水平地震作用并进行抗震验算。

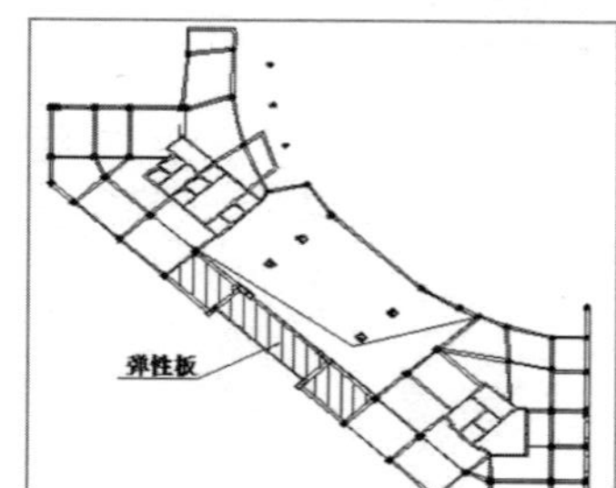

当工程建模方向与整体坐标系未对正时，可以旋转适当角度以便对正坐标系

摘自计算书WZQ.OUT

振型号	周 期	转 角	平动系数 (X+Y)	扭转系数
1	0.8573	0.55	1.00 (1.00+0.00)	0.00
2	0.2748	2.39	0.97 (0.94+0.03)	0.03
3	0.2308	90.26	1.00 (0.04+0.96)	0.00
4	0.1845	10.62	0.38 (0.35+0.03)	0.62
5	0.1432	1.54	0.71 (0.70+0.01)	0.29
6	0.1160	12.38	0.81 (0.72+0.09)	0.19

地震作用最大的方向 = 4.418 (度)

输入斜交抗侧力构件方向

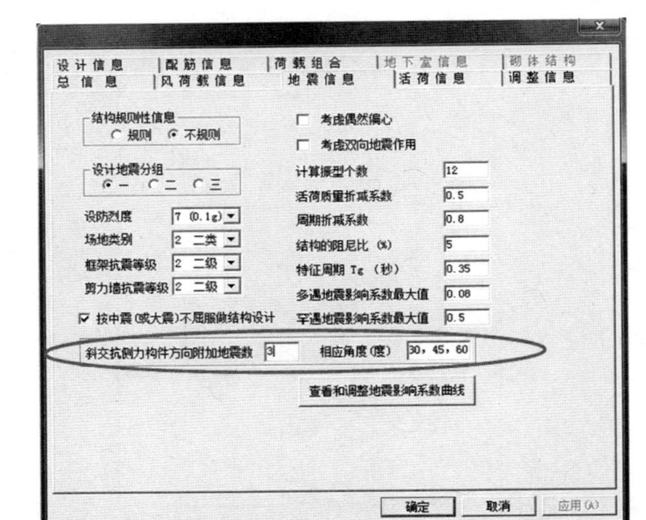

P76

斜交抗侧力构件方向附加地震数 0 相应角度

规范：《抗震规范》5.1.1条规定，**有斜交抗侧力构件的结构，当相交角度大于15度时，应分别计算各抗侧力构件方向的水平地震作用。**

《高规》3.3.2条规定，**有斜交抗侧力构件的结构，当相交角度大于15度时，应分别计算各抗侧力构件方向的水平地震作用；**

实现：程序增加了自动计算多方向水平地震作用的功能。用户可以根据需要指定多对地震作用方向，程序对每一对地震方向进行地震反应谱分析，计算相应的构件内力。

操作：程序允许输入最多5组地震方向，附加地震数可在0-5之间取值，并填入相应角度，逆时针方向为正。

注意：1）可以在此填入最大地震作用方向。

2）建议多方向地震作用的角度对称输入，如45和-45，因为风荷并未考虑多方向作用，会造成配筋不对称。

第 1 层墙柱 墙梁编号及节点简图

梁总数 = 92　柱总数 = 52　墙梁数 = 0　墙柱数 = 0

有斜交抗侧力结构

有斜交抗侧力结构

第 1 层墙柱 墙梁编号及节点简图

梁总数 = 215　柱总数 = 44　墙梁数 = 7　墙柱数 = 42

有斜交抗侧力结构

第 1 层墙柱 墙梁编号及节点简图

梁总数 = 845　柱总数 = 74　墙梁数 = 19　墙柱数 = 112

中国建筑科学研究院
China Academy of Building Research

结论:

A)　对于规则的正交结构，考虑多方向地震对构件配筋影响很小，配筋增加不到10%。

B) 对于存在斜交抗侧力构件的结构，考虑多方向地震对构件配筋影响显著，配筋增加50%-90%。

C) 对于存在明显斜交抗侧力构件的结构，应该考虑多方向水平地震作用。

China Academy of Building Research

321 322
323 324

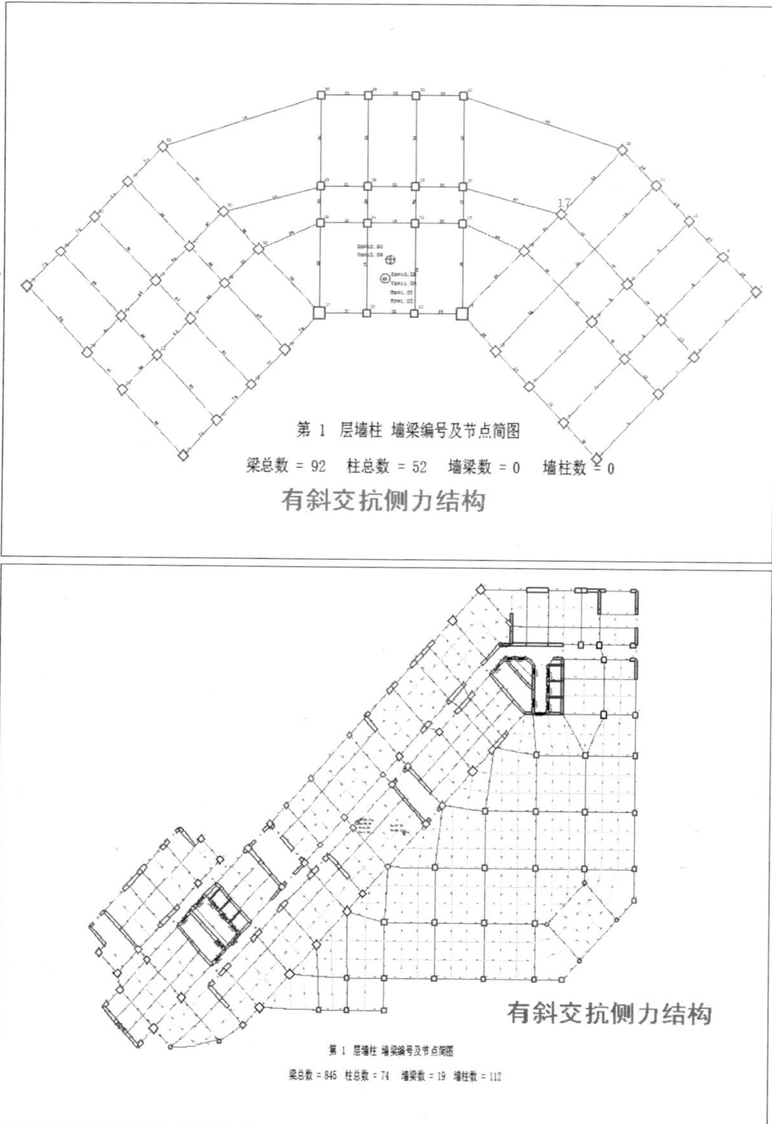

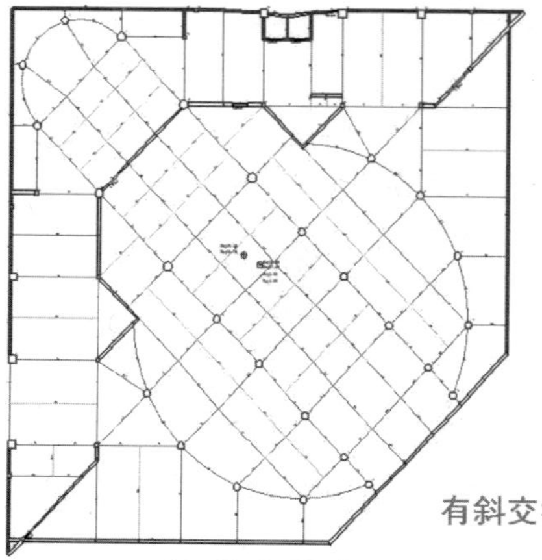

中國建築科學研究院 China Academy of Building Research

P66

模拟施工加载和施工次序

yx

China Academy of Building Research

施工模拟和施工次序　P66

设计信息 | 配筋信息 | 荷载组合 | 地下室信息 | 砌体结构
总信息 | 风荷载信息 | 地震信息 | 活荷信息 | 调整信息

水平力与整体坐标夹角(度) 0
混凝土容重 (kN/m3) 25
钢材容重 (kN/m3) 78
裙房层数 0
转换层所在层号 0
地下室层数 0
墙元细分最大控制长度 2
对所有楼层强制采用刚性楼板假定
墙元侧向节点信息：内部节点　出口节点
墙梁转框架梁的控制跨高比（0为不转） 0

结构材料信息：钢筋混凝土结构
结构体系：框剪结构
恒活荷载计算信息：模拟施工加载 3
不计算恒活荷载
一次性加载
模拟施工加载 1
模拟施工加载 2
模拟施工加载 3
地震作用计算信息：计算水平地震作用
结构所在地区：全国

施工次序

层号	次序号
1	1
2	2
3	3
4	4
5	5

确定　取消　应用(A)

恒活荷载计算信息　模拟施工加载1　P66

规范：《高规》5.1.9条规定，高层建筑进行重力荷载作用效应分析时，柱、墙轴向变形宜考虑施工过程的影响。施工过程的模拟可根据需要采取适当的简化方法。

- 不计算恒活荷载：
  主要用于分析研究。
- 一次性加载：采用整体刚度，一次加载模型算法
  主要用于多层及钢结构，及05版有上传荷载（吊车）结构
- 模拟施工加载1：采用整体刚度，逐层加载、逐层找平算法
  用于高层结构，可以被模拟3替代。
- 模拟施工加载2：将竖向杆件的刚度放大10倍后再做施工模拟1，使框筒结构传给基础的荷载与手工导算接近
  主要用于框筒结构向基础传导荷载，很少用　。
- 模拟施工加载3：采用逐层形成刚度，逐层加载，逐层找平算法，更符合工程实际情况
  用于高层结构，优先选用。

整体刚度，一次加载方式

框剪结构中竖向荷载的传递

- 框架剪力墙结构由于柱的竖向刚度远小于墙的刚度，在竖向荷载作用下，柱与墙之间的连梁将调节两者的位移差，使得柱的轴力减少，墙的轴力增大。高层建筑的层层调整，将可能造成顶部框架柱在竖向荷载作用下受拉，其上端的梁没有负弯矩。
- 施工实际情况是：结构变形是逐层变形，逐层找平的，到结构顶部时，由于大部分变形已经完成，连梁的调节作用就不会很大。程序采用“模拟施工1”就是体现了这种施工过程。

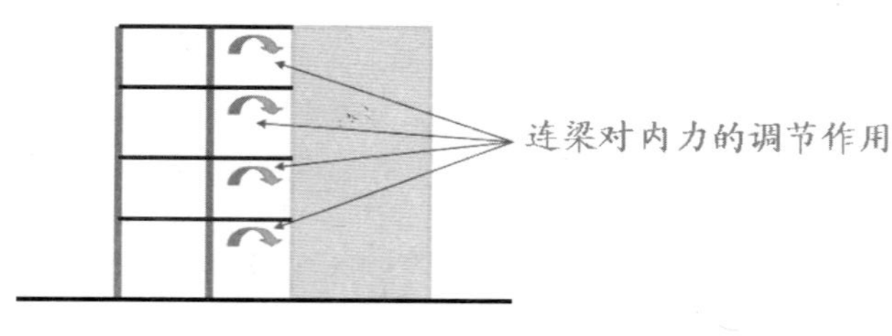

模拟施工1：整体刚度，逐层加载方式

一层加载　　二层加载　　三层加载

模拟施工2：逐层建立刚度，逐层加载方式

- 逐层形成结构刚度
- 逐层加载，逐层找平
- 该层以下各层变形不受其上层影响

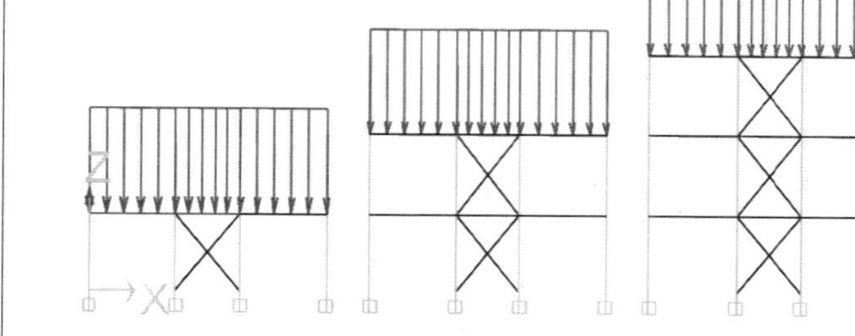

模拟施工加载实例

某工程主楼28层，裙房8层，地下室2层，框架剪力墙结构，1~3层层高4.8m，4~8层层高4.0m，25、26、27层层高分别为4.2m、4.5m、4.8m，其他各层层高均为3.9m。

梁、柱、板混凝土强度等级分别为C30、C50、C30，板厚120mm。第1、2层楼面恒荷载为8.8kN/m^2，其它楼层均为7.8kN/m^2，建筑物主要楼层的结构平面图和轴侧图如图所示：

329 330
331 332

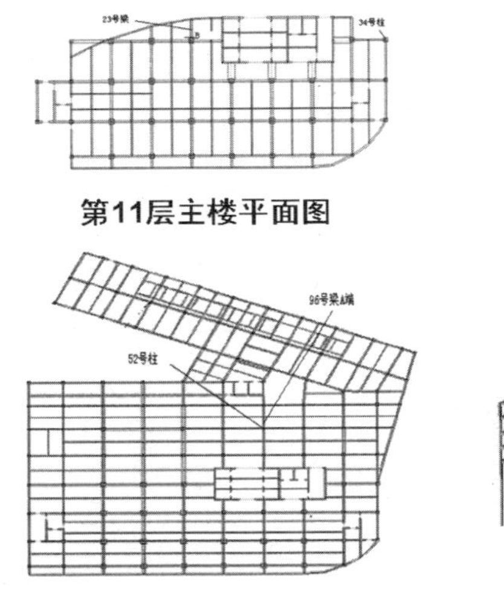

第11层主楼平面图

第8层裙房平面图

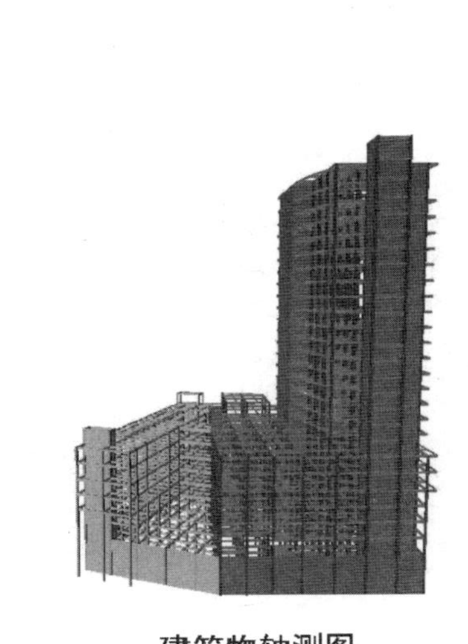

建筑物轴测图

裙房52号中柱轴力比较（kN）

楼层号	一次加载	模拟1	模拟3
1	-4659.6	-4659.6	-4760.9
2	-4117.1	-4112.3	-4214.2
3	-3437.0	-3436.3	-3526.2
4	-2850.3	-2858.1	-2927.3
5	-2293.1	-2307.5	-2357.6
6	-1727.7	-1747.8	-1776.5
7	-1138.1	-1157.4	-1169.1
8	-634.7	-641.9	-641.9

结果：模拟3 > 模拟1 > 一次加载

主楼34号角柱弯矩比较（kN·m）

楼层号	一次加载	模拟1	模拟3
1	0.4	0.4	1.3
5	-17.0	-7.3	-19.3
8	-34.3	-2.6	-38.4
11	62.7	53.5	113.2
15	52.2	49.0	101.5
19	44.8	47.6	97.1
23	38.1	51.9	92.4
26	32.9	88.9	89.8

结果：模拟3 > 模拟1 > 一次加载

裙房96号梁端弯矩比较（kN·m）

楼层号	一次加载	模拟1	模拟3
1	-122.7	-122.7	-133.3
2	-155.3	-155.9	-171.8
3	-193.8	-196.2	-213.8
4	-177.4	-185.0	-198.7
5	-165.6	-180.2	-197.0
6	-171.2	-196.8	-211.5
7	-126.9	-166.6	-181.6
8	-204.0	-240.6	-240.5

结论：模拟3 > 模拟1 > 一次加载

实例问题：有上部悬挑的结构

某工程共21层，在17-21层有上部悬挑结构，挑出长度为9800mm，如图所示：

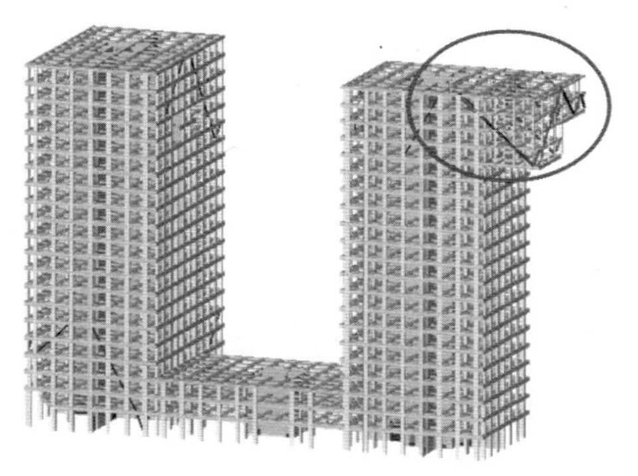

第6958号节点

第21层结构平面图

图中6958号节点，分别采用施工模拟3和一次性加载，节点位移计算结果如下：

- 施工模拟3：-17.07mm
- 一次加载：-33.60mm

由此可见，对于有上部悬挑的结构，如果不考虑施工工艺的要求而盲目采用“施工模拟3”，有可能使竖向恒载作用下节点位移的计算结果偏小，不符合真实情况，而应采用“一次性加载”的分析结果。

类似情况：上拉悬挑、有吊柱、带吊杆和斜撑等

恒活荷载计算信息—模拟施工加载2:

- 结构荷载分配原则：按刚度分配
- 框筒结构出现问题：基础不合理沉降
- 程序将框筒结构的竖向杆件刚度放大10倍后再和筒体分配荷载，与手工导荷接近，属于经验处理方法
- 仅适用于框筒结构向基础传递荷载，以减少基础不均匀沉降
- 考虑上部结构刚度时不宜采用模拟施工2

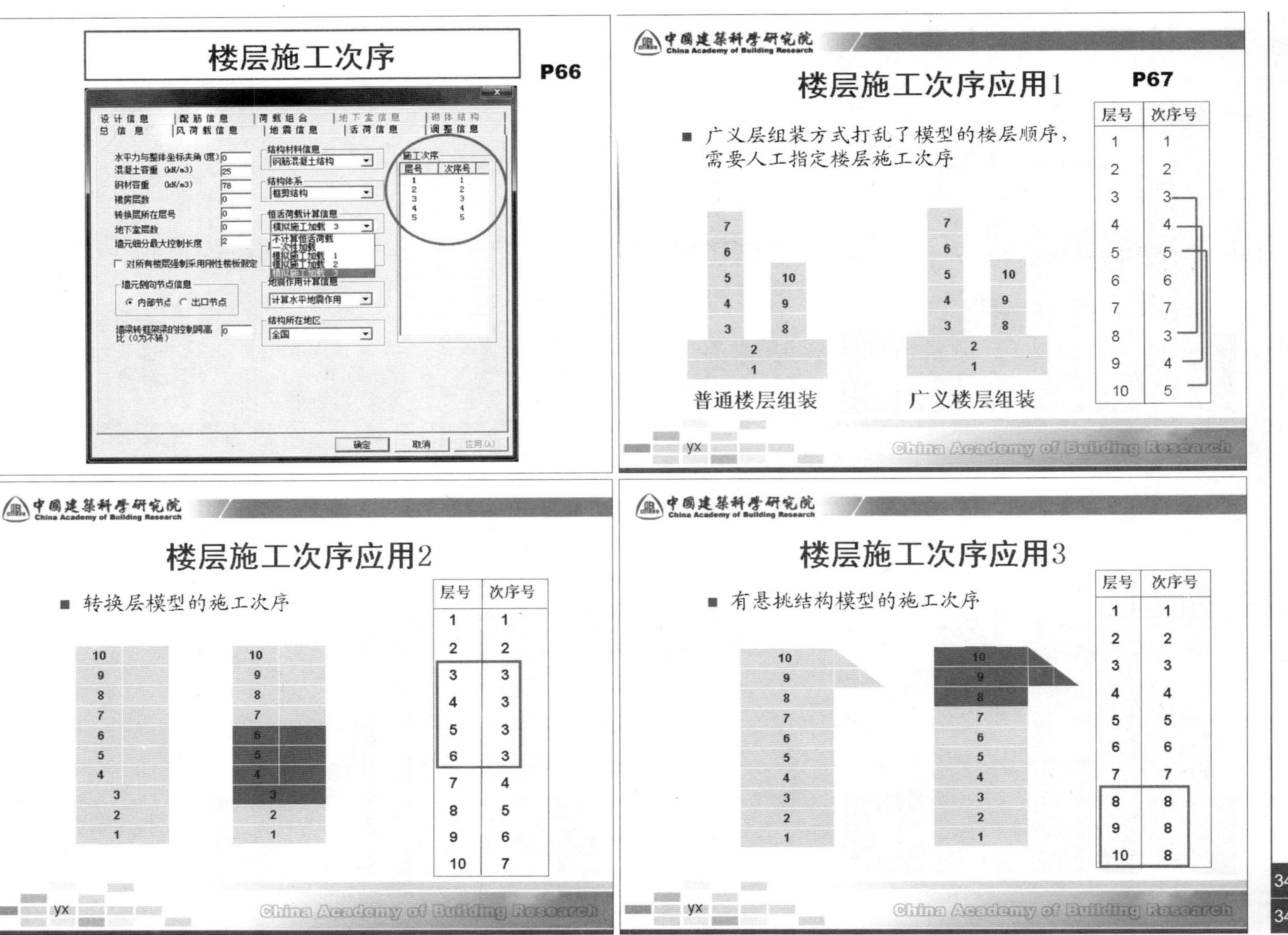
楼层施工次序
P66
施工次序
层号 次序号
1 1
2 2
3 3
4 4
5 5
确定
取消
应用(A)
中国建筑科学研究院 China Academy of Building Research
楼层施工次序应用1
P67
广义层组装方式打乱了模型的楼层顺序，需要人工指定楼层施工次序
普通楼层组装
广义楼层组装
层号 次序号
1 1
2 2
3 3
4 4
5 5
6 6
7 7
8 3
9 4
10 5
China Academy of Building Research
楼层施工次序应用2
转换层模型的施工次序
层号 次序号
1 1
2 2
3 3
4 3
5 3
6 3
7 4
8 5
9 6
10 7
楼层施工次序应用3
有悬挑结构模型的施工次序
层号 次序号
1 1
2 2
3 3
4 4
5 5
6 6
7 7
8 8
9 8
10 8

中國建築科學研究院 China Academy of Building Research

楼层施工次序应用4

■ 越层柱、越层支撑采用整体拉伸模型，各层应同时加载，否则产生局部误差

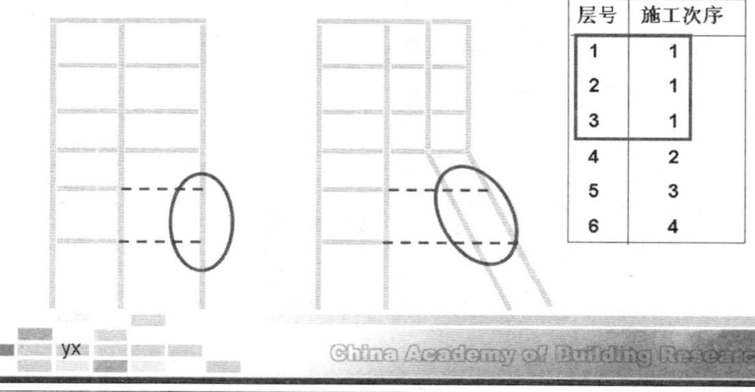

层号	施工次序
1	1
2	1
3	1
4	2
5	3
6	4

China Academy of Building Research

0.2Q_0调整起止楼层号

设计信息 | 配筋信息 | 荷载组合 | 地下室信息 | 砌体结构
总信息 | 风荷载信息 | 地震信息 | 活荷信息 | 调整信息

梁端负弯矩调幅系数 0.85　连梁刚度折减系数 0.7
梁活荷载内力放大系数 1.1　中梁刚度放大系数 2
梁扭矩折减系数 0.4　注：边梁刚度放大系数为(1+Bk)/2
剪力墙加强区起算层号 1
□ 调整与框支柱相连的梁内力　托墙梁刚度放大系数 1
☑ 按抗震规范(5.2.5)调整各楼层地震内力
九度结构及一级框架结构梁柱钢筋超配系数 1.15
指定的薄弱层个数 0　各薄弱层层号
地震作用调整
全楼地震作用放大系数 1
0.2Q_0 调整起始层号 0　终止层号 0
顶塔楼地震作用放大起算层号 0　放大系数 1
确定　取消　应用(A)

0.2Q_0调整起始层号 0 终止层号 0

P83

规范：《抗震规范》6.2.13条和《高规》8.1.4条规定，侧向刚度沿竖向分布基本均匀的框-剪结构，任一层框架部分的地震剪力，不应小于结构底部总地震剪力的20%和按框-剪结构分析的框架部分各楼层地震剪力中最大值1.5倍二者的较小值。

实现：1、这是对框剪结构的二道设防要求。

2、程序按规范要求进行0.2Q_0（钢结构0.25Q_0）调整，设计人员应指定需调整的楼层范围。

3、如果需要人为控制调整系数，可以在SATWE的数据文件SATINPUT.02Q中，按照样本格式给出调整系数。

4、程序允许调整值超过**2.0**的上限，此时应将起始楼层号填为负数。

5、0.2Q_0调整结果在计算书WV02Q.OUT中输出。

设计信息 | 配筋信息 | 荷载组合 | 地下室信息 | 砌体结构
总信息 | 风荷载信息 | 地震信息 | 活荷信息 | 调整信息

梁端负弯矩调幅系数 0.85　连梁刚度折减系数 0.7
梁活荷载内力放大系数 1.1　中梁刚度放大系数 2
梁扭矩折减系数 0.4　注：边梁刚度放大系数为(1+Bk)/2
剪力墙加强区起算层号 1
□ 调整与框支柱相连的梁内力　托墙梁刚度放大系数 1
☑ 按抗震规范(5.2.5)调整各楼层地震内力
九度结构及一级框架结构梁柱钢筋超配系数 1.15
指定的薄弱层个数 0　各薄弱层层号
地震作用调整
全楼地震作用放大系数 1
0.2Q_0 调整起始层号 -1　终止层号 2
顶塔楼地震作用放大起算层号 0　放大系数 1
确定　取消　应用(A)

如果需要人为控制调整系数，可以在SATWE的数据文件SATINPUT.02Q中，按照样本格式给出调整系数

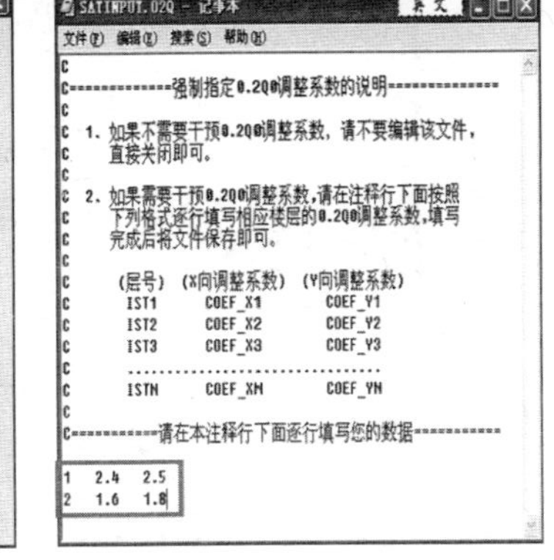

摘自计算书 WVO2Q.OUT:

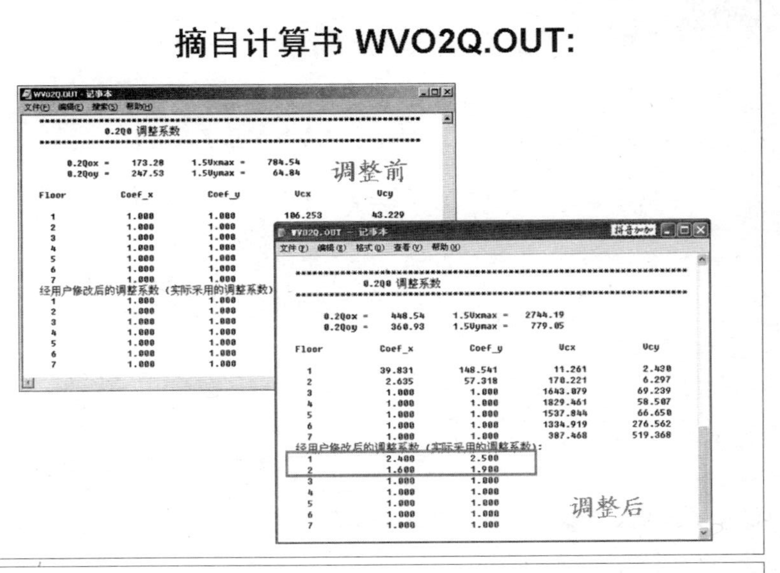

分塔分段$0.2Q_0$调整

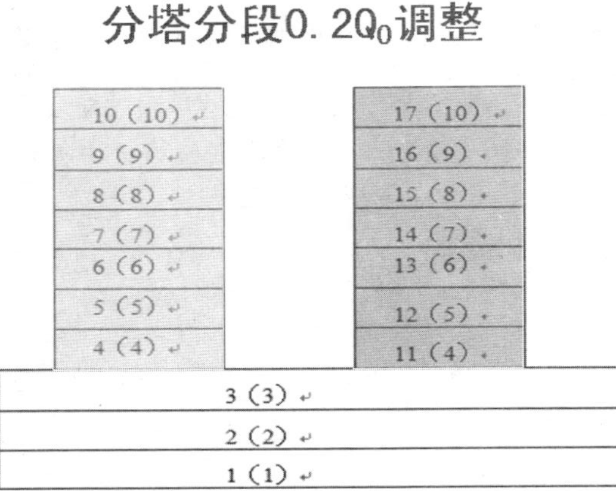

08版SATWE和TAT等软件允许分塔分段进行$0.2Q_0$调整

考虑 P-Δ 效应

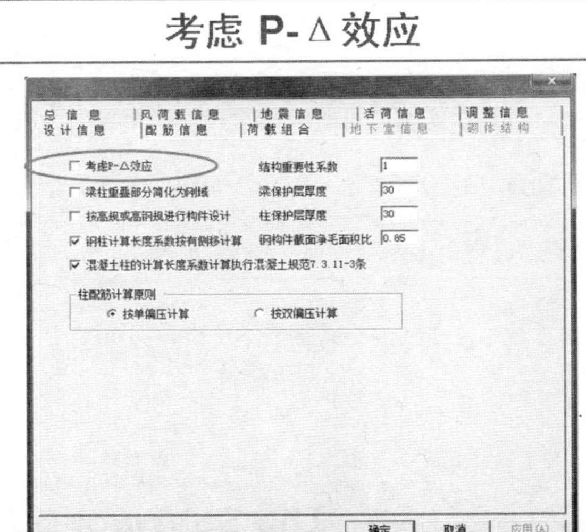

□ 重力二阶效应 P84

规范：《抗震规范》3.6.3条，**当结构在地震作用下的重力附加弯矩大于初始弯矩的10%时，应计入重力二阶效应的影响。**

《高规》5.4.1条～5.4.3条和《混凝土规范》5.2.2条和7.3.12条也都提到考虑重力二阶效应问题。

概念：重力二阶效应一般称为P-DELT效应，在建筑结构分析中指的是竖向荷载的侧移效应。当结构发生水平位移时，竖向荷载会出现垂直于变形后的结构竖向轴线的分量，这个分量将加大水平位移量，同时也会加大相应的内力，这属于几何非线性效应，其与结构侧向刚度和自重有关，与结构高度影响较小。

实现：用户自行选择是否考虑P-DELT效应。

注意：1）**通常混凝土结构不考虑，高层钢结构宜考虑。**

2）是否要考虑重力二阶效应在**WMASS.OUT**中有明确提示，考虑后水平位移增大5%～10%，且呈两头小中间大分布。

摘自计算书WMASS.OUT:

```
==========================
结构整体稳定验算结果
==========================
X向刚重比 EJd/GH**2= 9.24
Y向刚重比 EJd/GH**2= 131.23
该结构刚重比EJd/GH**2大于1.4,能够通过高规(5.4.4)整体稳定验算
该结构刚重比EJd/GH**2大于2.7,可以不考虑重力二阶效应
```

考虑P-DELT效应后，结构周期一般会变得稍长，这是符合实际情况的。P-DELT效应与柱的计算长度系数相关：

如果用户不考虑P-DELT效应，则在柱配筋计算时，偏心距放大系数的计算采用真实的柱计算长度系数 。

如果用户考虑P-DELT效应，则在柱配筋计算时，偏心距放大系数的计算直接取柱计算长度系数等于1.0。

周期折减系数

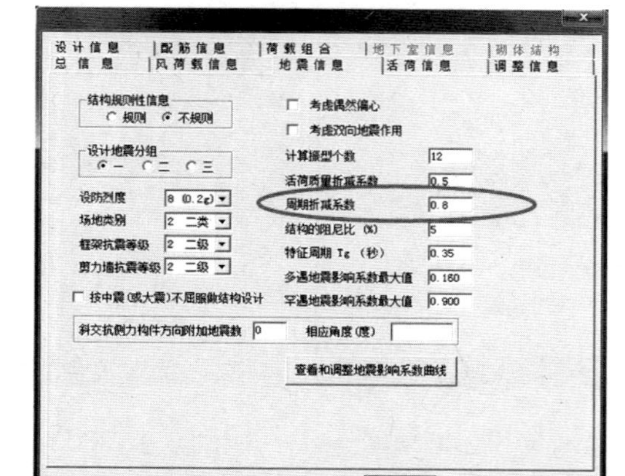

周期折减系数 1 P75

规范：《高规》3.3.16条规定，<u>计算各振型地震影响系数所采用的结构自振周期应考虑非承重墙体的刚度影响予以折减。</u>

《高规》3.3.17条规定，折减系数取值：

1、框架结构可取0.6～0.7；

2、框架-剪力墙结构可取0.7～0.8；

3、剪力墙结构可取0.9～1.0。

注意：1）以上折剪系数是按实心粘土砖填充墙确定的，如采用轻质填充材料，折剪系数应不折剪或少折剪。

2）对于自振周期小于特征周期的结构，由于其位于振型分解反应谱曲线的平台段，周期折减有可能对计算结果没有影响。

周期折减系数的理解

- 周期折减系数不改变结构的基本振动特征。
- 周期折减系数是放大地震作用的方法之一。
- 周期折减系数是根据结构早期弹性刚度较大（因为有大量的填充墙）而在地震作用时破坏这种特性，而设置的放大地震作用的参数。

$$\alpha=(T_g/T)^{\gamma}\eta_2\alpha_{max}$$

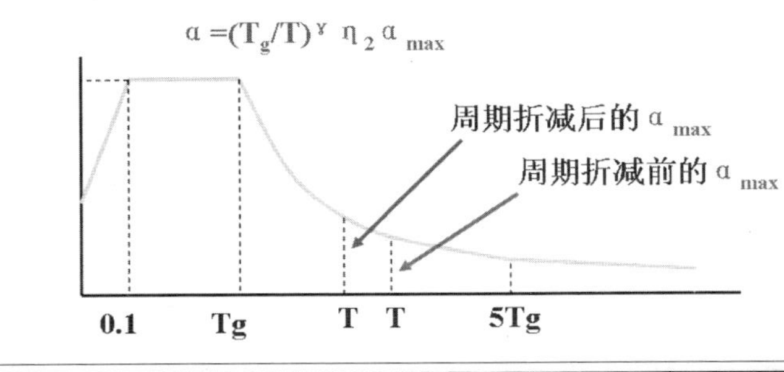

框架结构的填充墙损毁严重

- 框架结构的填充墙强度低，与主体框架连接差，易倾倒和损毁

361 362
363 364

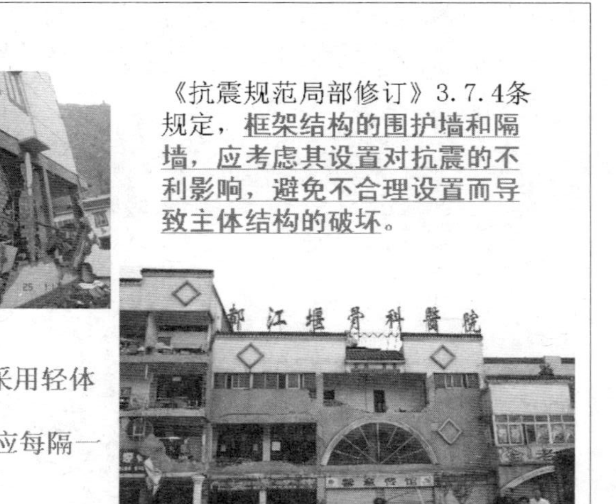

《抗震规范局部修订》3.7.4条规定，**框架结构的围护墙和隔墙，应考虑其设置对抗震的不利影响，避免不合理设置而导致主体结构的破坏。**

- 填充墙应尽量采用轻体材料砌体砖
- 填充墙较高时应每隔一定间距布置拉筋

中国建筑科学研究院
China Academy of Building Research

专题8　构件计算参数设置

yx

China Academy of Building Research

梁活荷载不利布置楼层号

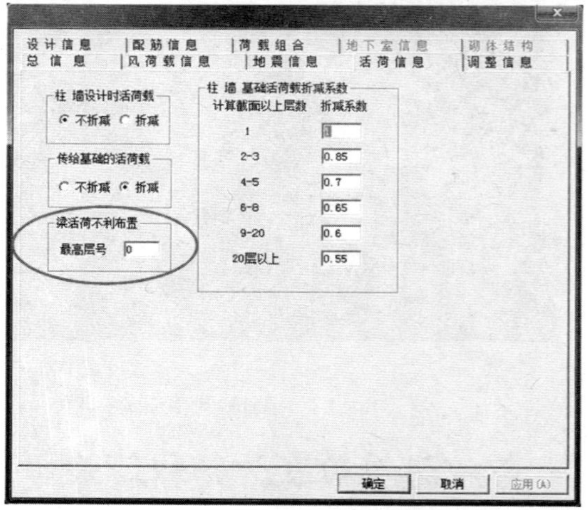

设计信息 | 配筋信息 | 荷载组合 | 地下室信息 | 砌体结构
总信息 | 风荷载信息 | 地震信息 | 活荷信息 | 调整信息

柱 墙设计时活荷载：不折减 / 折减

传给基础的活荷载：不折减 / 折减

梁活荷不利布置　最高层号 0

柱 墙 基础活荷载折减系数

计算截面以上层数	折减系数
1	1
2-3	0.85
4-5	0.7
6-8	0.65
9-20	0.6
20层以上	0.55

确定　取消　应用(A)

中国建筑科学研究院 China Academy of Building Research

梁活荷载不利布置最高层号 7　P78

规范：《高规》5.1.8条规定，高层建筑结构内力计算中，当楼面活荷载大于4kN/m²时，应考虑楼面活荷载不利布置引起的梁弯矩的增大。

实现：程序可以考虑梁活荷载不利布置：

- 默认值为总楼层数，即全楼考虑活荷不利布置。
- 若定义为0，表示全楼不考虑梁活荷不利布置。
- 若填楼层号，则该层以下各层考虑梁活荷载的不利布置，该层以上不考虑活荷不利布置。

yx

梁活荷载内力放大系数

设计信息 | 配筋信息 | 荷载组合 | 地下室信息 | 砌体结构
总信息 | 风荷载信息 | 地震信息 | 活荷信息 | 调整信息

梁端负弯矩调幅系数 0.85　连梁刚度折减系数 0.7
梁活荷载内力放大系数 1.1　中梁刚度放大系数 2
梁扭矩折减系数 0.4　注：边梁刚度放大系数为(1+Bk)/2
剪力墙加强区起算层号 1
调整与框支柱相连的梁内力　托墙梁刚度放大系数 1
按抗震规范(5.2.5)调整各楼层地震内力
九度结构及一级框架结构梁柱钢筋超配系数 1.15
指定的薄弱层个数 0　各薄弱层层号
地震作用调整
全楼地震作用放大系数 1
0.2Qo 调整起始层号 0　终止层号 0
顶塔楼地震作用放大起算层号 0　放大系数 1
确定　取消　应用(A)

梁活荷载内力放大系数 1　P79

《北京细则》5.7.4条，当活荷载较大时宜考虑活荷载不利组合，若计算工作量过大则可采用弯矩放大系数近似计算。

注意：1）05版该参数为“梁设计弯矩增大系数”，组合后弯矩值放大，不仅将活荷载，也将恒荷载、风荷载及地震作用放大，不合理。此外，不仅弯矩应放大，剪力也应放大。

2）08版改为“梁活荷载内力放大系数”，该系数只对梁在满布活荷载下的内力（弯矩、剪力、轴力）进行放大，然后再与其他荷载工况进行组合。

3）建议该系数取值1.05～1.2，如已考虑梁活荷载不利布置楼层数，则不放大填1。

4）截面设计时，框架梁跨中截面正弯矩设计值不应小于竖向荷载作用下按简支梁计算的跨中弯矩设计值的50%。参考《高规》5.2.3条

梁扭矩折减系数

设计信息 | 配筋信息 | 荷载组合 | 地下室信息 | 砌体结构
总信息 | 风荷载信息 | 地震信息 | 活荷信息 | 调整信息

梁端负弯矩调幅系数 0.85　连梁刚度折减系数 0.7
梁活荷载内力放大系数 1.1　中梁刚度放大系数 2
梁扭矩折减系数 0.4　注：边梁刚度放大系数为(1+Bk)/2
剪力墙加强区起算层号 1
调整与框支柱相连的梁内力　托墙梁刚度放大系数 1
按抗震规范(5.2.5)调整各楼层地震内力
九度结构及一级框架结构梁柱钢筋超配系数 1.15
指定的薄弱层个数 0　各薄弱层层号
地震作用调整
全楼地震作用放大系数 1
0.2Qo 调整起始层号 0　终止层号 0
顶塔楼地震作用放大起算层号 0　放大系数 1
确定　取消　应用(A)

梁扭矩折减系数 0.4 P79

规范：《高规》5.2.4条规定，高层建筑结构楼面梁受扭计算中应考虑楼盖对梁的约束作用。当计算中未考虑楼盖对梁扭转的约束作用时，可对梁的计算扭矩乘以折减系数予以折减。梁扭矩折减系数应根据梁周围楼盖的情况确定。

实现：对于现浇楼板结构，采用刚性楼板假定时折减系数缺省值为0.4。

注意：1）软件具有搜索功能，自动识别主梁、次梁、边梁和中梁，如没有楼板或是弹性楼板，梁的扭矩不折减。

2）2009更新版增强了对梁属性的自动识别功能，对于主梁自动赋予调幅梁和用户定义的抗震等级，对于次梁自动赋予不调幅梁和5级非抗震等级；对于中梁和边梁自动赋予不同的梁刚度放大系数和扭矩折减系数。

中梁刚度放大系数

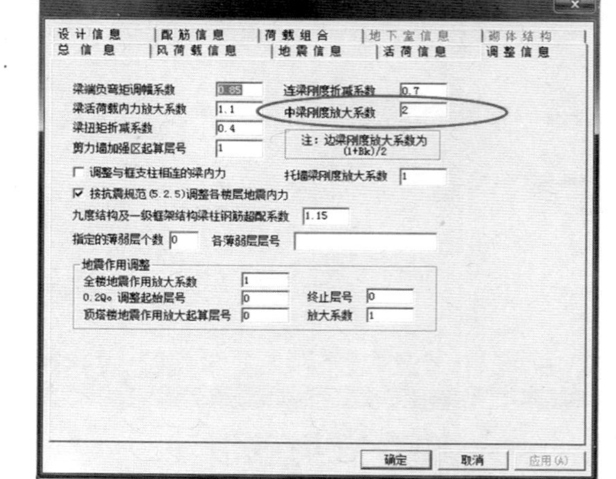

中梁刚度放大系数 1 P80

规范：《高规》5.2.2条规定，在结构内力与位移计算中，现浇楼面和装配整体式楼面中梁的刚度可考虑翼缘的作用予以增大。楼面梁刚度增大系数可根据翼缘情况取为1.3～2.0。

实现：程序对框架梁是按矩形截面计算刚度的，但对于现浇刚性楼板，楼板是梁的翼缘，梁实际是T形梁，可用此系数变通考虑楼板对梁刚度的贡献。

注意：1）通常应当考虑梁刚度增大系数B_K，取值1.3～2.0

2）程序自动搜索中梁和边梁，两侧均与刚性楼板相连的中梁刚度放大系数为B_K，仅一侧与刚性楼板相连的中梁或边梁的刚度放大系数为$1+(B_K-1)/2$，其他情况的梁刚度不放大。

3）《抗震规范》无此要求，梁刚度放大系数值得商榷，是否可以仅抗震计算考虑，配筋计算不考虑。

托墙梁刚度放大系数

中国建筑科学研究院 China Academy of Building Research

□调整与框支柱相连的梁内力

托墙梁刚度放大系数 1 **P81**

注意：

- 程序可以自动搜索框支转换结构中的托墙梁
- 洞口将梁分为三段，上部有剪力墙的为托墙梁
- 02版程序内定的放大系数为100
- 05版由设计人员自行设定放大系数

yx China Academy of Building Research

托墙梁刚度放大

- 对梁上托剪力墙的情况，剪力墙的下边缘应与转换梁的上表面变形协调；但计算模型的情况是，剪力墙的下边缘与转换大梁的中性轴变形协调，失去本应存在的变形协调性。

  与实际情况相比，计算模型的刚度偏柔了。
- 为了再现真实的刚度，托墙梁刚度放大系数可以取100左右，使转换层附近构件超筋的情况缓解。
- 为保证设计的冗余度，托墙梁刚度放大系数不宜取值太大。
- 通常可以先不放大，在计算结果不理想时再逐步放大。

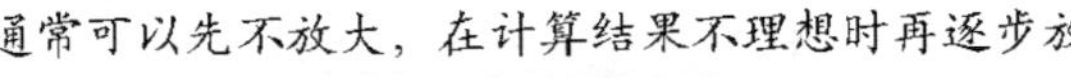

托墙梁刚度放大

洞口下的转换梁段不作刚度放大

- 软件可以自动识别转换梁
- 修复转换梁-墙之间的协调性，会使转换构件及上部楼层的内力和配筋减小

梁柱偏心受力的计算模型

- 当梁柱偏心时，程序自动加刚域，考虑偏心产生的附加弯矩
- 也可以通过人工设置刚性梁实现

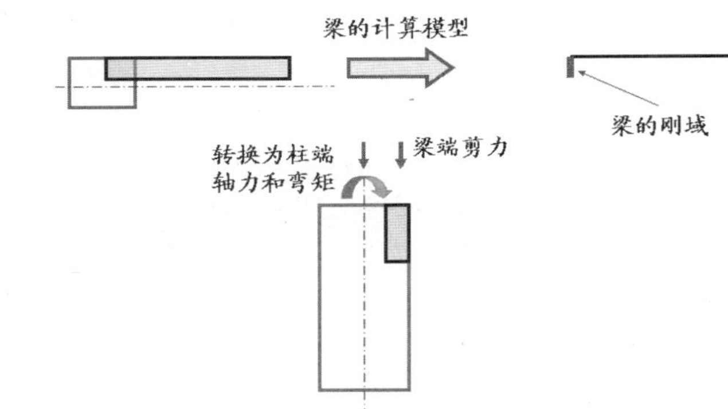

上下柱偏心的计算模型

- 当上下柱形心偏心连接时，程序自动加刚域，考虑偏心产生的附加弯矩。

上柱轴力

转换为下柱的轴力和弯矩

柱水平刚域

梁抬墙的偏心问题

- 当转换梁抬偏心墙时，一般认为在竖向力作用下，墙对下部转换梁作用一个大的扭矩，但计算出的扭矩并不大，因为扭矩是由梁两端转角不协调产生的，上部墙体虽然偏心，但它给下部的梁柱作用的是一个同向的弯曲，所以偏心作用主要转化为两边柱的附加弯矩了。

柱配筋计算原则

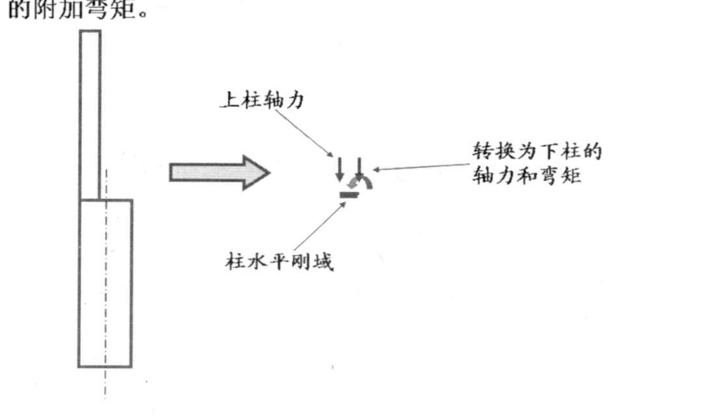

柱配筋计算原则　P87

规范：《高规》6.2.4条规定，抗震设计时，框架角柱应按双向偏心受力构件进行正截面承载力设计。

实现：

- 按单偏压计算：按单向偏心受力构件计算配筋
  适合于二维结构计算
- 按双偏压计算：按双向偏心受力构件计算配筋
  适合于空间结构计算
  双偏压计算多解，配筋较大

问题：

- 有时采用双偏压计算的结果柱配筋太大，适当调整
- 双偏压计算的结果，双偏压验算不通过，不必验算

377 378
379 380

柱配筋计算原则

应用:

1、单偏压计算，双偏压验算（推荐）

2、双偏压计算，调整个别偏大的配筋

3、考虑双向地震，采用单偏压计算

注意:

1）对异形柱程序自动按双偏压计算配筋，按双剪计算箍筋。

2）对单、双偏压计算结果都应认真复核，都有可能不合理，发现错误应及时修改。

3）05版柱双偏压验算后的钢筋修改结果不能自动带入施工图中，需人工修改施工图配筋。

4）08版将双偏压验算放在出施工图中进行。

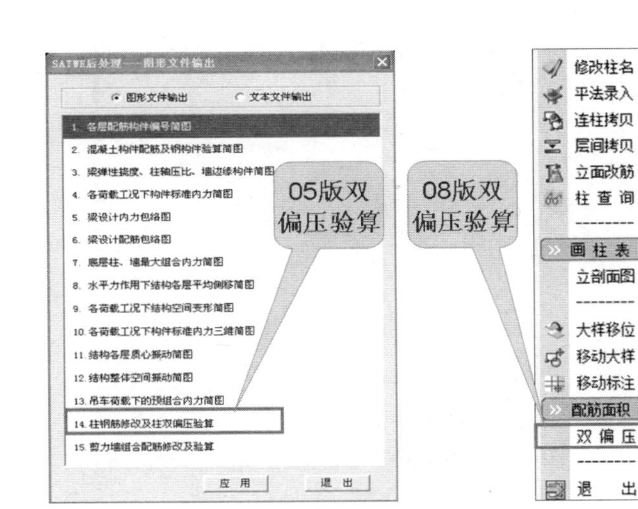

中國建築科學研究院
China Academy of Building Research

P193

剪力墙连梁的设计

yx

China Academy of Building Research

剪力墙连梁刚度折减系数

设计信息 | 配筋信息 | 荷载组合 | 地下室信息 | 砌体结构
总信息 | 风荷载信息 | 地震信息 | 活荷信息 | 调整信息

梁端负弯矩调幅系数 0.85
梁活荷载内力放大系数 1.1
梁扭矩折减系数 0.4
剪力墙加强区起算层号 1
连梁刚度折减系数 0.7
中梁刚度放大系数 2
注：边梁刚度放大系数为(1+Bk)/2
调整与框支柱相连的梁内力
托墙梁刚度放大系数 1
按抗震规范(5.2.5)调整各楼层地震内力
九度结构及一级框架结构梁柱钢筋超配系数 1.15
指定的薄弱层个数 0 各薄弱层层号
地震作用调整
全楼地震作用放大系数 1
0.2Q₀ 调整起始层号 0 终止层号 0
顶塔楼地震作用放大起算层号 0 放大系数 1
确定 取消 应用(A)

385 386
387 388

中国建筑科学研究院 China Academy of Building Research

剪力墙连梁分析 P80

连梁刚度折减系数 0.7

定义：两端都与剪力墙相连，且剪力墙轴线夹角较小的短跨梁称为连梁。

规范：《抗震规范》6.2.13条规定，抗震墙连梁的刚度可折减，折减系数不宜小于0.5。

《高规》5.2.1条规定，抗震设计的框架一剪力墙或剪力墙结构中的连梁刚度可予以折减，折减系数不宜小于0.5。

China Academy of Building Research

剪力墙连梁的作用

- 剪力墙连梁承担上部荷载时，要保证竖向荷载承载力和正常使用极限状态的设计要求；
- 连梁刚度可以折减，地震烈度越高折减越多，即允许大震下连梁开裂；
- 连梁不应设计太强，连梁的开裂或损坏可以吸收地震力，保护剪力墙，有利于提高结构的延性和实现多道抗震设防的目标；
- 连梁刚度折减是针对抗震设计的，对非抗震设计和以风荷载控制为主的地区，连梁刚度不宜折减。

剪力墙连梁的输入方式

《抗震规范》6.1.8.5条，一、二级抗震墙的洞口连梁，跨高比不宜大于5。

《高规》7.1.8条规定，剪力墙开洞形成的跨高比小于5的连梁，应按本章有关规定进行设计；当跨高比不小于5时，宜按框架梁进行设计。

- 跨高比≥5 （宽洞口）-- 梁弯曲变形为主，按杆元计算
  增加节点在两道剪力墙间布置普通梁，按框架梁设计
- 跨高比 <2.5（窄洞口）-- 梁剪切变形为主，按墙元计算
  在剪力墙上布置洞口，洞口上部墙自动识别为连梁（黄色）
- 2.5< 跨高比 <5 -- 设计人员考虑梁刚度自行处理
  在梁高较大时，也可以按跨高比3区分连梁和框架梁

注意：1）是否按连梁设计由设计人员的建模方式控制

2）也可以在特殊构件定义中设置连梁属性

增加墙梁转框架梁功能

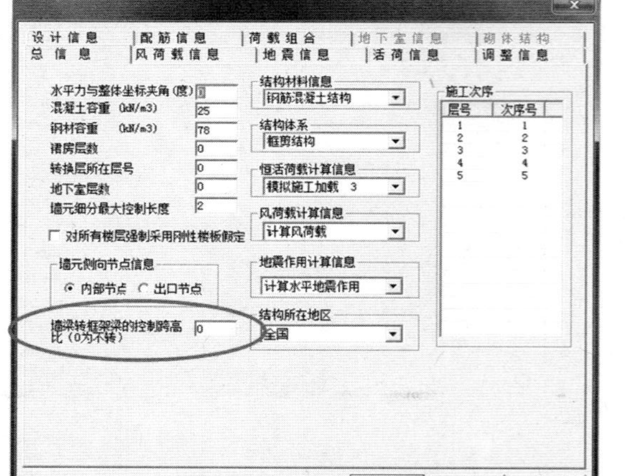

墙梁转框架梁的控制跨高比 0 （0为不转） P65

- 由于墙梁输入更方便，可以将所有与剪力墙相连的梁都按墙开洞的方法输入，并用此参数予以控制：
  - ◆跨高比大于此值的按框架梁分析；
  - ◆跨高比小于此值的按墙梁分析；
  - ◆跨高比为0不转换，表示用墙上开洞方法输入的梁都是连梁（与05版相同）。
- 对于上下洞口不对齐，墙厚变化等特殊情况不转换。

连梁的有限元分析

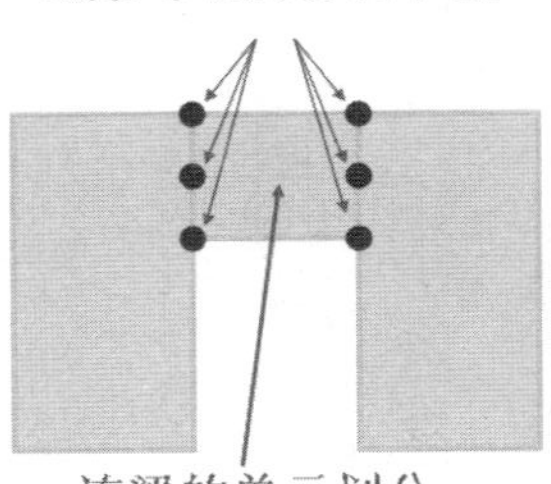

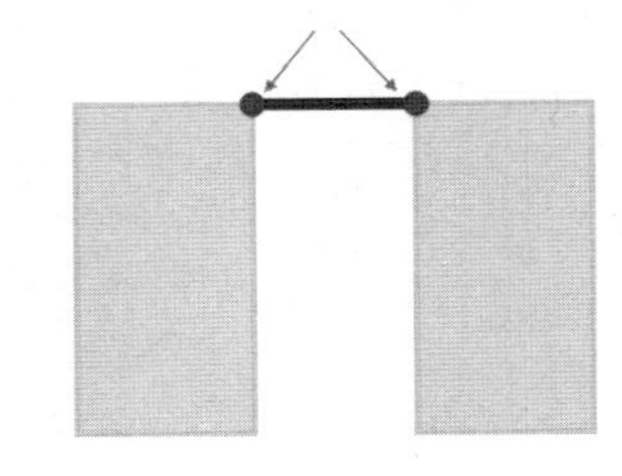

建议：更精细的连梁计算可以采用PMSAP软件进行，该软件将连梁与剪力墙体分别按不同尺度划分壳单元做有限元分析。当连梁单元划分很细时，连梁跨高比再大，计算结果也是正确的。

剪力墙洞口的简化处理

《抗震规范》6.1.8条规定，洞边距端柱不宜小于300mm，梁截面高度不宜小于400mm。程序对洞口作简化处理：

- 忽略小洞口：

  若： B2≤600 且 H2≤600

  或： B2≤300

  或： H2≤300

  则取：B2=H2=0，即不考虑洞口。

- 修整小洞边：

  若：B1<300 则取B1=300； 若：B3<300 则取B3=300

  若：H1<300 则取H1＝0； 若：H3<300 则取H3=0

  B2和H2为洞口的宽和高，B1、B2和H1、H2为洞口边墙

注意：2009更新版取消了对洞口最小尺寸的限制，当洞口靠近墙端节点时，不再增加300宽墙段，转角墙可正确处理。

连梁建模注意事项 P193

- 程序默认连梁的混凝土强度和抗震等级与剪力墙相同，钢筋级别和保护层厚度与框架梁相同。
- 连梁易超筋部位：
  - ❑ 建筑总高1/3左右的楼层处
  - ❑ 长墙段中部
  - ❑ 与大墙肢相连处
  - ❑ 一端与柱相连的连梁

注意：1）2009更新版对剪力墙墙元的上端和下端的出口节点的个数不受限制，因此建模时墙的长度也不再受限。

2）平面相连的墙之间强制增加了中间协调节点，且为出口节点，使墙墙之间的协调计算更加合理。

中国建筑科学研究院 China Academy of Building Research

解决连梁超筋的措施

- 减小连梁截面高度（《高规》7.2.25条）
- 连梁弯矩和剪力可进行塑性调幅（《高规》同上）
- 当连梁破坏对承受竖向荷载无明显影响时，可考虑在大震作用下该连梁不参与工作。（《高规》同上）
- 连梁刚度折减系数不宜小于0.5（《高规》5.2.1）
- 当跨高比不大于2时，宜配置交叉暗撑（《高规》4.9.2.5条）
- 设水平缝（《高规》同上）
- 可在超筋的部位连梁按铰接处理。

注意：连梁本身设计仍必须满足非抗震设计的承载能力和正常使用极限状态的设计要求。

yx China Academy of Building Research

连梁配筋调整参考建议

- 验算小震作用与正常使用极限状态组合下（即恒+活+风）连梁的承载力是否满足要求。
- 如连梁还超筋，可以增加连梁跨度，降低高度，采用双梁。
- 总的要求是：做到连梁小震时保持弹性—建筑不坏，允许连梁在中震或大震时开裂，确保剪力墙不坏—建筑不倒。

主梁不应支撑在连梁上

《高规》7.1.10条规定，不宜将楼面主梁支撑在剪力墙之间的连梁上。

《高规》9.1.11条规定，楼盖主梁不宜搁置在核心筒或内筒的连梁上。

- 改进设计尽量避免主梁支撑在连梁上，如斜置主梁
- 只允许个别主梁支撑在连梁上
- 如主梁支撑在连梁上，可参考《北京细则》5.5.1条规定。
    - 连梁内设置型钢
    - 宜设壁柱或暗梁承受大梁梁端弯矩
    - 大梁与剪力墙的连接可采用半刚接计算
    - 大梁在剪力墙支座处其纵向钢筋宜用直径较小钢筋并满足锚固要求

剪力墙结构的连梁破坏保护了墙体

（连梁不要太强）

393 394
395 396

397 398
399 400

结构薄弱（软弱）层概念 P204

1、弹性分析时竖向不规则结构的薄弱层判定

1、楼层侧向刚度突变

2、层间受剪承载力突变

3、竖向构件不连续

2、罕遇地震作用下结构的弹塑性变形验算

规范规定：地震烈度高、场地差、超高、超限、不规则、转换层、板柱等结构应进行弹塑性变形验算

指定的薄弱层个数 0 各薄弱层号 P82

规范：《高规》5.1.14条规定，对竖向不规则的高层建筑结构，

- 包括某楼层抗侧刚度刚度小于其上一层的70%或小于其上相邻三层侧向刚度平均值的80%；
- 或结构楼层层间抗侧力结构的承载力小于其上一层的80%；
- 或某楼层竖向抗侧力构件不连续；

其薄弱层对应于地震作用标准值的地震剪力应乘以1.15增大系数

《抗震规范》3.4.3条规定，竖向不规则的建筑结构，其薄弱层的地震剪力应乘以1.15的增大系数。

1）竖向抗侧力构件不连续时；

2）楼层承载力突变时，薄弱层抗侧力结构的受剪承载力不应小于相邻上一楼层的65%。

实现：程序允许设计人员输入薄弱层楼层号，程序对薄弱层的地震力乘以1.15的增大系数。

竖向不规则薄弱层处理办法

- 刚度比突变形成的薄弱层－全自动

  自动计算刚度比，自动判断薄弱层，自动调整
- 承载力突变形成的薄弱层－半自动

  自动计算承载力，人工判定薄弱层，人工指定
- 有转换构件形成的薄弱层－不自动

  人工设计转换构件，人工指定薄弱层

按楼层刚度比判断薄弱层

按楼层承载力比判断薄弱层

WMASS.OUT - 写字板

Ratio_Bu: 表示本层与上一层的承载力之比

层号	塔号	X向承载力	Y向承载力	Ratio_Bu:X	Ratio_Bu:Y
24	1	0.1668E+10	0.1515E+10	0.98	0.98
23	1	0.1448E+10	0.1315E+10	0.87	0.87
22	1	0.2199E+10	0.2051E+10	1.52	1.56
21	1	0.2199E+10	0.2051E+10	1.00	1.00
20	1	0.2199E+10	0.2051E+10	1.00	1.00
19	1	0.2199E+10	0.2051E+10	1.00	1.00
18	1	0.2199E+10	0.2051E+10	1.00	1.00
17	1	0.2199E+10	0.2051E+10	1.00	1.00
16	1	0.2199E+10	0.2051E+10	1.00	1.00
15	1	0.2199E+10	0.2051E+10	1.00	1.00
14	1	0.2227E+10	0.2069E+10	1.01	1.01
13	1	0.1983E+10	0.1913E+10	0.89	0.92
12	1	0.1599E+10	0.1528E+10	0.81	0.80
11	1	0.1193E+10	0.8242E+09	0.75	0.54
10	1	0.6110E+09	0.6969E+09	0.51	0.85
9	1	0.2155E+10	0.1842E+10	3.53	2.64
8	1	0.2055E+10	0.1871E+10	0.95	1.02

要"帮助"，请按 F1

指定薄弱层

设计信息 | 配筋信息 | 荷载组合 | 地下室信息 | 砌体结构
总信息 | 风荷载信息 | 地震信息 | 活荷信息 | 调整信息

梁端负弯矩调幅系数 0.85　连梁刚度折减系数 0.7
梁活荷载内力放大系数 1.1　中梁刚度放大系数 2
梁扭矩折减系数 0.4　注：边梁刚度放大系数为(1+Bk)/2
剪力墙加强区起算层号 1
调整与框支柱相连的梁内力　托墙梁刚度放大系数 1
按抗震规范(5.2.5)调整各楼层地震内力
九度结构及一级框架结构梁柱钢筋超配系数 1.15
指定的薄弱层个数 2　各薄弱层层号 11，12
地震作用调整
全楼地震作用放大系数 1
0.2Q₀ 调整起始层号 0　终止层号 0
顶塔楼地震作用放大起算层号 0　放大系数 1
确定　取消　应用(A)

P180

建筑结构的弹塑性分析

建筑结构分析方法　P180

- 《抗震规范》3.6.1条，建筑结构应进行多遇地震作用下的内力和变形分析，此时，可假定结构与构件处于弹性工作状态，内力和变形分析可采用线性静力方法或线性动力方法。

  对规则结构采用小震弹性振型分解法分析 - SATWE

- 《抗震规范》3.6.2条，不规则且具有明显薄弱部位可能导致地震时严重破坏的建筑结构，应按本规范有关规定进行罕遇地震作用下的弹塑性变形分析。

  对不规则结构采用中（大）震弹塑性分析 - EPDA/PUSH

- 《抗震规范》5.5.3条，不超过12层且刚度无突变的钢筋混凝土框架结构，可采用本节第5.5.4条的简化计算方法。

  对12层以下框架结构采用简化的弹塑性分析 - SATWE自动

结构小震和大震的层间位移角限值比较

- 小震情况下结构的弹性层间位移角限值
- 大震情况下结构的弹塑性层间位移角限值

结构类型	弹性位移角限值 $[\theta_p]$	弹塑性位移角限值 $[\theta_p]$
混凝土框架	1/550	1/50
混凝土框剪、框筒	1/800	1/100
混凝土剪力墙、筒中筒	1/1000	1/120
多高层钢结构	1/300	1/50

验算楼层抗剪承载力和屈服系数看计算书SAT-K.OUT

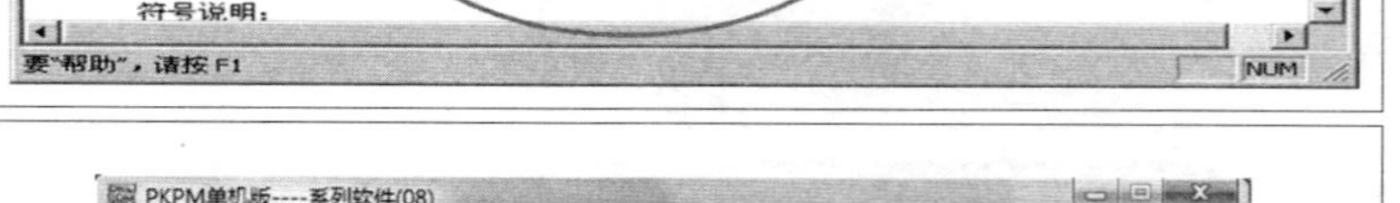

层号	塔号	X向层剪力 (kN)	Y向层剪力 (kN)	X向层承载力 (kN)	Y向层承载力 (kN)
7	1	340.97	224.06	266.83	328.66
6	1	531.55	366.08	324.56	324.56
5	1	1814.93	1489.41	1846.58	1761.89
4	1	2921.83	2314.95	2285.40	2333.77
3	1	3765.22	2906.24	2874.03	2938.12
2	1	4444.41	3449.41	4412.93	4449.54
1	1	5083.12	4075.50	4374.13	5751.68

各层屈服系数

层号	塔号	X向屈服系数	Y向屈服系数
7	1	0.7825	1.4668
6	1	0.6106	0.8866
5	1	1.0174	1.1829
4	1	0.7822	1.0081
3	1	0.7633	1.0110
2	1	0.9929	1.2899
1	1	0.8605	1.4113

符号说明：

结构弹塑性验算方式（二）： P206

2、高层超限结构弹塑性分析
弹塑性静力分析法－PUSH
弹塑性时程分析法－EPDA

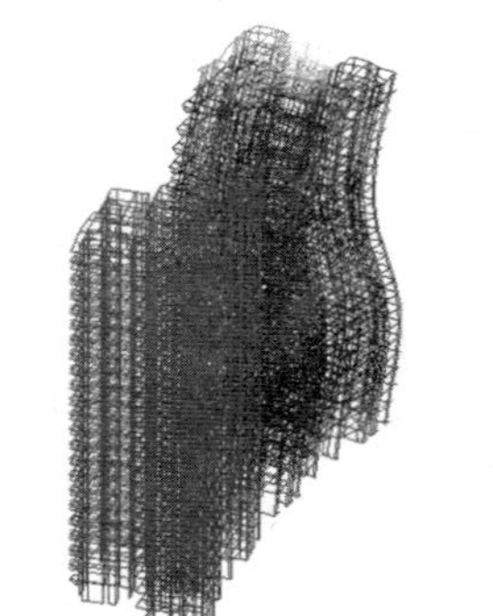

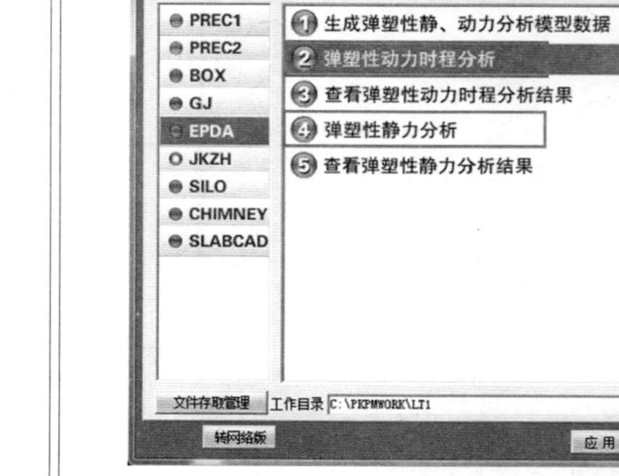

弹塑性静力分析PUSH

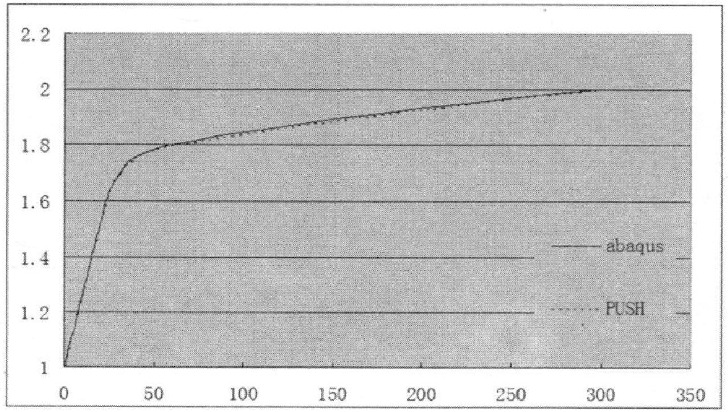

弹塑性动力时程分析EPDA

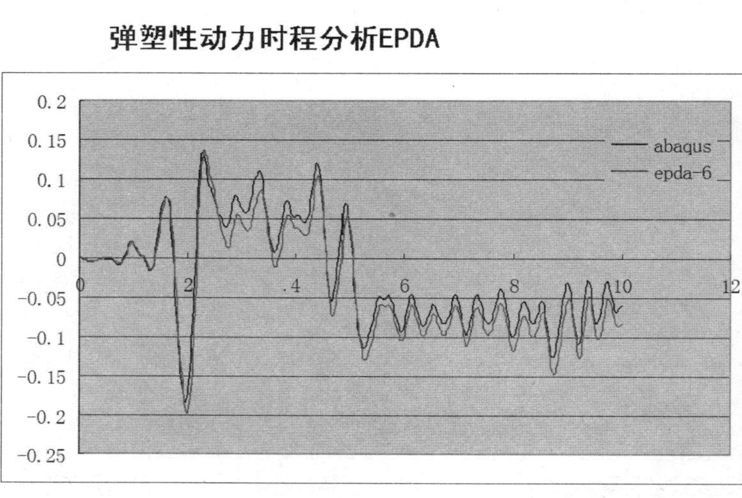

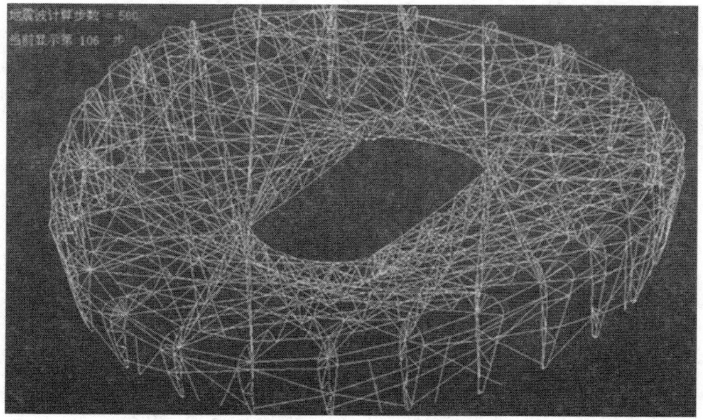

奥运会主体育场钢架结构弹塑性分析

计算地震波长度10秒，耗时5小时

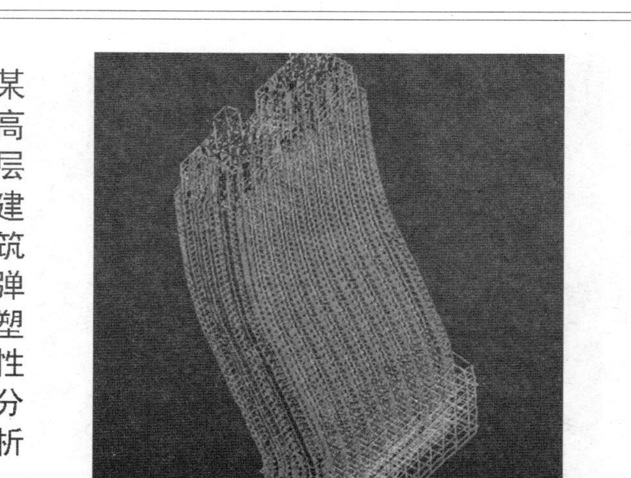

某高层建筑弹塑性分析

417 418
419 420

某公寓楼弹塑性分析

CCTV新址弹塑性分析

中國建築科學研究院 China Academy of Building Research

P270

基于性能的抗震设计

yx China Academy of Building Research

中國建築科學研究院 China Academy of Building Research

基于性能的抗震设计 P270

- 现行工程通常进行“三水准两阶段”目标设计，第一阶段小震下弹性分析控制结构变形，用概念设计和构造措施保证“中震可修，大震不倒”；第二阶段大震下的结构弹塑性变形验算很少应用。
- 对抗震设防烈度较高地区的特别重要和超限建筑物，审查专家会提出更具体的设计指标：

  A）中震或大震不屈服设计；B）中震或大震弹性设计
- 根据建筑物的重要性和不同的用途及业主的特殊要求，使设计的建筑物在未来不同等级的地震作用下达到预期的抗震性能目标，实现个性化设计。

yx China Academy of Building Research

三水准设计与设防烈度的关系

f_1

频率

多遇地震
众值烈度I_m

设防烈度
基本烈度I_0

罕遇地震
大震烈度I'

I(烈度)

超越概率63.2%　10%　2%-3%

重现期50年　475年　2000年

三水准地震烈度和设防烈度关系示意图

中(大)震弹性设计考虑因素

- 最大地震影响系数α_{max}按表中（大）震取值，中震为2.8倍小震值；大震为4.5～6.0倍小震值。
- 计算时不考虑地震组合内力调整系数，即强柱弱梁、强剪弱弯调整。

各抗震设防列度下的最大地震影响系数α_{max}：

抗震设防烈度	7度	7.5度	8度	8.5度	9度
$\alpha_{max}^{小震}$	0.08	0.12	0.16	0.24	0.32
$\alpha_{max}^{中震}$	0.23	0.33	0.46	0.66	0.80
$\alpha_{max}^{大震}$	0.50	0.72	0.90	1.20	1.40
$\beta_{中}$	2.875	2.75	2.875	2.75	2.5
$\beta_{大}$	6.25	6	5.625	5	4.375

中(大)震弹性设计参数设定

1、将表里中/大震下最大地震影响系数α_{max}填入SATWE总信息参数中

2、将构件抗震等级设为4级（不考虑构造措施）

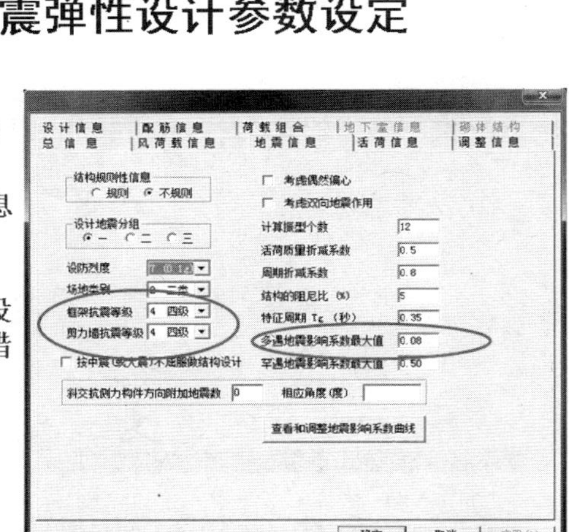

中国建筑科学研究院
China Academy of Building Research

中(大)震弹性设计实现方法

- 按中（大）震设定最大地震影响系数α_{max}。
- 取消地震组合内力调整（强柱弱梁、强剪弱弯调整）

yx

China Academy of Building Research

中(大)震不屈服设计参数设定

1、选择"按中震（或大震）不屈服做结构设计"

2、最大地震影响系数α_{max}按表中(大)震取值

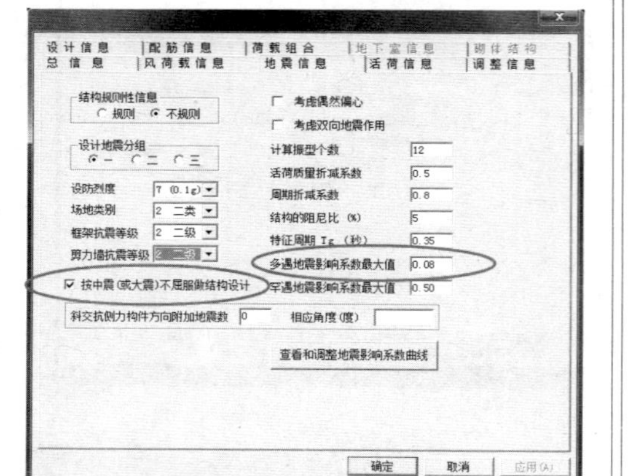

中(大)震不屈服设计实现方法

- 按中（大）震设定最大地震影响系数α_{max}
- 选择"☑按中震（或大震）不屈服做结构设计

软件自动完成以下调整：

1. 取消地震组合内力调整（强柱弱梁、强剪弱弯）
2. 地震作用效应的组合系数按《高规》第5.6节进行，但荷载作用分项系数均取1.0
3. 抗震承载力调整系数γ_{RE}取1.0
4. 钢筋和混凝土材料强度采用标准值

工程实例：

某工程为框支剪力墙双塔结构，地下一层，地上34层，地上第三层为转换层，结构总高101.4m，地震设防烈度为7度，地震基本加速度为0.15g，三类场地土，考虑偶然偏心和双向地震作用。该结构的三维轴侧图、转换层平面图如下所示：

设计方要求对部分关键构件做中震弹性验算。

结构的三维轴测图

框支柱1

框支梁1

落地剪力墙1

结构平面图

表1 框支柱1的计算结果

	抗震等级	M_x(kN·m)	M_y(kN·m)	N (kN)	U_c
小震弹性	特一级	1126(36)	852(39)	-6473 (30)	0.32
中震弹性	四级	969(36)	-1444(36)	-11910(30)	0.56

表2 框支梁1的计算结果

	抗震等级	M_1^- (kN·m)	M^+ (kN·m)	M_2^- (kN·m)	V_1 (kN)	V_2 (kN)
小震弹性	特一级	-727 (30)	890 (30)	-729 (28)	1405 (30)	-2101 (28)
中震弹性	四级	-1008 (30)	1190 (30)	-932 (28)	1673 (30)	-2378 (28)

表3 落地剪力墙1的计算结果

	抗震等级	M(kN·m)	V (kN)	N (kN)	U_c
小震弹性	特一级	53 (1)	-67 (1)	-2315 (31)	0.25
中震弹性	四级	-507 (37)	-67 (1)	-2315 (31)	0.25

- 绝大多数情况下，对于框支梁、框支柱和落地剪力墙等构件中震弹性设计的结果大于小震弹性设计的结果。
- 按照“小震不坏、中震可修、大震不倒”的抗震设防目标，对于框支剪力墙结构，宜保证最重要的抗侧力构件如框支梁、框支柱和落地剪力墙等在中震设计下基本保持弹性状态，以保证结构中震可修或不坏。
- 由于按照中震弹性设计时，取消强柱弱梁、强剪弱弯调整，因此按中震设计的个别内力值有可能比小震设计的小。

查看和调整地震影响系数曲线 P77

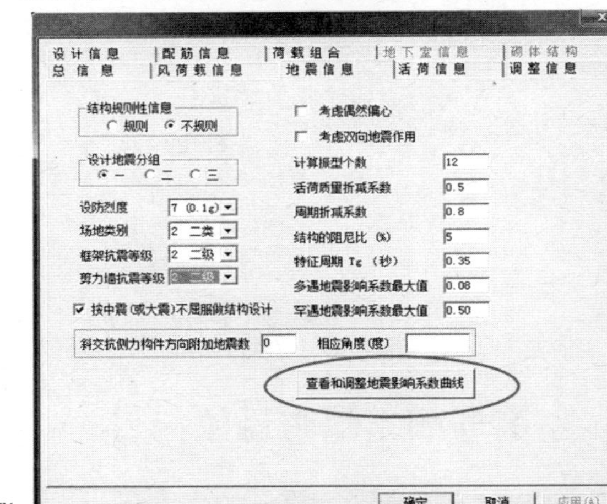

yx

433 434
435 436

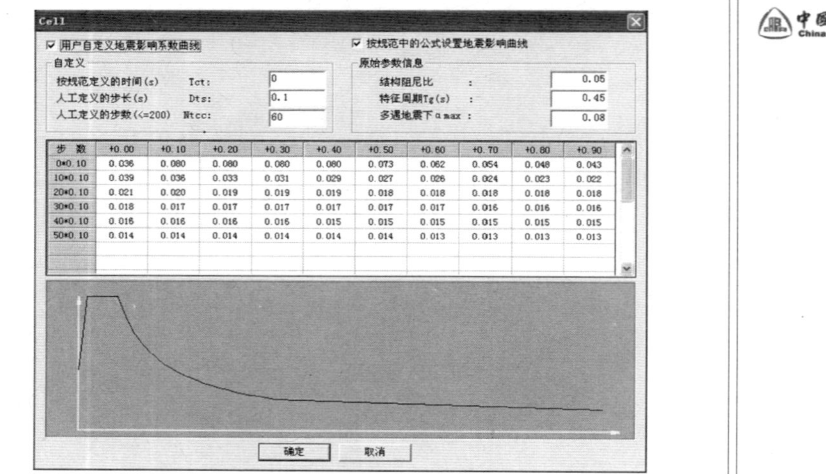

步 数	+0.00	+0.10	+0.20	+0.30	+0.40	+0.50	+0.60	+0.70	+0.80	+0.90
0*0.10	0.036	0.080	0.080	0.080	0.080	0.073	0.062	0.054	0.048	0.043
10*0.10	0.039	0.036	0.033	0.031	0.029	0.027	0.026	0.024	0.023	0.022
20*0.10	0.021	0.020	0.019	0.019	0.019	0.018	0.018	0.018	0.018	0.018
30*0.10	0.018	0.017	0.017	0.017	0.017	0.017	0.017	0.016	0.016	0.016
40*0.10	0.016	0.016	0.016	0.016	0.015	0.015	0.015	0.015	0.015	0.015
50*0.10	0.014	0.014	0.014	0.014	0.014	0.014	0.013	0.013	0.013	0.013

可以根据特殊需要自定义地震影响系数曲线

中国建筑科学研究院 China Academy of Building Research

自行调整地震影响曲线

- 程序允许用户自定义或在规范公式设置地震影响曲线的基础上，修改：
  - 结构阻尼比
  - 结构特征周期
  - 多遇地震影响系数最大值
  - 曲线形状
- 给用户处理复杂情况提供便利条件

yx China Academy of Building Research

中国建筑科学研究院 China Academy of Building Research

P196

楼板在整体分析中的考虑

yx China Academy of Building Research

中国建筑科学研究院 China Academy of Building Research

楼 板 分 类

P196

按楼板刚度分类：

- 刚性楼板
- 弹性楼板6
- 弹性楼板3
- 弹性膜

[弹性板]
弹性板 6
弹性板 3
弹 性 膜
全层设 6
全层设 3
全层设膜
全层删除

yx China Academy of Building Research

中国建筑科学研究院 China Academy of Building Research

楼板刚度的特点

- 楼板由面内刚度和面外刚度两部分组成：
  - 面内刚度——膜剪切单元
  - 面外刚度——板弯曲单元
- 《高规》5.1.5条规定，当楼板会产成明显的面内变形时，计算时应考虑楼板的面内变形。
- 弹性楼板：在外力作用下能产生弹性位移的楼板。

yx　China Academy of Building Research

中国建筑科学研究院 China Academy of Building Research

1、刚性楼板

- 刚性楼板假定
  - 面内刚度无限大，面外刚度为零
- 适用范围
  - 绝大多数工程的常规楼板
- 梁刚度放大
  - 变相地考虑楼板的面外刚度

yx　China Academy of Building Research

中国建筑科学研究院 China Academy of Building Research

2、弹性楼板6

- 弹性楼板6特点
  - 考虑楼板的面内刚度和面外刚度
  - 采用壳单元
- 缺点
  - 计算量增大
  - 考虑板的面外刚度会减少了梁的配筋
- 适用范围
  - 板柱结构楼板，厚板转换楼板
  - 轴网应布置100mm×100mm的虚梁，用于划分单元和指定边界，其无自重，无刚度，不参与计算

yx　China Academy of Building Research

中国建筑科学研究院 China Academy of Building Research

3、弹性楼板3

- 弹性楼板3特点
  - 面内刚度无限大，考虑楼板的面外刚度
  - 采用板弯曲单元
- 适用范围
  - 厚板转换层结构，板厚可达2m左右
  - 也可以用弹性板6
- 注意事项
  - 在厚板上应布置100mm×100mm虚梁
  - 楼层以厚板中心线为界

yx　China Academy of Building Research

4、弹性膜

- 弹性膜特点
  - 考虑楼板的面内刚度，面外刚度为零
  - 采用膜剪切单元
- 适用情况
  - 空旷厂房及体育场馆楼板开大洞形成狭长板带
  - 连体多塔的弱连接楼板
  - 框支剪力墙结构转换层的楼板
- 《高规》4.3.6条规定，当楼板平面比较狭长、有较大的凹入和开洞而使楼板有较大消弱时，应在设计中考虑楼板消弱产生的不利影响。

四种楼板分析对比表

P361

楼板假定	平面内刚度	平面外刚度	适用范围
刚性楼板	无限刚	0	常规楼板
弹性楼板6	考虑	考虑	板柱－剪力墙结构
弹性楼板3	无限刚	考虑	厚板转换结构
弹性膜	考虑	0	狭长板带,框支板,弱连

弹性楼板的应用

- 弹性楼板适用范围:
  - 弹性楼板6: 板柱-剪力墙结构，厚板转换结构
  - 弹性楼板3: 厚板转换结构
  - 弹性膜:
    1. 空旷结构及楼板开大洞形成的狭长板带
    2. 连体多塔结构的弱连接楼板
    3. 框支转换层楼板
- 注意:

  弹性楼板应连续设定，不应间隔设定

例1：板柱体系（无梁楼盖）—弹性板6

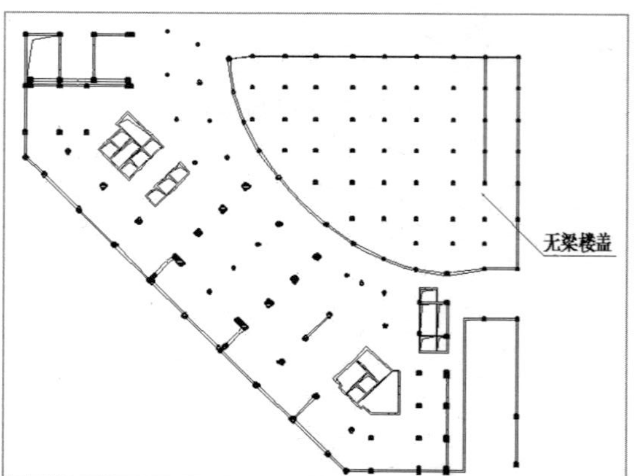

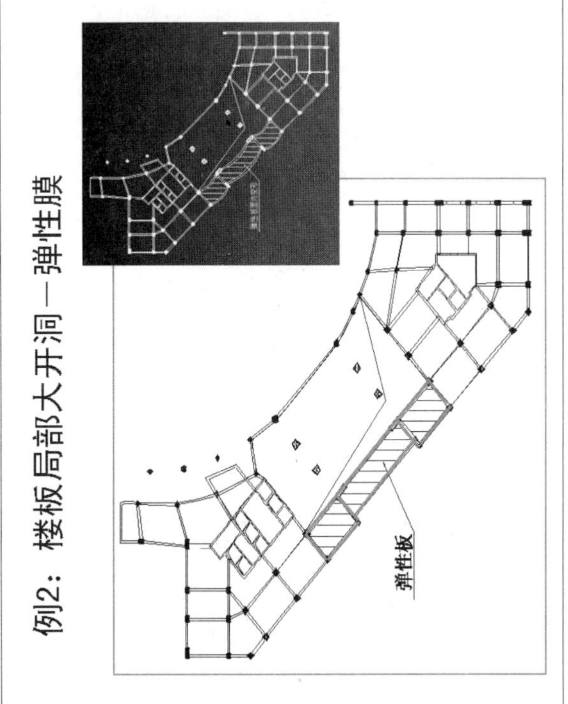

例2：楼板局部大开洞—弹性膜

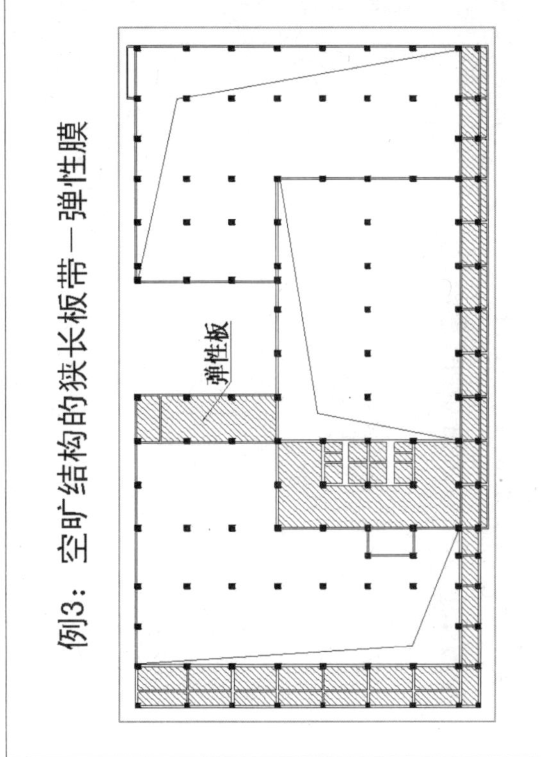

例3：空旷结构的狭长板带—弹性膜

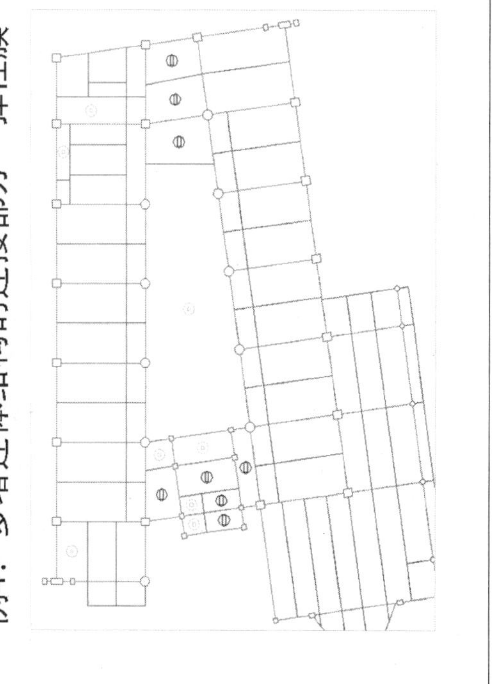

例4：多塔连体结构的连接部分—弹性膜

例5：多塔连体结构的连接部分—弹性膜

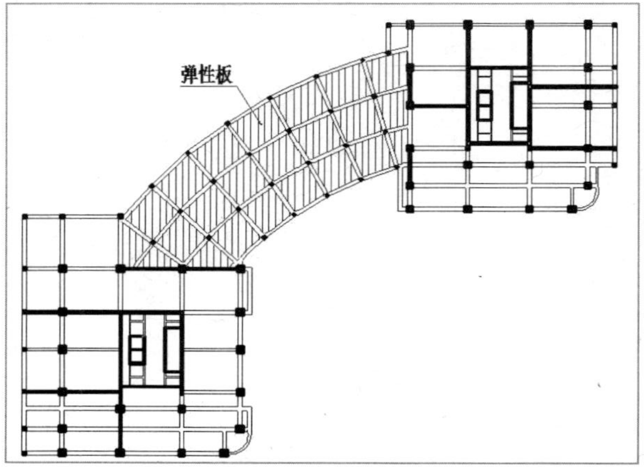

例6：多塔连体结构的连接部分—弹性膜

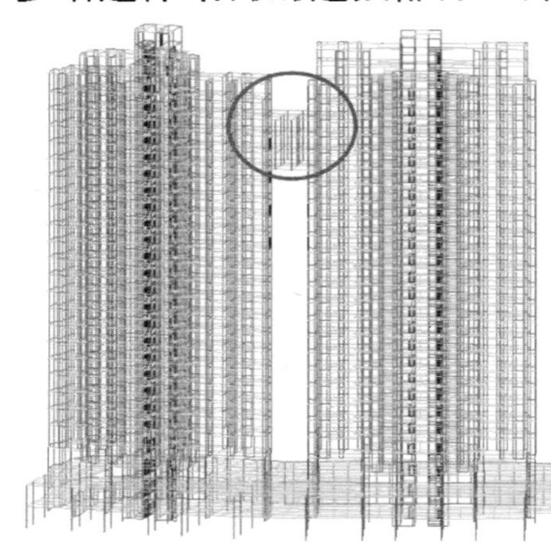

例7：狭长塔楼的楼板—弹性膜

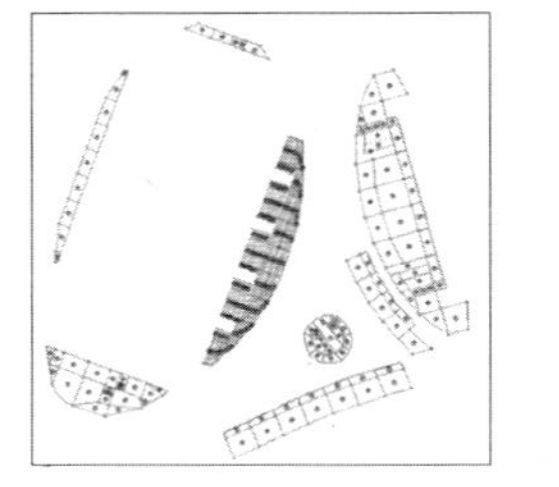

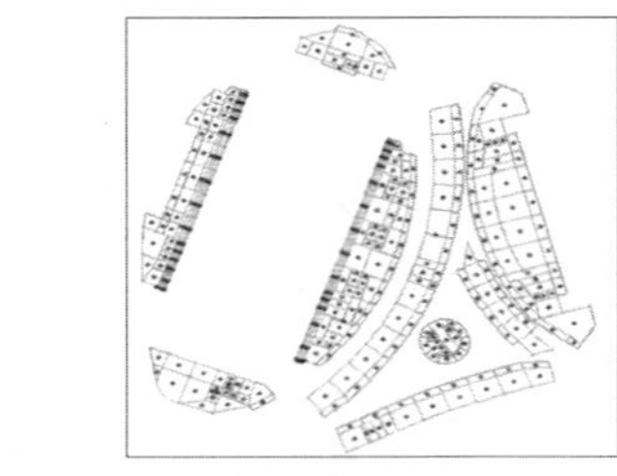

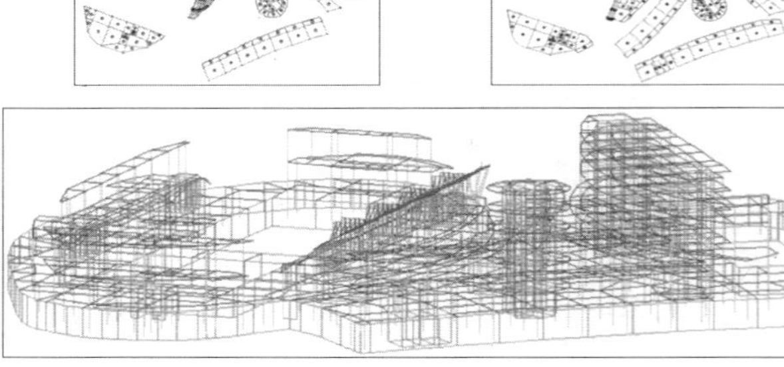

□ 对所有楼层强制采用刚性板假定 P64

规范：《高规》5.1.5条规定，进行高层建筑内力与位移计算时，可假定楼板在自身平面内为无限刚性。

实现：1、如果用户设定了弹性楼板，在计算位移比、刚度比等参数时应选择此项，以刚性楼板假定计算

2、在抗震计算完成后应去掉此项选择，以弹性楼板假定进行内力和配筋计算

注意：1）没有定义弹性板，不必选择此项。

2）当采用强制楼板假定计算时，程序只对楼层高度处的楼面做刚性楼板假定计算，对于其他部分的构件，如楼梯间梁、错层梁等仍按照正常计算。

对所有楼层强制采用刚性楼板假定的影响

设计信息 | 配筋信息 | 荷载组合 | 地下室信息 | 砌体结构
总信息 | 风荷载信息 | 地震信息 | 活荷信息 | 调整信息

水平力与整体坐标夹角(度) 0
混凝土容重 (kN/m3) 25
钢材容重 (kN/m3) 78
裙房层数 2
转换层所在层号 0
地下室层数 0
墙元细分最大控制长度 2
□ 对所有楼层强制采用刚性楼板假定
墙元侧向节点信息 ⊙ 内部节点 ○ 出口节点
墙梁转框架梁的控制跨高比（0为不转） 0

结构材料信息 钢筋混凝土结构
结构体系 框剪结构
恒活荷载计算信息 模拟施工加载 3
风荷载计算信息 计算风荷载
地震作用计算信息 计算水平地震作用
结构所在地区 广东

确定 取消 应用(A) 帮助

强制刚性板假定的影响：

- 0厚度板洞
- 越层柱

中國建築科學研究院 China Academy of Building Research

P98

非荷载作用和特殊风荷载

yx

China Academy of Building Research

结构非荷载作用

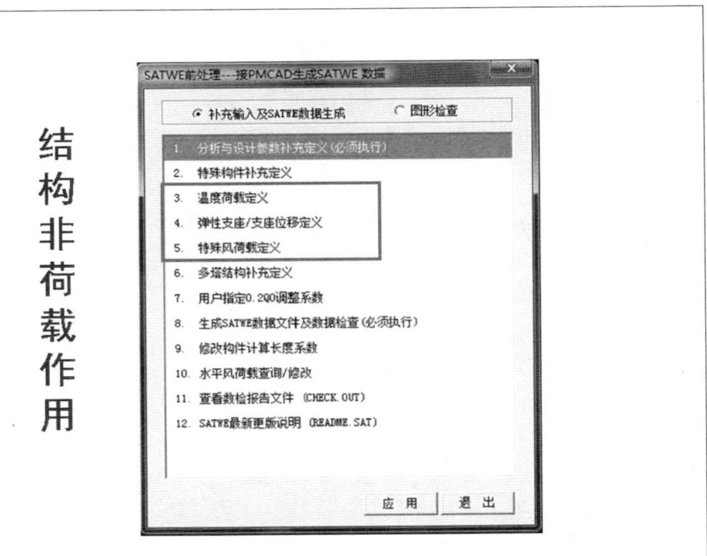

1、温度荷载定义

SATWE 数据前处理(2005年4月)

20.0 -10.0 20.0 -10.0 20.0 -10.0 20.0 -10.0

请输入温度荷载：

最高升温 20.0

最低降温 -10.0

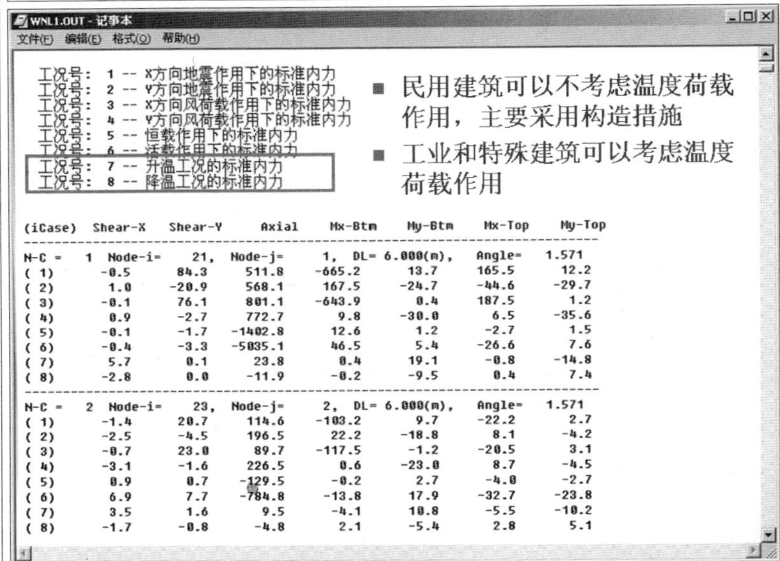

(iCase)	Shear-X	Shear-Y	Axial	Mx-Btm	My-Btm	Mx-Top	My-Top
N-C = 1	Node-i=	21,	Node-j=	1,	DL= 6.000(m),	Angle=	1.571
(1)	-0.5	84.3	511.8	-665.2	13.7	165.5	12.2
(2)	1.0	-20.9	568.1	167.5	-24.7	-44.6	-29.7
(3)	-0.1	76.1	801.1	-643.9	0.4	187.5	1.2
(4)	0.9	-2.7	772.7	9.8	-30.0	6.5	-35.6
(5)	-0.1	-1.7	-1402.8	12.6	1.2	-2.7	1.5
(6)	-0.4	-3.3	-5035.1	46.5	5.4	-26.6	7.6
(7)	5.7	0.1	23.8	0.4	19.1	-0.8	-14.8
(8)	-2.8	0.0	-11.9	-0.2	-9.5	0.4	7.4
N-C = 2	Node-i=	23,	Node-j=	2,	DL= 6.000(m),	Angle=	1.571
(1)	-1.4	20.7	114.6	-103.2	9.7	-22.2	2.7
(2)	-2.5	-4.5	196.5	22.2	-18.8	8.1	-4.2
(3)	-0.7	23.0	89.7	-117.5	-1.2	-20.5	3.1
(4)	-3.1	-1.6	226.5	0.6	-23.0	8.7	-4.5
(5)	0.9	0.7	-129.5	-0.2	2.7	-4.0	-2.7
(6)	6.9	7.7	-784.8	-13.8	17.9	-32.7	-23.8
(7)	3.5	1.6	9.5	-4.1	10.8	-5.5	-10.2
(8)	-1.7	-0.8	-4.8	2.1	-5.4	2.8	5.1

中国建筑科学研究院 China Academy of Building Research

2、特殊支座的定义及分析

特殊支座指：

- 支座位移（如：沉降、转动等）对结构的影响
- 地基变形大，导致上部结构内力重分布
- 特殊要求的设计，隔震材料、指定方向的铰接等
- 特殊支座目前应用得较少，主要是应用面较窄，应用对象较少，多用于旧工程改造、加固的复核验算。

yx

中国建筑科学研究院 China Academy of Building Research

特殊支座定义

指定支座刚度/位移

指定类型：○ 刚度 ⊙ 位移

支座位移

X方向位移(mm)：	0
Y方向位移(mm)：	0
Z方向位移(mm)：	50
X方向转动(rad)：	0
Y方向转动(rad)：	0
Z方向转动(rad)：	0

确定 取消

指定支座刚度/位移

指定类型：⊙ 刚度 ○ 位移

支座刚度

X方向位移刚度(KN/m)：	0
Y方向位移刚度(KN/m)：	0
Z方向位移刚度(KN/m)：	0
X方向转动刚度(KN.m/rad)：	0
Y方向转动刚度(KN.m/rad)：	0
Z方向转动刚度(KN.m/rad)：	0

确定 取消

yx China Academy of Building Research

3、特殊风荷载定义

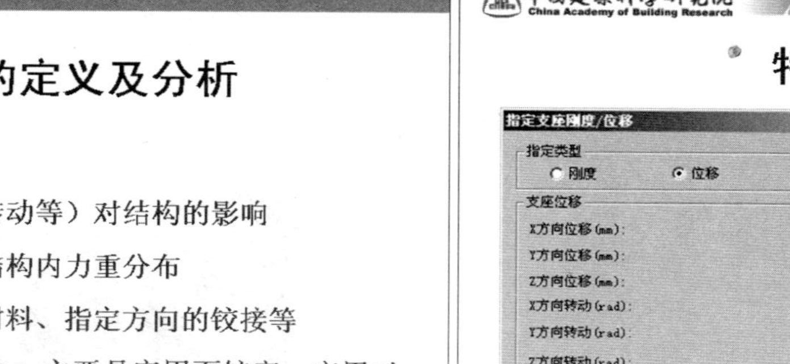

考虑特殊风：

- 广告牌
- 候车站
- 收费站
- 雨篷等

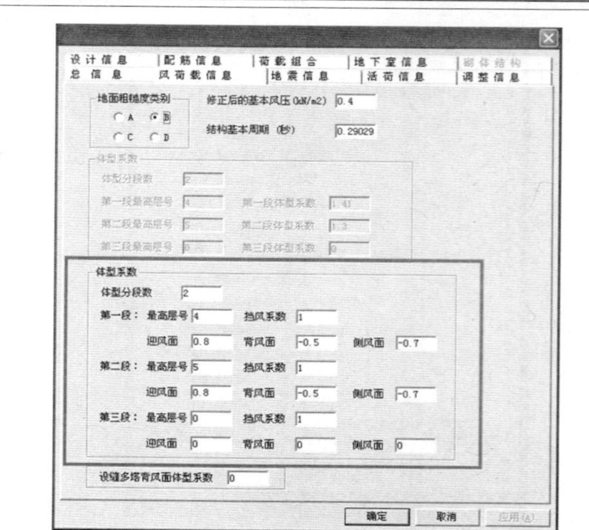

特殊风荷载生成

- 自动按照迎风、背风、侧风的体形系数计算风荷载
- 在<特殊风荷载定义>中选择【自动生成】
- 生成各楼层特殊风荷载
  - 生成四组风荷载：W_X、$-W_X$、W_Y、$-W_Y$
  - 考虑各方向体型系数和挡风系数
- 生成屋顶风荷载
  - 选择【横向X/横向Y】确定屋面梁风荷载方向
  - 用【屋面系数】指定迎风/背风面体型系数
- 允许人工修改特殊风荷载

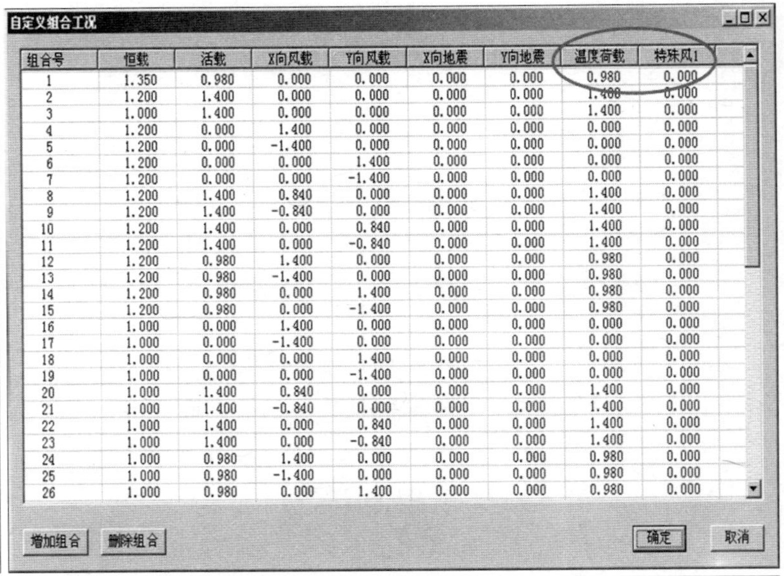

自定义组合工况

组合号	恒载	活载	X向风载	Y向风载	X向地震	Y向地震	温度荷载	特殊风1
1	1.350	0.980	0.000	0.000	0.000	0.000	0.980	0.000
2	1.200	1.400	0.000	0.000	0.000	0.000	1.400	0.000
3	1.000	1.400	0.000	0.000	0.000	0.000	1.400	0.000
4	1.200	0.000	1.400	0.000	0.000	0.000	0.000	0.000
5	1.200	0.000	-1.400	0.000	0.000	0.000	0.000	0.000
6	1.200	0.000	0.000	1.400	0.000	0.000	0.000	0.000
7	1.200	0.000	0.000	-1.400	0.000	0.000	0.000	0.000
8	1.200	1.400	0.840	0.000	0.000	0.000	1.400	0.000
9	1.200	1.400	-0.840	0.000	0.000	0.000	1.400	0.000
10	1.200	1.400	0.000	0.840	0.000	0.000	1.400	0.000
11	1.200	1.400	0.000	-0.840	0.000	0.000	1.400	0.000
12	1.200	0.980	1.400	0.000	0.000	0.000	0.980	0.000
13	1.200	0.980	-1.400	0.000	0.000	0.000	0.980	0.000
14	1.200	0.980	0.000	1.400	0.000	0.000	0.980	0.000
15	1.200	0.980	0.000	-1.400	0.000	0.000	0.980	0.000
16	1.000	0.000	1.400	0.000	0.000	0.000	0.000	0.000
17	1.000	0.000	-1.400	0.000	0.000	0.000	0.000	0.000
18	1.000	0.000	0.000	1.400	0.000	0.000	0.000	0.000
19	1.000	0.000	0.000	-1.400	0.000	0.000	0.000	0.000
20	1.000	1.400	0.840	0.000	0.000	0.000	1.400	0.000
21	1.000	1.400	-0.840	0.000	0.000	0.000	1.400	0.000
22	1.000	1.400	0.000	0.840	0.000	0.000	1.400	0.000
23	1.000	1.400	0.000	-0.840	0.000	0.000	1.400	0.000
24	1.000	0.980	1.400	0.000	0.000	0.000	0.980	0.000
25	1.000	0.980	-1.400	0.000	0.000	0.000	0.980	0.000
26	1.000	0.980	0.000	1.400	0.000	0.000	0.980	0.000

增加组合 删除组合 确定 取消

中国建筑科学研究院
China Academy of Building Research

P100

计算控制参数设置

yx China Academy of Building Research

选择线性方程组解法 P102

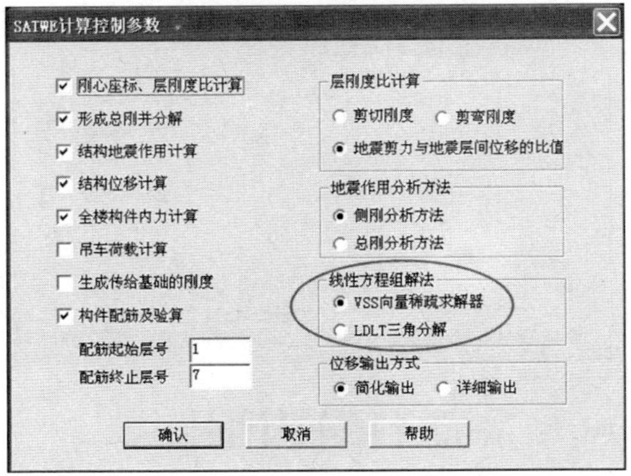

SATWE计算控制参数

- ☑ 刚心座标、层刚度比计算
- ☑ 形成总刚并分解
- ☑ 结构地震作用计算
- ☑ 结构位移计算
- ☑ 全楼构件内力计算
- ☐ 吊车荷载计算
- ☐ 生成传给基础的刚度
- ☑ 构件配筋及验算

配筋起始层号 1
配筋终止层号 7

层刚度比计算
- ○ 剪切刚度 ○ 剪弯刚度
- ● 地震剪力与地震层间位移的比值

地震作用分析方法
- ● 侧刚分析方法
- ○ 总刚分析方法

线性方程组解法
- ● VSS向量稀疏求解器
- ○ LDLT三角分解

位移输出方式
- ● 简化输出 ○ 详细输出

确认 取消 帮助

中国建筑科学研究院 China Academy of Building Research

SATWE采用最新求解器

- VSS向量稀疏求解器
  计算速度提高5～20倍
  综合解题速度快2～5倍
  有时不够稳定，尤其是周期比计算
- LDLT三角分解求解器
  稳定，速度稍慢

yx China Academy of Building Research

层刚度比计算 P101

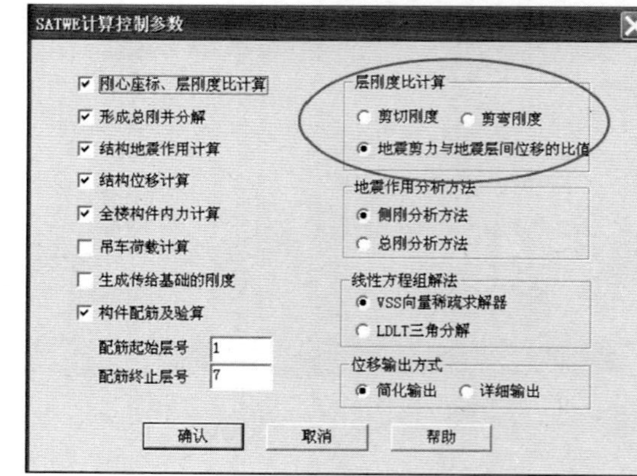

层刚度比的计算方式（一）

1、剪切刚度：

《高规》附录E.0.1建议的方法，计算公式：

$$\gamma = \frac{G_2 A_2}{G_1 A_1} \times \frac{h_1}{h_2}$$

$$A_i = A_{wi} + C_i A_{ci}$$

$$C_i = 2.5\left(\frac{h_{ci}}{h_i}\right)^2$$

其中：A_1、A_2为底层和转换层的折算抗剪截面面积

《高规》附录E规定，侧向刚度比宜接近1，非抗震设计时不应大于3，抗震设计时不应大于2。

剪切刚度分析

- 特点：
  - 剪切刚度仅与结构本身刚度有关，如柱，计算方向的剪力墙，计算简单
- 缺点：
  - 未考虑洞口、支撑、外部作用影响
- 适用范围：
  - 底部大空间为一层，即转换层为一层
  - 计算地下室嵌固端的刚度比

层刚度比的计算方式（二）

2、剪弯刚度：

《高规》附录E.0.2建议的方法，计算公式：

$$\gamma_e = \frac{\Delta_1 H_2}{\Delta_2 H_1}$$

其中：Δ_1/Δ_2为楼层侧向位移比

《高规》附录E规定，侧向刚度比宜接近1，非抗震设计时不应大于2，抗震设计时不应大于1.3。

注意：此刚度比的计算方法为同高度、同材料，不同模型的比较，而不是转换层上下的比较。

高位转换剪弯层刚度比计算

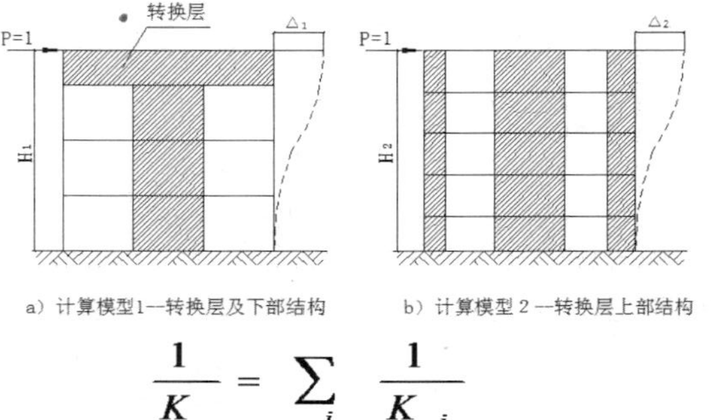

a）计算模型1—转换层及下部结构　b）计算模型2—转换层上部结构

$$\frac{1}{K} = \sum_i \frac{1}{K_i}$$

剪弯刚度分析

- 特点：
  - 取转换楼层同高度的楼层位移倒数
  - 适用范围广
- 缺点：
  - 计算繁杂
  - 更高楼层的影响没有考虑
- 适用范围：
  - 当转换层设置在2层及2层以上

层刚度比的计算方式（三）

3、地震剪力与地震层间位移的比值：

《抗震规范》3.4.2条、3.4.3条和《高规》4.3.5条建议的方法，可用于判定底下室的嵌固条件，是程序的缺省方式。

计算公式：

$$K_i = V_i / \Delta u_i$$

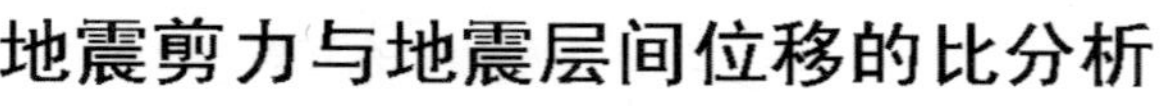

地震剪力与地震层间位移的比分析

- 特点：
  - 考虑了刚体转动位移和层间位移
  - 计算简单，概念简单
- 缺点：
  - 不够严谨，剪力和位移的取值得商讨
- 适用范围：
  - 常规情况
  - 地下室嵌固端的刚度比计算

实例：

15层框剪结构

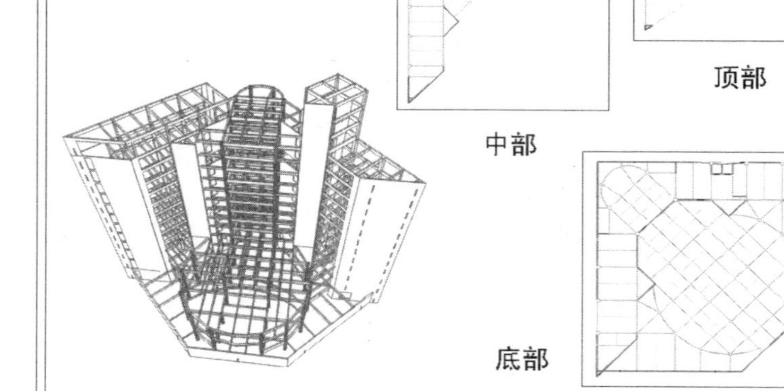

三种层刚度计算对比

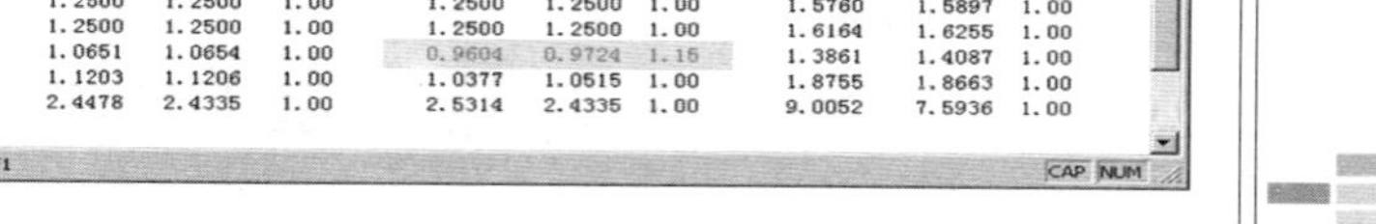

三种层刚度计算方法的比较

Ratx1，Raty1 ：X，Y 方向本层塔侧移刚度与上一层相应塔侧移刚度70%的比值或上三层平均侧移刚度80%的比值中之较小者

Factor ：薄弱层放大系数

层号	塔号	剪切层刚度比 Ratx1	剪切层刚度比 Raty1	Factor	剪弯层刚度比 Ratx1	剪弯层刚度比 Raty1	Factor	地震平均剪力/平均层间位移刚度比 Ratx1	地震平均剪力/平均层间位移刚度比 Raty1	Factor
15	1	1.2500	1.2500	1.00	1.2500	1.2500	1.00	1.2500	1.2500	1.00
14	1	1.6664	1.8053	1.00	1.4717	2.0310	1.00	2.1650	2.3666	1.00
13	1	1.1177	1.1175	1.00	0.2677	0.0990	1.15	1.8631	1.6356	1.00
13	2	0.5968	0.4344	1.15	0.9839	0.8976	1.15	1.6032	0.7385	1.15
12	1	9.3010	8.7082	1.00	10.5704	8.9267	1.00	11.1218	6.6650	1.00
11	1	1.4299	1.4299	1.00	1.4314	1.4313	1.00	2.1778	2.1777	1.00
10	1	1.2836	1.2823	1.00	1.2272	1.2433	1.00	1.7014	1.7182	1.00
9	1	1.2942	1.2946	1.00	1.3125	1.3074	1.00	1.7314	1.7456	1.00
8	1	1.2938	1.2942	1.00	1.3116	1.3065	1.00	1.6276	1.6397	1.00
7	1	1.2938	1.2942	1.00	1.3116	1.3065	1.00	1.6080	1.6184	1.00
6	1	1.2500	1.2500	1.00	1.2500	1.2500	1.00	1.5817	1.5992	1.00
5	1	1.2500	1.2500	1.00	1.2500	1.2500	1.00	1.5760	1.5897	1.00
4	1	1.2500	1.2500	1.00	1.2500	1.2500	1.00	1.6164	1.6255	1.00
3	1	1.0651	1.0654	1.00	0.9604	0.9724	1.15	1.3861	1.4087	1.00
2	1	1.1203	1.1206	1.00	1.0377	1.0515	1.00	1.8755	1.8663	1.00
1	1	2.4478	2.4335	1.00	2.5314	2.4335	1.00	9.0052	7.5936	1.00

中国建筑科学研究院 China Academy of Building Research

三种刚度比计算方法比较

- 地震剪力与地震层间位移的比
  - 要求最松，《抗震规范》规定，适于常规工程
- 剪切刚度比
  - 要求较严，《高规》规定，适于高层建筑
- 剪弯刚度比
  - 要求最严，《高规》规定，适于高位转换结构

yx

China Academy of Building Research

477 478
479 480

中国建筑科学研究院 China Academy of Building Research

层刚度比计算方法的选择

1、对一层转换的结构，应采用剪切刚度计算方法

2、对高位转换的结构，应采用剪弯刚度计算方法

3、对绝大多数常规工程，建议采用层剪力与层间位移之比的计算方法

4、这三种刚度计算方法不同，毫无联系，因此计算的刚度比数值可能相差很大，无可厚非

5、特别复杂的结构应多采用几种刚度比计算，从严掌握

yx China Academy of Building Research

两种计算分析方法 P101

计算分析方法：

- 侧刚分析方法：
  有条件：没有弹性楼板，这是简化分析方法
  采用刚性板假定，大大降低结构的自由度
- 总刚分析方法：
  无条件：可有弹性楼板，这是详细分析方法
  用结构的总刚阵和与之相对应的质量阵按振型叠加法求解结构的周期和振型。

注意：2009更新版对于不宜采用侧刚算法的结构，程序自动采用总刚算法。

地震作用分析方法

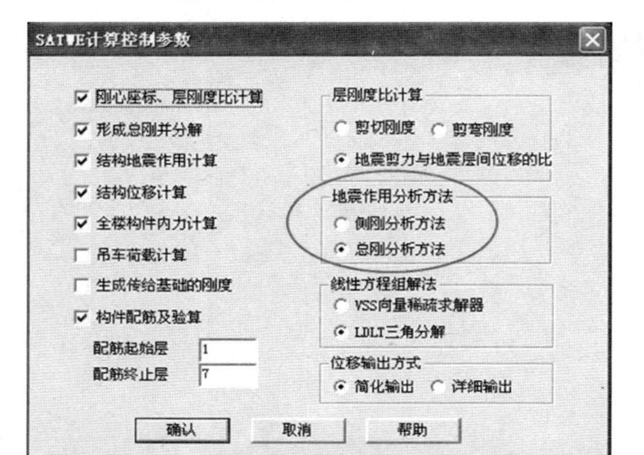

中国建筑科学研究院 China Academy of Building Research

P102

专题10 结构计算结果分析调整

yx China Academy of Building Research

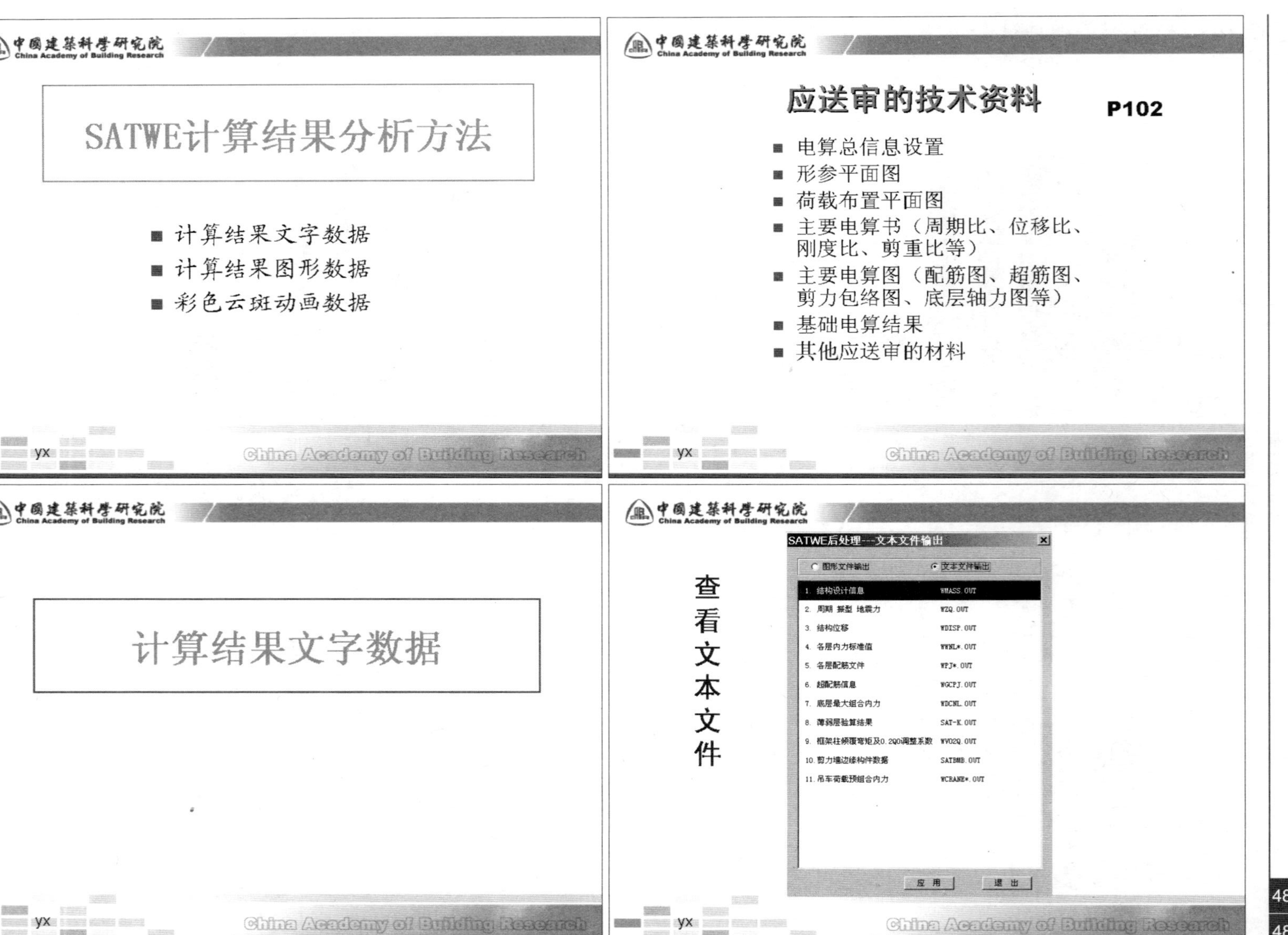
481 482
483 484
中国建筑科学研究院
China Academy of Building Research
SATWE计算结果分析方法
计算结果文字数据
计算结果图形数据
彩色云斑动画数据
应送审的技术资料
P102
电算总信息设置
形参平面图
荷载布置平面图
主要电算书（周期比、位移比、刚度比、剪重比等）
主要电算图（配筋图、超筋图、剪力包络图、底层轴力图等）
基础电算结果
其他应送审的材料
计算结果文字数据
查看文本文件
SATWE后处理---文本文件输出
图形文件输出
文本文件输出
1. 结构设计信息 WMASS.OUT
2. 周期 振型 地震力 WZQ.OUT
3. 结构位移 WDISP.OUT
4. 各层内力标准值 WWNL*.OUT
5. 各层配筋文件 WPJ*.OUT
6. 超配筋信息 WGCPJ.OUT
7. 底层最大组合内力 WDCNL.OUT
8. 薄弱层验算结果 SAT-K.OUT
9. 框架柱倾覆弯矩及0.2Q0调整系数 WV02Q.OUT
10. 剪力墙边缘构件数据 SATBMB.OUT
11. 吊车荷载预组合内力 WCRANE*.OUT
应用
退出
yx
China Academy of Building Research

485 486 487 488

一、位移比、层间位移比、位移角 P103

规范：《抗震规范》5.5.1条和《高规》4.6.3条对弹性层间位移比的限值：钢筋混凝土框架≤1/550×层高

《高规》4.3.5条规定，在考虑偶然偏心影响的地震作用下，楼层竖向构件的最大水平位移和层间位移，A级高度高层建筑均不宜大于该楼层平均值的1.2倍，不应大于该楼层平均值的1.5倍；B级高度高层建筑、混合结构高层建筑及复杂高层建筑，不应大于该楼层平均值的1.4倍。

- 位移角：最大层间位移与层高之比
- 位移比：最大位移与平均位移之比
- 层间位移比：最大层间位移与平均层间位移的比值

注意：1）位移比仅考虑有竖向构件如墙顶，柱顶节点的位移，不考虑无竖向构件如梁顶节点的位移。

2）位移比是反映结构整体抗扭特性的指标之一。

3）位移比是考察结构规则性的重要指标。

实现：SATWE软件在WDISP.OUT文件中可以输出单向地震、双向地震、偶然偏心的位移比。

注意：

1）计算位移比应按规范规定采用刚性楼板假定。

2）高层结构计算位移比需要考虑偶然偏心影响，计算层间位移角则不需要考虑偶然偏心。

3）位移比和位移角是否满足规范要求，由用户自行判断。

4）如位移角小于规范限值1/3时，位移比可放松20%。

参考《北京细则》5.2.4条规定，**当楼层最大层间位移角之绝对值很小时，《高规》4.3.5条的限值可以适当放松。**

摘自计算书WDISP.OUT：

=== 工况 1 === X 方向地震力作用下的楼层最大位移

Floor	Tower	Jmax	Max-(X)	Ave-(X)	Ratio-(X)	h
		JmaxD	Max-Dx	Ave-Dx	Ratio-Dx	Max-Dx/h
3	1	235	3.02	2.89	1.04	3300.
		235	2.30	2.28	1.01	1/1436.
2	1	157	0.77	0.54	1.42	3300.
		157	0.44	0.31	1.42	1/7451.
1	1	78	0.33	0.23	1.42	3600.
		78	0.33	0.23	1.42	1/9999.

X方向最大值层间位移角：1/1179

位移比的科学有效调整（一）

一、注意位移比不满足要求的楼层

首先明确哪些楼层的位移比需要调整

二、明确需要调整的位置和方向

- 查看"位移详细输出"，找到最大最小位移节点的位置和数值
- 高层结构的位移比考虑偶然偏心作用，查看方向：右为X正方向，上为Y正方向
- 必要时查看结构变形图，考察不对称荷载影响

中国建筑科学研究院 China Academy of Building Research

位移比的科学有效调整（二）

三、明确调整位移比的目标

- 位移比仅考虑柱顶、墙顶的位移
- 位移比是最大位移与平均位移之比：

  $K=2U_{max}/(U_{max}+U_{min})$

- 如控制K=1.4，则 $U_{max}/U_{min}=7/3=2.33$
- 目标：减小最大位移或加大最小位移
- 局部调整比整体调整更有效更经济

yx China Academy of Building Research

中国建筑科学研究院 China Academy of Building Research

位移比的科学有效调整（三）

四、位移比调整方案

1、增加最大位移柱刚度（适于结构顶层）

验算柱承载力是否满足要求

2、在最大位移柱一侧或两侧增加剪力墙（可加墙）

适用于工程允许增加剪力墙，效果明显

3、将最大位移柱附近的梁和柱截面加大（不加墙）

适合于工程局部薄弱或结构荷载不对称情况

yx China Academy of Building Research

二、周期比 P105

规范：《高规》4.3.5条规定，结构扭转为主的第一自振周期T_t与平动为主的第一自振周期T_1之比，A级高度高层建筑不应大于0.9；B级高度高层建筑、混合结构高层建筑及复杂高层建筑不应大于0.85。

单塔结构周期比计算方式：软件提供素材，人工分析计算

1、根据各振型的平动系数与扭转系数谁占主导地位，区分出各振型是扭转振型还是平动振型

2、找出第一扭转周期Tt和第一平动周期T1

3、考察 Tt/T1 是否小于0.9（0.85）

经验：扭转振型不能出现在第一周期，也避免在第二周期，最好在第三、四周期之后

注意：当楼层最大层间位移角之绝对值很小时，《高规》4.3.5条的限值可以适当放松。参考看《北京细则》5.2.4条。

摘自计算书WZQ.OUT：

振型号	周期	转角	平动系数 (X+Y)	扭转系数
1	0.8573	0.55	1.00 (1.00+0.00)	0.00
2	0.2748	2.39	0.97 (0.94+0.03)	0.03
3	0.2308	90.26	1.00 (0.04+0.96)	0.00
4	0.1845	10.62	0.38 (0.35+0.03)	0.62
5	0.1432	1.54	0.71 (0.70+0.01)	0.29
6	0.1160	12.38	0.81 (0.72+0.09)	0.19
7	0.0860	1.20	0.98 (0.93+0.05)	0.02
8	0.0714	100.08	0.97 (0.11+0.85)	0.03
9	0.0647	0.95	0.98 (0.96+0.02)	0.02
10	0.0562	149.66	0.31 (0.22+0.09)	0.69
11	0.0506	24.27	0.84 (0.66+0.19)	0.16
12	0.0410	92.04	0.78 (0.06+0.72)	0.22

周期比计算分析讨论

- 何为主导振型：
  早先以扭转振型或平动振型值大于0.5作判定不妥当
  1）建议取扭转振型或平动振型值大于0.8作判定，否则是混合振型，其比值没有意义
  2）必要时考察振型图是否为扭转振型
- 何为第一自振周期：
  仅考查周期最长不全面
  1）必须为一阶振型
  2）该周期的基底剪力较大
  3）该周期能引起结构整体震动

注意：计算周期比时应考查结构的整体振动情况

➢何为"第一"，"第二"，"第N" 振型？
有几个"振幅零点"就是第几阶振型

第一振型　第二振型　第三振型

结构周期比

何谓振型的"阶"？

结构周期比计算：如何选取T_t, T_1

考虑扭转耦联时的振动周期(秒)、X,Y 方向的平动系数、扭转系数

振型号	周 期	转 角	平动系数 (X+Y)	扭转系数
1	6.1131	90.25	1.00 (0.00+1.00)	0.00
2	4.9003	0.30	0.99 (0.99+0.00)	0.01
3	2.8267	174.41	0.01 (0.01+0.00)	0.99
4	1.3958	87.85	1.00 (0.00+1.00)	[illegible]
5	1.2172	178.34	0.93 (0.93+0.00)	[illegible]
6	1.0152	176.96	0.08 (0.08+0.00)	[illegible]
7	0.7131	175.73	0.27 (0.26+0.00)	[illegible]
8	0.6368	77.72	0.99 (0.05+0.94)	[illegible]
9	0.6037	165.41	0.77 (0.71+0.05)	0.23
10	0.4977	1.69	0.20 (0.19+0.00)	0.80
11	0.3911	12.38	0.79 (0.75+0.04)	[illegible]
12	0.3742	102.49	0.99 (0.06+0.94)	[illegible]
13	0.3452	13.02	0.25 (0.23+[illegible])	[illegible]
14	0.2952	4.71	0.49 ([illegible]+0.01)	[illegible]
15	0.2611	176.65	0.54 (0.53+0.00)	0.46
16	0.2558	90.63	0.99 (0.00+0.99)	0.01

控制周期比的作用

- 控制周期比作用：
  - ◆ 目的是使抗侧力构件的平面布置更有效、更合理，使结构不致于出现过大的扭转效应。
  - ◆ 周期比控制的是扭转刚度与平动刚度之间的相对关系，而不是绝对值的大小。
- 误区：
  - 结构抗侧力刚度越大，抗扭性越好
    未必，如刚度偏置或刚度集中在中部
  - 从视觉上感到貌似规整对称，抗扭性就好
    未必，如楼板不连续

平面貌似规整的剪力墙结构，第一振型为扭转

周期比分析

- 验算周期比的目的要求：
  主要用于控制结构在大震下的扭转效应
- 周期比不满足要求的原因：
  1）抗侧力构件设置不足够，主要是剪力墙数量少
  2）抗侧力构件布置不均匀，导致结构刚心与形心偏移
  3）抗侧力构件布局不合理，结构周边刚度小
- 周期比调整的步骤：
  1）首先调整结构平面布置的不合理性，调整平面布局和刚度均匀对称，使扭转振型和平动振型系数均大于0.8。
  2）再调整结构刚度的不合理性，调整原则是加强结构外部刚度，削弱内部刚度，使周期比小于0.9。

周期比调整

调整目标：使周期比A级建筑小于0.9，B级建筑小于0.85
调整的原则一：增大结构周边刚度
1）增大周边柱、剪力墙的截面或数量
2）增大周边梁的高度、楼板的厚度
3）在楼板外伸段凹槽处设置连接梁或连接板《高规》4.3.7条
4）加强转角窗周边构件的强度
5）减小周边剪力墙洞口
调整的原则二：减小结构中心刚度
1）给结构中部剪力墙开洞
2）在中心核心筒开结构洞再填充

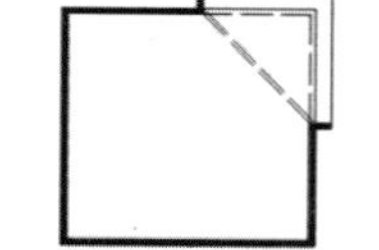

墙角损坏

497 498
499 500

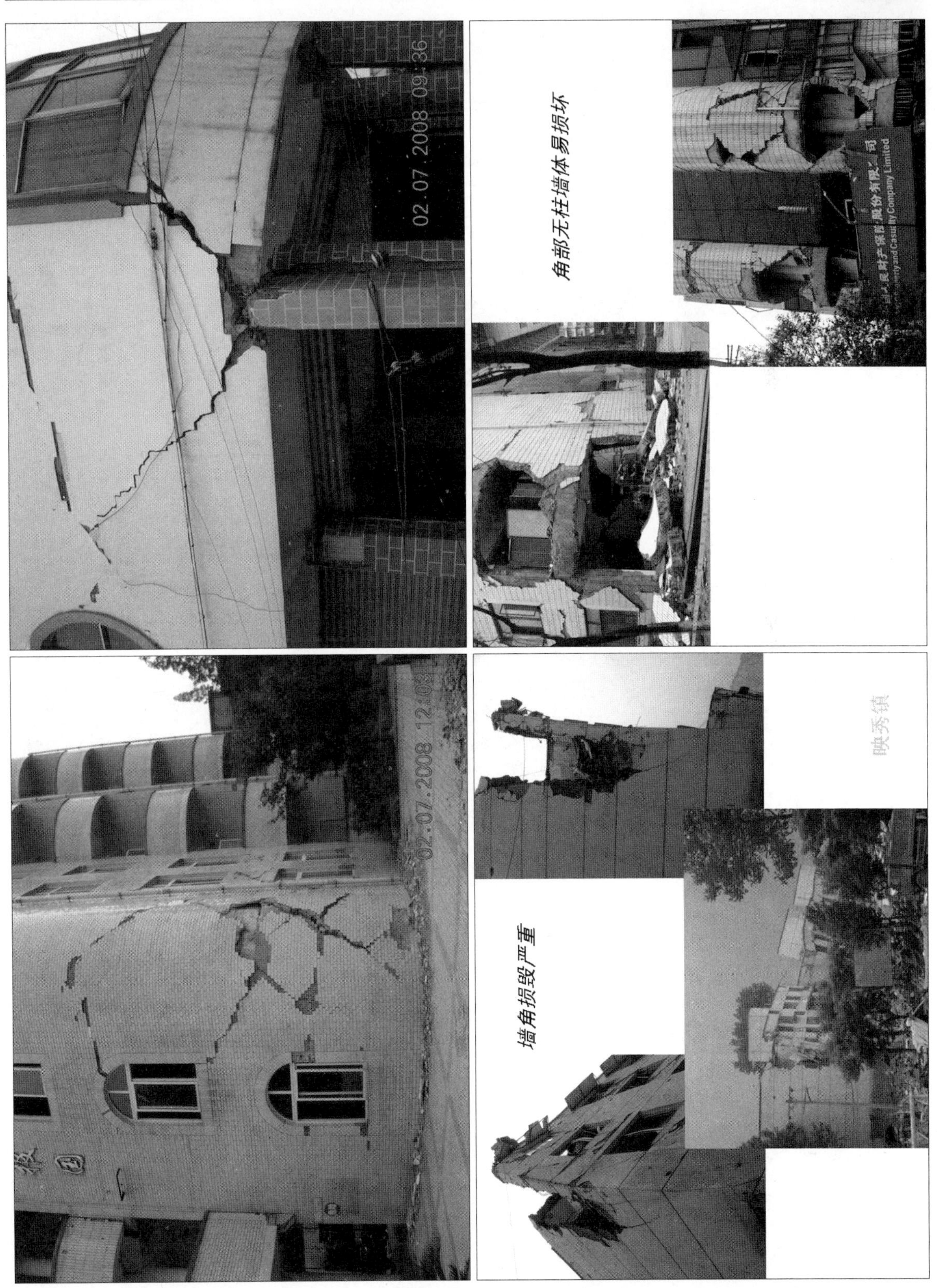

角部无柱墙体易损坏

墙角损毁严重

映秀镇

505 506
507 508

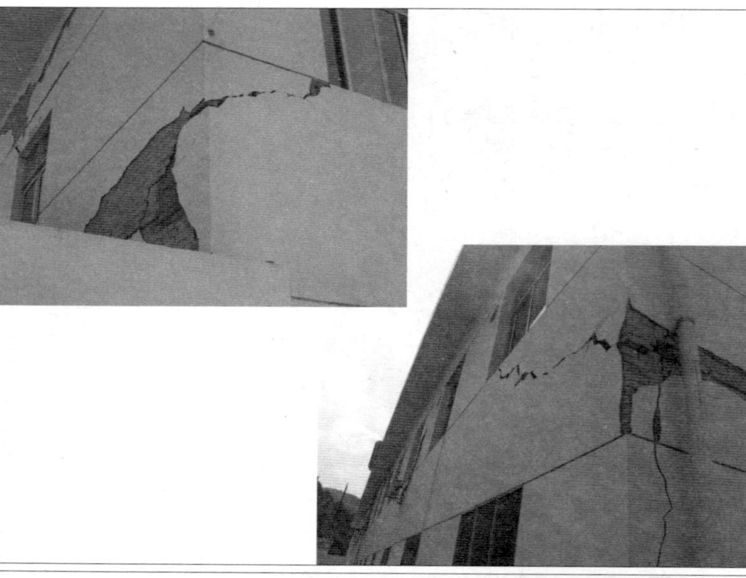

墙角损毁严重

规范对角柱的加强要求

规范：

- 《抗震规范》6.3.8条规定，柱纵向钢筋的最小总配筋率，角柱比中柱增加0.2%。
- 《抗震规范》6.3.9条规定，边柱在地震作用组合产生小偏心受拉时，柱内纵筋总截面面积应比计算值增加25%。
- 《抗震规范》6.3.10条规定，柱的箍筋加密范围，一级及二级框架的角柱，取全高。
- 《高层规程》6.4.3条、6.4.4条、6.4.6条有相似规定。
- 《北京细则》4.3.3条规定，房屋外墙尽端的转角墙，更是承受两个方向地震共同作用的构件。因此，必须加强外墙转角墙的抗震能力，如加大构造柱的截面和配筋。

  除低层房屋外，一般应当禁止采用转角窗的做法。

509 510
511 512

转角窗加强措施 P106

1）提高转角窗两侧墙肢的抗震等级，墙厚宜适当加大，沿墙肢全高设置约束边缘构件

2）转角窗的上下墙可按反梁设计

3）加强转角窗窗台连梁的配筋和构造

4）转角窗房间楼板应加厚，配筋宜适当加大，双层双向配筋

5）转角处楼板内设置斜向暗梁，

暗梁高120～150mm，

宽500～600mm，加强配筋

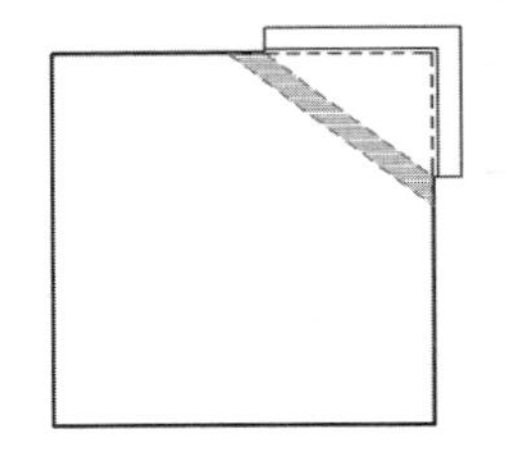

6）建议以转角阳台代替转角窗

不合理设计实例

中国建筑科学研究院 China Academy of Building Research

实例问题：没有扭转振型

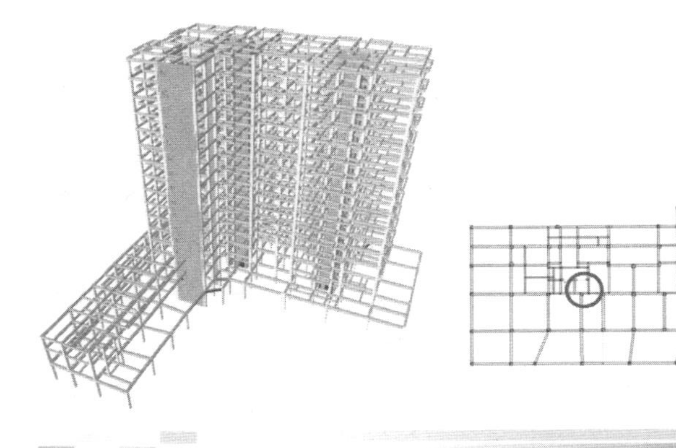

yx China Academy of Building Research

中国建筑科学研究院 China Academy of Building Research

振型号	周期	转角	平动系数(X+Y)	扭转系数
1	1.7324	42.19	1.00（0.55+0.45）	0.00
2	1.4525	132.19	1.00（0.45+0.55）	0.00
3	0.4845	41.56	1.00（0.56+0.44）	0.00
4	0.3859	131.56	1.00（0.44+0.56）	0.00
5	0.2313	40.61	1.00（0.58+0.42）	0.00
6	0.1852	130.60	1.00（0.42+0.58）	0.00
7	0.1394	39.28	0.99（0.60+0.40）	0.01
8	0.1180	129.40	0.99（0.40+0.59）	0.01
9	0.0975	42.93	0.90（0.48+0.42）	0.10
10	0.0880	141.90	0.79（0.48+0.31）	0.21
11	0.0799	93.83	0.52（0.03+0.50）	0.48
12	0.0718	10.36	0.88（0.84+0.03）	0.12

问题：前12个振型均无扭转振型

yx China Academy of Building Research

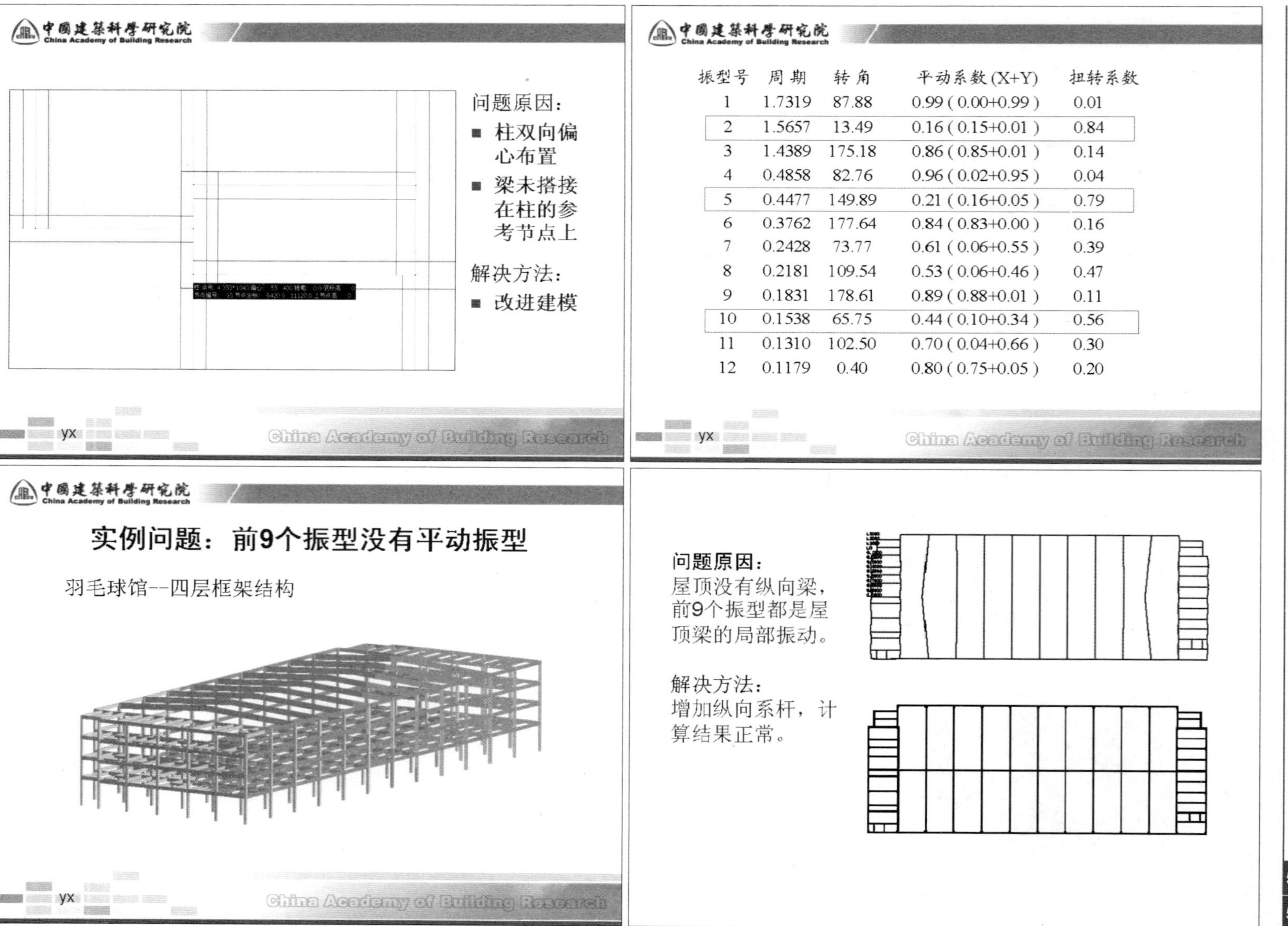

振型号	周 期	转 角	平动系数 (X+Y)	扭转系数
1	1.7319	87.88	0.99 (0.00+0.99)	0.01
2	1.5657	13.49	0.16 (0.15+0.01)	0.84
3	1.4389	175.18	0.86 (0.85+0.01)	0.14
4	0.4858	82.76	0.96 (0.02+0.95)	0.04
5	0.4477	149.89	0.21 (0.16+0.05)	0.79
6	0.3762	177.64	0.84 (0.83+0.00)	0.16
7	0.2428	73.77	0.61 (0.06+0.55)	0.39
8	0.2181	109.54	0.53 (0.06+0.46)	0.47
9	0.1831	178.61	0.89 (0.88+0.01)	0.11
10	0.1538	65.75	0.44 (0.10+0.34)	0.56
11	0.1310	102.50	0.70 (0.04+0.66)	0.30
12	0.1179	0.40	0.80 (0.75+0.05)	0.20

实例问题：总刚计算周期比问题

- 用户反映：
  第一周期为扭转，
  如旋转45度角，
  第一周期为平动，
  是何原因？

计算书WZQ.OUT结果

振型号	周 期	转 角	平动系数 (X+Y)	扭转系数
1	6.7278	90.00	0.00 (0.00+0.00)	1.00
2	2.5122	88.64	1.00 (0.00+1.00)	0.00
3	2.4254	178.64	0.50 (0.50+0.00)	0.50
4	2.3769	178.64	0.50 (0.50+0.00)	0.50
5	1.2290	0.00	0.00 (0.00+0.00)	1.00
6	1.0169	90.00	0.00 (0.00+0.00)	1.00
7	0.7850	154.58	0.00 (0.00+0.00)	1.00

- 问题原因：
  不论如何旋转，第一周期都是结构1～4层个别墙体的局部振动
- 解决方法：
  修改建模错误
- 结论：
  采用总刚计算周期比要观察结构振动简图，不能选择局部振动的振型计算周期比

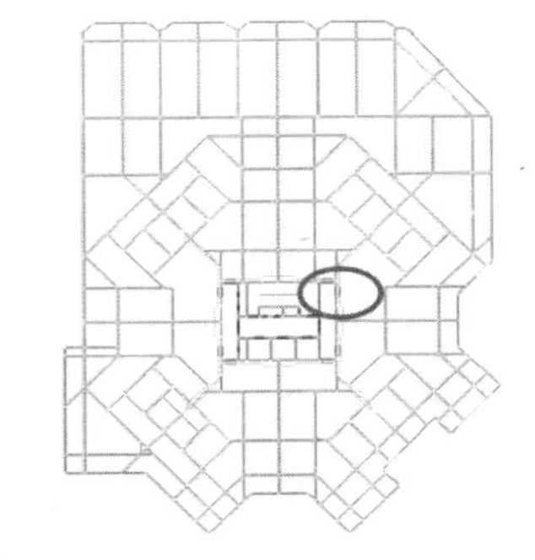

周期调整工程实例1

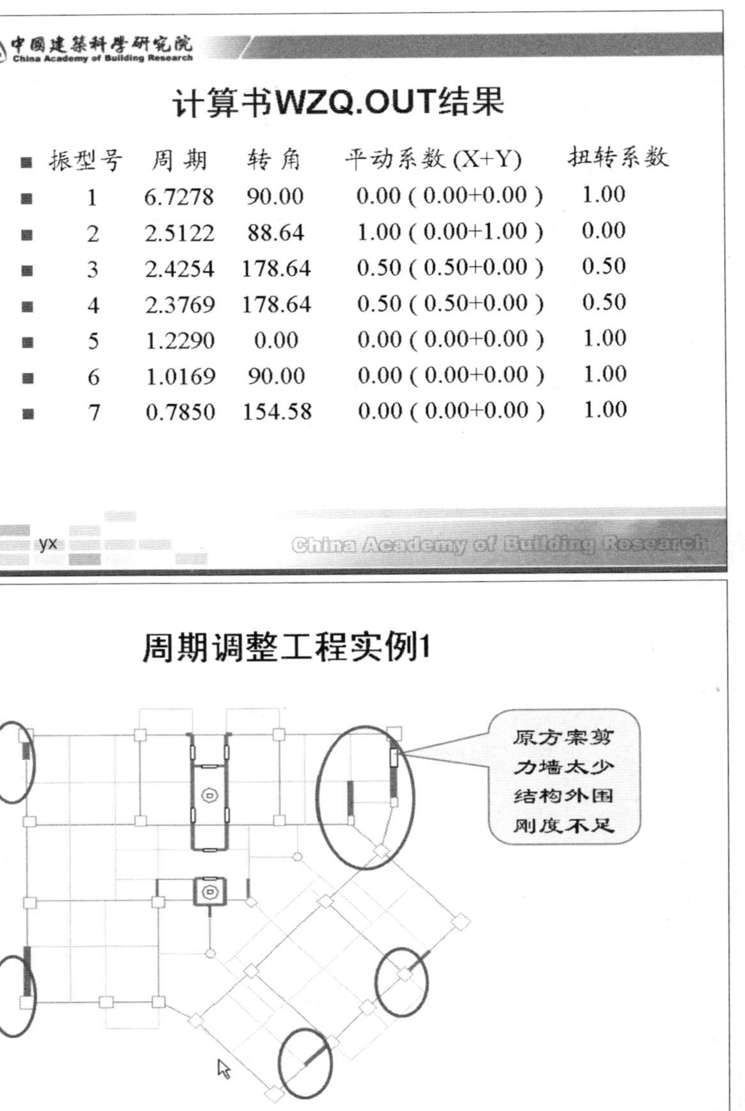

周边剪力墙调整方案

调整前

调整后

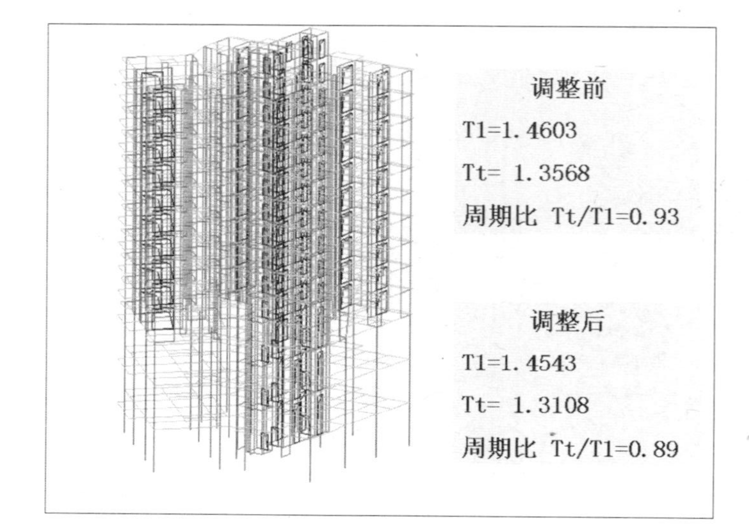

中国建筑科学研究院 China Academy of Building Research

周期调整工程实例2

工程概况

某工程为高层住宅，纯剪力墙结构，外形呈对称Y形。地下室1层，地上23层，层高2.8m。工程按8度抗震烈度设防，地震基本加速度为0.2g，建筑抗震等级为二级，计算时考虑偶然偏心的影响。

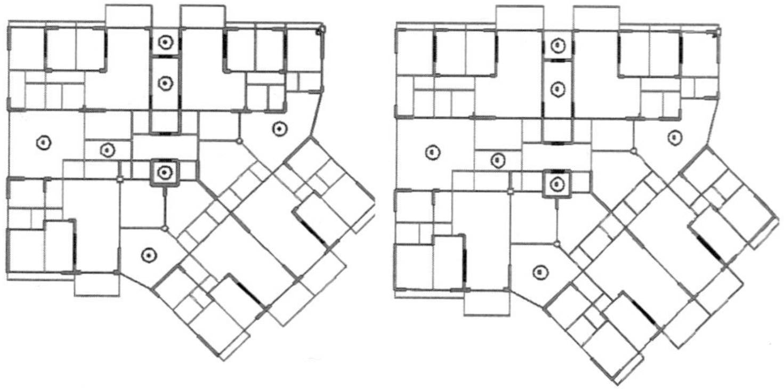

yx China Academy of Building Research

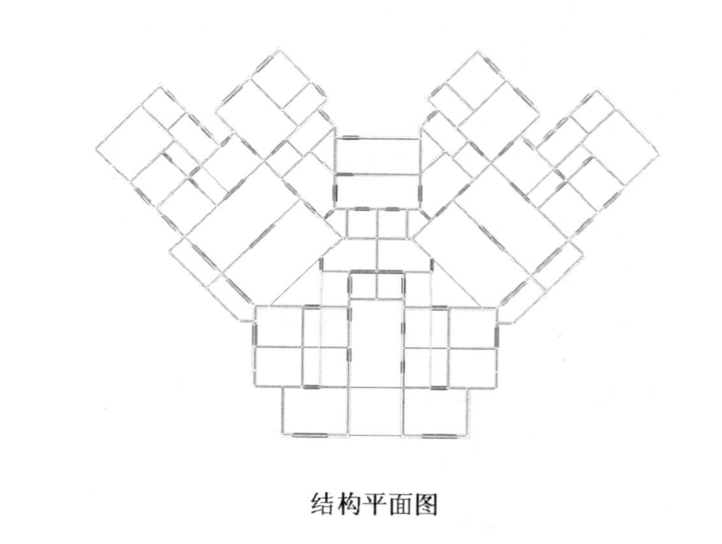

结构平面图

工程特点：

（1）每一个楼层沿Y向对称。

（2）结构的角部布置了一定数量的角窗 。

（3）结构平面沿Y向凹进的尺寸10.2m，开口率达45%，大于相应投影方向总尺寸的30%，属于平面布置不规则结构，对结构抗震性能不利。

（4）初步设计时，结构外墙厚250mm，内墙厚200mm。

周期比：T1/T2=1.37

最大层间位移比：1.54

最大值层间位移角：1/1163

调整1：在该结构的深开口处每隔3层布置两道拉梁

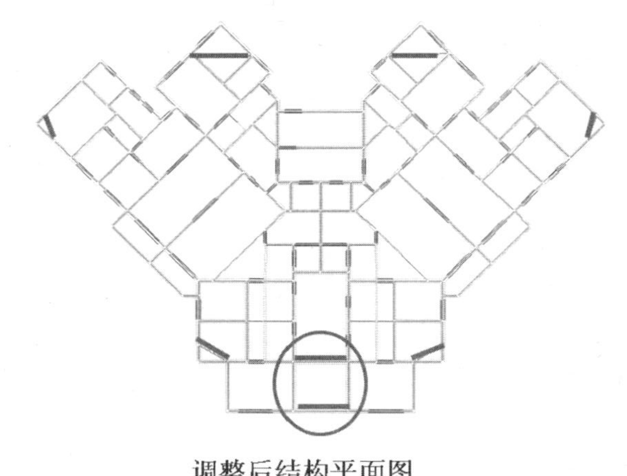

调整后结构平面图

调整2：采取如下措施：

（1）加大周边混凝土构件的刚度，将外围剪力墙厚度由250mm增加到300mm，以提高结构抗扭转能力。

（2）将外墙洞口高度由2490mm降为2000mm，增大周边构件连梁的刚度。

（3）转角窗设置暗梁。

（4）加大结构内部剪力墙洞口的宽度和高度，降低结构内部的刚度。

经调整后计算结果如下：

周期比：T3/T1=0.86

最大层间位移比：1.29

最大值层间位移角：1/1566

周期调整工程实例3 （楼板开深槽）

1、工程概况

某工程为一幢高层住宅建筑，结构平面呈等边八字形，一层地下室，地上共36层（含3层电梯井、水箱间），层高2.93m，总高度为97.88m。工程按7度抗震烈度设防，建筑抗震等级为二级，其结构平面图如图所示。

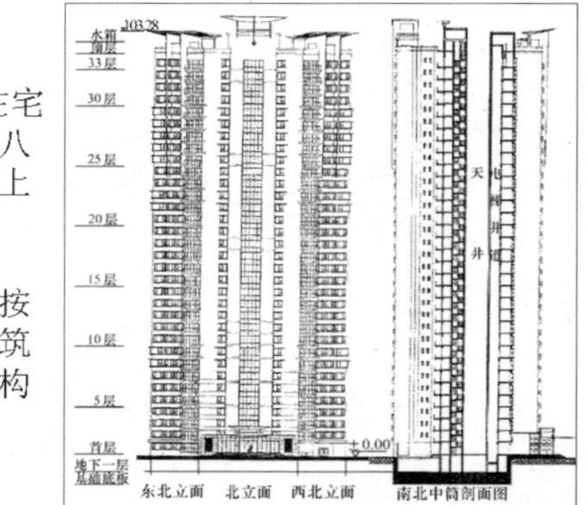

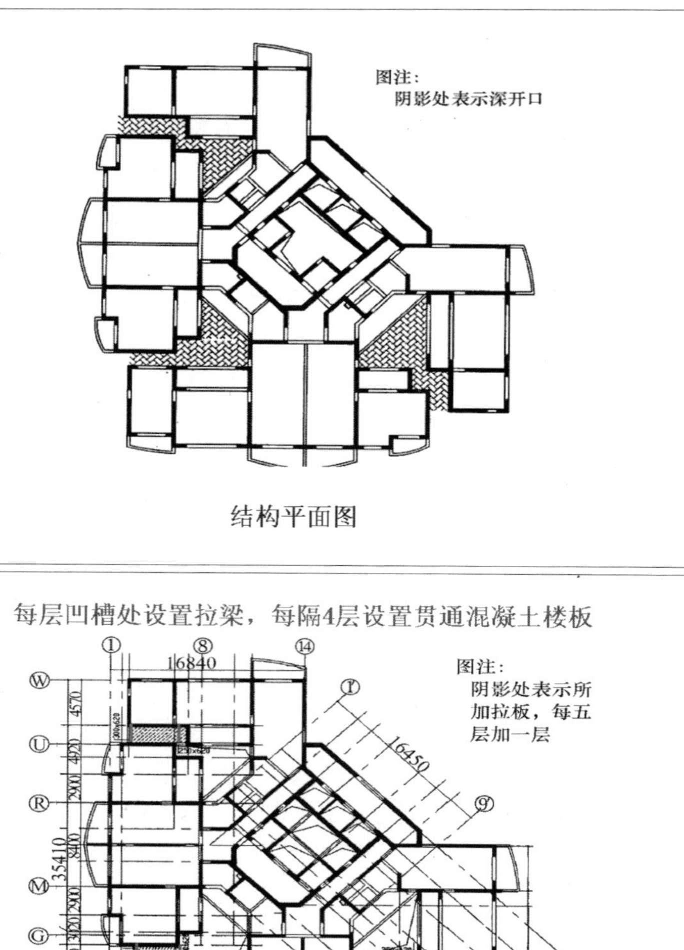

结构平面图

2、这个工程的主要特点是：

（1）建筑要求楼板中部开设天井，天井与三部电梯相结合形成楼板大开洞结构，使楼板刚度不连续。

（2）每一个楼层分别在三处存在深开口（图中阴影部分）。

（3）结构平面凹进尺寸较大，如水平凹槽为10.67m，水平方向总尺寸为33.37m，开口达32%。

上述特点造成结构平面布置不规则，楼板平面内刚度降低，楼盖整体性较差，对结构抗震性能不利。

3、设计中采取的主要调整措施如下：

（1）尽量加大周边混凝土剪力墙的墙肢长度和厚度；

（2）尽量加高周边混凝土剪力墙连梁的高度；

（3）在每一层的凹槽处设置拉梁；

（4）每隔4层设置贯通混凝土连接楼板。

每层凹槽处设置拉梁，每隔4层设置贯通混凝土楼板

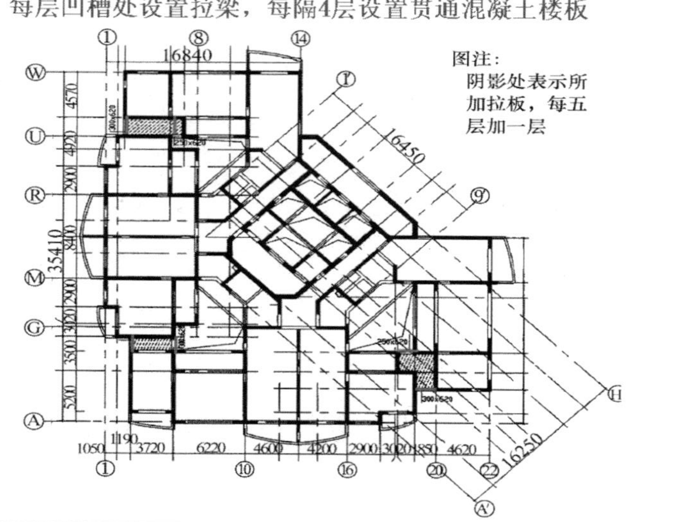

中国建筑科学研究院 China Academy of Building Research

4、经调整后计算结果如下：

■ 自振周期如下表所示：

Mode No	Period	Angle	Movement	Torsion
1	1.8222	41.20	1.00	0.00
2	1.5820	130.96	0.92	0.08
3	1.3732	133.89	0.08	0.92

■ 扭转第一周期T_3与平动第一周期T_1之比为：

$T_3/T_1 = 0.753 < 0.9$

■ 在地震作用下的位移比为1.17，小于1.4

最大位移值为20.976mm

yx

China Academy of Building Research

周期调整工程实例4（有转角窗）

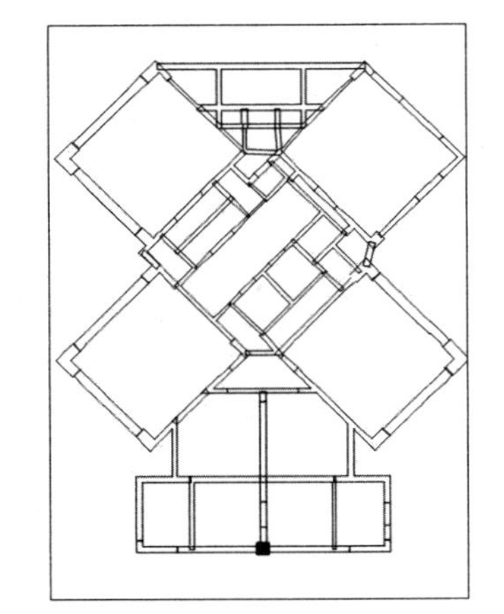

中国建築科學研究院 China Academy of Building Research

该工程存在转角窗，且最大位移处出现在结构的边角部位，降低最大位移采用两种方法：

1）增大最大位移处构件的截面尺寸

2）在楼板内加设混凝土暗梁，同时增加楼板的厚度

暗梁可以起到类似于水平支撑的作用，可以有效地起到对该节点的约束作用。

yx China Academy of Building Research

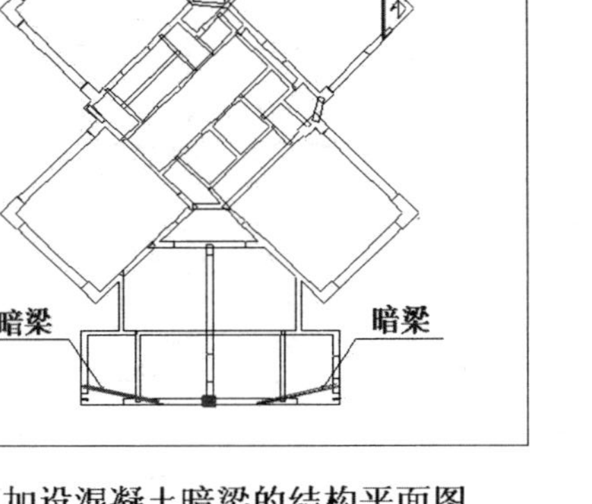

加设混凝土暗梁的结构平面图

中国建築科學研究院 China Academy of Building Research

周期调整工程实例5（内刚外柔，重心偏置）

1、工程概况

某超高层商办楼，主楼41层，结构高度为184.3m，地下室共5层，深19.5m。结构体系为钢筋混凝土筒体和框架组成的钢一混结构体系，框架由钢骨混凝土(SRC)柱和钢柱组成。

本工程按7度抗震烈度设防，建筑抗震等级为二级，因工程平面体形复杂，构造措施按一级设计。

yx China Academy of Building Research

图四：某高层标准层结构平面图

中国建筑科学研究院 China Academy of Building Research

2、工程特点

本工程筒体刚度大，但延性较差。结构初算位移角很小，但周期比偏大，位移比也不满足要求。原因是筒体偏置，中部连接楼板尺寸过小。

3、综合调整措施：

1）剪力墙核心筒开计算洞以降低刚度；

2）结构角部加水平隅撑以加强结构边缘节点的约束；

3）薄弱层楼板加厚以提高楼板刚度，增加结构水平的协调能力。

4）筒体内主要角部暗埋了竖向H型钢，在周边连梁内暗埋H型钢 ，以提高筒体的延性。

yx

中国建筑科学研究院 China Academy of Building Research

4、计算结果

结构自振周期计算结果如下表所示：

Mode No	Period	Angle	Movement	Torsion
1	4.8103	14.53	0.93	0.07
2	3.8697	97.38	0.85	0.15
3	3.1442	136.60	0.23	0.77

- 周期比：T_3/T_1=0.653，小于 0.9
- 位移比小于1.4
- 最大层间相对位移：X向为1/1220， Y向为1/1328

yx China Academy of Building Research

平面和竖向不规则结构的震害（台湾）

高层建筑扭转破坏

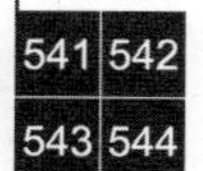

底框错位

底框结构扭转错位

映秀镇

西安某工程，双塔大底盘，塔楼为30层框剪结构：

核心筒偏置

外柱边有少量短肢剪力墙

纵横均无剪力墙

属于扭转不规则

震害现象：

隔几层出现沿楼板水平缝

外墙此片多处脱落

内部损坏不详

三、层刚度比 P106

规范：

1）《抗震规范》附录E2.1规定，**筒体结构转换层上下层的侧向 刚度比不宜大于2。**

2）《高规》4.4.2条和 5.1.14条规定，**抗震设计的高层建筑结构，其楼层侧向刚度不宜小于相邻上部楼层侧向刚度的70%或其上相邻三层侧向刚度平均值的80%。**

3）《高规》10.2.3条规定，**底部带转换层的高层建筑结构，转换层上部结构与下部结构的侧向刚度，应符合本规程附录E的规定。**

实现：SATWE计算层刚度比结果在文件WMASS.OUT中输出

中国建筑科学研究院 China Academy of Building Research

摘自计算书WMASS.OUT：

```
=========== Floor No.  1    Tower No.  1 ==========
 Xstif=  21.0977(m)    Ystif=  33.7713(m)    Alf =   29.4003(Degree)
 Xmass=   27.7683(m)    Ymass=   16.0808(m)    Gmass=  1299.3301(t)
 Eex  =    0.2951      Eey  =    0.9754
 Ratx =    1.0000      Raty =    1.0000
 Ratx1=    2.1287      Raty1=    1.7940  薄弱层地震剪力放大系数= 1.00
 RJX  = 6.2107E+06(kN/m)  RJY  = 1.7427E+07(kN/m)  RJZ  =
0.0000E+00(kN/m)

---------------------------------------------------------------------------
```

yx

China Academy of Building Research

四、层间受剪承载力比 P107

规范：《抗震规范》3.4.3条规定，平面规则而竖向不规则建筑结构，楼层承载力突变时，薄弱层抗侧力结构的受剪承载力不应小于相邻上一层的65%。

《高规》4.4.3条规定，A级高度高层建筑的楼层层间抗侧力结构的受剪承载力不宜小于其上一层受剪承载力的80%，不应小于其上一层受剪承载力的65%。

注意：1）层间受剪承载力的计算与砼强度、实配钢筋面积等因素有关，在用SATWE软件计算时尚不知实配钢筋面积，因此程序以计算配筋面积代替实配钢筋面积作计算，不够真实 。

2）承载力计算以矩形柱代替异型柱、剪力墙作近似计算，结果仅供参考。

3）SATWE软件在《结构设计信息》**WMASS.OUT**文件中输出了相邻层层间受剪承载力之比值 。

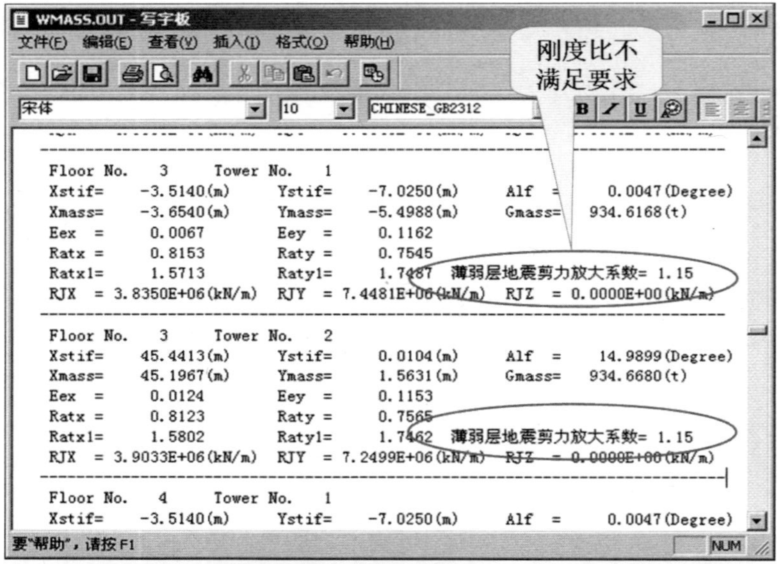

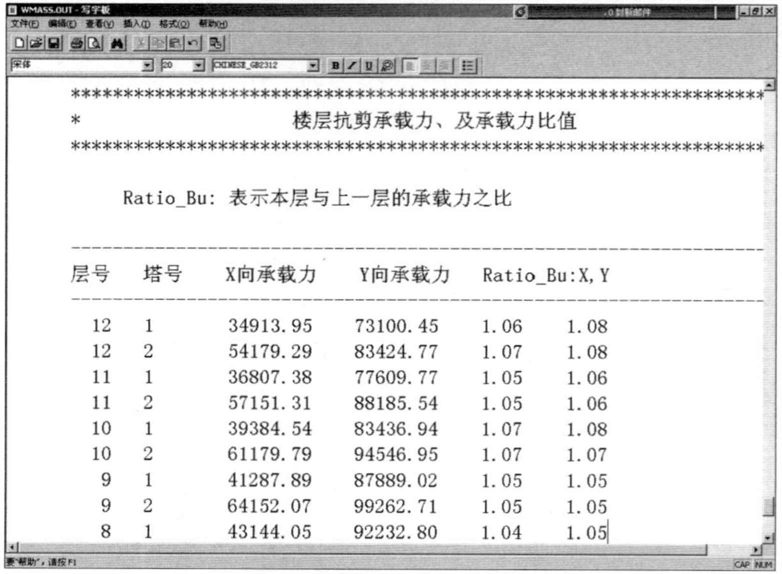

WMASS.OUT - 写字板

刚度比不满足要求

```
Floor No.   3     Tower No.   1
Xstif=    -3.5140(m)    Ystif=    -7.0250(m)    Alf  =     0.0047(Degree)
Xmass=    -3.6540(m)    Ymass=    -5.4988(m)    Gmass=   934.6168(t)
Eex  =     0.0067       Eey  =     0.1162
Ratx =     0.8153       Raty =     0.7545
Ratx1=     1.5713       Raty1=     1.7487   薄弱层地震剪力放大系数= 1.15
RJX  = 3.8350E+06(kN/m) RJY  = 7.4481E+06(kN/m)  RJZ  = 0.0000E+00(kN/m)

Floor No.   3     Tower No.   2
Xstif=    45.4413(m)    Ystif=     0.0104(m)    Alf  =    14.9899(Degree)
Xmass=    45.1967(m)    Ymass=     1.5631(m)    Gmass=   934.6680(t)
Eex  =     0.0124       Eey  =     0.1153
Ratx =     0.8123       Raty =     0.7565
Ratx1=     1.5802       Raty1=     1.7462   薄弱层地震剪力放大系数= 1.15
RJX  = 3.9033E+06(kN/m) RJY  = 7.2499E+06(kN/m)  RJZ  = 0.0000E+00(kN/m)

Floor No.   4     Tower No.   1
Xstif=    -3.5140(m)    Ystif=    -7.0250(m)    Alf  =     0.0047(Degree)
```

WMASS.OUT - 写字板

```
*************************************************************
*                楼层抗剪承载力、及承载力比值
*************************************************************

Ratio_Bu: 表示本层与上一层的承载力之比
```

层号	塔号	X向承载力	Y向承载力	Ratio_Bu:X,Y	
12	1	34913.95	73100.45	1.06	1.08
12	2	54179.29	83424.77	1.07	1.08
11	1	36807.38	77609.77	1.05	1.06
11	2	57151.31	88185.54	1.05	1.06
10	1	39384.54	83436.94	1.07	1.08
10	2	61179.79	94546.95	1.07	1.07
9	1	41287.89	87889.02	1.05	1.05
9	2	64152.07	99262.71	1.05	1.05
8	1	43144.05	92232.80	1.04	1.05

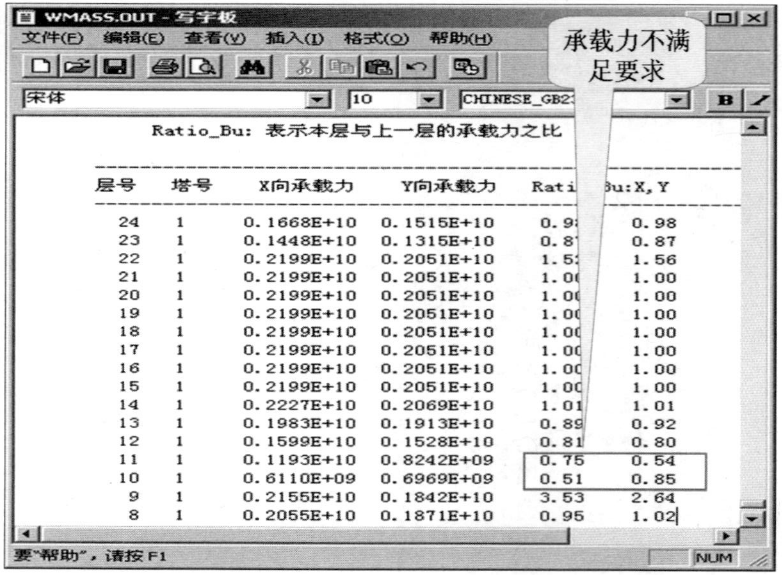

WMASS.OUT - 写字板

承载力不满足要求

Ratio_Bu: 表示本层与上一层的承载力之比

层号	塔号	X向承载力	Y向承载力	Ratio_Bu:X,Y	
24	1	0.1668E+10	0.1515E+10	0.9	0.98
23	1	0.1448E+10	0.1315E+10	0.8	0.87
22	1	0.2199E+10	0.2051E+10	1.5	1.56
21	1	0.2199E+10	0.2051E+10	1.0	1.00
20	1	0.2199E+10	0.2051E+10	1.0	1.00
19	1	0.2199E+10	0.2051E+10	1.0	1.00
18	1	0.2199E+10	0.2051E+10	1.0	1.00
17	1	0.2199E+10	0.2051E+10	1.0	1.00
16	1	0.2199E+10	0.2051E+10	1.0	1.00
15	1	0.2199E+10	0.2051E+10	1.0	1.00
14	1	0.2227E+10	0.2069E+10	1.01	1.01
13	1	0.1983E+10	0.1913E+10	0.89	0.92
12	1	0.1599E+10	0.1528E+10	0.81	0.80
11	1	0.1193E+10	0.8242E+09	0.75	0.54
10	1	0.6110E+09	0.6969E+09	0.51	0.85
9	1	0.2155E+10	0.1842E+10	3.53	2.64
8	1	0.2055E+10	0.1871E+10	0.95	1.02

549 550
551 552

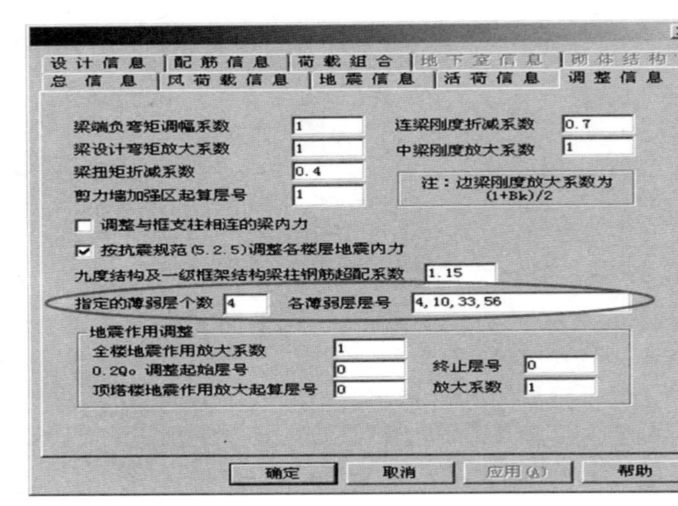

五、刚重比控制 P109

按照《高规》5.4.4条规定，高层建筑结构的稳定应符合下列规定：

$$EJ_d = \frac{11qH^4}{120u}$$

SATWE计算刚重比，输出结果参见WMASS.OUT，同时给出整体稳定性是否满足《高规》5.4.4条要求的结论。

刚重比是结构刚度与重力荷载之比，它是控制结构整体稳定的重要因素，也是影响重力二阶（p-Δ）效应的主要参数。该值如果不满足要求，则有可能引起结构失稳倒塌，其主要由高宽比控制。

多层框架整体稳定的验算

WMASS_np.OUT - 写字板

文件(F) 编辑(E) 查看(V) 插入(I) 格式(O) 帮助(H)

框架为剪切型变形，按每层的刚重比验算结构的整体稳定

结构整体稳定验算结果

层号	X向刚度	Y向刚度	层高	上部重量	X刚重比	Y刚重比
1	0.249E+06	0.159E+06	6.30	24717.	63.42	40.49
2	0.277E+06	0.213E+06	3.60	18704.	53.29	40.99
3	0.267E+06	0.207E+06	3.60	14196.	67.59	52.38
4	0.265E+06	0.205E+06	3.60	9865.	96.62	74.73
5	0.264E+06	0.197E+06	3.60	5534.	171.63	128.13
6	0.461E+05	0.418E+05	3.60	894.	185.61	168.32
7	0.274E+05	0.290E+05	3.60	447.	220.41	233.18

该结构刚重比Di*Hi/Gi大于10，能够通过高规(5.4.4)的整体稳定验算

该结构刚重比Di*Hi/Gi大于20，可以不考虑重力二阶效应

要"帮助"，请按 F1　CAP NUM

中国建筑科学研究院 China Academy of Building Research

摘自计算书WMASS.OUT:

==========================

结构整体稳定验算结果

==========================

X向刚重比 EJd/GH**2 = 9.24

Y向刚重比 EJd/GH**2 = 131.23

该结构刚重比EJd/GH**2大于1.4，能够通过《高规》(5.4.4)的整体稳定验算

刚重比验算结果

注意：刚重比如不满足要求，通常应调整结构的高宽比。

yx　China Academy of Building Research

六、剪重比的控制 P108

规范：《抗震规范》5.2.5条和《高层规程》3.3.13条规定，抗震验算时，结构任一楼层的水平地震剪力应符合要求。剪力系数，不应小于表5.2.5规定的楼层最小地震剪力系数值，对竖向不规则结构的薄弱层，尚应乘以1.15的增大系数；

由于地震影响系数在长周期段下降较快，对于基本周期大于3.5s的结构，计算出来的水平地震作用效应有可能太小。而对于长周期结构，地震动态作用下的地面运动速度和位移可能对结构具有更大的破坏作用，而振型分解法无法估计，因此提出剪重比要求。

类 别	7度	7.5度	8度	8.5度	9度
扭转效应明显或基本周期小于3.5s结构	1.6	2.4	3.2	4.8	6.4
基本周期大于5.0s结构	1.2	1.8	2.4	3.2	4.0
基本周期介于3.5s和5.0s之间的结构，可插入取值。					

调整前楼层剪重比　　调整后楼层剪重比

哪层的剪重比不满足要求，就放大哪层的设计地震作用

各楼层地震地震力调整

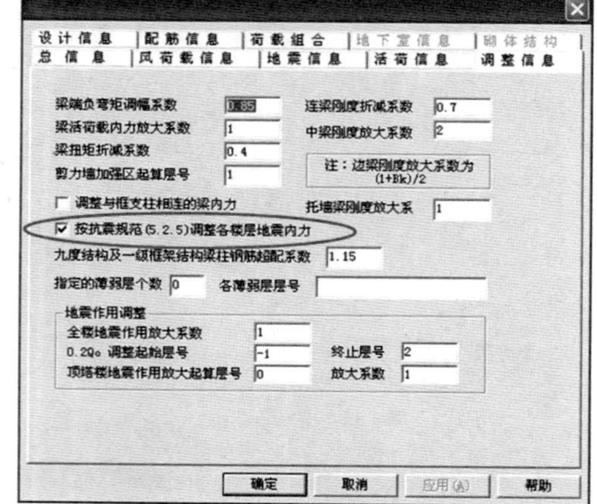

☑ 按抗震规范第5.2.5条调整各楼层地震力

P81

实现：

绝大多数较规则的多高层建筑，其楼层最小剪重比一般出现在结构底层。程序采用的调整方法是：全楼的地震力采用同一个调整系数，即一个地震作用方向对应一个调整系数，这种调整方法的最大优点是：不改变地震力的分布特性，不破坏各振型地震力作用下结构内力的平衡。

注意：

1、首先满足有效质量系数大于0.9的要求，振型数不足，对剪重比计算影响很大。

2、地下室可以不考虑剪重比控制。

553 554
555 556

中国建筑科学研究院 China Academy of Building Research

剪重比控制的意义

- 控制剪重比的根本原因是，弥补振型分解反应谱法的不足，确保长周期结构的安全。
- 若结构剪重比不满足规范要求，建议：
  - 当剪重比离规范要求差距较大时，首先应研究设计方案是否合理，改进结构布置、增加结构刚度
  - 当剪重比基本符合规范要求时，才考虑调整地震力，剪重比调整系数将直接乘在该层构件的地震内力上
- 建议先不选该项，以便核查剪重比数值

yx

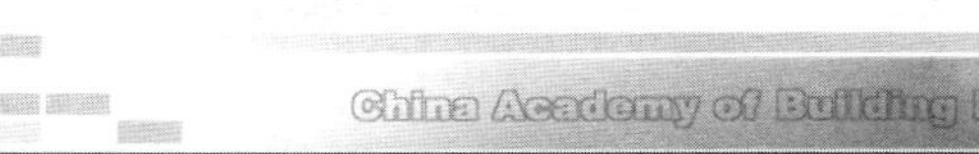

WZQ.OUT - 写字板

文件(F) 编辑(E) 查看(V) 插入(I) 格式(O) 帮助(H)

宋体 12 CHINESE_GB2312

1 1 0.285 -0.004 0.006

==========各楼层地震剪力系数调整情况 [抗震规范(5.2.5)验算]==========

层号	X向调整系数	Y向调整系数	
1	1.111	1.000	:本层地震剪力不满足抗震规范 (5.2.5),已作调整
2	1.076	1.000	:本层地震剪力不满足抗震规范 (5.2.5),已作调整
3	1.059	1.000	:本层地震剪力不满足抗震规范 (5.2.5),已作调整
4	1.051	1.000	:本层地震剪力不满足抗震规范 (5.2.5),已作调整
5	1.046	1.000	:本层地震剪力不满足抗震规范 (5.2.5),已作调整
6	1.039	1.000	:本层地震剪力不满足抗震规范 (5.2.5),已作调整
7	1.032	[illegible]	:本层地震剪力不满足抗震规范 (5.2.5),已作调整
8	1.024	[illegible]	:本层地震剪力不满足抗震规范 (5.2.5),已作调整
9	1.017	1.000	:本层地震剪力不满足抗震规范 (5.2.5),已作调整
10	1.008	1.000	:本层地震剪力不满足抗震规范 (5.2.5),已作调整
11	1.000	1.000	
12	1.000	1.000	
13	1.000	1.000	
14	1.000	1.000	

剪重比不满足要求，程序自动调整

要"帮助"，请按F1 CAP NUM

控制参数综合调整举例 P116

一个规则框架结构，网格间距6000×6000mm，柱截面400mm×400mm，梁截面250mm×500mm，仅一个标准层，层高3000mm，共20层。设定抗震烈度7度（0.1g），二类场地土，构件抗震等级二级，不考虑偶然偏心和双向地震。该结构整体刚度不足，应予以加强。

（1）没有剪力墙，称为框架方案。

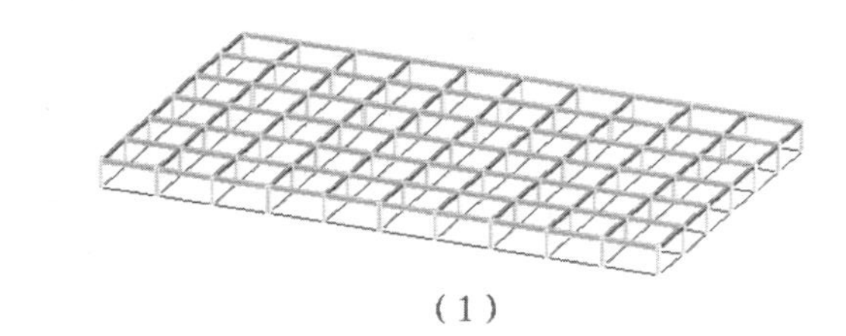

（1）

控制参数综合调整举例 P116

本例加强的方法是增加剪力墙，采用三种方案增加相同数量的剪力墙，以便对比分析：

（2）剪力墙全部布置在角部，称为偏置方案。

（3）剪力墙全部布置在中部，称为中置方案。

（4）剪力墙全部布置在周边，称为边置方案。

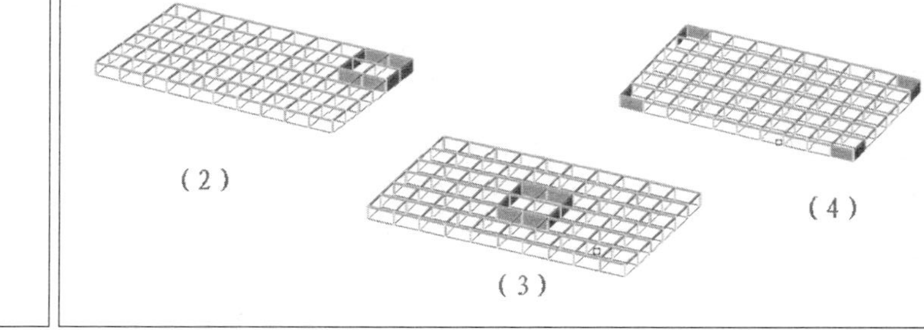

（2） （3） （4）

结构调整方案对比

设计方案	周期比	最大位移比	最大位移角	剪重比需要调整的楼层数量
没有剪力墙	0.91	1.01	1/508	1～2层需要调整
剪力墙偏置	0.42	1.85	1/853	1～10层需要调整
剪力墙中置	0.998	1.0	1/1924	没有
剪力墙边置	0.67	1.0	1/1102	没有

调整结论：

- 结构整体刚度不足时，周期比和位移角不满足规范要求。
- 结构整体刚度足够时，还必须考虑结构刚度的分布情况，抗侧力构件布置的原则是：均匀、对称、周边。
  - ◆剪力墙偏置方案属于不规则结构，位移比和剪重比不满足规范要求。
  - ◆剪力墙中置布置方案，周期比不满足规范要求。
  - ◆剪力墙边置方案合理，可以满足规范的各项要求。
- 规范对结构剪重比的要求虽然可以通过软件自动进行调整，但更好的方法是优化设计方案，使结构自行满足规范要求。
- 优秀的工程是设计出来的，不是计算机调整出来的！

计算结果图形数据

查看图形文件

SATWE后处理---图形文件输出
图形文件输出　文本文件输出
1. 各层配筋构件编号简图
2. 混凝土构件配筋及钢构件验算简图
3. 梁弹性挠度、柱轴压比、墙边缘构件简图
4. 各荷载工况下构件标准内力简图
5. 梁设计内力包络图
6. 梁设计配筋包络图
7. 底层柱、墙最大组合内力简图
8. 水平力作用下结构各层平均侧移简图
9. 各荷载工况下结构空间变形简图
10. 各荷载工况下构件标准内力三维简图
11. 结构各层质心振动简图
12. 结构整体空间振动简图
13. 吊车荷载下的预组合内力简图
14. 柱钢筋修改及柱双偏压验算
15. 剪力墙组合配筋修改及验算
应用　退出

565 566
567 568

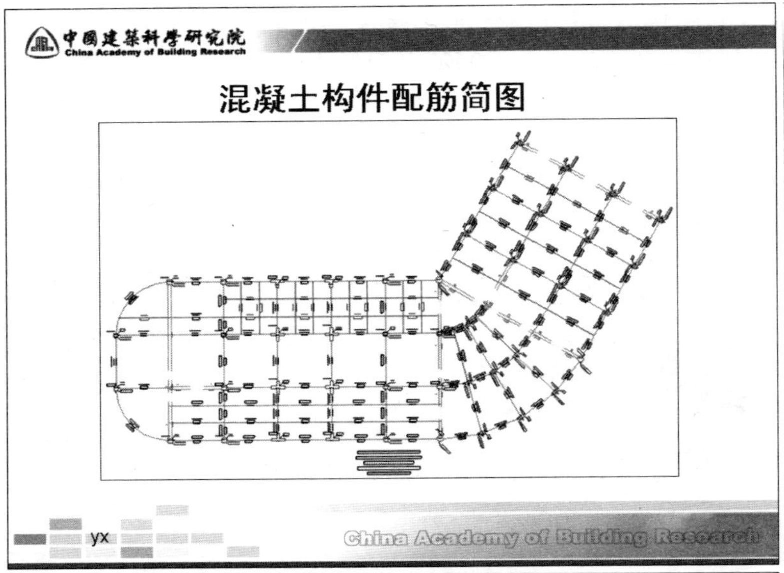

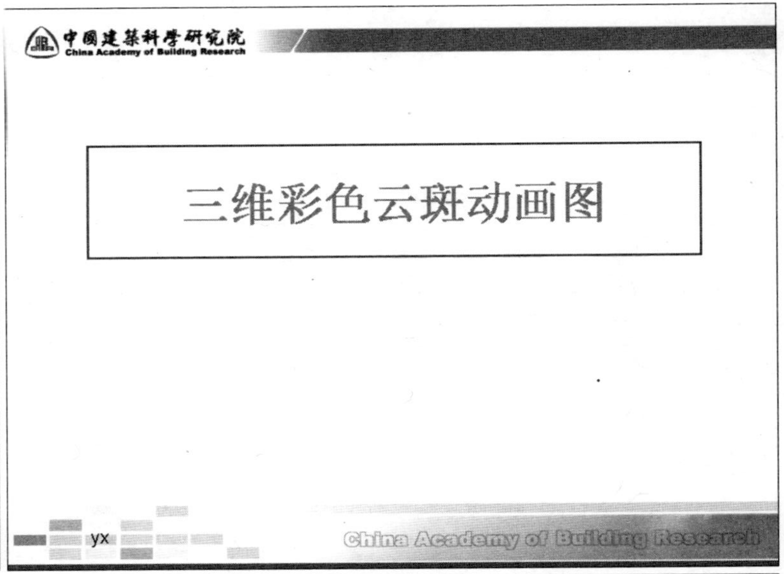

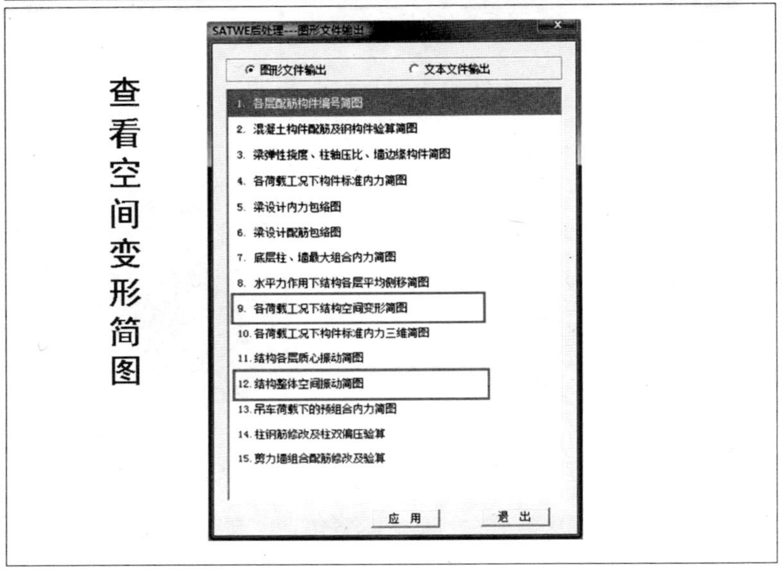

中國建築科學研究院
China Academy of Building Research

混凝土构件配筋简图

yx
China Academy of Building Research

中國建築科學研究院
China Academy of Building Research

三维彩色云斑动画图

yx
China Academy of Building Research

查看空间变形简图

SATWE后处理---图形文件输出

- ⊙ 图形文件输出　○ 文本文件输出

1. 各层配筋构件编号简图
2. 混凝土构件配筋及钢构件验算简图
3. 梁弹性挠度、柱轴压比、墙边缘构件简图
4. 各荷载工况下构件标准内力简图
5. 梁设计内力包络图
6. 梁设计配筋包络图
7. 底层柱、墙最大组合内力简图
8. 水平力作用下结构各层平均侧移简图
9. 各荷载工况下结构空间变形简图
10. 各荷载工况下构件标准内力三维简图
11. 结构各层质心振动简图
12. 结构整体空间振动简图
13. 吊车荷载下的预组合内力简图
14. 柱钢筋修改及柱双偏压验算
15. 剪力墙组合配筋修改及验算

应 用　退 出

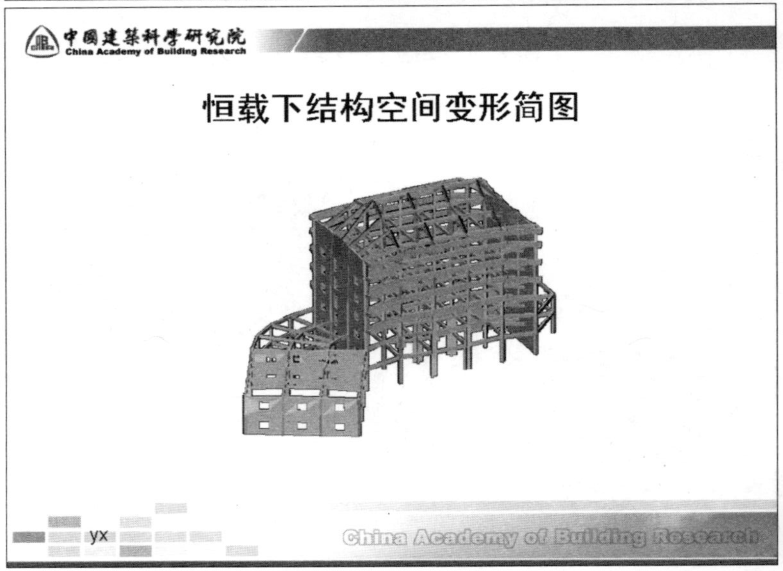

中國建築科學研究院
China Academy of Building Research

恒载下结构空间变形简图

yx
China Academy of Building Research

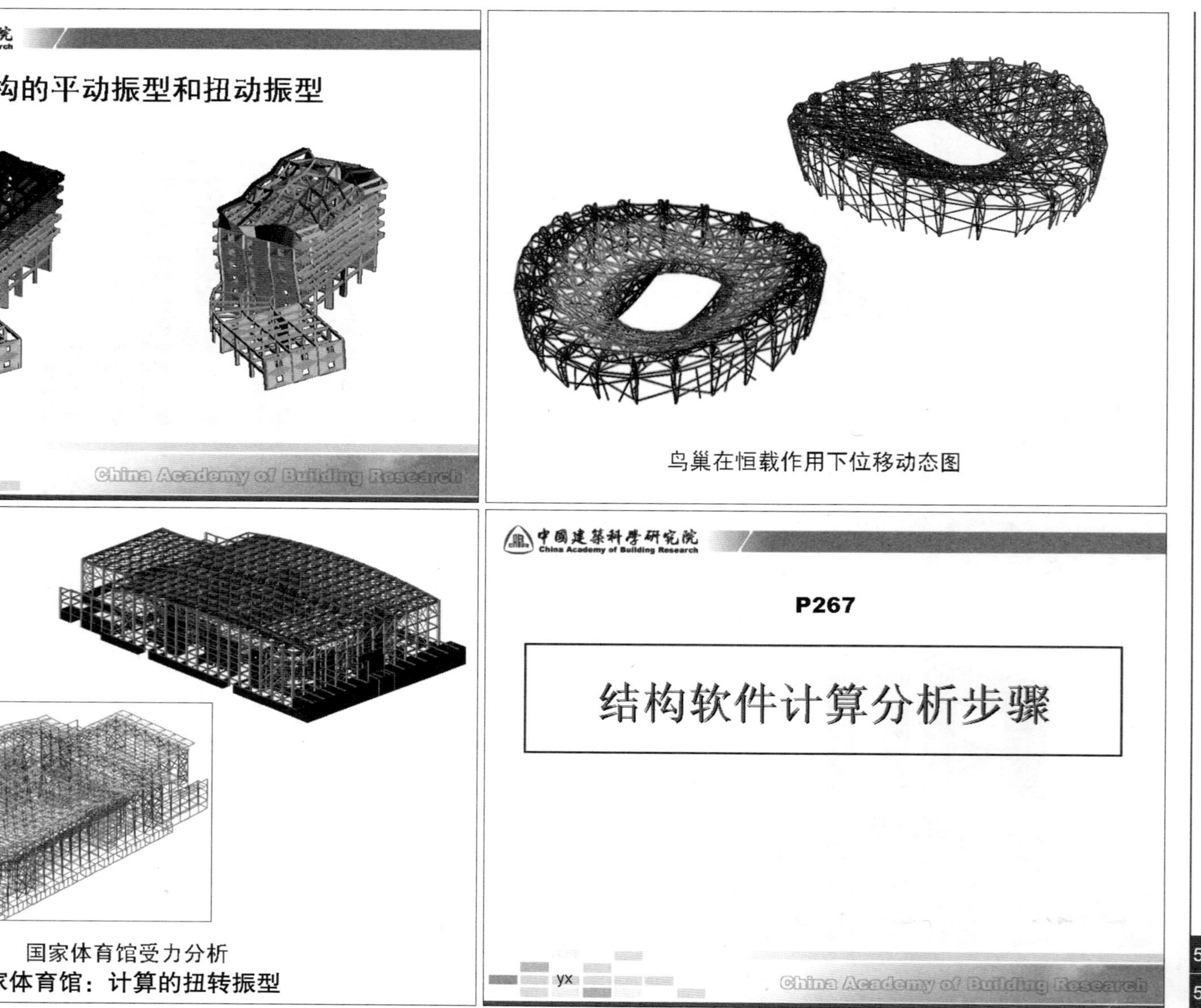

569 570
571 572

建筑结构设计计算步骤的探讨

A Discussion About the Calculating Process for Structure Design

杨星 赵兵
YangXing ZhaoBing
（中国建筑科学研究院 北京 100013）
(China Academy of Building Research . Beijing . 100013)

[提要] 新规范对建筑结构设计提出了更高的要求，结构计算更加复杂多样，因此不可能一次完成，而应当从整体到局部，分层次逐步完成。主要计算过程可以分为四步进行：整体参数计算、整体合理性计算、构件优化计算和抗震措施验算。每步计算中又包含多次试算，在上一步计算取得合理结果以后，方可进行下一步计算，以便使结构计算过程科学化，提高设计工作效率。

The new code brings forward more requirements for structure design. Therefore, the structure calculation becomes more complicated, which cannot be completed once. It should be performed step by step, from the whole to the part. The main calculation process can be divided into four rounds of calculation. They are holistic parameter calculation, holistic reasonability

摘自《建筑结构》杂志2005年第11期

中国建筑科学研究院 China Academy of Building Research

四轮结构计算法

- 计算前处理：选择计算软件及设置计算初始条件
  计算参数、特殊构件、特殊要求，定义塔楼……
- 第一轮计算：完成整体参数的合理设置
  振型数量、最大地震方向、基本周期、结构类型……
- 第二轮计算：确定整体结构的科学性
  周期比、位移比、刚度比、层间受剪承载力之比、刚重比、剪重比、抗倾覆能力……
- 第三轮计算：对结构构件作优化设计
  内力、配筋、轴压比、剪压比、挠度、裂缝……
- 第四轮计算：满足规范抗震措施要求
  最小配筋（箍）率、最小钢筋直径、配筋方式 ……

yx China Academy of Building Research

中国建筑科学研究院 China Academy of Building Research

强调概念设计 突出以人为本

- 《抗震规范》3.6.6.4条规定：所有计算机计算结果，应经分析判断确认其合理、有效后方可用于工程设计。
- 《混凝土规范》5.1.6条规定：对电算结果，应经判断和校核；在确认其合理有效后，方可用于工程设计。
- 《高规》5.1.16条规定：对结构分析软件的计算结果，应进行分析判断，确认其合理、有效后方可作为工程设计的依据。
- 完成复杂的结构设计任务，设计人员需要使用计算机提高计算效率，但不能单纯依赖计算机。
- 提倡概念设计，强调人在设计中的指挥、主导、调控作用。做软件的主人，不做软件的奴隶。

精心设计 慎之又慎 快乐一生！

yx China Academy of Building Research

如何判断计算机计算结果的合理性

《抗震规范》2.1.8条规定：建筑抗震概念设计：根据地震灾害和工程经验等所形成的基本设计原则和设计思想，进行建筑和结构总体布置并确定细部构造的过程。

对结构总体的分析判断：

- 所选软件是否适用，使用是否恰当，是否满足软件假定；
- 结构振型、周期、位移的形态和量值是否合理；
- 结构地震作用沿结构高度的分布是否合理；
- 有效参与质量和楼层地震剪力的大小是否符合最小值要求；
- 总体和局部的力学平衡条件是否满足（应针对重力荷载、风荷载作用下的单工况内力进行）。

对局部构件的分析判断：

- 截面尺寸是否满足应力控制要求，配筋是否超筋；
- 受力复杂的构件（如转换构件），起内力和应力分布是否与力学概念、工程经验相一致。

第三篇
特殊建筑结构的设计分析

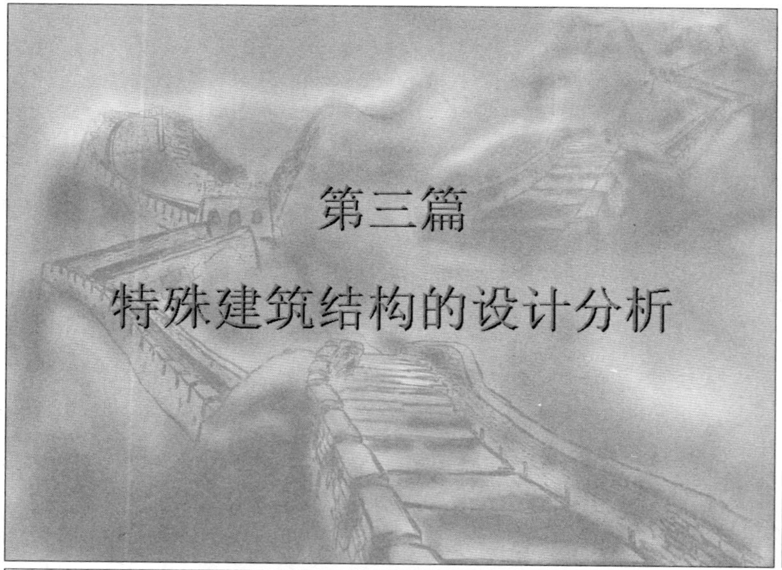
第三篇
特殊建筑结构的设计分析

中國建築科學研究院
China Academy of Building Research
PKPM
第2天上午讲课内容
各类特殊建筑结构的设计分析
China Academy of Building Research

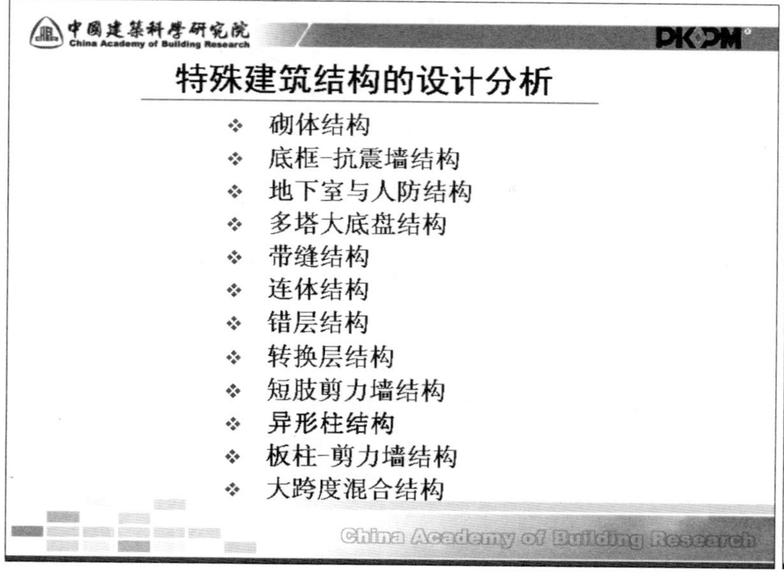
中國建築科學研究院
China Academy of Building Research
PKPM
特殊建筑结构的设计分析
砌体结构
底框-抗震墙结构
地下室与人防结构
多塔大底盘结构
带缝结构
连体结构
错层结构
转换层结构
短肢剪力墙结构
异形柱结构
板柱-剪力墙结构
大跨度混合结构
China Academy of Building Research

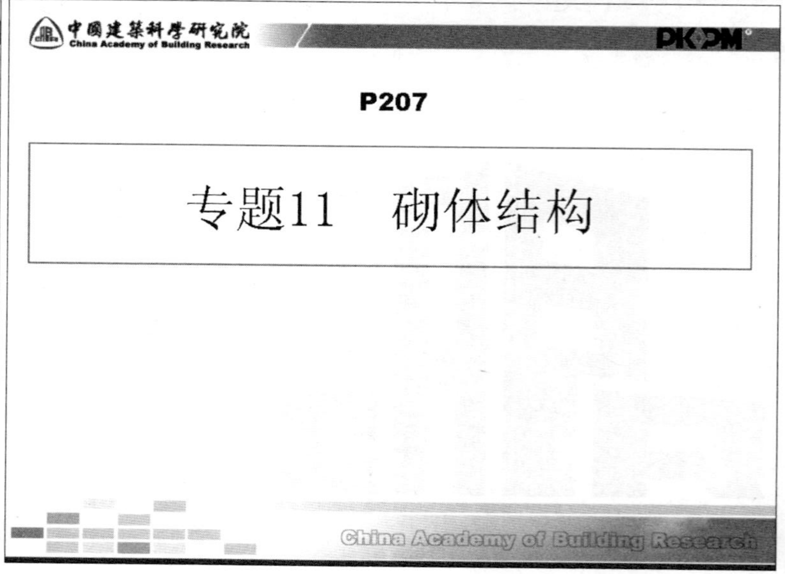
中國建築科學研究院
China Academy of Building Research
PKPM
P207
专题11 砌体结构
China Academy of Building Research

577 578
579 580

581

砌体结构

多层砌体结构

墙体材料：烧结砖、蒸压砖、混凝土小型空心砌块

582

内框砌体结构

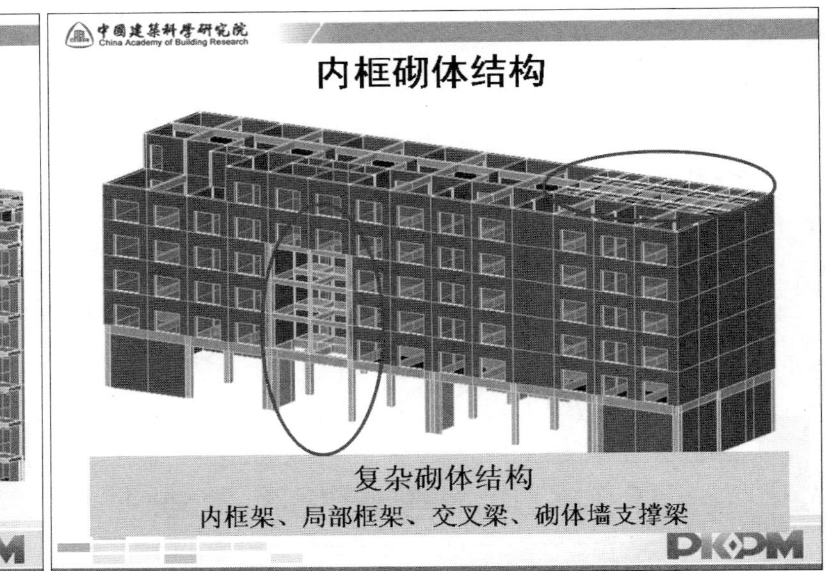

复杂砌体结构

内框架、局部框架、交叉梁、砌体墙支撑梁

583

PKPM网络版----系列软件(2008)

砌体结构 | 结构 | 特种结构 | 建筑 | 设备 | 钢结构

砌体结构辅助设计

- 砌体结构辅助设计
- 底框-抗震墙结构三维分析
- 底框及连梁结构二维分析
- 配筋砌体结构三维分析
- 砌体结构混凝土构件设计

1. 砌体结构建模与荷载输入
2. 平面荷载显示校核
3. 砌体信息及计算
4. 结构平面图
5. 详图设计
6. 图形编辑、打印及转换

文件存取管理　工作目录 F:\TEST_KEEP\复件 111　改变目录

转单机版　应用(A)　关闭　帮助

砌体结构辅助设计主菜单

584

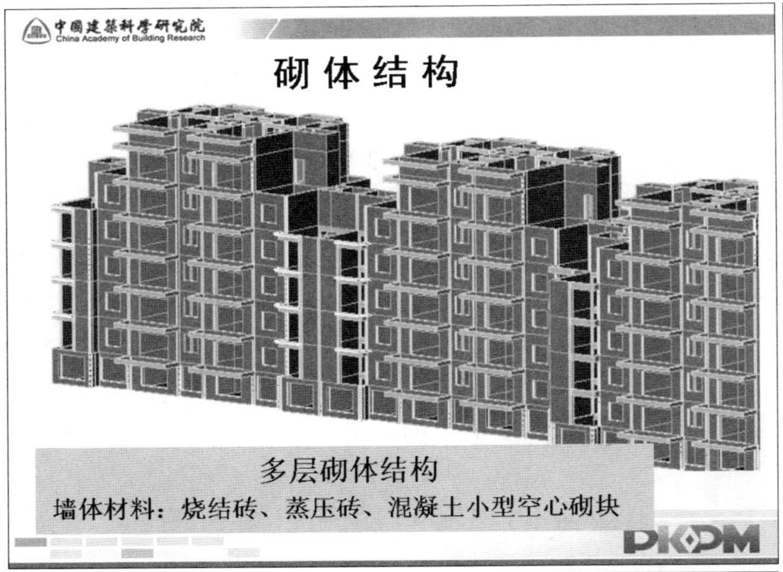

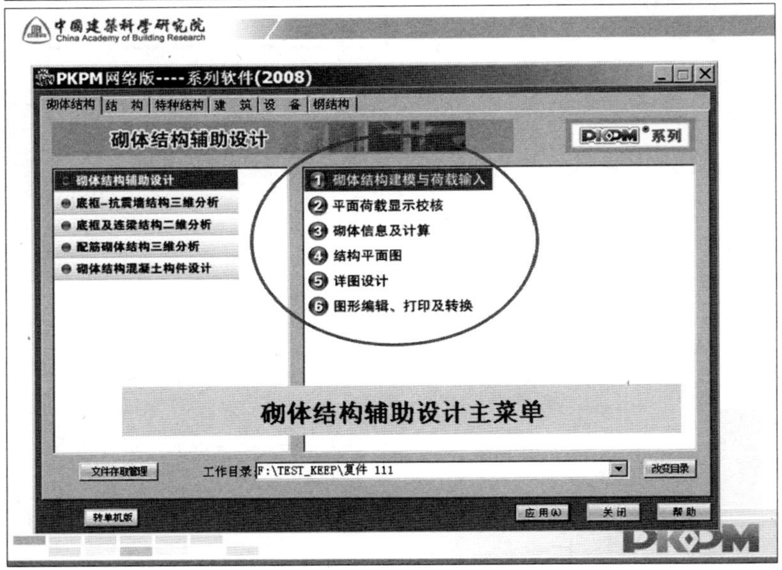

提高砌体抗震性能，提倡概念设计

- 砌体结构方案和布置
  - 规则性、连续性
  - 纵、横墙同等重要
  - 保证一定的有效墙截面积
- 首先考察整片墙体抗震性能
  - 纵、横整片墙体承载力
- 然后调整局部墙段承载力
  - 调整墙段划分，调整洞口位置
  - 增加构造柱，增加构造柱钢筋
  - 增加水平拉筋

QITI软件砌体结构分析

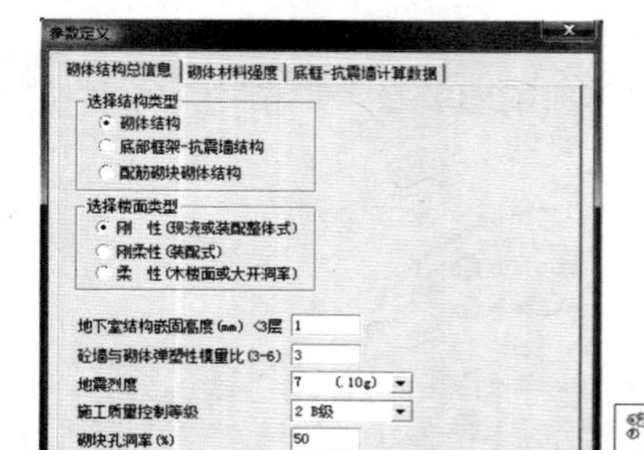

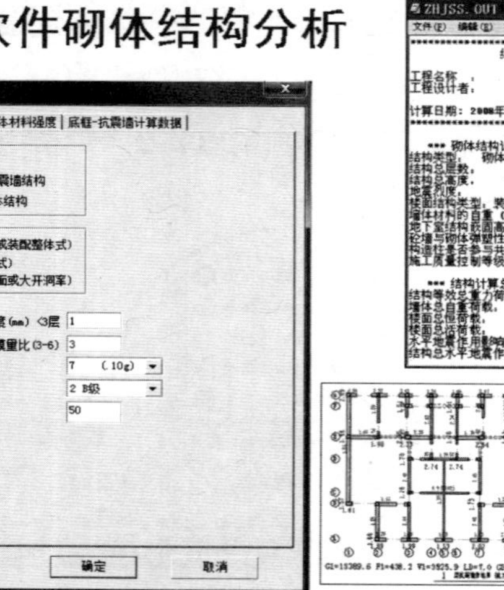

砌体结构抗剪承载力验算

《抗震规范》7.2.8条、7.2.9条，《砌体规范》10.3.2条

抗剪承载力计算公式：

$$V \le \frac{1}{\gamma_{RE}}[\eta_C f_{VE}(A-A_C)+\zeta f_t A_C+0.08 f_y A_S]$$

A_C --中部构造柱总截面积（内≤0.15A，外≤0.25A）

As --中部构造柱钢筋总面积（0.6<配筋率<1.4%）

ζ --中部构造柱参与工作系数（1根0.5，>1根0.4）

η_C—为墙体约束系数（取1.0，间距<2.8米为 1.1）

提高墙体抗剪承载力的方法

提高墙体抗剪承载力（抗力与效应力之比）的方法：

- 增加墙体横截面积（设计受限）
- 提高砂浆强度等级（限值：≤ M10）
- 在开洞大片墙两端设构造柱 γ_{RE}（取0.9而不是取1.0）
- 增加中部构造柱截面面积（上限：横墙和内纵墙A_C ≤ 0.15A，外纵墙A_C ≤ 0.25A ）
- 提高中部构造柱混凝土强度等级（≥C20）
- 增加中部构造柱钢筋面积（配筋率：0.6%～1.4%）
- 提高中部构造柱钢筋强度等级（HPB235～HRB335）
- 在墙体内增设拉筋，须验算水平钢筋配筋率（0.07%～0.17%，间距不大于400mm，施工不便）
- 增设混凝土组合墙体（当地规定限制）

注意：提高块体强度等级对墙体抗剪承载力没有帮助

砌体墙与构造柱轴心受压承载力计算

《砌体规范》8.2.7条轴心受压承载力计算公式：

$$N \le \varphi_{com}[fA_n+\eta(f_c A_c+f'_y A'_s)]$$

$$\eta=[1/(l/b_c-3)]^{1/4}$$

式中： φcom--组合砖墙的稳定系数；

η--强度系数；

l--沿墙长方向构造柱的间距；

bc--沿墙长方向构造柱的宽度。

注意：门、窗间墙段为受压构件的计算单元按单墙肢计算，若仅一个方向不满足要求，应手工复核

585 586 587 588

589

提高墙体受压承载力的途径和方法

提高墙体受压承载力的方法：

- 增加墙体横截面积；
- 提高砌块强度等级；
- 提高砂浆强度等级（取值范围： ≤ M10 ）；
- 增加构造柱截面面积（$1/b_c \leq 4$）；
- 提高构造柱混凝土强度等级；
- 增加构造柱钢筋面积；
- 提高构造柱钢筋强度等级。

注意：1）增设拉筋对墙体受压承载力没有帮助
2）程序对小于250mm的小墙垛不做承载力验算
3）目前程序不能做偏心受压构件的承载力验算

590

砌体墙与混凝土墙的组合墙

- 组合墙抗震性能
  - 结构具有剪弯型特征
  - 具有较好的协调工作特征能提高抗震能力
- 组合墙采用措施
  - 加强构造柱、边框柱、楼板强度，提高整体性
  - 须执行当地有关规定
- 调整组合墙弹塑性模量之比
  - 按弹塑性模量比计算刚度
  - 按剪力设计钢筋混凝土墙

591

中国建筑科学研究院 China Academy of Building Research PKPM

混凝土墙与砌体弹塑性模量比 3

《高规》6.1.6条规定，框架结构按抗震设计时，不应采用部分由砌体墙承重之混合形式。

《北京细则》5.3.7条规定，抗震设计时，同一栋建筑物中，不得同时采用钢筋混凝土结构与砌体结构。

- 应用方式：同一楼层内同时有混凝土墙和砌体墙存在
- 使用条件：是否可以采用组合墙体，须执行当地有关规定
- 混凝土的弹性模量参考《抗震规范》4.1.5条，砌体的弹性模量参考《砌体规范》3.2.5条
- 弹性模量之比取值范围为1～6
- 混凝土墙与砌体墙的弹性模量之比一般大于8，但考虑墙厚不同，施工因素复杂等因素，不宜取值太大。

China Academy of Building Research

592

带地下室、半地下室砌体结构设计

地下室结构嵌固高度（mm）< 3层

- 地下室、半地下室砌体结构建模
  - 地下室、半地下室作为一层输入
  - 输入地下室、半地下室的嵌固高度
- 嵌固高度对计算地震作用的影响
  - 计算地震作用时不计嵌固高度以下的结构重力荷载
  - 计算各层水平地震标准值，楼层计算高度取全楼高度减去嵌固高度

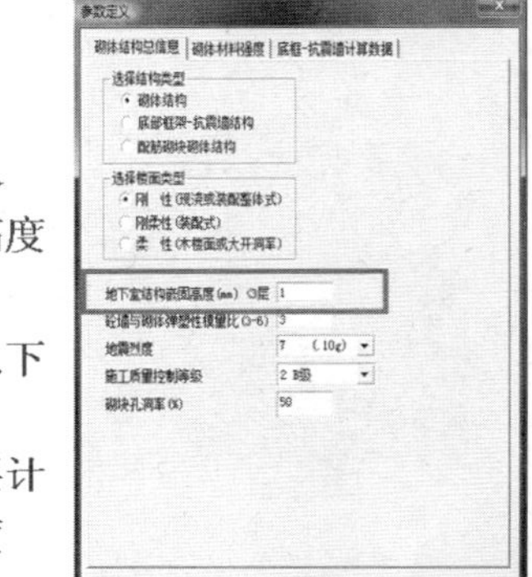

593 594
595 596

带地下室、半地下室砌体结构设计

- 全地下室：
  - 不按一层考虑，嵌固端位于地下室顶板处
- 半地下室：
  - 无窗井：
    - 室内外高差大于地下室净高的1/2，不作为一层
    - 室内外高差不大于地下室净高的1/2，作为一层
  - 有窗井：
    - 如所有窗井能形成封闭的窗井墙体，不作为一层
    - 如所有窗井不能形成封闭的窗井墙体，作为一层

注意：室内外高差较大时，允许总高度增加1m

中國建築科學研究院 China Academy of Building Research

全地下室砌体结构

全地下室底框、砌体结构，周边有剪力墙，地面处嵌固

PKPM

中國建築科學研究院 China Academy of Building Research

半地下室砌体结构

半地下室，带采光井的砌体房屋，地震作用计算到基础顶面

连续梁支座砌体局部承压计算

连续梁中部支座处的砌体局部受压分为连续梁中部支承在墙体端部和连续梁中部支承在墙体中部两种情况：

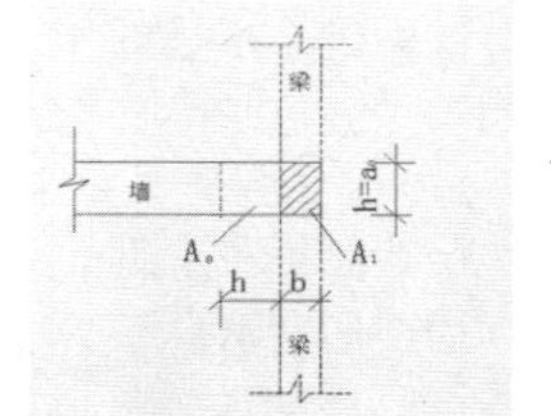

（a）

（b）

597 598 599 600

梁支承(梁垫或圈梁)砌体局部受压计算

$$N_0 + N_l \le 0.7\delta_2 h_0 b_b f$$

$$N_l = \frac{0.93 h_0 b_b \sigma_l}{2}$$

$$N_0 = \frac{0.93 h_0 b_b \sigma_0}{2}$$

式中：σ_0 ——上部平均压应力设计值；

σ_l ——由梁端反力设计值 N_l 产生的垫梁最大压应力；

δ_2 ——当荷载沿墙厚方向均匀分布时取1.0，不均匀分布时取0.8

f ——不考虑强度调整系数的砌体抗压强度设计值。

砌体结构设计注意事项

- 砌体结构用QITI底部剪力法做抗震验算，适用条件：结构刚度均匀、对称、楼板连续，以剪切变形为主
- 错层砌体结构应设缝，带缝的砌体结构应分开计算
- 带裙房的多塔砌体结构应设缝分别计算
- 顶层塔楼面积比小于0.714时，自动乘以放大系数
- 砌体结构中的砼构件可用GJ软件计算
- 砌体结构中的简支梁应用PK软件计算，如用SATWE软件计算应认真校核
- 砌体结构中的井字梁应用SATWE、TAT计算
- 砌体结构可以传给基础PM恒活荷载和砌体荷载

特殊砌体结构分析

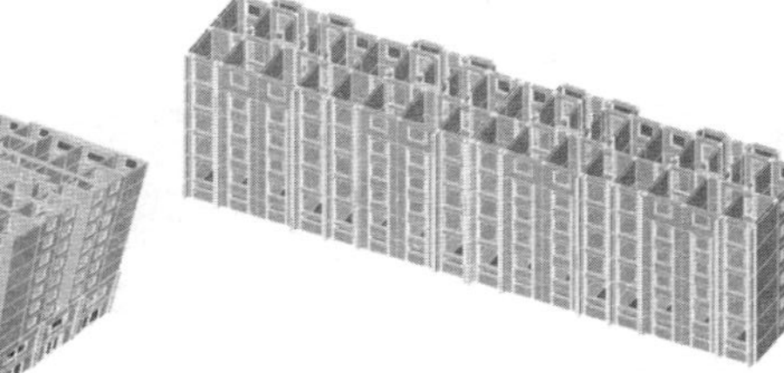

《抗震规范》7.1.7条规定应分缝的砌体结构为：

1）房屋立面高差在6m以上；

2）楼板有错层，且楼板高差较大；

3）各部分结构刚度、质量截然不同。

特殊砌体结构分析

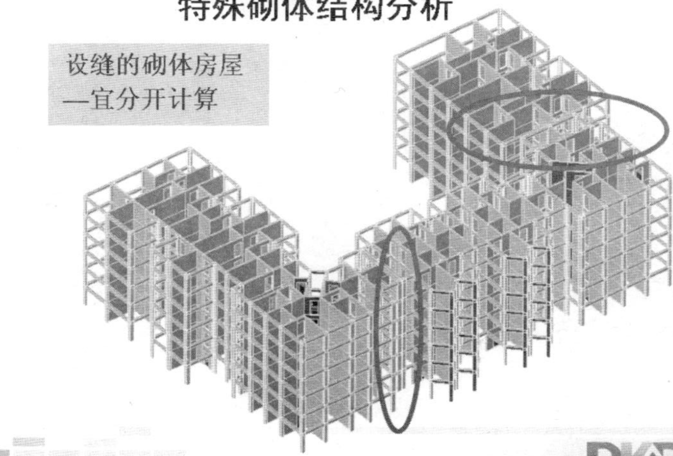

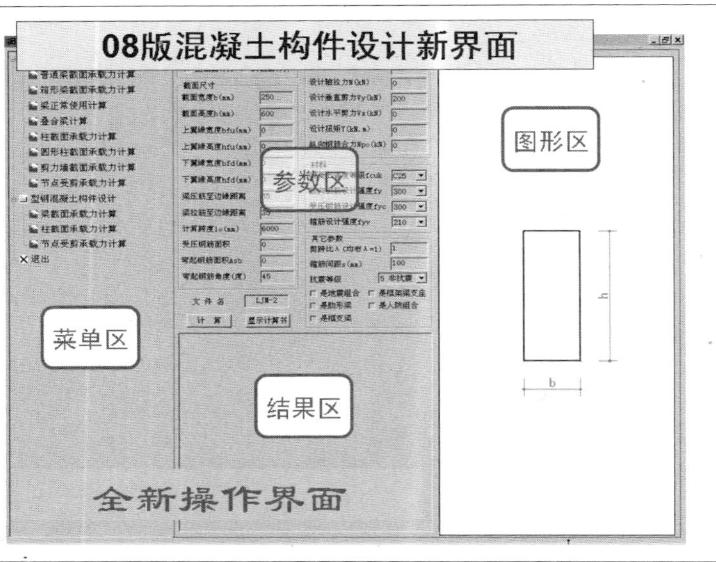

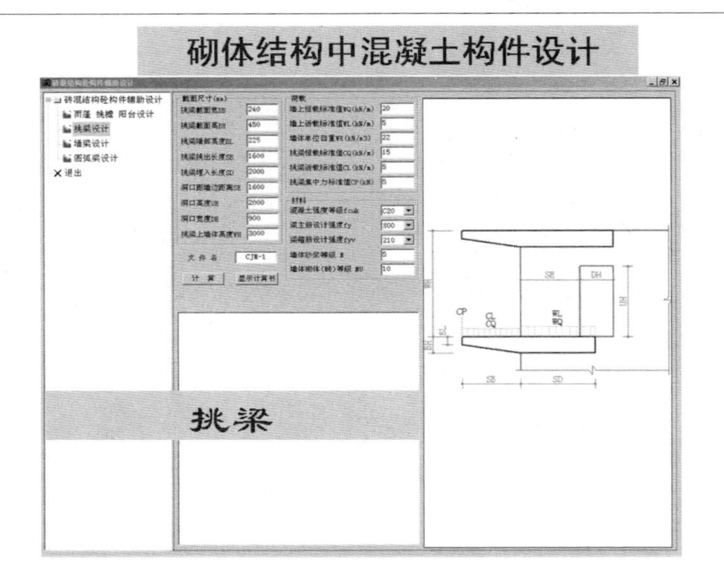

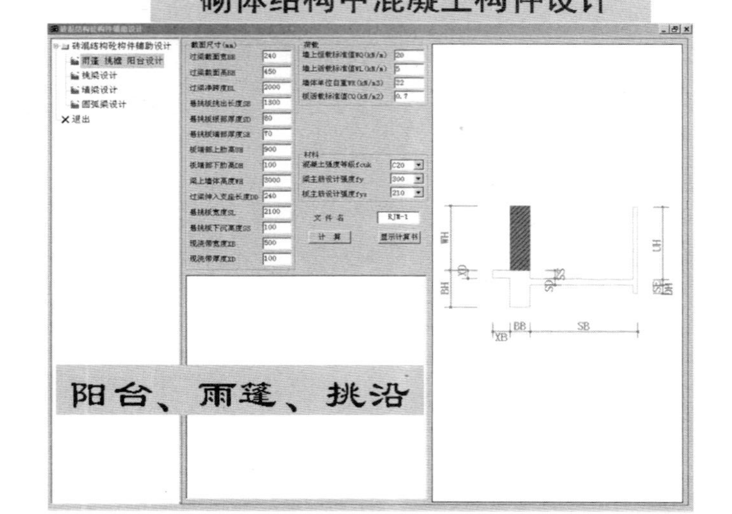

轻骨料混凝土构件配筋计算

根据《轻骨料混凝土结构技术规程》编制

材料
混凝土强度等级fcuk　C25
纵向钢筋设计强度fy
受压钢筋设计强度fyc
箍筋设计强度fyv
其它参数
剪跨比λ (均布λ=1)
箍筋间距s (mm)
抗震等级
是地震组合
是肋形梁
是框支梁

C15 C20 C25 C30 C35 C40 C45 C50 C55 C60 C65 C70 C75 C80 LC15 LC20 LC25 LC30 LC35 LC40 LC45

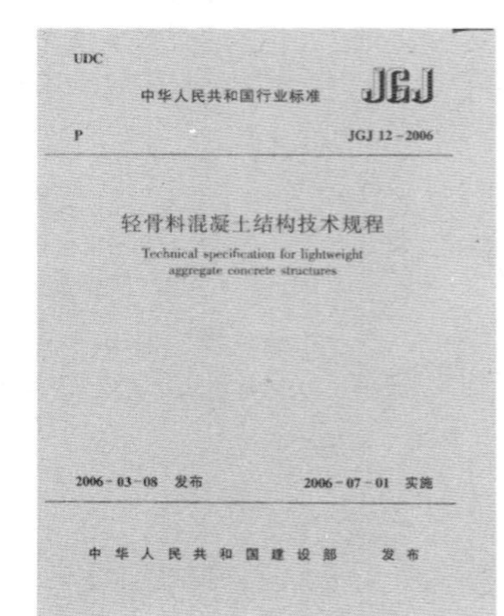
UDC

P

中华人民共和国行业标准

JGJ

JGJ 12－2006

轻骨料混凝土结构技术规程

Technical specification for lightweight aggregate concrete structures

2006－03－08 发布　　2006－07－01 实施

中华人民共和国建设部　发布

砖混结构房屋损毁严重（汶川）

■ 砖混结构延性差，抗震性能弱，如抗震设计或抗震构造措施不得力，极易发生整体垮塌

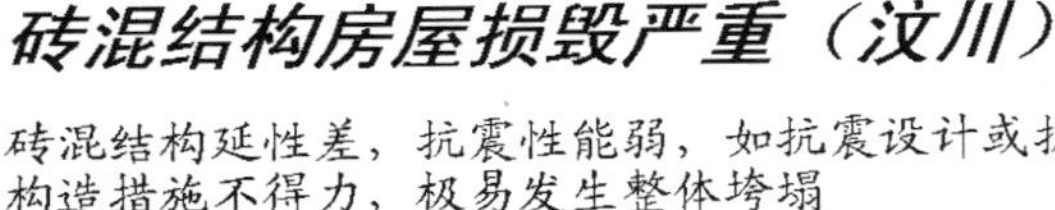

砖混结构损毁

映秀镇

旋口铝厂

砌体结构抗震设计要点：

- 严格控制建筑高度
- 保证纵、横墙体数量
- 墙体较高时配拉筋
- 加强构造措施：
  - 构造柱
  - 圈梁

  四面箍住砖墙
- 梁支座要牢固
- 严把施工质量

609 610
611 612

613 614
615 616

新建砖混小区基本完好

北川公寓大震后屹立不倒

中国建筑科学研究院 China Academy of Building Research

PKPM

预制楼板结构损毁情况

■ 预制空心楼板在大地震中的惨痛教训

China Academy of Building Research

617 618
619 620

关于预制空心楼板的讨论

反方观点：

- 预制楼板是“棺材板”，“夺命板”，应全面取消
- 现浇板加强结构整体刚度，可以提高结构抗震能力

正方观点：

- 只要竖向构件不倒预制板就不掉落，问题出在墙和梁上
- 预制板结构比现浇板结构便于救援，人员存活几率较大
- 预制板不增加框架梁的刚度，有利于“强柱弱梁”设计

关键是预制空心楼板的设计和施工：

- 楼板端部胡子筋互相拉结锚固，板端圆孔埋入堵头
- 板缝设置通长钢筋与端部钢筋互相拉结，“硬架支模”
- 板侧边采用双齿槽形式，用膨胀混凝土灌缝连为一体
- 预制楼板全部架设在圈梁上，与墙和梁可靠连接

中國建築科學研究院 China Academy of Building Research PKPM

P213

专题12　底部框架—抗震墙结构

China Academy of Building Research

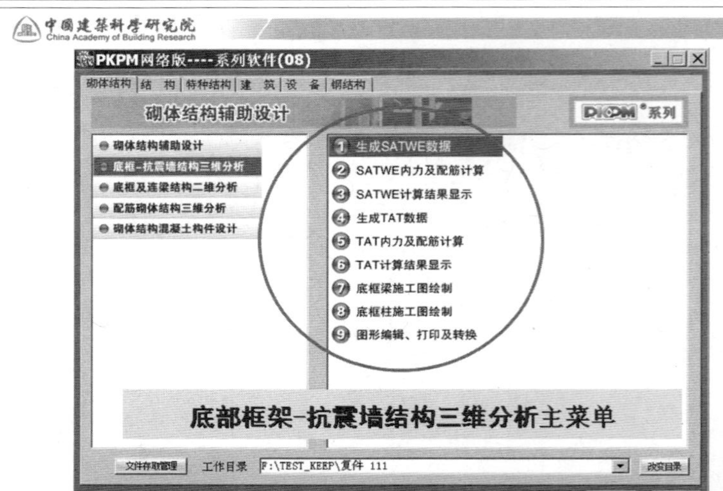

621 622
623 624

底框-抗震墙结构

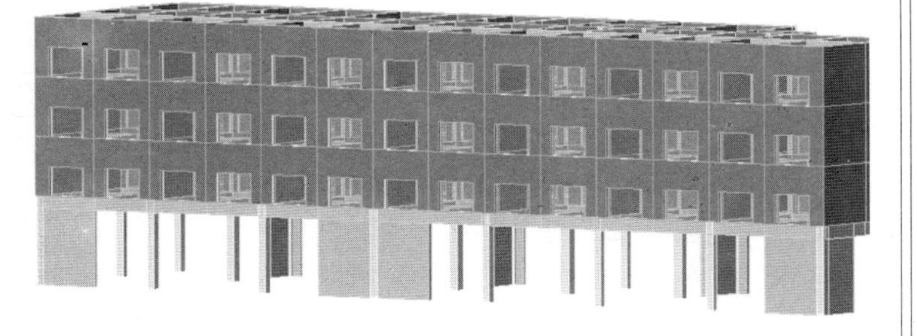

底部：框架、抗震墙　　上部：砌体房屋

规范对底框结构的设计要求

- 曾用名：底框砖混，底框上砖房
- 现用名：底部框架—抗震墙结构
- 特点：上刚下柔，整体性差，头重脚轻，抗震不利

底部与过渡层刚度突变，容易形成薄弱层

《抗震规范》7.1.2条和《砌体规范》7.3.12条要求：

底框层数不应超过二层
底部层高不应超过4.5m
建筑高度不应超过22m（6、7度地区）
楼层数不应超过7层（6、7度地区）
现浇楼板厚度不应小于120mm
承重墙梁的块体强度不低于MU10
托梁的混凝土强度等级不应低于C30
纵向钢筋宜采用HRB335、HRB400

规范对托墙梁配筋的要求

《抗震规范》7.5.4条：底部框架—抗震墙房屋的框架和抗震墙的抗震等级，6、7、8度可分别按三、二、一级采用。

《抗震规范》7.5.4条：

- 梁的截面宽度不应小于300mm，梁的截面高度不应小于跨度的1/10。
- 箍筋的直径不应小于8mm，在梁端区间、上部墙体的洞口处及洞口两侧区间加密（近似全长加密）。
- 沿梁高应设腰筋，数量不应少于2Φ14，间距不应大于200mm。
- 梁的主筋和腰筋应按受拉钢筋的要求锚固在柱内，且支座上部的纵向钢筋在柱内的锚固长度应符合钢筋混凝土框支梁的有关要求。

《砌体规范》7.3.12条：

- 托梁的混凝土强度等级不应低于C30；
- 墙梁的托梁跨中截面纵向受力钢筋总配筋率不应小于0.6%。

一、底框结构的抗震墙设计

- 《抗震规范》7.1.8条规定，房屋的底部，应沿纵横两方向设置一定数量的抗震墙，并应均匀对称布置或基本均匀对称布置。

  底部两层框架—抗震墙房屋的纵横两个方向，底层与底部第二层侧向刚度应接近，第三层与底部第二层侧向刚度的比值，6、7度时不应大于2.0，8度时不应大于1.5，且均不应小于1.0。
- 层间刚度比≥1，且：

  一层底框：6、7度≤2.5，8度≤2.0

  二层底框：6、7度≤2.0，8度≤1.5
- 目的：将薄弱层转移到底框部分，有利于发挥钢筋混凝土构件的抗变形能力和耗能能力，提高结构的延性。

抗震墙的合理设计

墙体材料：《抗震规范》7.1.8条、《砌体规范》10.5.2条规定，6、7度且总层数不超过五层的框支墙梁房屋，允许采用嵌砌于框架之间的砌体抗震墙，其余情况应采用混凝土抗震墙。

墙体边框：《抗震规范》7.5.5条规定，抗震墙周边应设置梁（或暗梁）和边框柱（或框架柱）组成的边框。

墙高宽比：《抗震规范》7.5.5条规定，抗震墙宜开设洞口形成若干墙段，各墙段的高宽比不宜小于2。

抗震墙合理布置：

- 不应采用内框架和无抗震墙结构
- 抗震墙宜保持距离，靠外围布置
- 抗震墙宜连为一体，组成L形、T形、Π形

抗震墙的合理设计

- 双向：纵横两个方向均应布置抗震墙；
- 对称：每个方向布置的抗震墙应以中轴对称；
- 均匀：墙布置应匀称，6、7、8度时最大间距为21、18、15m；
- 适量：抗震墙布置数量应适量，以满足层间刚度比的要求；
- 对齐：抗震墙宜上、下对齐，各楼层刚度中心接近质量中心；
- 长度：抗震墙的长度应适当，不宜太短，以承担100%的地震剪力作用；也不宜太长，避免形成低矮墙；
- 材质：6、7度且总层数不超过五层的底框结构，允许采用嵌砌于框架之间的砌体抗震墙，其余情况应采用混凝土抗震墙，强度等级不低于C30。
- 加固：抗震墙周边应设置由边框梁和边框柱等构造边缘构件组成的边框，以形成对抗震墙的有效约束。

中国建筑科学研究院 China Academy of Building Research

08版层间刚度比的计算方法

（1）墙侧移刚度计算方法多样，各种方法之间结果差异很大，主要影响因素是洞口位置与尺寸

PKPM

中国建筑科学研究院 China Academy of Building Research

层间刚度比的计算方法

串、并联方法能反映洞口位置与尺寸因素，但结果有误差

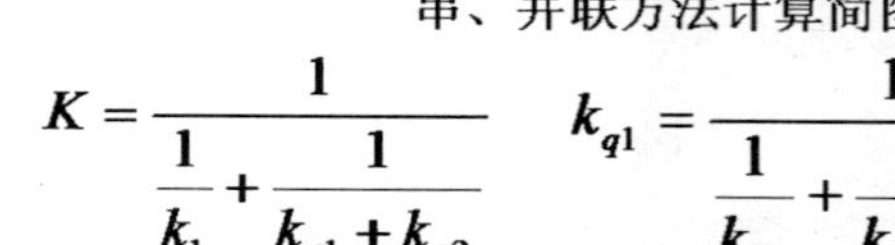
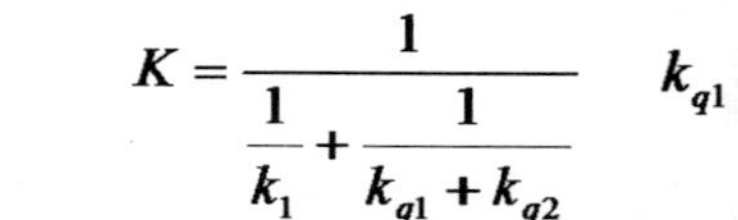
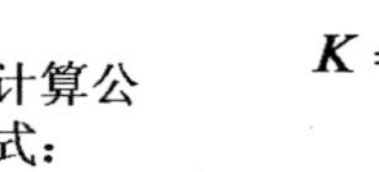
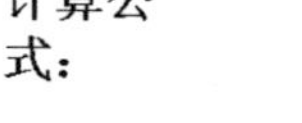

串、并联方法计算简图

计算公式：

$$K=\frac{1}{\frac{1}{k_1}+\frac{1}{k_{q1}+k_{q2}}}\qquad k_{q1}=\frac{1}{\frac{1}{k_{31}}+\frac{1}{k_{21}+k_{22}}}$$

PKPM

层间刚度比的计算方法

修正公式：

$$K_e = \eta K$$

$$\eta = \left(-\sum\frac{0.9b_i}{l} + \frac{0.4h}{H}Ln(\frac{h}{H}) + 1.33\right)e^{-\frac{0.45H}{l}}$$

采用一个与洞口位置与尺寸相关的修正系数对串、并联方法修正，修正后的计算结果误差基本消除

修正后结果比较

层间刚度比新旧计算方法比较

大洞口和竖缝抗震墙，建模按整墙开洞输入

05版：K90=0.89；K0=1.39
08版：K90=4.36；K0=2.65

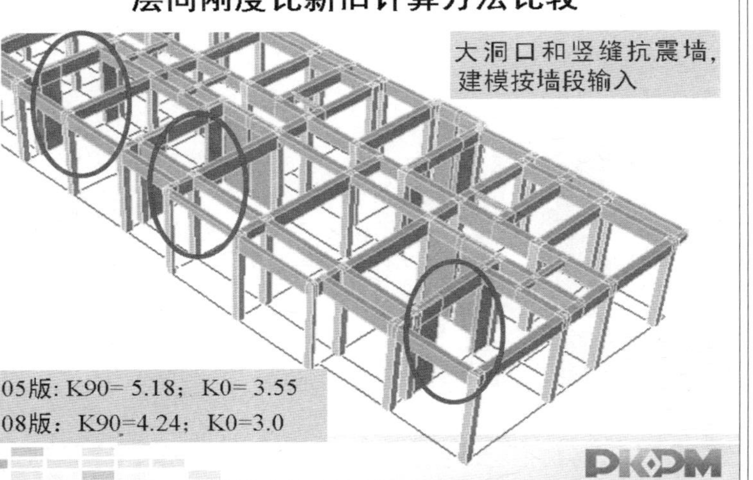

抗震墙的设计

- 规范对抗震墙的要求：
  - ◆ 层刚度比满足要求
  - ◆ 墙高宽比不小于2
- 一层底框可以采取设竖缝方法
  - ◆ 有利抗震，延性和耗能能力提高
  - ◆ 注意设暗柱及其他构造措施
- 二层底框可以采取开洞口方法

  05版软件根据洞口大小和开洞率选择：
  - ◆ 若洞口较小，开洞率≤0.3，输入洞口；
  - ◆ 若洞口较大，可分段输入墙体

  08版软件不必考虑洞口尺寸和建模方式

629 630
631 632

中國建築科學研究院 China Academy of Building Research　PKPM

一层底框结构刚度比调整工程实例

工程概况：

某工程一层为底部框架剪力墙、上部为5层砖房结构，首层层高3.9m，其余各层层高2.9m，底层混凝土墙厚为200mm ，其余各层墙厚为240mm 。地震设防烈度为8度，地震基本加速度为0.2g。该工程的底层和第二层结构平面图如下所示：

China Academy of Building Research

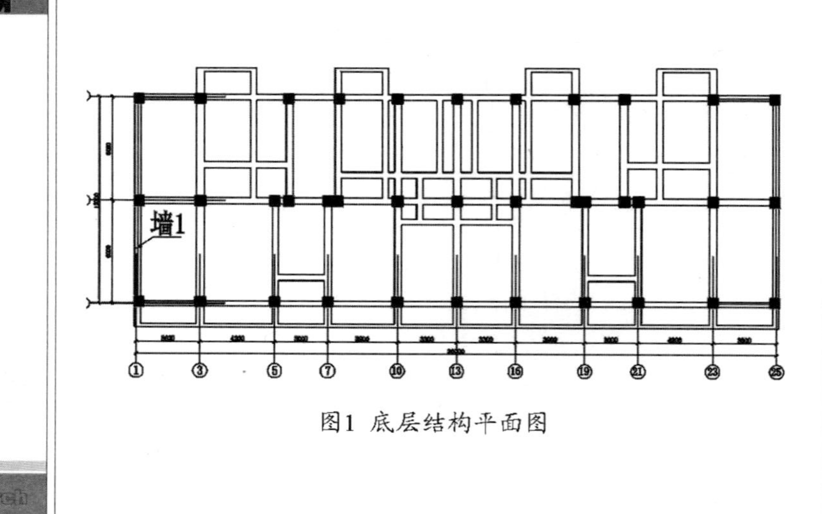

图1 底层结构平面图

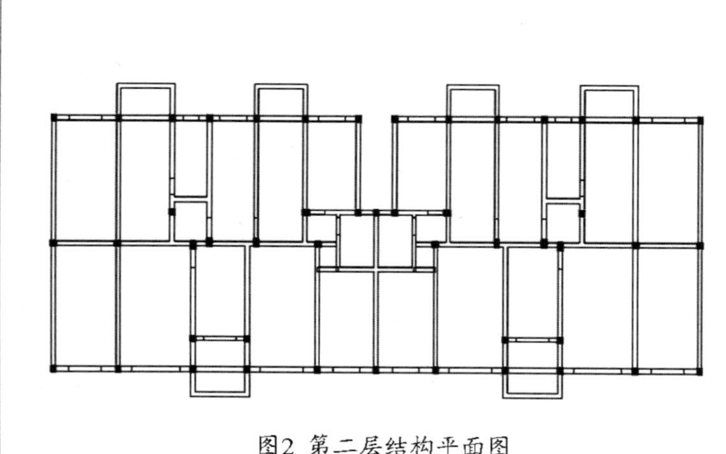

图2 第二层结构平面图

一层底框调整洞口布置难以满足刚度比要求

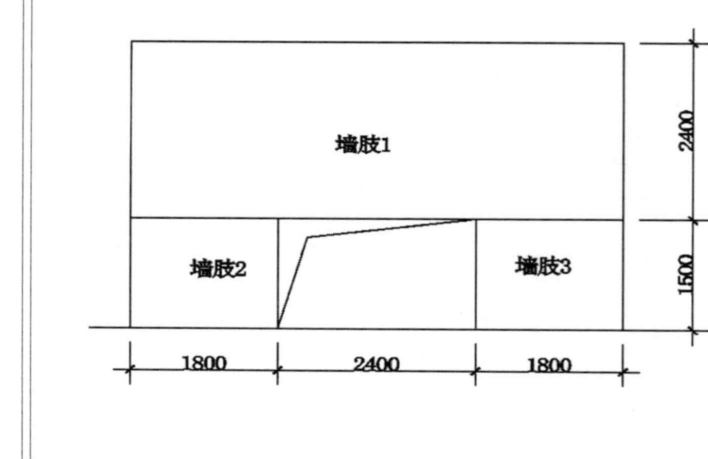

637

混凝土抗震墙开竖缝的构造措施

- 布置竖缝可以与墙同厚，填入预制混凝土块，做好防水
- 竖缝从基础顶面开至梁底面，形成若干高宽比大于1.5，小于2.5的墙板单元
- 竖缝处放置预制钢筋网砂浆板或混凝土板防止开裂
- 竖缝两侧设置暗柱，截面为1.5倍墙厚，纵筋不小于4Φ16，箍筋8Φ200
- 边框梁箍筋除其他要求外，还应在竖缝两侧1.5倍梁高范围内加密（100mm）

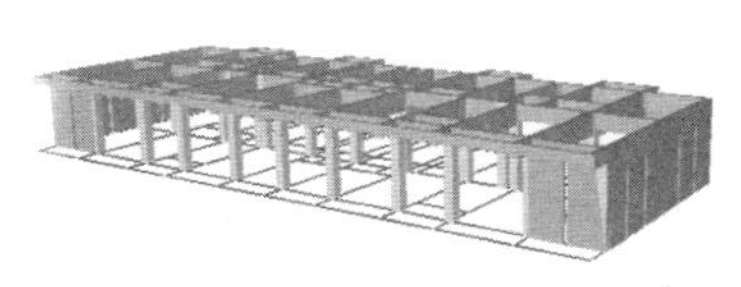

638

结论：

- 一层底框结构用墙体设竖缝方法调整刚度比
  使抗震墙成为高宽比大于2的若干墙段，避免出现“低矮墙”
- 二层底框结构用墙体开洞口方法调整刚度比
  抗震墙较高，不易出现“低矮墙”
- 2009更新版对底框结构中的钢筋混凝土剪力墙的边缘构件，自动按照构造边缘构件设计。

639

二、底框结构墙梁荷载算法

- 底框墙梁结构

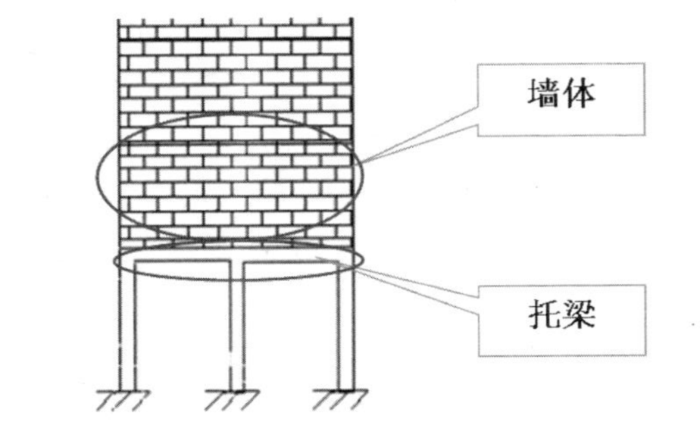

640

中国建筑科学研究院 China Academy of Building Research PKPM

软件对底框结构墙梁荷载处理方式

- 托墙梁承担上部荷载处理办法：
  1、全部荷载（安全储备法）
  2、近似算法（折减系数法）
  3、规范算法（等效荷载法）
  4、墙梁计算（GJ软件）

China Academy of Building Research

641 642
643 644

底框墙梁计算原理及方法

- 托梁上部荷载分两部分
  1）托梁顶面荷载Q1 ：托梁自重及本层楼盖传递的荷载
  2）墙梁顶面荷载Q2 ：托梁以上墙重及各层楼盖传递的荷载
- 托梁内力(Q2产生的内力要折减)
  - ◆跨中截面弯矩：$M_{中}=M_1+\alpha_{M中}M_2$
  - ◆轴力：$N_{中}=\eta_N M_2/ho$
  - ◆支座截面弯矩：$M_{中支}=M_{1支}+\alpha_{M支}M_{2支}$
  - ◆剪力：$V=V_1+\beta_V V_2$

底框墙梁等效荷载

- 等效荷载图

q q
a a

- 自动判断墙梁条件：洞口尺寸、位置
  根据系数 $\alpha_{M中}$、$\alpha_{M支}$、β_V截面求得参数q和a；不等跨连续墙梁，还要加支座不平衡弯矩；等效荷载与总荷载的差值作为柱轴力
- 底框墙梁截面设计
  - ◆跨中截面按偏心受拉计算
  - ◆支座截面按受弯计算

底框抗震墙结构参数输入

底框计算数据 | 剪力墙计算数据
底框架层数 LKJ 1
按经验考虑墙梁作用上部荷载折减：
无洞口墙梁折减系数(0.5-1.0) 1.00
有洞口墙梁折减系数(0.5-1.0) 1.00
按规范墙梁方法确定托梁上部荷载
剪力墙侧移刚度考虑边框柱作用
确定 取消 帮助

05版参数设置对话框

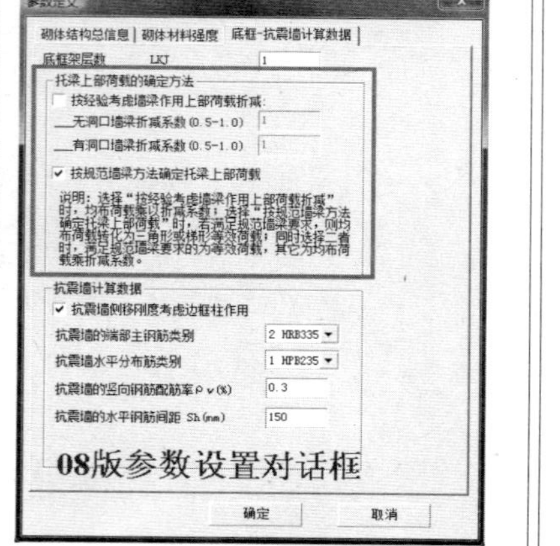

08版参数设置对话框

底框托梁荷载的四种处理方法

- ● 选择“按规范墙梁方法确定托梁上部荷载”一项
  程序自动判断托梁是否满足墙梁条件，如满足墙梁条件，托梁上部荷载采用等效墙梁荷载；如不满足墙梁条件，托梁承担上部全部荷载。—宜选择
- ● 选择“按经验考虑墙梁作用上部荷载折减”一项
  程序不判断墙梁条件，上部荷载折减布置于托梁上。注意上托房屋四层以下不宜折减。—折减系数不可取值太小
  - 大洞口、偏洞口或无翼墙使砖拱很难形成。
  - 地震作用时砖墙易开裂破坏砖拱作用。
  - 施工阶段如托墙梁拆模过早砖拱不能形成。
- ● 同时选择两项
  满足墙梁条件的托梁采用等效墙梁荷载，不满足墙梁条件的托梁采用折减均布荷载。—优先选择
- ● 两项都不选择
  上部荷载全部由托梁承担，保守。—通常不选

底框结构传递荷载的查询、校核

- QITI菜单中选择【底框荷载】：
  - ◆ 黄色：上部传来梁荷载
  - ◆ 绿色：柱上节点荷载
  - ◆ 紫色：上部传来的柱荷载，轴力和剪力
  - ◆ 不满足墙梁要求的为均布荷载
- SATWE：

  查看底框荷载
- TAT：

  查看底框荷载

□ 剪力墙侧移刚度考虑边框柱作用

是否考虑边框柱作用有两种选择：

- 混凝土抗震墙应选择，此时抗震墙与边框柱按组合截面计算
- 砌体墙不选择，各构件各自独立计算

注意：混凝土等级小于C30或砂浆强度等级低于M10，软件给予警告提示

三、底框结构的计算方法

- 计算要求（参看《抗震规范》）
  - ◆ 底部地震剪力要乘以放大系数
  - ◆ 抗震墙承担100%的地震剪力
  - ◆ 计算框架地震剪力时抗震墙刚度要折减
  - ◆ 考虑上部倾覆力矩产生的效应
- 采用QITI与 SATWE/TAT/PK接力方式

  由QITI计算地震作用，并将结构建模信息、竖向荷载、放大后的地震作用、地震倾覆力矩、风荷载、倾覆力矩等传递给SATWE/TAT/PK

底框结构的计算步骤

❑ QITI全楼抗震及导荷计算

1、按基底剪力法计算整体结构地震作用。

2、竖向导荷计算，将上部砖房的恒、活荷载和本层楼面荷载传递到底框部分。

❑ 底框内力及配筋计算方法：

1、PK计算，可以选择上部荷载是否传给墙

2、TAT-8或TAT计算

3、SAT-8或SATWE计算

中国建筑科学研究院 China Academy of Building Research

底框结构分析模型

（1）结构整体进行地震作用计算及上部砌体房屋的计算

（2）将竖向荷载、风荷载、地震作用进行处理并传至底部结构

（3）底部与上部结构分离，保留底部框架-抗震墙结构的完整信息，滤掉上部的砌体房屋结构，读取上层砌体结构传来的恒、活、风荷载和地震作用，进行三维或二维内力分析计算

PKPM

QITI计算参数

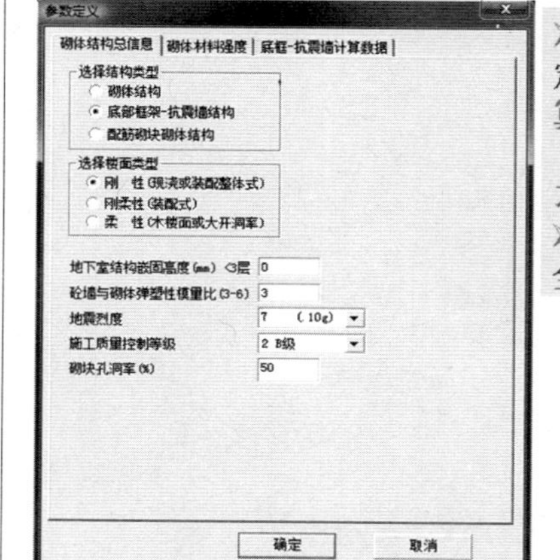

➢《砌体规范》10.5.4条规定，框支墙梁房屋的抗震计算，可采用底部剪力法。

底层的纵向和横向地震剪力设计值均应乘以增大系数。

➢ QITI采用底部剪力法进行全楼抗震计算

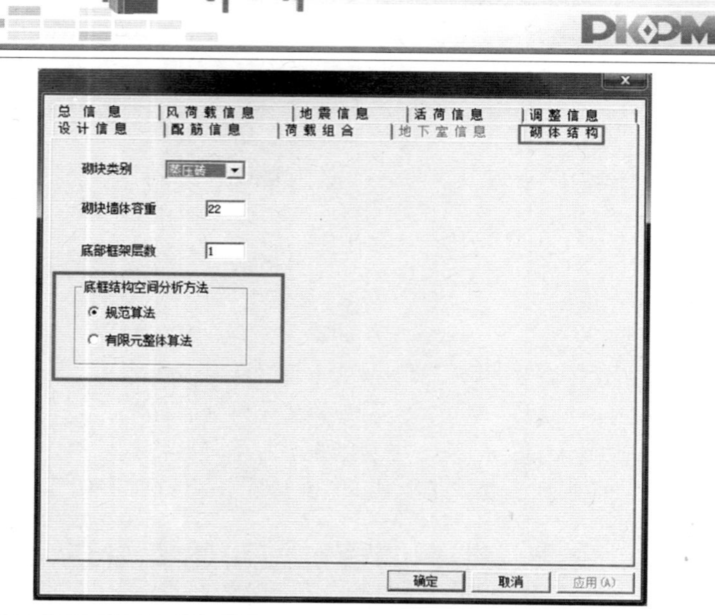

规范算法

❖ 计算模型
  ➢ 仅对底框部分进行内力和配筋计算
  ➢ 考虑上部的恒、活、风、地震作用
  ➢ 忽略上部的刚度
❖ 上部各种作用的考虑
  ➢ 恒、活荷载
  ➢ 地震作用、风荷载

注意：1）必须设定“底层框架层数”，不允许底框层数为0。

2）设置SATWE的地震参数没有意义。

649 650
651 652

中国建筑科学研究院 China Academy of Building Research

风荷载与地震作用的处理与调整

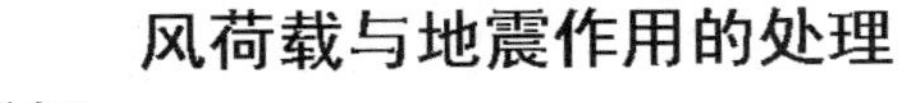
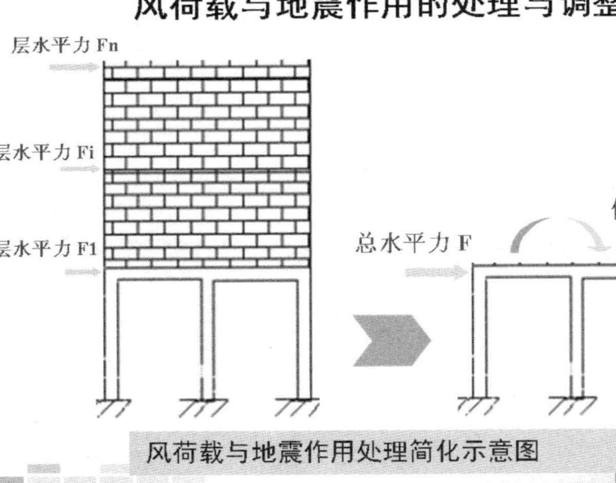

风荷载与地震作用处理简化示意图

有限元整体算法

- 计算原理：
  - 把底框结构作为一个整体进行计算
  - 假定砌体墙为各向同性的均质材料墙体
  - 考虑砌体墙的弹性模量和容重，按混凝土墙计算
  - 采用振型分解法计算地震力
- 用于特殊砌体结构分析：

  如内浇外砌、内框架、有局部剪力墙、砌体多塔和带混凝土交叉梁系等砌体结构

学术争论：砌体墙各向异性，不宜用有限元算法
地震力未按规范要求放大

建议： 尽量不用此种算法！！！
仅供参考，责任自负！！

底框结构抗震墙的设计

- 抗震墙配筋
  - 采用SATWE/TAT计算结果，接JLQ绘图
  - 采用PK计算结果，参考剪力墙的分布钢筋值
- 构造要求
  - 宜设置边框梁、边框柱
  - 按构造边缘构件设计

注意： 有砌体抗震墙时，建议在SATWE计算前将该墙删除，除非砌体墙下有承重很好的基础，否则影响梁柱配筋合理性。

四、底框结构设计注意事项

- QITI已进行抗震验算，SATWE不要再设抗震参数
- 底框结构已是特定结构，不须再考虑其他设置
- SATWE不计算底框风荷载，TAT可以计算
- 旧版软件“剪力墙加强区起算层号”填大于底框层数，不设加强层；2009更新版自动按非加强区构造边缘构件设计
- 尽量多使用几个程序计算，校核验算结果
- 不应将次梁作为托墙梁设计
- 注意悬臂梁荷载的处理方式

657 658 659 660

带挑梁底框结构竖向荷载的传递

对于每层都设有挑梁的底框结构，不应将挑梁上的墙体作为承重墙输入，而应作为线荷载输入，否则，上部荷载会全部传到底框的悬挑梁上。

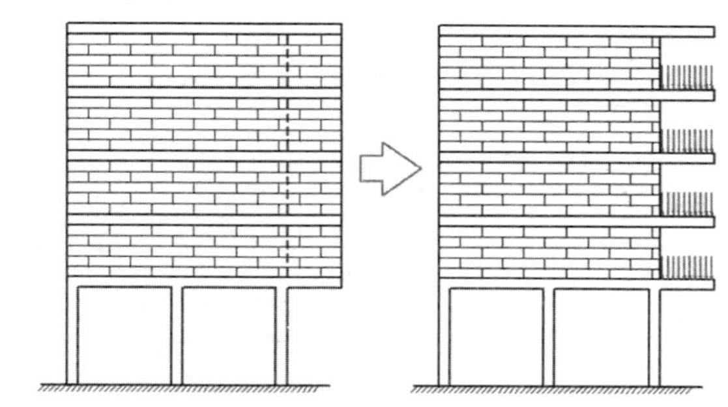

底框结构建模不好的实例

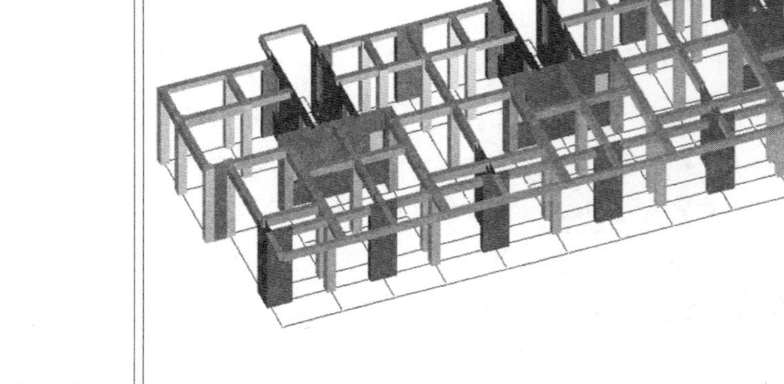

底框结构震害情况

- 底框结构的抗震性能介于砖混与框架结构之间
- 底框结构有多种破坏形式：上部、下部、整体损毁
- 底层采用局部框架-砌体结构，整体性差，损毁严重

底框上部倒塌

底框整体损毁

北川

底框下部倾覆
映秀镇

映秀镇

底框错位

映秀镇

底框结构上部损毁

底框结构底部损毁

都江堰底框

665 666
667 668

中國建築科學研究院 China Academy of Building Research　PKPM

P219

专题13　带地下室结构

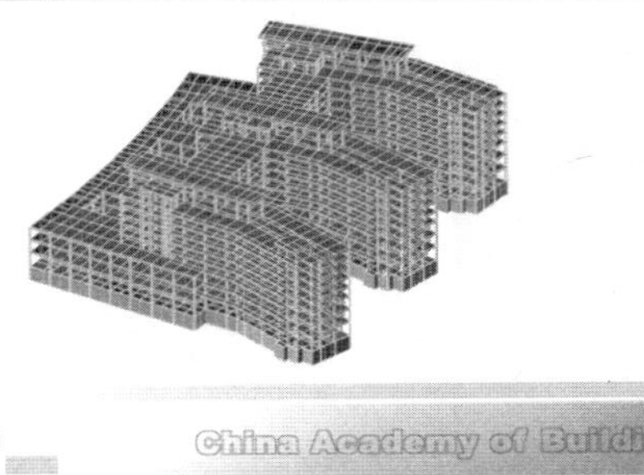

China Academy of Building Research

中國建築科學研究院 China Academy of Building Research　PKPM

带地下室结构的特点

- 上部结构与地下室组成一个承力体系，具有共同的位移场，相互协调变形。
- 上部结构与地下室应作为一个模型共同计算。
- 地下室外的回填土对结构有一定的约束作用，仅约束水平位移，不约束竖向位移和竖向转动。

China Academy of Building Research

带地下室结构整体分析模型

- 嵌固水平位移法：
  - 地上地下结构整体考虑，嵌固端取在地下室嵌固部位，须满足规范的刚度比要求。
  - “嵌固部位”限制结构水平位移，而对竖向位移不施加限制。
- 弹簧刚度法：
  - 地上地下结构整体考虑，嵌固端取在基础底板处。
  - 对地下室的楼板引入水平弹簧刚度，以考虑回填土对结构的约束作用。

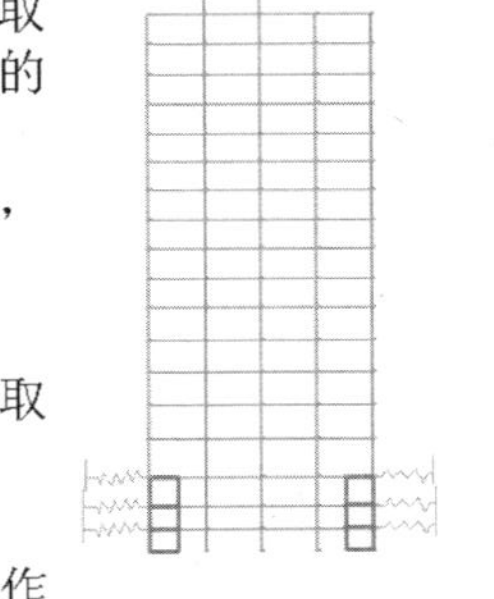

地下室信息

总信息 | 风荷载信息 | 地震信息 | 活荷信息 | 调整信息
设计信息 | 配筋信息 | 荷载组合 | 地下室信息 | 砌体结构

回填土对地下室约束相对刚度比	3
外墙分布筋保护层厚度	35
扣除地面以下几层的回填土约束	0

地下室外墙侧土水压力参数

回填土容重	18
室外地坪标高	-0.35
回填土侧压力系数	0.5
地下水位标高(m)	-20
室外地面附加荷载(kN/m2)	0

确定　取消　应用(A)

673 674 675 676

回填土对地下室约束相对刚度比 3

08版该参数的含义是基础回填土的约束刚度与地下室抗侧移刚度的比值。取值范围：

- 取为0：　基础回填土对结构没有约束作用
- 取正数：有约束作用，取值范围1～6
- 取负数m：认为m层以下地下室无水平位移（嵌固）程序将原有的约束刚度放大1000倍。
- 2009更新版采用了新的地下室侧向约束刚度计算参数

地下室不同侧向约束刚度比下的地震作用

地下室回填土的侧向约束

- 地下室回填土的侧向约束影响水平力的传递
- 当向地下室侧向施加约束时，水平剪力将随着约束而减少，约束越强，上部结构传到地下室的剪力越小，直至为0，即约束刚度将吸收水平剪力。

地下室的地震作用计算

- 《抗震规范》6.1.3.3条规定，当地下室顶板作为上部结构的嵌固部位时，地下室一层的抗震等级与上部结构相同，地下一层以下的的抗震等级可根据具体情况采用三级或更低等级。
- 结构在地震作用下的反应（周期、振型、位移、内力）受地下室外的回填土约束。
- 地下室质量产生的地震力大部份被室外回填土吸收。
- 在计算结构的“剪重比”时，可以不考虑地下室。

677 678
679 680

地下比地上更安全！

唐山大地震	汶川大地震
1976.7.28 3：42 7.8级 百万人口中等城市 死亡24万人	2008.5.12 14：28 8.0级 边远山区 死亡8万人

- 唐山市地上建筑全部倒塌，人员死亡率24%
- 开滦煤矿当天地下1万工人采煤，仅死亡7人，死亡率7‱

中國建築科學研究院 China Academy of Building Research PKPM

地下室侧向约束的讨论

- 《高规》4.4.7条规定，高层建筑宜设地下室。
- 05版软件用地下室回填土约束等效附加刚度是地下室刚度的比值表示，既难控制，也不合理。
- 回填土的侧向约束与地下室刚度没有关系，与回填土的关系却没有考虑
- 对剪力墙结构和高塔大底盘结构，由于回填土的刚度被不合理放大，超过土的实际约束能力，接近嵌固程度，出现地下室剪力过大，杆件超筋等不正常情况。

China Academy of Building Research

中國建築科學研究院 China Academy of Building Research PKPM

地下室侧向约束的讨论

- 影响回填土对地下室侧向约束的因素：
  - 土质
  - 埋置深度
  - 地下室迎土面积
- 软件可以自动计算埋置深度和地下室的迎土面积
- 08版软件引入土层水平抗力系数的比例系数（MN/m^4）
- 参照《建筑桩基技术规范》JGJ94-2008表5.7.5灌注桩取值一般在2.5~100之间，少数情况如碎石取100~300
- 用m值求出的侧向约束呈三角形分布，符合实情

China Academy of Building Research

土层水平抗力系数的比例系数

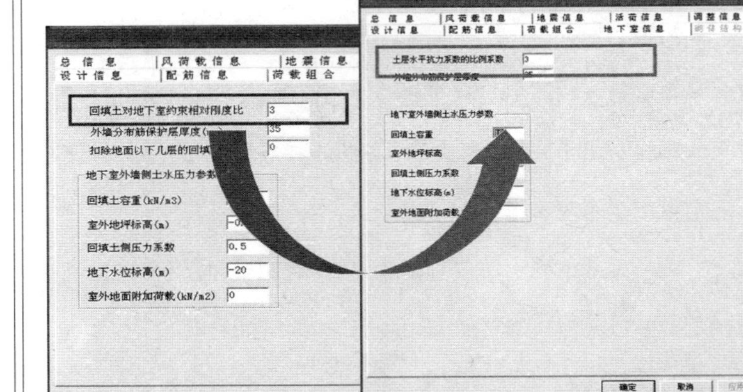

08版SATWE、TAT等软件更改地下室回填土参数

681

地下室嵌固端刚度计算

- 地下室顶板嵌固条件：

《抗震规范》6.1.14条和《高规》5.3.7条规定，地下室顶板作为上部结构的嵌固部位时，地下室结构的楼层侧向刚度不宜小于相邻上部楼层侧向刚度的2倍。

- 地下室嵌固端设计：
    - 地下室嵌固端的期望
    - 地下室嵌固端的条件
    - 地下室嵌固端的设计
- 多塔结构嵌固要求：地下室与所有塔的总刚度比大于2，相同面积的地下室与各塔刚度比大于1.5

682

地下室嵌固的构造要求

《抗震规范》6.1.14条规定：

- 地下室顶板作为上部结构的嵌固部位时，应避免在地下室顶板开设大洞口，
- 并应采用现浇楼板结构，其楼板厚度不宜小于180mm，混凝土强度等级不宜小于C30，
- 应采用双层双向配筋，且每层每个方向的配筋率不宜小于0.25%；
- 地下室结构的楼层侧向刚度不宜小于相邻上部楼层侧向刚度的2倍，
- 地下室柱截面每侧的纵向钢筋面积，除应满足计算要求外，不应少于地上一层对应柱每侧纵筋面积的1.1倍。

  地下室柱增加的钢筋不向上延伸，锚固于顶板的框架梁内。
- 位于地下室顶板的梁柱节点左右梁端截面实际受弯承载力之和不宜小于上下柱端实际受弯承载力之和。

683

地下室顶板作为上部结构嵌固部位的条件

- 地下室顶板与室外地坪的高差应小于本层层高的1/3。
- 地下室顶板应为现浇梁板体系，且无大板洞。
- 地下室结构的布置应保证顶板及以下各层楼板有足够的平面整体刚度和承载力。
- 对于边柱和角柱，由于只有一面有梁，为满足该梁端截面受弯承载力不小于上柱下端实际受弯承载力的要求，可采用增大梁截面或增加梁配筋的方法。
- 边柱处应设钢筋混凝土抗震墙，无抗震墙或约束不太好时，边梁应采取增加箍筋等抗扭措施。

嵌固部位：即预期塑性铰出现的部位

684

框架柱底部形成塑性铰（台湾）

一层底板形成嵌固端，柱端箍筋加密，弯曲破坏，形成塑性铰，避免脆性破坏，防止倒塌。

685 686
687 688

地下室嵌固端刚度计算

- 第一次计算：
  - 先不考虑回填土约束作用，地下室层数填0或回填土的相对约束刚度比填0，检查层间刚度比是否有大于2的
  - 只取主楼外围一、二跨范围的地下室计算
  - 可以考虑地下室外墙，除非外墙离塔楼太远
- 第二次计算：
  - 如有层刚度比大于2的地下室，则回填土的约束刚度填为负数
  - 如没有刚度比大于2的地下室，则回填土约束刚度填为正数

实例：

- 某工程为双塔大底盘结构，地下室3层，无人防设计要求，裙房7层，1号塔楼高44层，2号塔楼高40层，结构抗震设防烈度为7度，设计基本地震加速度为0.1g，场地类别II类，构件的抗震等级为二级。

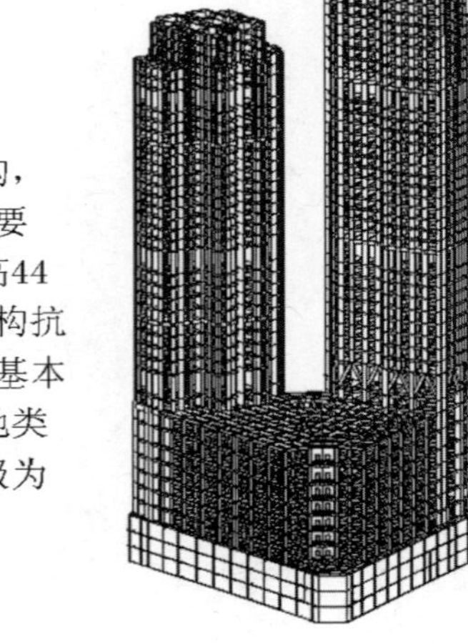

对比地下室回填土的影响

地下室的计算分为四种情况：

（1）地下室层数为0

不考虑回填土影响

（2）地下室层数为3，回填土约束刚度为0

不考虑回填土影响

（3）地下室层数为3，回填土约束刚度为3

考虑回填土约束的影响，不嵌固

（4）地下室层数为3，回填土约束刚度为-3

从地下室顶板以下被回填土嵌固

采用抗震规范刚度比计算的结果

楼层	（1）地下室0	（2）回填土0	（3）回填土3	（4）回填土-3
一层	2.53	2.56	2.87	10.18
二层	2.27	2.27	9.16	5.41
三层	3.65	3.65	24.88	6296
四层	1.94	1.94	2.16	2.20
五层	1.61	1.61	1.68	1.69
六层	1.56	1.56	1.61	1.62
七层	1.47	1.47	1.51	1.52
八层	1.55	1.55	1.59	1.59
九层	1.24	1.24	1.25	1.23
十层	1.88	1.88	1.90	1.90

689 690 691 692

采用剪切刚度计算的结果

楼层	(1) 地下室0	(2) 回填土0	(3) 回填土3	(4) 回填土-3
一层	1.42	1.42	1.42	1.42
二层	1.46	1.46	1.46	1.46
三层	1.89	1.89	1.89	1.89
四层	1.62	1.62	1.62	1.62
五层	1.29	1.29	1.29	1.29
六层	1.39	1.39	1.39	1.39
七层	1.41	1.41	1.41	1.41
八层	1.71	1.71	1.71	1.71
九层	1.39	1.39	1.39	1.39
十层	4.51	4.51	4.51	4.51

总　结

- 地下室计算步骤:
  1、计算地下室有无嵌固端，应不考虑回填土的影响:
  1) 直接用剪切刚度比计算
  2) 用地震剪力与层间位移比的刚度比计算:
  - 或地下室楼层数设定为0
  - 或回填土约束刚度设定为0

  2、考虑回填土对地下室的影响进行全楼整体计算，应用地震剪力与层间位移比的刚度计算方法
  - 有嵌固端填负数
  - 无嵌固端填正数
- 嵌固端刚度比的计算可以四舍五入与2比较

注意：2009更新版不用考虑回填土侧向约束刚度的正负值?

带四层地下室的高层结构各层构件受力分析

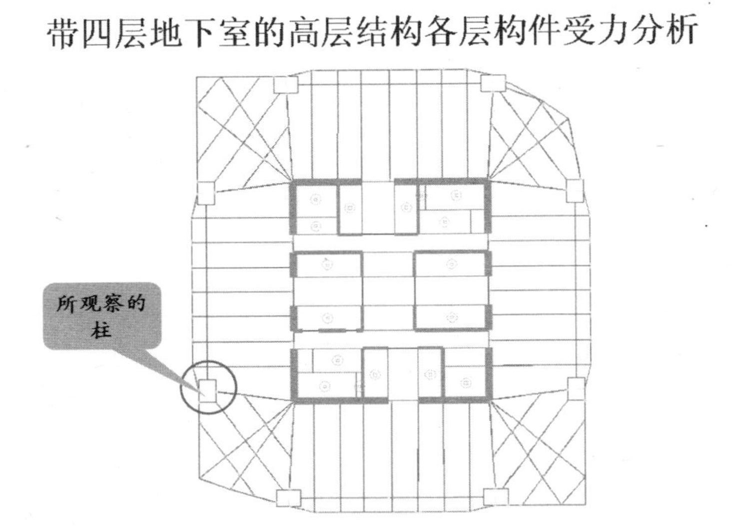

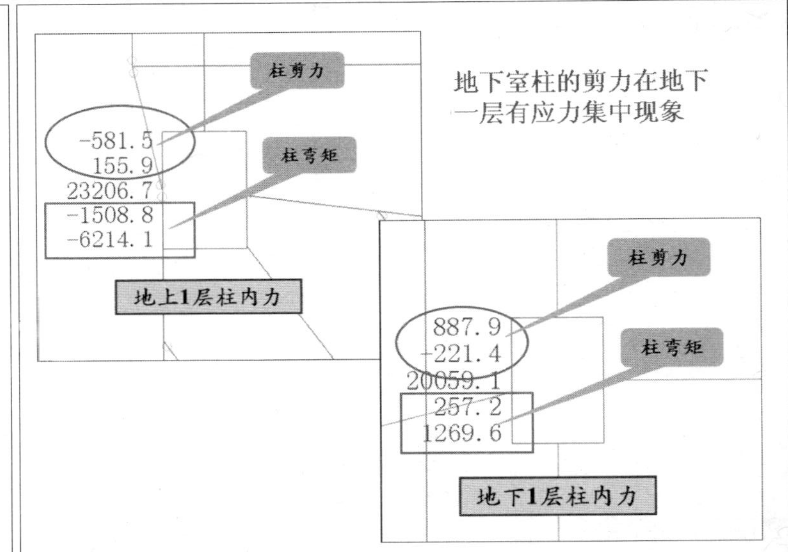

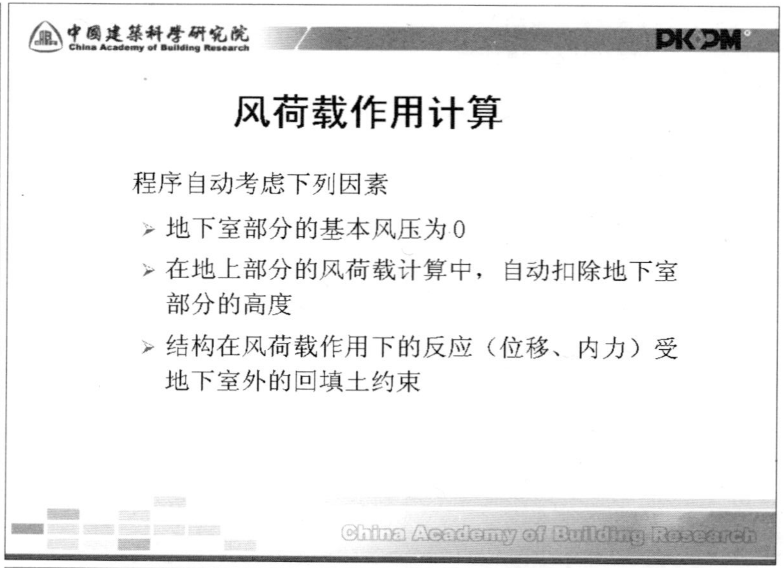

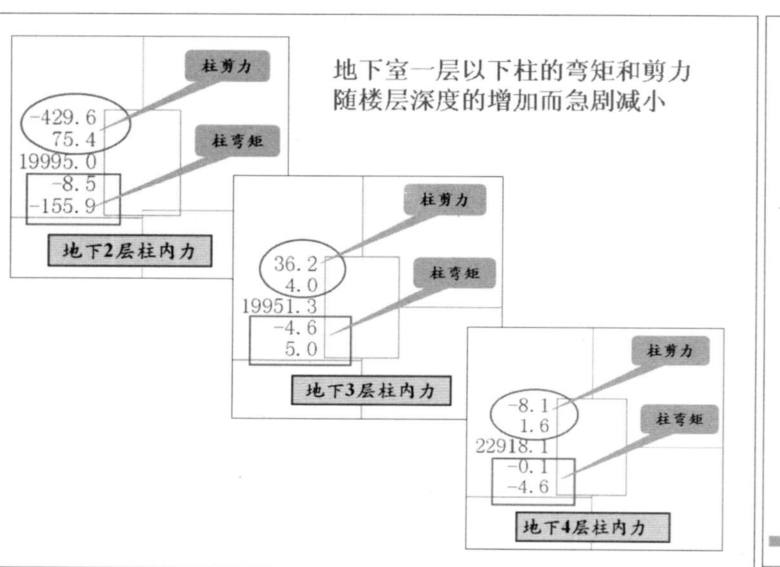

中国建筑科学研究院
China Academy of Building Research
PKPM
风荷载作用计算
程序自动考虑下列因素
➢ 地下室部分的基本风压为0
➢ 在地上部分的风荷载计算中，自动扣除地下室部分的高度
➢ 结构在风荷载作用下的反应（位移、内力）受地下室外的回填土约束
China Academy of Building Research

中国建筑科学研究院
China Academy of Building Research
PKPM
地下室对风荷载计算的影响
地下室顶板
China Academy of Building Research

地下室一层以下柱的弯矩和剪力随楼层深度的增加而急剧减小
柱剪力
柱弯矩
-429.6
75.4
19995.0
-8.5
-155.9
地下2层柱内力
36.2
4.0
19951.3
-4.6
5.0
地下3层柱内力
-8.1
1.6
22918.1
-0.1
-4.6
地下4层柱内力

地下室层数定义
设计信息
配筋信息
荷载组合
地下室信息
砌体结构
总信息
风荷载信息
地震信息
活荷信息
调整信息
水平力与整体坐标夹角(度)
混凝土容重 (kN/m3)
钢材容重 (kN/m3)
裙房层数
转换层所在层号
地下室层数
墙元细分最大控制长度
对所有楼层强制采用刚性楼板假定
墙元侧向节点信息
内部节点
出口节点
结构材料信息
钢筋混凝土结构
结构体系
框剪结构
恒活荷载计算信息
模拟施工加载 3
风荷载计算信息
计算风荷载
地震作用计算信息
计算水平地震作用
结构所在地区
全国
施工次序
层号
次序号
确定
取消
应用(A)

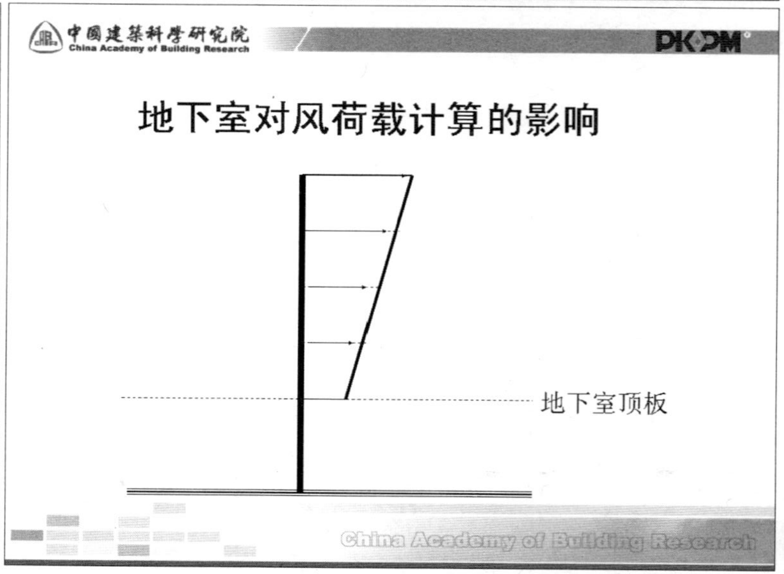

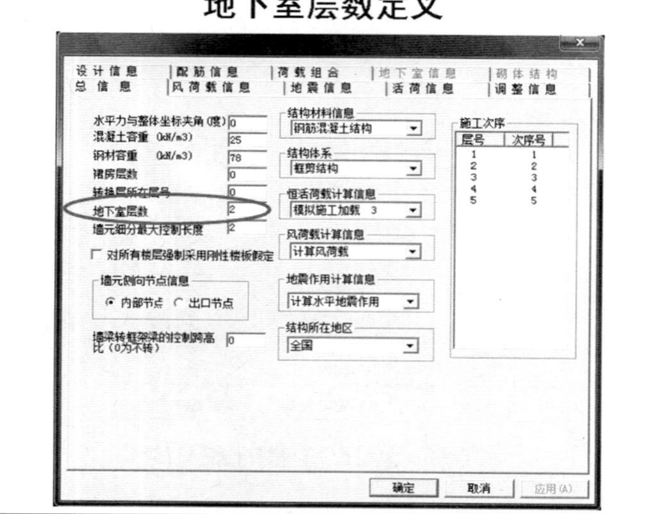

剪力墙加强区起算层数 3

《抗震规范》6.1.10条说明规定，**抗震墙（筒体）墙肢的底部加强部位可取地下室顶板以上H/8，加强范围应向下延伸到地下一层。**

《箱形与筏形基础规范》JGJ 6—99的5.1.5条，**地下室的框架、剪力墙的加强部位应从地下一层结构顶板标高往下延伸一层。**

地下室加强区：从地下一层起算，加强主塔所在范围

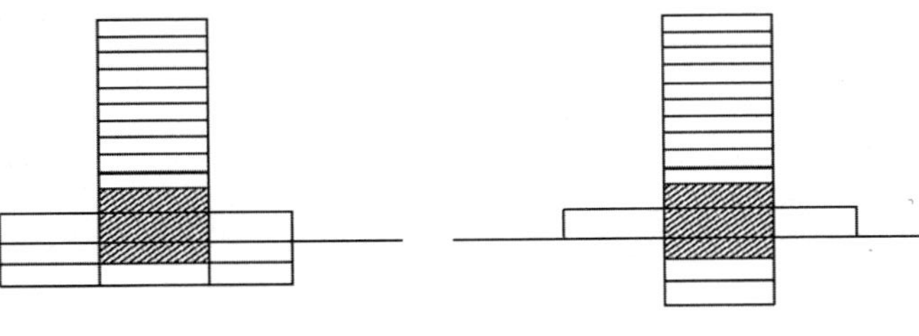

剪力墙加强区起算层号

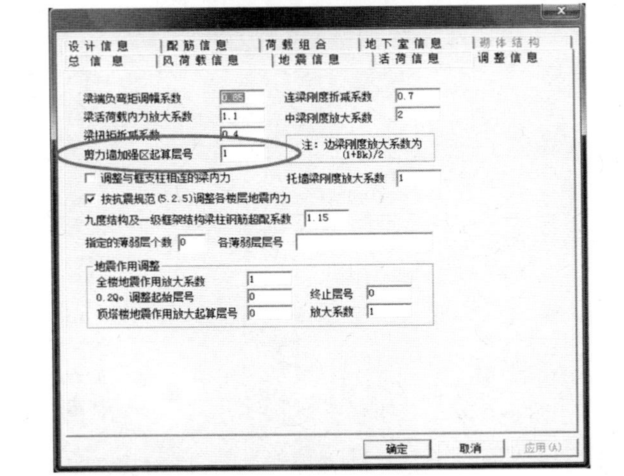

地下室外墙设计

- ❖ **恒活荷载作用**
  - ➢ 结构整体分析得到恒活荷载的轴力、弯矩
  - ➢ 外墙离上部结构较近时，宜参与刚度比计算
- ❖ **面外土、水侧作用**
  - ➢ 程序按单向板简化方法计算墙外土水侧压力作用的弯矩，05版软件用均布荷载代替三角形荷载
  - ➢ 外墙计算不考虑裂缝，不考虑边框柱参与水土压力计算
  - ➢ 地下室简化计算方式不能用于挡土墙设计
- ❖ **配筋设计：** 按压弯构件进行配筋计算

注意：1）2009更新版SATWE在“特殊墙”定义中增加了地下室外墙的定义

2）**更精细的地下室外墙与上下楼板的共同计算分析建议采用PMSAP实现**

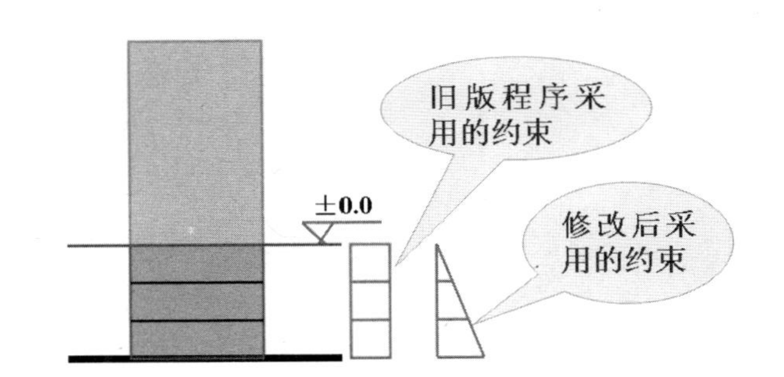

注意：05版地下室侧向约束的模拟刚度，不随深度增加

08版更换参数后，侧向约束可以随深度而变

地下室外墙的配筋计算

地下室外墙平面外受力验算和配筋方式：

- 按单向板计算墙板上中下的弯矩，计算时采用上下嵌固、上端简支下端嵌固两种模型，取平均值设计；
- 按纯弯板设计、压弯薄柱设计，两者配筋取大。
- 按人防要求验算延性比。

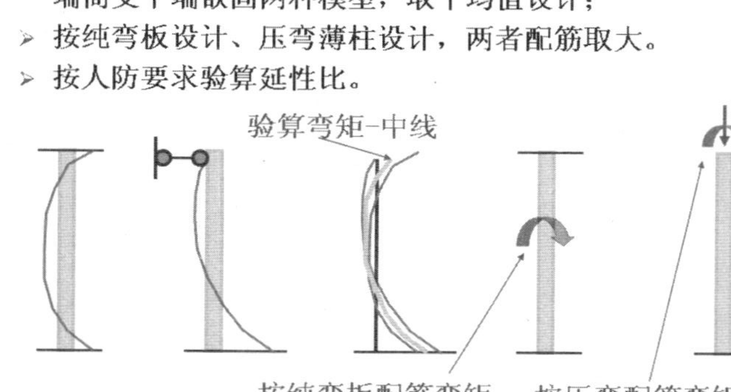

总信息 | 风荷载信息 | 地震信息 | 活荷信息 | 调整信息
设计信息 | 配筋信息 | 荷载组合 | 地下室信息 | 砌体结构

回填土对地下室约束相对刚度比 3
外墙分布筋保护层厚度 35
扣除地面以下几层的回填土约束 0

地下室外墙侧土水压力参数
回填土容重 18
室外地坪标高 -0.35
回填土侧压力系数 0.5
地下水位标高(m) -20
室外地面附加荷载(kN/m2) 0

确定 取消 应用(A)

注意：对于多层人防荷载的情况，SATWE只对人防效应较大的某一层柱和墙做计算，而不是采用多层效应的累加值。

08版对话框没有人防参数

地下室外墙的分布钢筋

SATWE后处理---文本文件输出

○ 图形文件输出 ◉ 文本文件输出

1. 结构设计信息 WMASS.OUT
2. 周期 振型 地震力 WZQ.OUT
3. 结构位移 WDISP.OUT
4. 各层内力标准值 WWNL*.OUT
5. 各层配筋文件 WPJ*.OUT
6. 超配筋信息 WGCPJ.OUT
7. 底层最大组合内力 WDCNL.OUT
8. 薄弱层验算结果
9. 框架柱倾覆弯矩
10. 剪力墙边缘构件
11. 吊车荷载预组合

0

H0.9-12.5

```
Reinforcement Output of Wall-Columns
N-WC=  1 (I=   102 J=   106) B*H*Lwc(m)= 0.25*  3.00*  3.30
       aa= 200(mm) Nfw= 3 Rcw= 25.0
    混凝土墙 外墙
        ( 29)M=      1.  V=      1.  剪跨比RMD=   0.592
     N=    -371. Uc=  0.04
(  1)M=      2.  N=    -423.  As=      0.
(  1)V=      1.  N=    -423.  Ash=    93.8  Rsh=   0.25
Asv 为在侧向 水土 压力下, 外墙每延米竖向分布筋的全截面面积(可配成双排)
竖向力PN=    -129. 面外水平压力PL=     13. 最大弯矩Mv=     15. Asv=   1250.0(mm2/M)
```

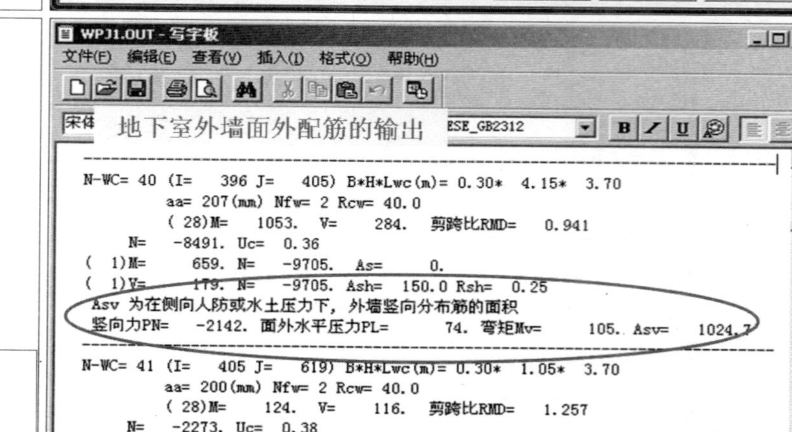


```
N-WC= 40 (I=   396 J=   405) B*H*Lwc(m)= 0.30*  4.15*  3.70
          aa= 207(mm) Nfw= 2 Rcw= 40.0
          ( 28)M=    1053.  V=     284.  剪跨比RMD=   0.941
      N=   -8491.  Uc=  0.36
(  1)M=     659.  N=   -9705.  As=      0.
(  1)V=     179.  N=   -9705.  Ash=   150.0 Rsh=  0.25
Asv 为在侧向人防或水土压力下, 外墙竖向分布筋的面积
竖向力PN=   -2142. 面外水平压力PL=      74.  弯矩Mv=      105.  Asv=    1024.7
N-WC= 41 (I=   405 J=   619) B*H*Lwc(m)= 0.30*  1.05*  3.70
          aa= 200(mm) Nfw= 2 Rcw= 40.0
          ( 28)M=     124.  V=     116.  剪跨比RMD=   1.257
      N=   -2273.  Uc=  0.38
(  1)M=    -140.  N=   -2599.  As=      0.
(  1)V=      99.  N=   -2599.  Ash=   150.0 Rsh=  0.25
Asv 为在侧向人防或水土压力下, 外墙竖向分布筋的面积
竖向力PN=   -2268. 面外水平压力PL=      74.  弯矩Mv=      105.  Asv=    1069.9
```

705 706 707 708

05版需要输入地下室人防设计参数

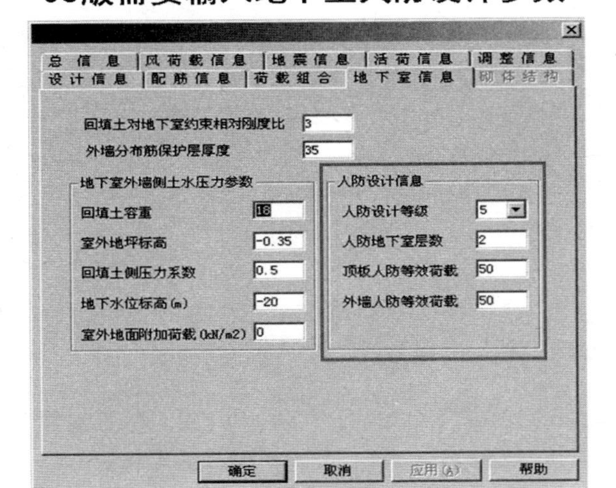

人防设计等级 5

- 人防参数按《人民防空地下室设计规范》（GB50038-2003）取值
- 可以按规范要求调整人防材料强度，设定局部人防荷载
- 按《人防规范》4.6.3表的要求，材料强度自动乘以材料强度综合调整系数，取动力强度
- 按《人防规范》4.4.2条结构延性比的要求，程序可以计算地下室的延性比。如延性比不满足要求，调整方法：受拉钢筋小于最大配筋率增加受压钢筋，否则加大构件截面。
- 2009更新版对于承受多层人防荷载的柱和墙，程序只对柱或墙产生较大效应的某一层的人防荷载作计算，而不是采用多层效应的累加值作计算。同样传到基础的人防荷载也只传导对基础产生最大效应的某一层的人防荷载。

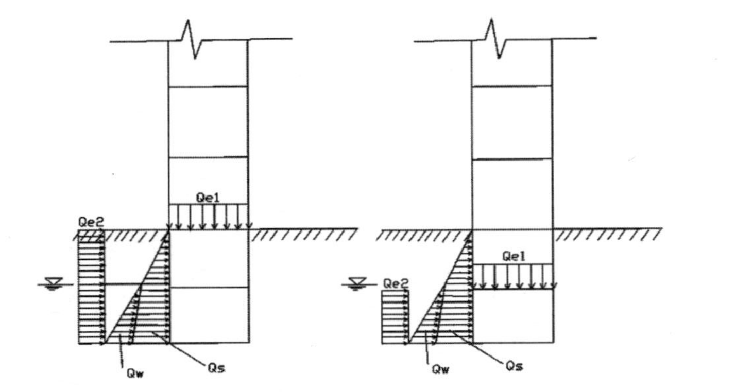

地下室人防荷载及侧土、侧水荷载作用示意图
注意：新版软件人防荷载分层单独计算，不同于旧版软件各层人防荷载同时计算，配筋更合理

05版地下室的人防计算

- SATWE仅考虑人防荷载在整体计算中的影响，传给基础的荷载中不包括人防荷载
- 地下室梁、柱、墙人防配筋计算由SATWE完成
- 地下室顶板人防配筋计算由PM5完成
- 地下室底板人防配筋计算由JCCAD完成
- 因此，地下室人防荷载要输入三次：

  1、整体计算—SATWE
  2、顶板计算—PM5
  3、底板计算—JCCAD
- 新版软件人防荷载在建模时输入，一模多算

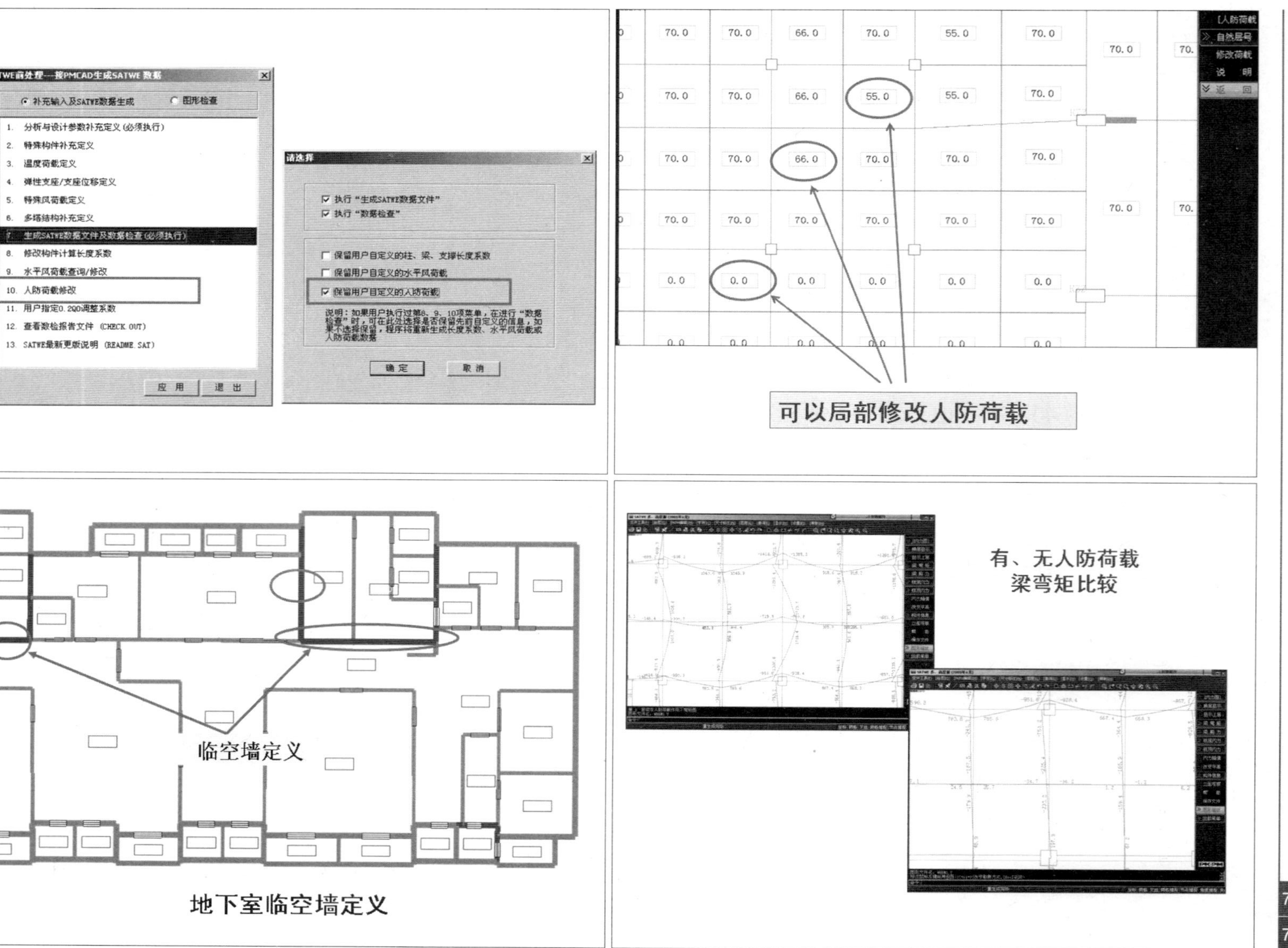
SATWE前处理——接PMCAD生成SATWE数据
补充输入及SATWE数据生成
图形检查
1. 分析与设计参数补充定义(必须执行)
2. 特殊构件补充定义
3. 温度荷载定义
4. 弹性支座/支座位移定义
5. 特殊风荷载定义
6. 多塔结构补充定义
7. 生成SATWE数据文件及数据检查(必须执行)
8. 修改构件计算长度系数
9. 水平风荷载查询/修改
10. 人防荷载修改
11. 用户指定0.2Q0调整系数
12. 查看数检报告文件 (CHECK.OUT)
13. SATWE最新更新说明 (README.SAT)
应 用
退 出
请选择
执行"生成SATWE数据文件"
执行"数据检查"
保留用户自定义的柱、梁、支撑长度系数
保留用户自定义的水平风荷载
保留用户自定义的人防荷载
确 定
取 消
可以局部修改人防荷载
有、无人防荷载
梁弯矩比较
临空墙定义
地下室临空墙定义

有、无人防
荷载配筋比较

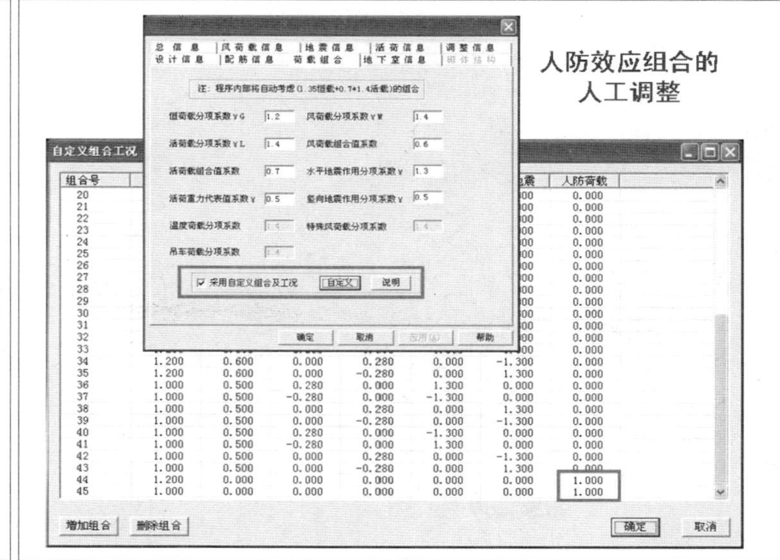

人防效应组合的
人工调整

P225

专题14　多塔大底盘结构

多塔结构的特征

- 每个塔都有独立的迎风面和独立的变形
- 多个塔有共同的下部结构：裙房或地下室
- 多塔之间可以离得很近－带缝多塔
- 多塔之间可有连接构件－连体多塔
- 塔楼与刚性板不同：
  - 塔楼是工程概念
  - 刚性板是力学概念

五塔大底盘结构

五塔大底盘结构

七塔大底盘结构
下部的大底盘

七塔大底盘结构
上部的七个塔楼

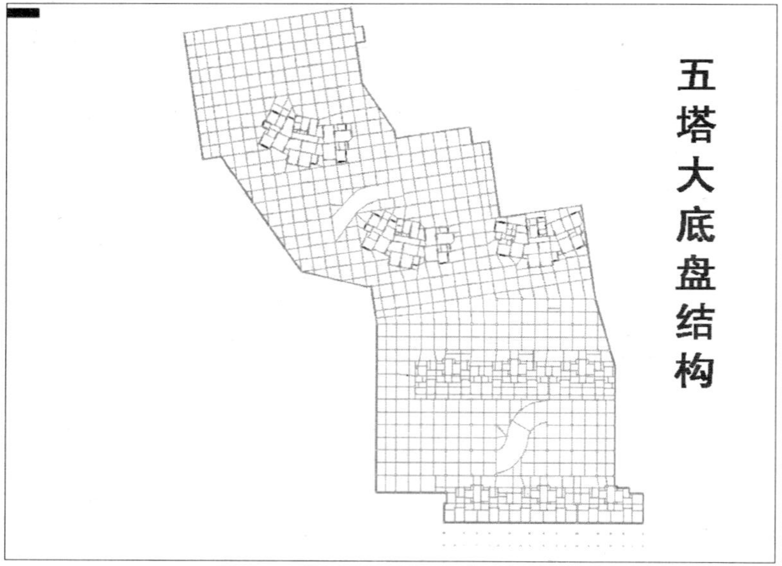

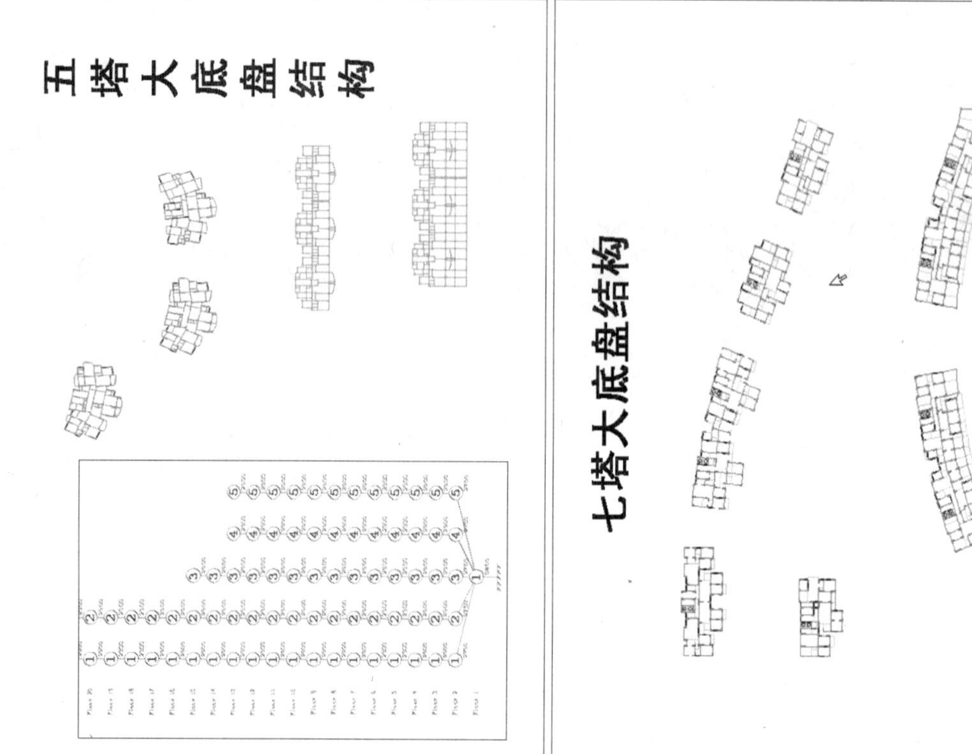

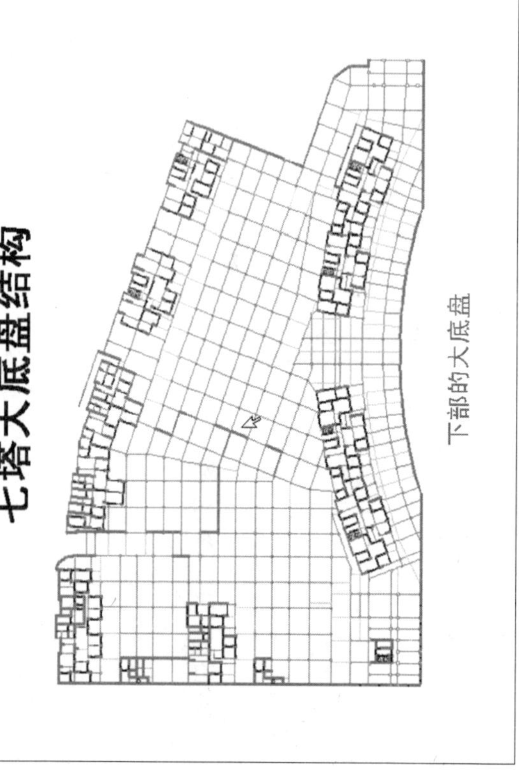

十塔大底盘实例

多塔结构偏心不宜太大

《高规》10.6.1条规定，多塔楼建筑结构各塔楼的层数、平面和刚度宜接近；塔楼对底盘宜对称布置。塔楼结构与底盘结构质心的距离不宜大于底盘相应边长的20%。

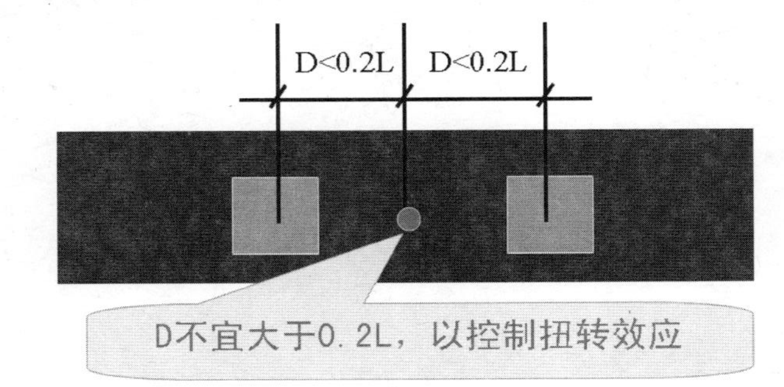

多塔结构的楼板应加强

《高规》10.6.2条规定，抗震设计时，转换层不宜设置在底盘屋面的上层塔楼内；

《高规》10.6.3条规定，底盘屋面楼板厚度不宜小于150mm，并应加强配筋构造；底盘屋面上、下层结构的楼板也应加强构造措施。

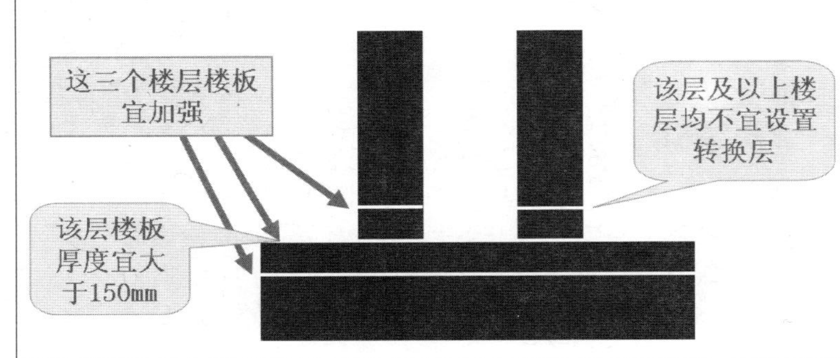

多塔结合部构件应加强

《高规》10.6.4条规定，抗震设计时，多塔楼之间裙房连接体的屋面梁应加强；塔楼中与裙房连接体相连的外围柱、剪力墙，均宜加强。

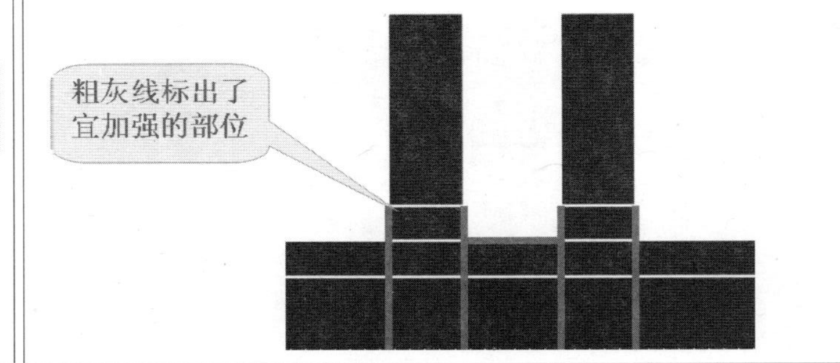

729 730 731 732

多塔定义注意事项

[多 塔]
换层显示
多塔定义
多塔立面
多塔平面
多塔检查
遮挡定义
帮 助
说 明
回前菜单

- 多塔结构必须定义，不能按单塔计算
- 用围区方式从高到低依次定义各塔塔号
- 各塔可以设定不同的层高及材料属性
- 多塔结构裙房顶板及上下各一层楼板宜设定为弹性膜
- 程序限定最多10个塔楼，底盘大小不限
- 08版软件用广义楼层组装实现错层多塔建模
- 2009更新版增加了【自动生成】功能，可以自动划分定义多塔。程序识别多塔的条件是在平面上由梁或墙围成的独立多边形。但对平面上塔外不与梁或墙相连的独立跃层柱或墙，程序不能考虑，给出提示，需要人工执行【多塔定义】进行补充设定。

多塔定义

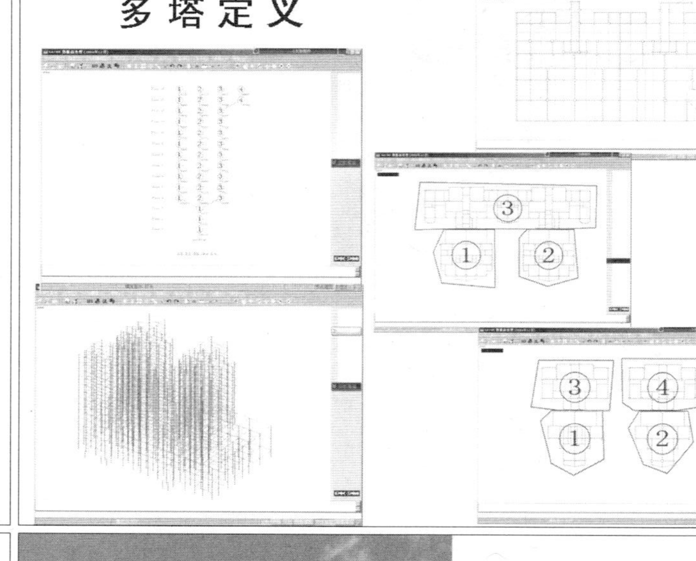

顶部塔楼地震作用放大起算层 0 放大系数 1

规范：《抗震规范》5.2.4条规定：采用基底剪力法时，突出屋面部分的地震作用效应宜乘以增大系数3；采用振型分解法时，突出屋面部分可作为一个质点参与计算。

实现：

- SATWE采用振型分解法计算，建模时应将突出屋面部分同时输入，增加振型数量，不输入放大系数。
- 只有特殊工程需要放大时才改此参数。
- 此系数仅放大顶塔楼的内力，并不改变位移。

结构顶端破坏

屋顶天线倾覆

四川省三台县汽车客运站水箱倾覆

混凝土水塔屹立不倒
（水有阻尼作用）

733 734
735 736

多塔结构的计算方式

- 全楼整体计算分塔输出结果：
  1、裙房抗震计算
  2、各塔楼位移比、刚度比、承载力比、剪重比计算
  3、全楼内力和配筋计算
- 切开裙楼（含地下室）分别计算：
  各塔楼分别计算的地震参数：周期比
- 对于多塔结构，T_t及T_1 可分别取各单体结构扭转为主及平动为主的第一振型。参看《北京细则》5.9.2条

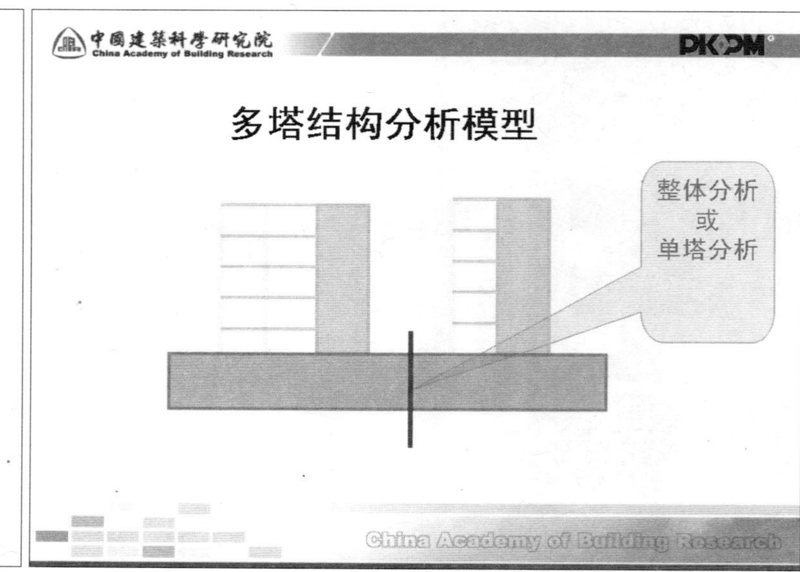

WZQ.OUT - 写字板

Mx : X 向地震作用下结构的弯矩
Static Fx: 静力法 X 向的地震力

(注意：下面分塔输出的剪重比不适合于上连多塔结构)

Floor	Tower	Fx (kN)	Vx (分塔剪重比) (kN)	(整层剪重比)	Mx (kN-m)	Static Fx (kN)
25	1	85.66	85.66(9.07%)	(8.42%)	265.54	[illegible]
	2	82.63	82.63(7.84%)		256.16	[illegible]
24	1	248.67	331.63(7.38%)	(6.71%)	1288.64	[illegible]
	2	247.05	327.05(6.13%)		1265.10	[illegible]
23	1	169.71	495.28(6.55%)	(5.72%)	2816.10	[illegible]
	2	314.66	626.82(5.20%)		3183.32	[illegible]
22	1	431.82	891.25(5.21%)	(4.79%)	5945.16	[illegible]
	2	414.95	1007.29(4.48%)		[illegible]	[illegible]
21	1	336.01	1175.76(4.55%)	[illegible]	[illegible]	[illegible]
	2	301.50	1257.17(4.03%)		[illegible]	[illegible]
20	1	303.37	1407.93(4.08%)	(3.85%)	[illegible]	[illegible]
	2	281.07	1461.21(3.66%)		[illegible]	[illegible]
19	1	289.86	1599.92(3.70%)	(3.52%)	18389.29	[illegible]
	2	273.50	1632.09(3.36%)		19754.78	[illegible]
18	1	286.90	1760.25(3.39%)	(3.24%)	23534.78	238.56
	2	269.75	1775.64(3.10%)		24969.56	238.58
17	1	290.89	1899.55(3.13%)	(3.00%)	29021.59	226.56
	2	276.10	1900.32(2.88%)		30483.32	226.58

各层 X 方向的作用力(CQC)
Floor : 层号
Tower : 塔号
Fx : X 向地震作用下结构的地震反应力
Vx : X 向地震作用下结构的楼层剪力
Mx : X 向地震作用下结构的弯矩
Static Fx: 静力法 X 向的地震力

(注意：下面分塔输出的剪重比不适合于上连多塔结构)

Floor	Tower	Fx (kN)	Vx (分塔剪重比) (kN)	(整层剪重比)	Mx (kN-m)	Static Fx (kN)
22	1	1011.31	1011.31(23.31%)	(23.38%)	3741.86	5372.83
	2	[illegible]	1017.48(23.45%)		3764.68	5372.83
21	1	[illegible]	3635.94(19.84%)	(19.91%)	18350.30	942.25
	2	2645.83	3659.53(19.97%)		18467.90	942.25
20	1	1949.79	5525.84(16.80%)	(17.96%)	35690.27	930.29
	2	1964.53	5563.93(16.92%)		35927.54	930.29
	3	6298.64	6298.64(20.30%)		23304.97	2197.88
19	1	1492.61	6778.54(14.29%)	(15.52%)	56788.24	890.74
	2	1504.90	6828.15(14.39%)		57180.59	890.74
	3	5860.02	12026.97(17.11%)		66449.27	2655.18
18	1	1393.62	7531.72(12.15%)	(13.22%)	79829.80	851.18
	2	1404.47	7590.28(12.24%)		80403.45	851.18
	3	4997.65	16390.01(14.34%)		126302.88	2837.73
17	1	1534.34	7987.32(10.43%)	(11.41%)	103544.85	811.62
	2	1545.02	8053.05(10.52%)		104319.18	811.62
	3	4019.32	18903.80(12.35%)		194300.27	2377.15
16	1	1695.30	8327.64(9.11%)	(9.97%)	127222.24	786.40
	2	1706.34	8399.44(9.19%)		128212.17	786.40
	3	4172.07	20603.35(10.74%)		266586.03	2253.32
15	1	1748.14	8634.42(8.13%)	(8.83%)	150572.47	746.10
	2	1758.92	8711.14(8.20%)		151789.91	746.10
	3	4268.36	21833.89(9.44%)		340891.09	2173.55
14	1	1765.79	8925.27(7.37%)	(7.91%)	173519.11	705.81
	2	1775.94	9005.42(7.44%)		174972.73	705.81
	3	4215.33	22663.76(8.37%)		415759.31	2047.30
13	1	1787.68	9204.57(6.77%)	(7.16%)	196089.88	665.52
	2	1797.31	9286.26(6.83%)		197784.20	665.52
	3	4472.11	23195.64(7.47%)		489994.31	1921.05
12	1	1807.95	9482.22(6.29%)	(6.57%)	218367.89	625.23

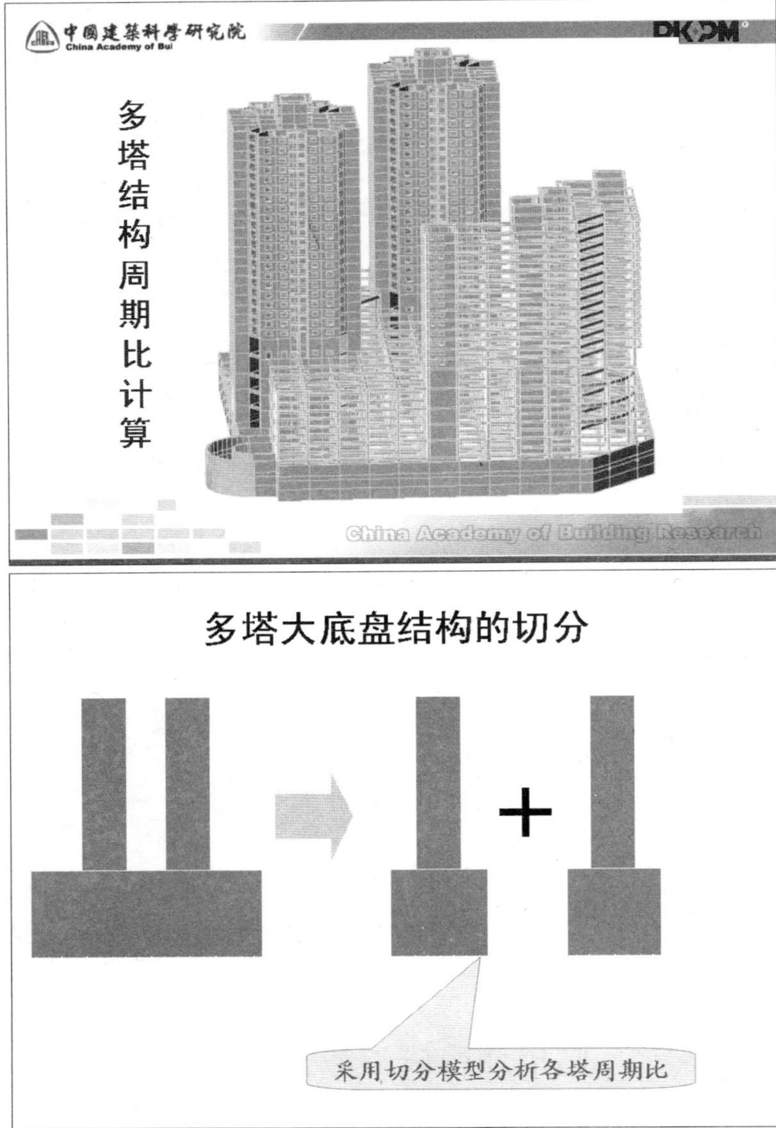

多塔结构切分方法

◆ 如何切分裙房（含地下室）：

45度斜线切分法：沿塔楼与裙房的边缘向侧下方引45度斜线交于基础顶面，保留斜线范围以内的构件。

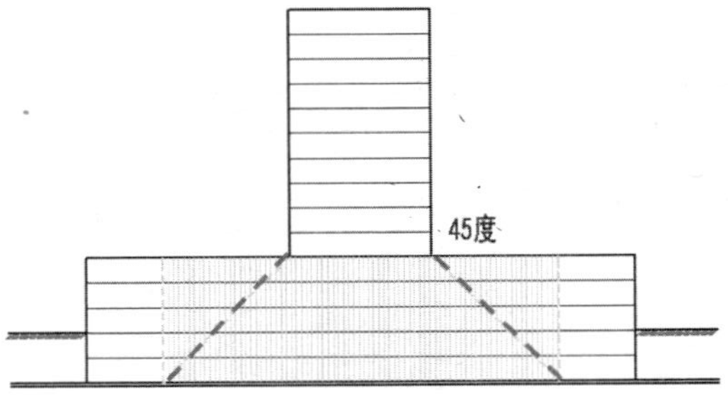

45度

多塔小底盘结构的切分

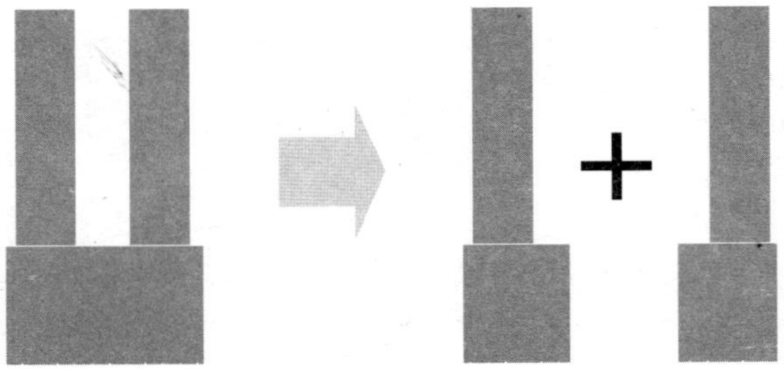

注意：如底盘较小，保留与塔楼接近的裙房

因地制宜，区别对待

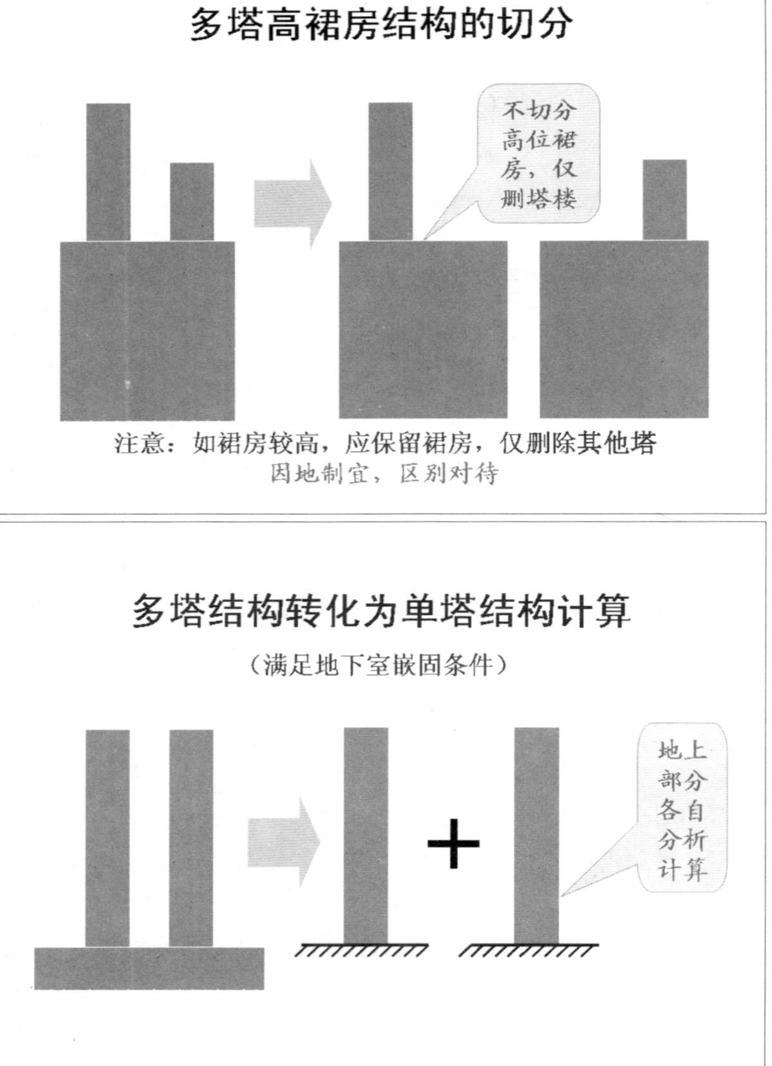

简化计算：变多塔为单塔的条件

- 无裙房，地下室顶板嵌固
  将各塔单独计算
- 裙房可以设缝，地下室嵌固
  沿裙房缝将各塔分开单独计算
- 裙房可以设缝，无地下室，仅基础相连
  沿裙房缝将各塔分开单独计算

参考：地下室各楼层作为嵌固端的条件：

- 如地下一层大于地上一层刚度的2倍，地下一层顶板嵌固
- 如地下一层不满足嵌固条件，但地下二层刚度大于地下一层刚度，且与地上一层刚度比大于2，地下二层顶板嵌固
- 如地下室各层都不满足嵌固条件，基础顶面为嵌固端

工程实例：

某工程为三塔楼大底盘结构，其中1号、2号塔高22层，3号塔高20层，地上裙房三层，地下室四层，按六级人防设计，嵌固部位设定在地下室一层顶板处。结构抗震设防烈度为8度，设计基本地震加速度为0.2g，场地类别III类，结构的抗震等级为一级。建筑的第1楼、第8楼层平面图及透视图如下所示：

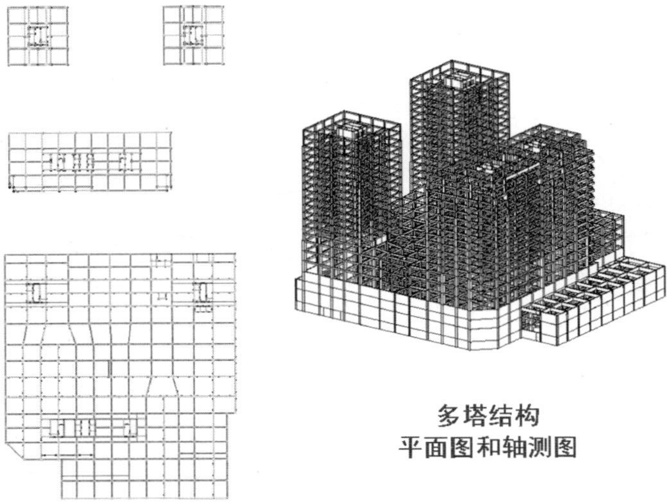

多塔结构
平面图和轴测图

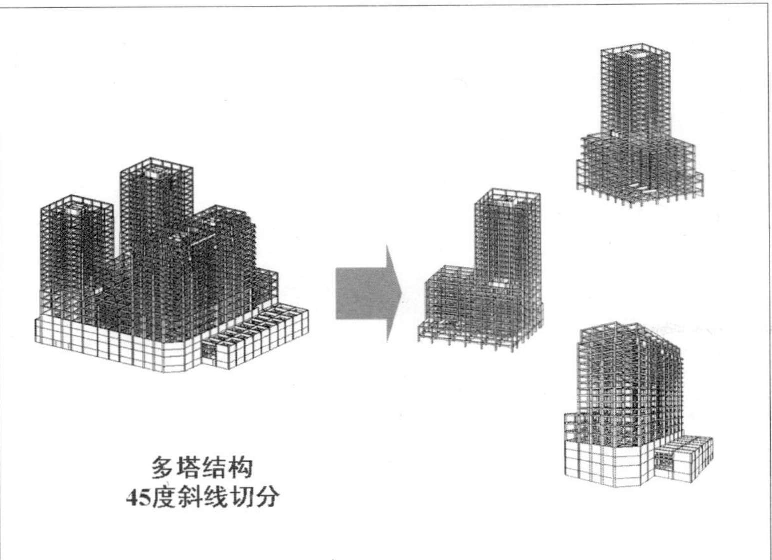

多塔结构
45度斜线切分

周期比对比表（取前四个振型）

	振型	周期	转角	平动	扭动	周期比
整体模型	1	1.7547	178.59	0.94	0.06	0.7687
	2	1.5804	41.64	0.80	0.20	
	3	1.5371	107.73	0.96	0.04	
	4	1.3489	179.92	0.32	0.68	
一号塔楼	1	1.5686	13.60	1.00	0.00	0.7704
	2	1.5390	103.81	0.99	0.01	
	3	1.2084	68.05	0.03	0.97	
	4	0.6226	53.70	0.27	0.73	
二号塔楼	1	1.5280	164.28	0.99	0.01	0.7838
	2	1.5177	73.91	0.99	0.01	
	3	1.1976	114.88	0.03	0.97	
	4	0.5962	119.70	0.23	0.77	
三号塔楼	1	1.7551	2.62	0.88	0.12	0.9457
	2	1.6598	17.68	0.13	0.87	
	3	1.4938	94.37	0.99	0.01	
	4	0.5162	2.13	1.00	0.00	

位移比对比表

	算法	8层	12层	16层	20层	22层
1塔	整算	1.02	1.01	1.01	1.01	1.01
	分算	1.06	1.02	1.01	1.00	1.00
2塔	整算	1.01	1.01	1.01	1.00	1.00
	分算	1.10	1.05	1.03	1.03	1.02
3塔	整算	1.08	1.06	1.05	1.04	
	分算	1.06	1.05	1.05	1.04	

承载力比对比表

	算法	8层	12层	16层	20层	22层
1塔	整算	3.42	1.12	1.29	1.42	1.00
	分算	3.36	1.11	•1.30	1.40	1.00
2塔	整算	3.37	1.11	1.29	1.42	1.00
	分算	3.36	1.11	1.28	1.40	1.00
3塔	整算	1.03	1.05	1.08	1.00	
	分算	1.04	1.11	1.08	1.00	

753 754
755 756

剪重比对比表

	算法	8层	12层	16层	20层	22层
1塔	整算	4.62	5.40	7.53	12.42	16.90
	分算	5.85	6.71	9.62	15.40	19.72
2塔	整算	4.63	5.43	7.58	12.48	16.97
	分算	5.99	6.73	9.67	15.57	20.52
3塔	整算	5.59	6.26	9.75	16.70	
	分算	5.06	5.95	8.69	13.59	

刚重比对比表

	整 体	1号塔	2号塔	3号塔
X方向	6.55	6.80	7.73	6.34
Y方向	6.91	6.67	6.98	7.90

中國建築科學研究院 China Academy of Building Research PKPM

结 论

- SATWE软件对多塔大底盘结构应采用整体模型和单塔模型两种方法分别计算
- 周期比、0.2Q_0调整应切分成单塔计算
- 其他控制参数及内力、配筋的计算，都可以整体计算，分塔输出结果

China Academy of Building Research

中國建築科學研究院 China Academy of Building Research PKPM

P232

专题15　带缝和连体结构

China Academy of Building Research

中國建築科學研究院 China Academy of Building Research PKPM

P232

带缝结构（多塔结构特例）

China Academy of Building Research

757 758
759 760

规范关于设缝的要求

- 为避免超长结构因混凝土干燥收缩和热胀冷缩而导致的可能开裂，《混凝土规范》第9.1.1～9.1.3条，《砌体规范》6.3.1条规定了伸缩缝要求
- 为避免结构体形复杂，立平面不规则，《抗震规范》6.1.4条和《高规》4.3.9条和4.3.10条规定了防震缝要求
- 为避免基础不均匀沉降可能造成的破坏，《基础规范》规定了沉降缝要求
- 以上各种“缝”统称为变形缝

带缝结构是多塔的特例

1. 带缝结构是多塔相邻很近的特例，其下部通过裙房、地下室、基础等连为一体。
2. 若忽略底部变形的影响，各结构抗侧力单元之间完全独立，可以各自进行计算分析。
3. 由于缝的宽度很小，缝隙面不是迎风面，风荷载很小或没有，应设置风荷载遮挡边及背风面体形系数。
4. 定义带缝多塔必须认真，使围区线准确从缝中通过。

多塔定义应使围区线准确从缝隙间通过

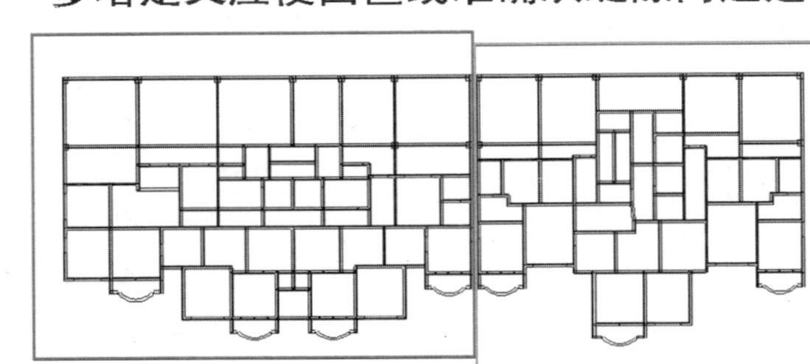

定义风荷载遮挡边

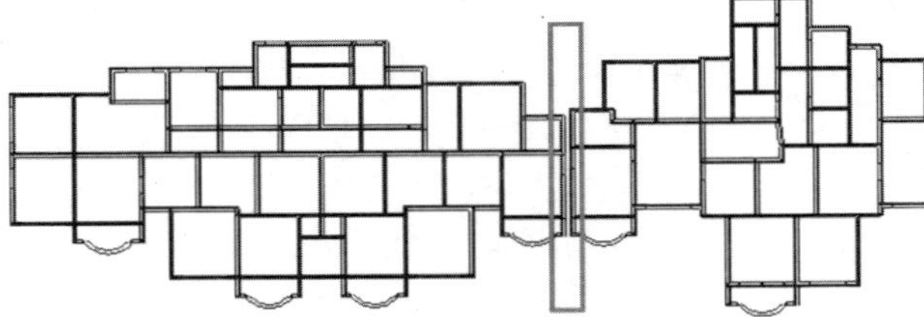

761 762
763 764

带缝结构的计算分析

- 带缝结构的计算与多塔结构相同
- 带缝多塔结构通常可以满足单塔分析条件：
  - 没有裙房，没有地下室，仅基础相连
  - 有裙房，且裙房设缝，没有地下室
  - 有地下室，且地下室顶板嵌固

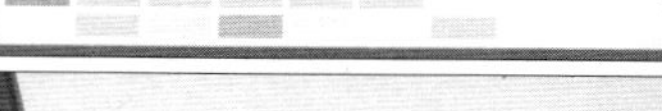

设缝多塔背风面体形系数

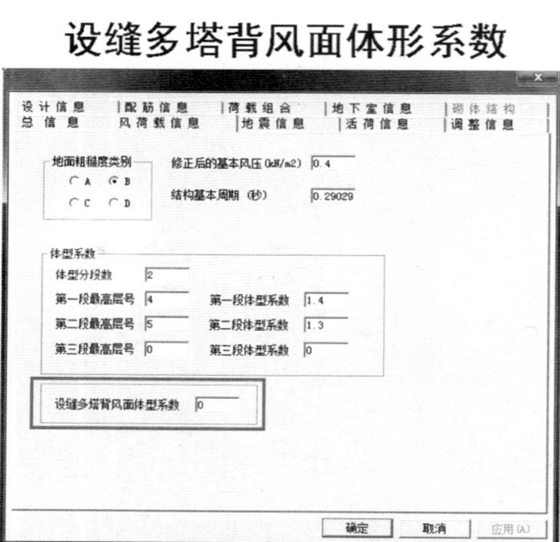

防震缝存在的问题

- 结构防震缝太窄，发生碰撞

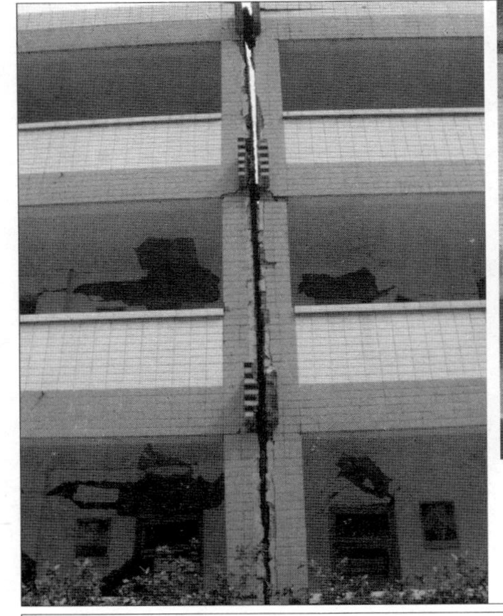

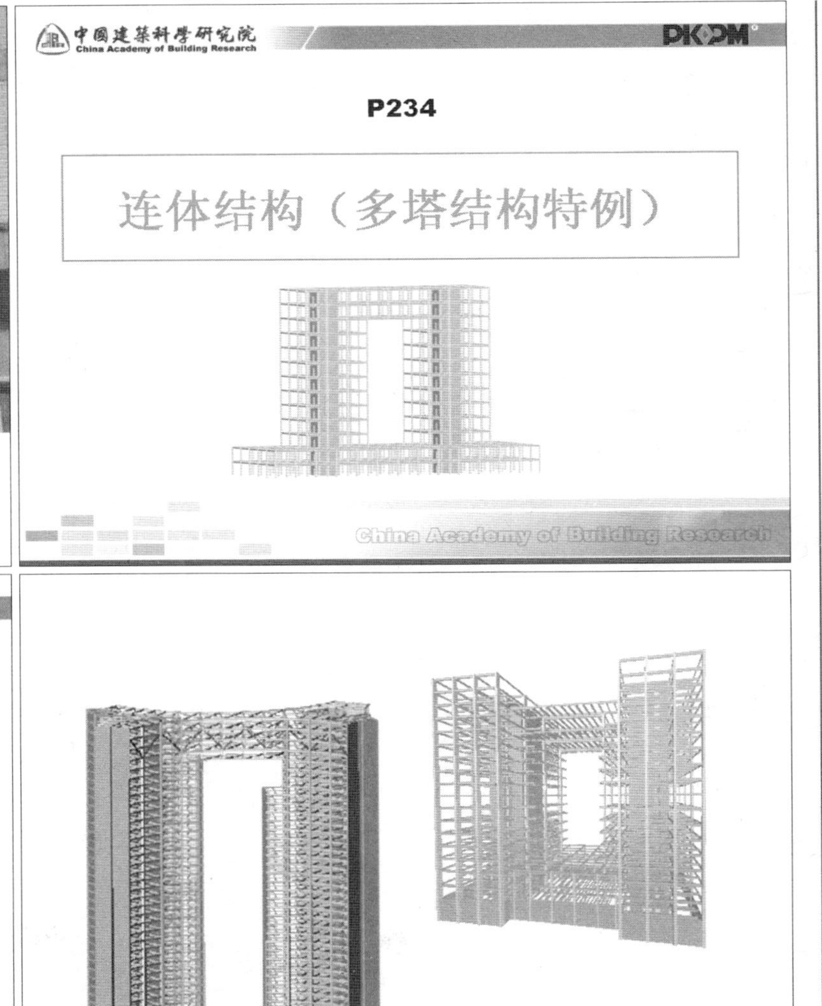

中國建築科學研究院
China Academy of Building Research

1、连体结构的特点

连体结构是多塔上部有连接部分的特例

◆ 扭转效应显著，连体结构的扭转效应更明显，两个塔可以同向或相向平动

◆ 连体受力复杂，连体部分要协调两个塔内力和变形，受力十分复杂

◆ 两种连接方式：

强连接（也称为凯旋门式），连接体有足够的刚度，足以协调连接塔的内力和变形，可以设计为刚接或铰接

弱连接（也称为架空连廊），连接体的刚度较弱，不能协调两个塔的内力和变形，可以设计为一端铰接一端为滑动支座，或两端都为滑动支座，或采用阻尼限位装置

China Academy of Building Research

温州某工程

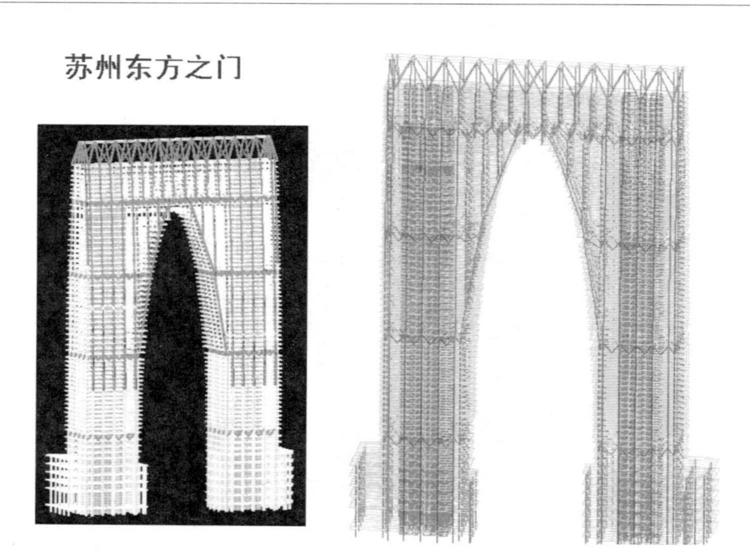

苏州东方之门

CCTV新址

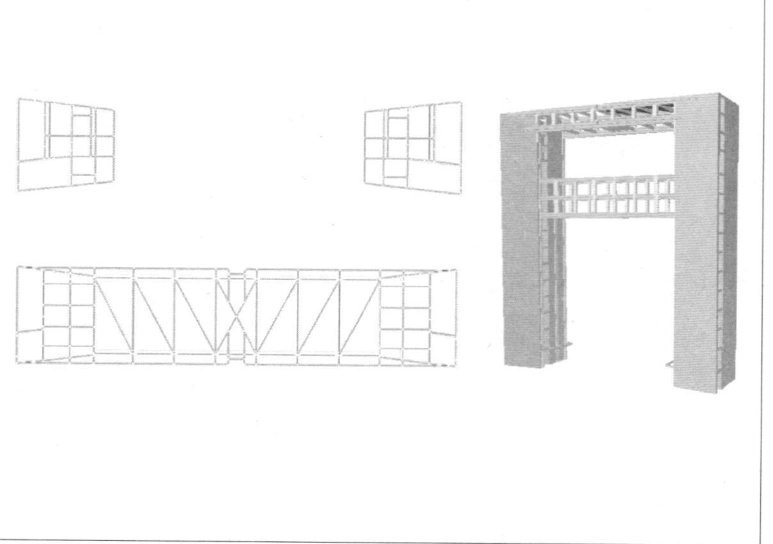

773 774 775 776

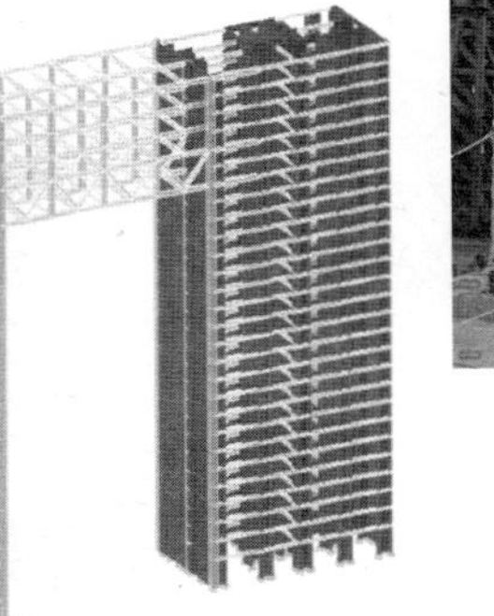

2、强连体结构设计要点

计算分析方法：

1）应采用整体模型计算分析，不能切分连体
2）宜采用弹性动力时程分析验算
3）宜采用弹塑性分析验算
4）宜进行基于性能的抗震计算
5）必要时做振动台试验和构件节点试验

- 宜考虑竖向地震和双向地震作用的影响。
- 连体楼层宜设为薄弱层
- 连体楼层楼板宜定义为弹性膜
- 应控制连体部分的竖向位移满足舒适度要求

强连体结构计算分析

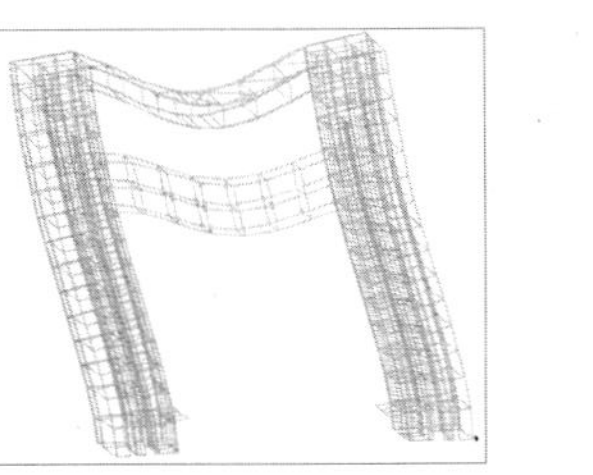
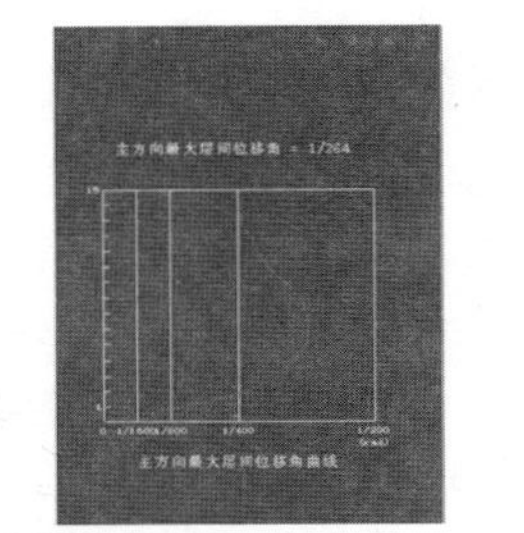
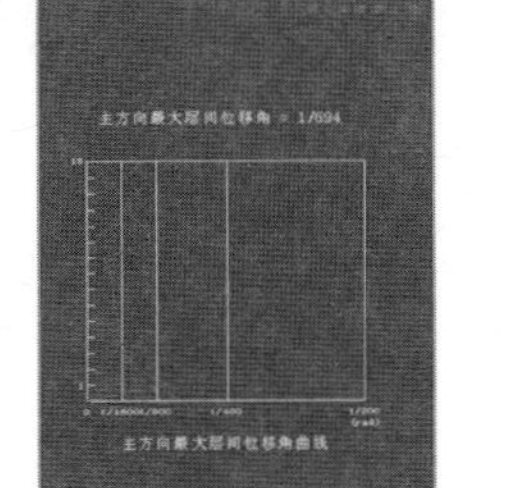

其他应考虑的问题：

1）连体结构两塔之间离得较近易产生风旋涡效应，应按照《高规》第3.2.7条的规定计算体型系数。必要时应按照《高规》第3.2.8条的规定采用风洞试验。

2）应加强连接体与主体结合部的抗震构造措施：

- 提高支座部位的强度；
- 宜将连接体延伸至主体结构内一至两跨并与其主要竖向抗侧力构件可靠连接；
- 连接体楼板应与主体结构楼板可靠连接并加强构造措施；
- 与连接梁相连的柱宜采用延性比好的型钢混凝土柱、钢管混凝土柱；
- 应增加连体两侧的横向剪力墙厚度及墙体分布钢筋和边缘构件的配筋，提高其承载力。

3）当转换层数量大于一个时，整体模型无法同时完成多个转换层的正确计算，应以单塔模型计算结果为准。

3、弱连体结构设计要点

计算分析方法：

- 删除弱连接部分，按一般多塔结构进行计算分析
- 8度以上地区的弱连接连廊结构应进行竖向地震力计算
- 架空连廊宜优先采用钢结构及轻型围护结构
- 支座设计是弱连接结构设计的关键，连廊与支座必须有可靠的连接，保证大震作用下的锚固螺栓不松动、变形及拔出。

弱连体结构计算分析

➢ 去掉连体后各塔独立工作示意图

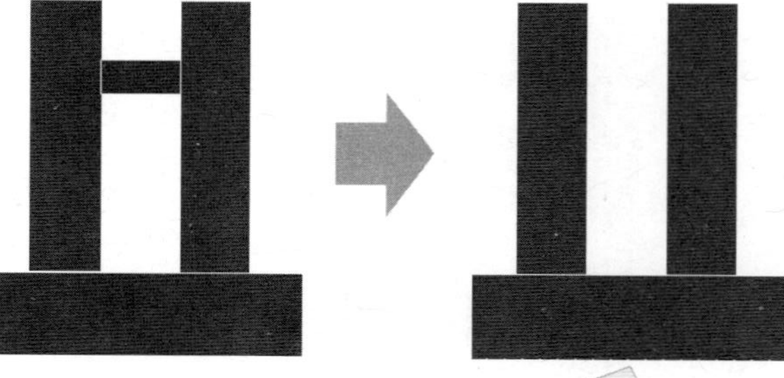

去掉连廊按多塔大底盘结构作计算分析

- 采用阻尼器装置对连体部分在支座处进行限复位计算时，宜采用阻尼器和结构整体计算的结果。
- 为避免地震作用下，架空连廊与主体结构相互碰撞或塌落，设计的最小支座宽度，应能满足大震时架空连廊两侧主体结构在该高度处的弹塑性变形要求。

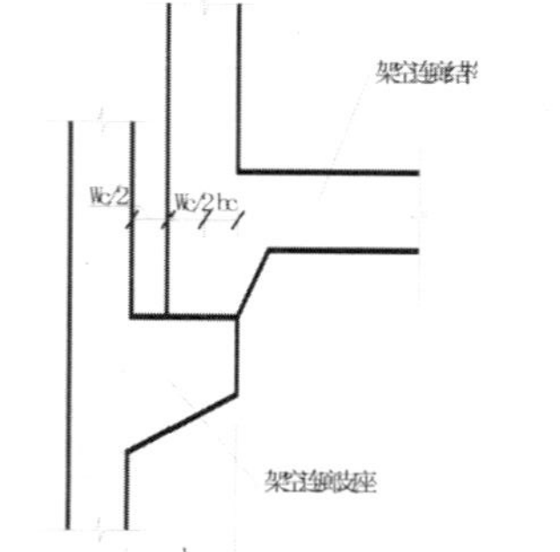

地震中厂房大梁跌落

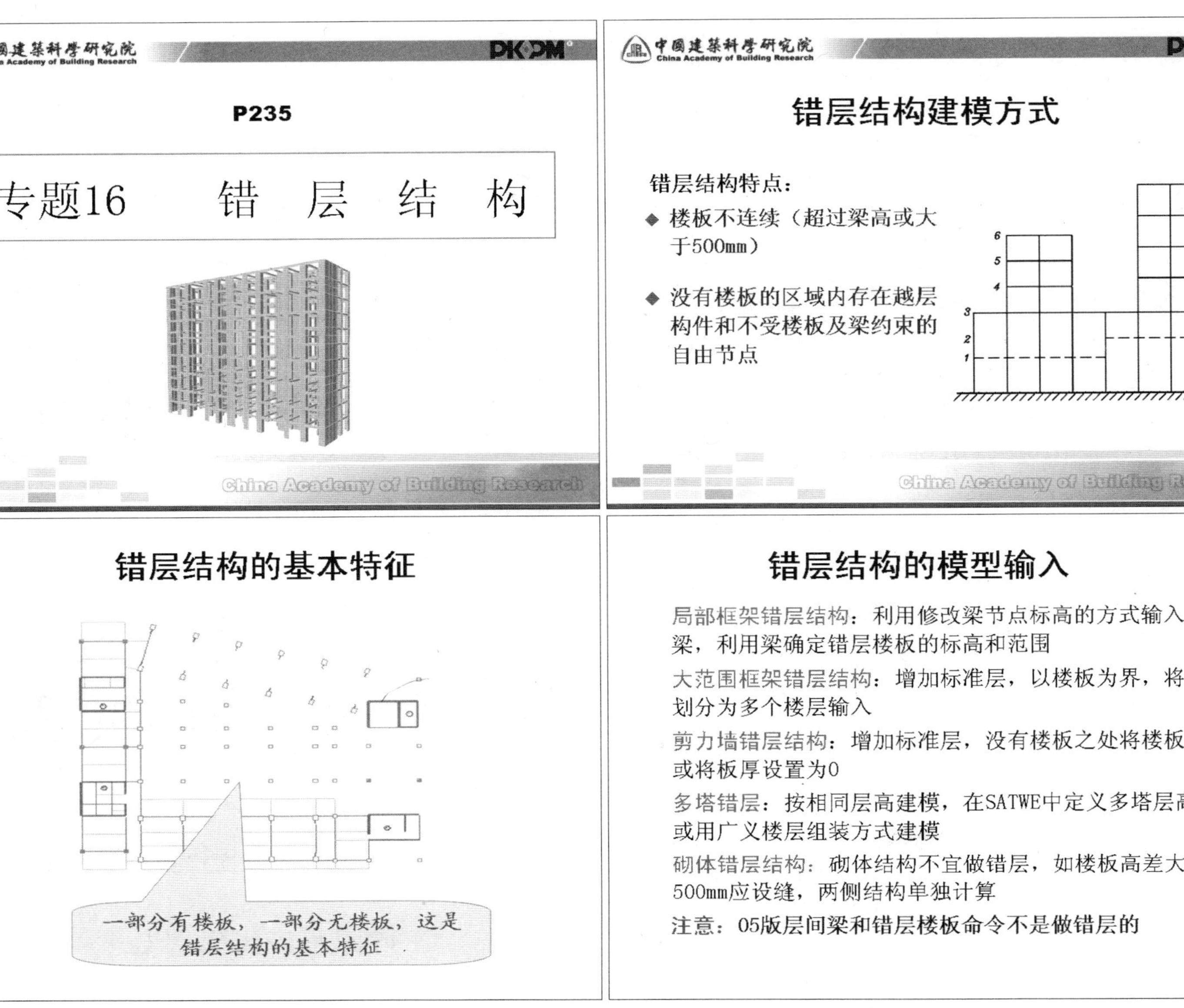
中國建築科學研究院 China Academy of Building Research
PKPM
P235
专题16 错层结构
China Academy of Building Research
错层结构建模方式
错层结构特点：
◆ 楼板不连续（超过梁高或大于500mm）
◆ 没有楼板的区域内存在越层构件和不受楼板及梁约束的自由节点
错层结构的基本特征
一部分有楼板，一部分无楼板，这是错层结构的基本特征
错层结构的模型输入
局部框架错层结构：利用修改梁节点标高的方式输入错层梁，利用梁确定错层楼板的标高和范围
大范围框架错层结构：增加标准层，以楼板为界，将错层划分为多个楼层输入
剪力墙错层结构：增加标准层，没有楼板之处将楼板开洞或将板厚设置为0
多塔错层：按相同层高建模，在SATWE中定义多塔层高；或用广义楼层组装方式建模
砌体错层结构：砌体结构不宜做错层，如楼板高差大于500mm应设缝，两侧结构单独计算
注意：05版层间梁和错层楼板命令不是做错层的

错层框架结构例题

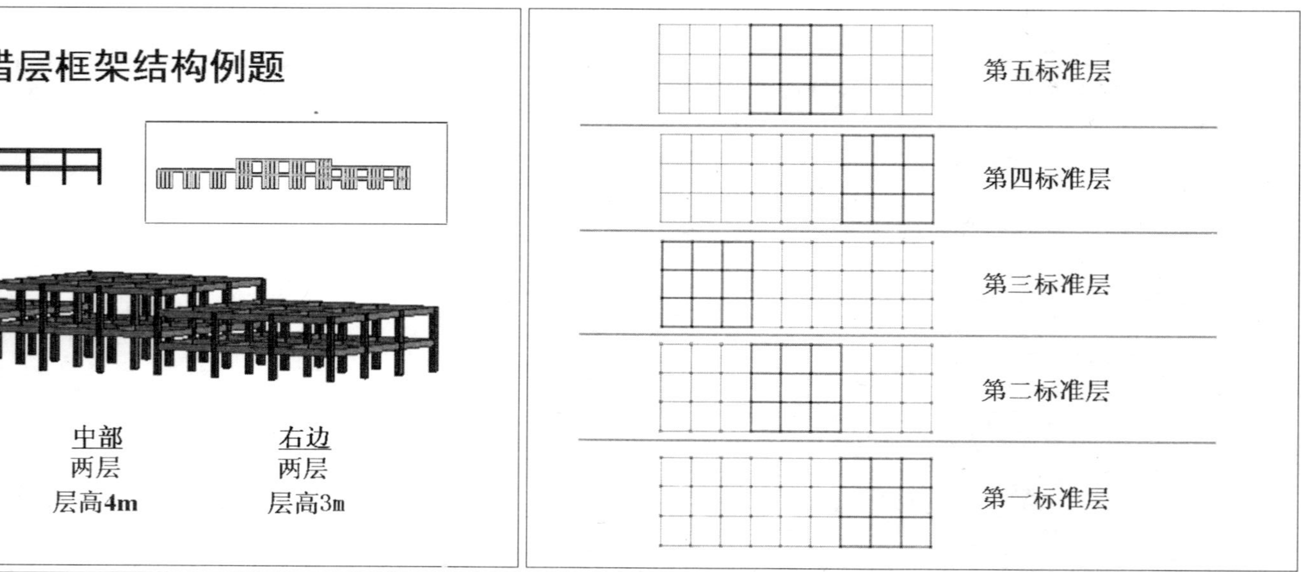

错层框架结构建模方法

楼层号	层高	布置柱范围	布置梁范围
第一层	3m	全部	右边
第二层	1m	全部	中间
第三层	1m	全部	左边
第四层	1m	中间和右边	右边
第五层	2m	中间	中间

例题：两层错层框架结构，六跨度两进深，每个网格都是6m×6m，其平面可以均匀地划分为左边、中间、右边三部分，每部分都为两跨。

错层框架结构楼层组装

785 786
787 788

789

错层结构规范的要求

- 《高规》10.4.1条规定，抗震设计时，高层建筑宜避免错层。
- 《高规》10.4.2条规定，错层两侧宜采用结构布置和侧向刚度相近的结构体系。
- 《高规》10.4.3条规定，错层结构中，错开的楼层应各自参加结构整体计算，不应归并为一层计算
- 若错层高度大于框架梁高，各部分错层楼板应作为独立楼层参加计算，独立楼层的楼板可视为刚性板。若错层面积大于30%，按楼板开大洞处理。
- 2009更新版SATWE对于错层结构不同高度的平楼板可以自动转换为不同高度的刚性楼板分析。

790

错层结构分析难点

（1）错层结构楼板不连续，在没有楼板的区域内，存在越层构件和不受梁板约束的自由节点，使内力计算十分复杂。

（2）错层结构的各层楼板布置不均匀，不对称，各相邻楼板的质心和刚心严重偏置，会发生较大的扭转效应。

（3）错层结构引起楼层概念模糊，使以层模型为基础的计算分析参数与实际情况不符。

（4）错层结构的层高不一致，造成了各层刚度和延性的不同，使部分竖向构件承担更多地震作用，形成延性较差的短柱和矮墙等，对结构抗震十分不利。

791

从某种意义上讲，

抗震措施比抗震计算更重要！

重要性顺序：

1、抗震概念设计

2、抗震构造措施

3、抗震计算分析

792

一、简化回避错层结构

- 错层楼板高差不大于梁高或小于500mm的结构，可以不按错层设计，提高楼板按平层设计。
- 当结构仅有错层梁而没有错层楼板时，可以简化按非错层结构进行分析计算。
- 错层结构宜采用防震缝划分为独立的结构单元。参看《高规》10.4.1条
- SATWE可以定义错层多塔的各塔楼层高。
- 广义楼层组装可以建立复杂错层多塔结构模型。

793 794
795 796

二、优化错层结构设计方案

- 尽量减少错层的范围和错层的楼层数，以减少错层部位对整体结构的影响。
- 为减少错层结构扭转影响，错层两侧宜采用结构布置和侧向刚度相近的结构体系。参看《高规》10.4.2条
- 错层建筑应尽可能采用抗震性能好的混凝土剪力墙结构，而不宜采用框架结构
- 错层处宜设置通高核心筒，其余部位布置带翼缘的剪力墙，错层处剪力墙应少开洞，并布置边框柱和边框梁。
- 错层楼板应尽量避免“一错到顶”，可以每隔几个错层布置整层贯通楼板，板厚不小于150mm，双层双向配筋，配筋率不宜小于0.25%。

三、强化错层结构的抗震构造措施

- 错层处框架柱的截面高度不应小于600mm，混凝土强度等级不应低于C30，抗震等级应提高一级采用，箍筋应全柱段加密。参看《高规》10.4.4条
- 框架柱采用型钢混凝土柱或钢管混凝土柱，可改善构件的抗震性能。参看《高规》10.4.4条文说明
- 错层处平面外受力的剪力墙，其截面厚度，非抗震设计时不应小于200mm，抗震设计时不应小于250mm，并均应设置与之垂直的墙肢或扶壁柱；抗震等级应提高一级采用，水平和竖向分布钢筋的配筋率，非抗震设计时不应小于0.3%，抗震设计时不应小于0.5%。参看《高规》10.4.5条

错层工程实例：

- 北京某工程为高档住宅社区三叠式（三错层）住宅楼，属高层超限建筑。
- 该楼地下1层，地上25层，地下1层为库房，1～2层为商业用房，3层以上为三错层住宅。
- 建筑总长度为40.0m，总宽度为21.4m，房屋高度为77.65m，采用剪力墙结构，结构的安全等级二级 。
- 抗震设防烈度8度； 建筑的抗震设防类别丙类；场地土类别Ⅲ类；设计基本地震加速度值0.20g；设计地震分组为第一组。

超限认定

- 《高层规程》第10.1.3条中规定，“7度和8度抗震设计时，剪力墙结构错层高层建筑的房屋高度分别不宜大于80m和60m”。
- 本建筑房屋高度为77.65m，超过了规范规定的限制高度60m，属超限建筑，应进行专项评审。
- 本建筑的4～24层每隔一个平层就有两层是错层，属错层结构。

典型标准层示意图一

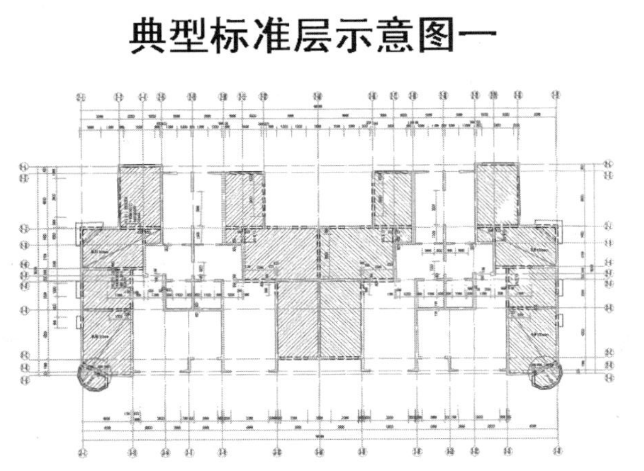

典型标准层示意图二

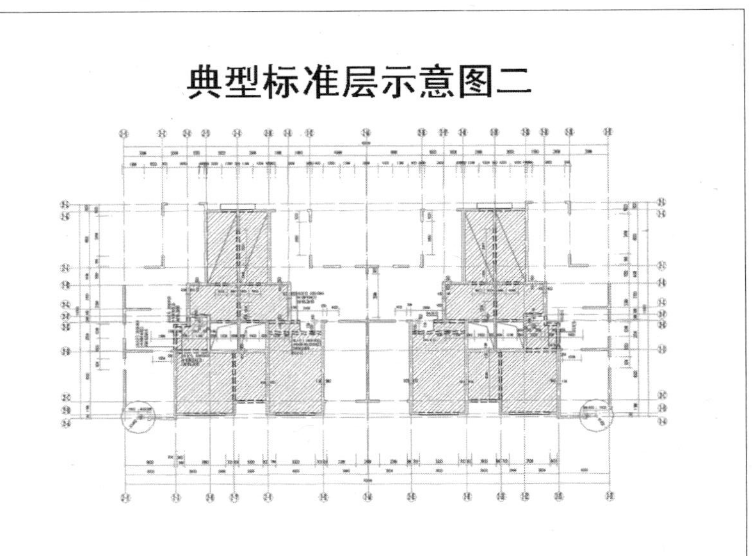

典型标准层示意图三

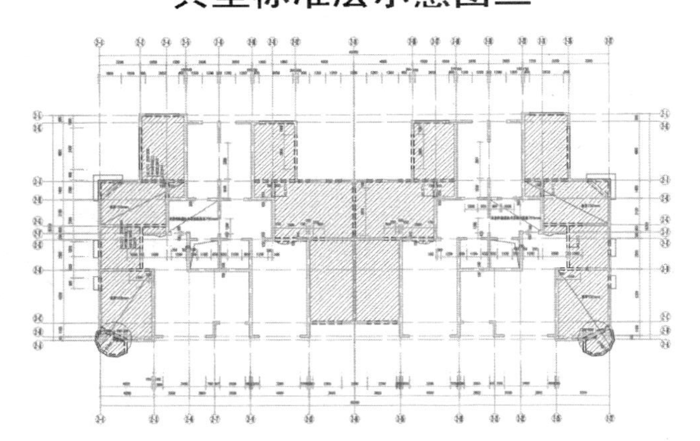

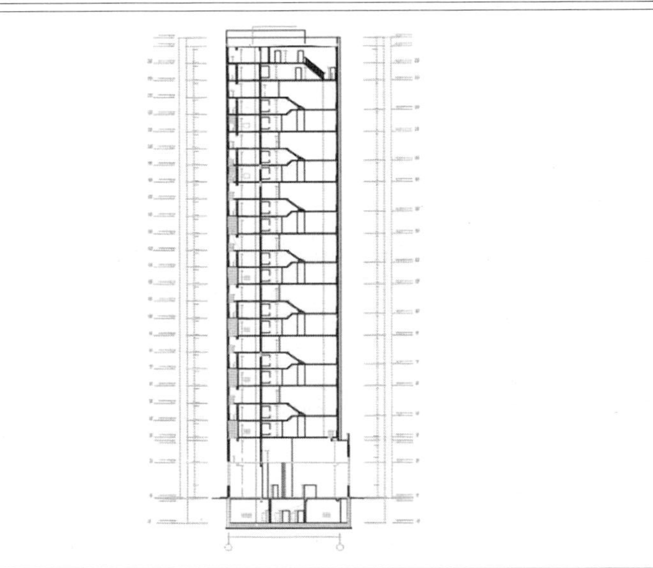

计算分析方法：

- 采用SATWE和ETABS两个软件对该楼进行计算分析，计算结果见附表。
- 两个软件计算结果基本吻合，均满足规范的有关要求，未有异常现象出现。
- 由于是错层结构，为了分析实际层高下的最大扭转位移比，对该楼的最大扭转位移比进行了补充计算。
- 该工程属于超限高层结构，须进行专项审查。

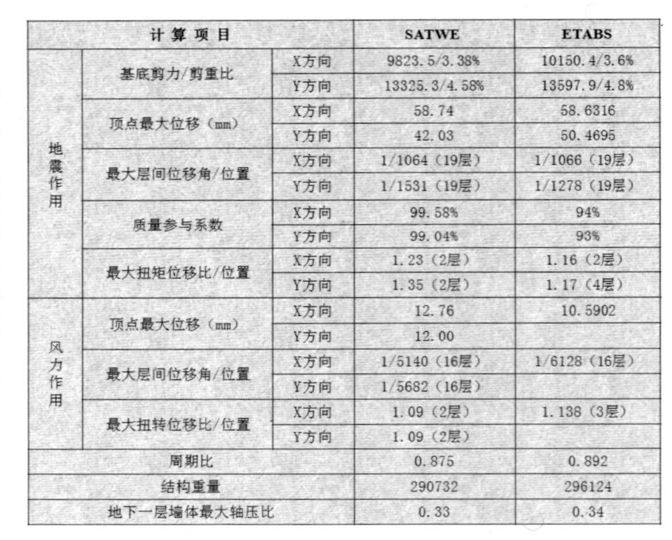

错层住宅楼计算结果

计算项目			SATWE	ETABS
地震作用	基底剪力/剪重比	X方向	9823.5/3.38%	10150.4/3.6%
		Y方向	13325.3/4.58%	13597.9/4.8%
	顶点最大位移（mm）	X方向	58.74	58.6316
		Y方向	42.03	50.4695
	最大层间位移角/位置	X方向	1/1064（19层）	1/1066（19层）
		Y方向	1/1531（19层）	1/1278（19层）
	质量参与系数	X方向	99.58%	94%
		Y方向	99.04%	93%
	最大扭矩位移比/位置	X方向	1.23（2层）	1.16（2层）
		Y方向	1.35（2层）	1.17（4层）
风力作用	顶点最大位移（mm）	X方向	12.76	10.5902
		Y方向	12.00	
	最大层间位移角/位置	X方向	1/5140（16层）	1/6128（16层）
		Y方向	1/5682（16层）	
	最大扭转位移比/位置	X方向	1.09（2层）	1.138（3层）
		Y方向	1.09（2层）	
周期比			0.875	0.892
结构重量			290732	296124
地下一层墙体最大轴压比			0.33	0.34

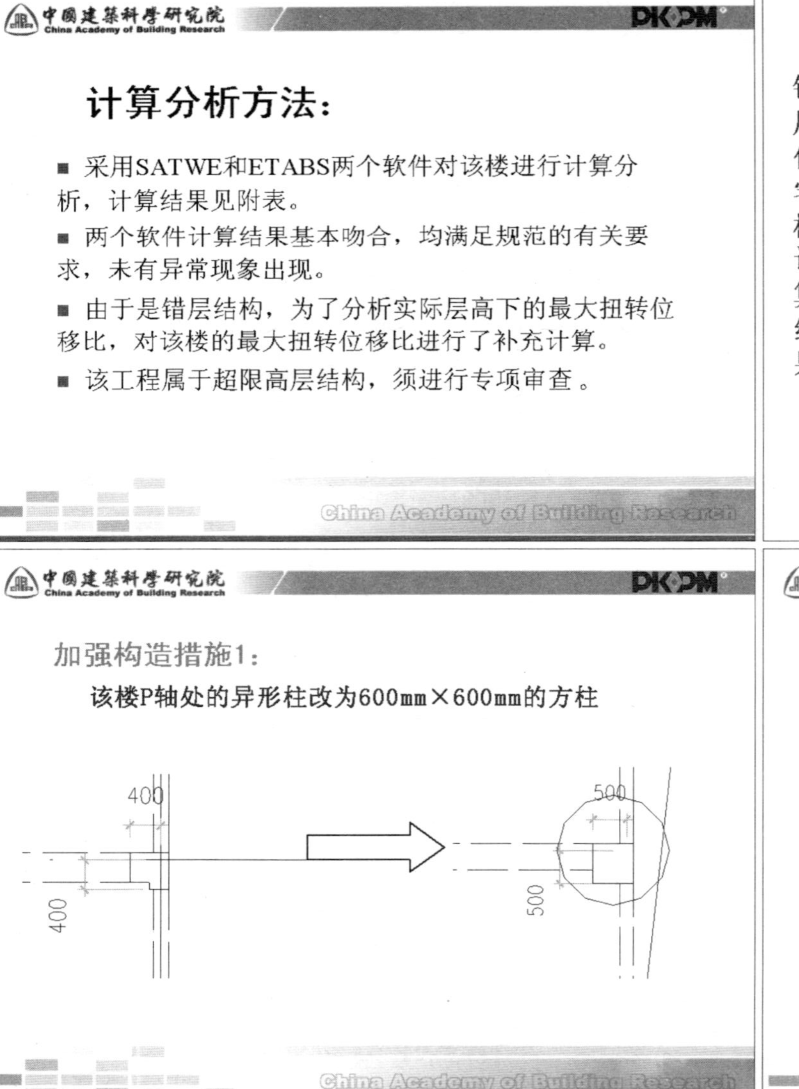

加强构造措施1：

该楼P轴处的异形柱改为600mm×600mm的方柱

加强构造措施2：

该楼J轴上的洞口取消，避免出现短肢墙

经改进设计，通过超限专项审查

P243

专题17 转换层结构

1. 转换层结构的特点

- 特点
  - 竖向力的传递不连续
  - 在转换层上下一、二层范围内，水平力有突变
- 操作
  - 结构体系设为“复杂高层结构”
  - 设定“转换层号”
  - 设定“薄弱层号”

2. 转换层类型

- 梁式转换结构
- 框支剪力墙转换结构
- 厚板转换结构
- 桁架（空腹桁架）转换结构
- 箱形转换结构
- 斜柱、搭接柱、宽扁梁转换结构
- 拱转换结构
- 巨型框架转换结构

特点：有竖向构件不连续，不落地

3. 梁托柱转换结构

- 托柱梁要定义为“转换梁”
- 与托柱梁相连的柱定义为“框支柱”
- 不选择调整托柱梁的内力
- 设定转换层
- 设定薄弱层

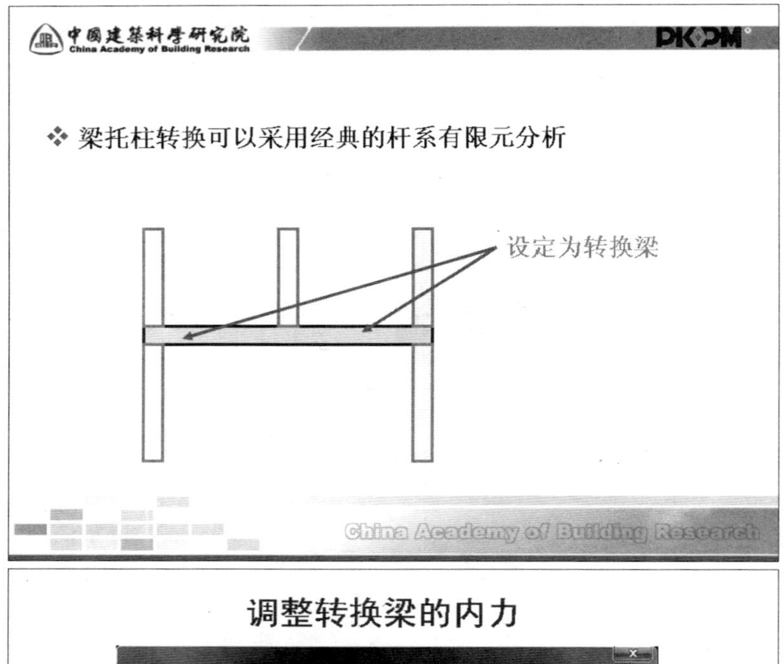

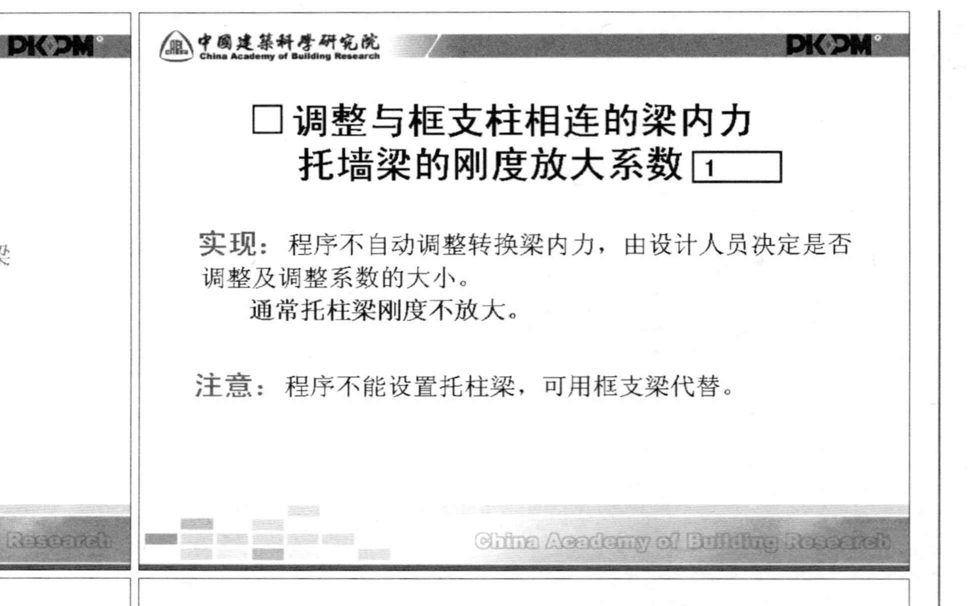

调整转换梁的内力

设计信息 总信息	配筋信息 风荷载信息	荷载组合 地震信息	地下室信息 活荷信息	砌体结构 调整信息

参数	值	参数	值
梁端负弯矩调幅系数	0.85	连梁刚度折减系数	0.7
梁活荷载内力放大系数	1.1	中梁刚度放大系数	2
梁扭矩折减系数	0.4	注：边梁刚度放大系数为(1+Bk)/2	
剪力墙加强区起算层号	1		
□ 调整与框支柱相连的梁内力		托墙梁刚度放大系数	1
☑ 按抗震规范(5.2.5)调整各楼层地震内力			
九度结构及一级框架结构梁柱钢筋超配系数	1.15		
指定的薄弱层个数	0	各薄弱层层号	

地震作用调整

参数	值	参数	值
全楼地震作用放大系数	1		
0.2Q₀ 调整起始层号	0	终止层号	0
顶塔楼地震作用放大起算层号	0	放大系数	1

确定　取消　应用(A)

4. 框支剪力墙转换结构

- ❖ 变形特点
  - ➢ 转换梁与框支墙变形协调
- ❖ 受力特点
  - ➢ 转换梁受力复杂，其轴向力按偏心受力构件设计配筋
  - ➢ 转换梁的弯矩可能会小些，但存在轴拉力
- ❖ 用SATWE软件整体计算分析
- ❖ 用高精度平面有限元程序FEQ验算

809 810
811 812

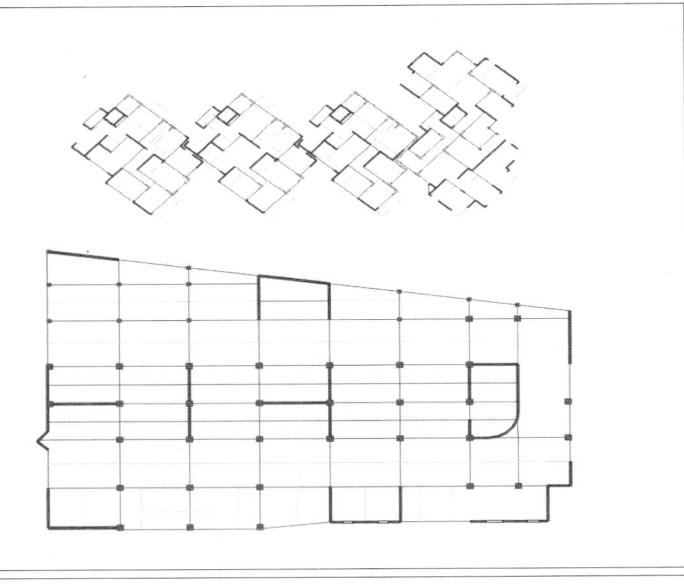

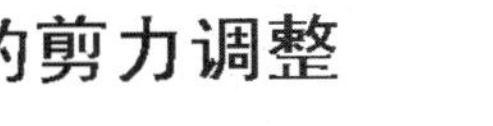

框支柱的剪力调整

- 地震内力的放大：
  1）薄弱层1.15的调整（转换层应强制为薄弱层）
  2）双向地震组合内力放大（一般转换层结构选择较多）
  3）按《高规》8.1.4条进行0.2Q0调整
  4）按《高规》10.2.7条的规定复核框支柱的剪力值

建议必要时计算两次：
  1）不调整剪力计算一次，设计转换梁配筋；
  2）调整剪力再计算一次，设计一般框支梁、柱配筋

注意：箱形转换结构建议用PMSAP软件以转换墙方式建模分析更为精确合理，SATWE采用深梁模型分析误差较大。

设计内力的放大：

各层框支柱均采用相同的设计剪力放大系数：

- 特1级、1级、2级、3级的设计剪力放大系数分别为：3.024、 2.1、1.5 、1.265
- 特1级、1级、2级、3级的设计弯矩调整系数则与普通柱一样调整

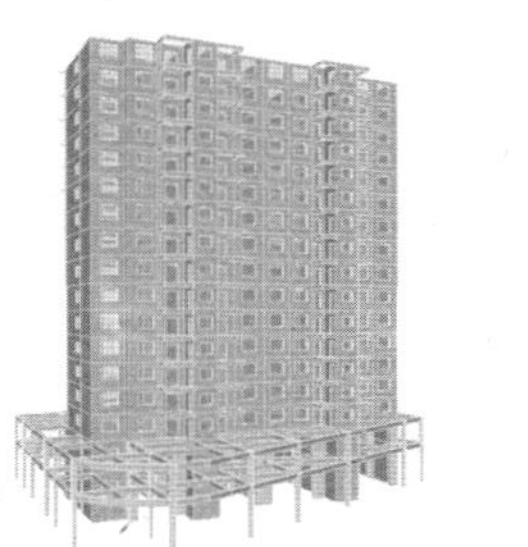

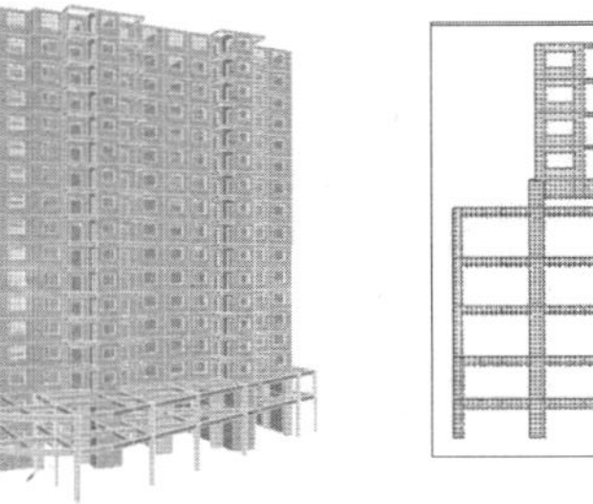

817 818
819 820

框支剪力墙转换结构软件设置要点

- 结构体系定义为“复杂高层结构”
- “墙元细分最大控制长度”的值由2m改为1.5m或1m
- 定义转换梁层为转换层（含地下室）
- 定义转换层为薄弱层（含地下室）
- 选择“调整与框支柱相连的梁内力”，并将“托墙梁的刚度放大系数”设定为100
- 设定框支梁为转换梁
- 设定与框支梁相连转换层以下各层柱都为框支柱
- 设定转换层（及上下各一层）楼板为弹性膜

满足《高规》第十章有关框支梁、框支柱、转换层楼板及剪力墙的抗震构造措施

中国建筑科学研究院 China Academy of Building Research　PKPM

墙元细分最大控制长度（m）2

这是有限元计算在墙元细分时需要的参数，对于较大的剪力墙，要将其细分成一系列小壳元，为确保分析精度，要求小壳元的边长不得大于给定的限值，限定值范围为1.0～5.0，隐含值为2。

对于一般工程可取2，对于框支剪力墙结构，可取得小些，如1.5或1.0。

注意：2009更新版的剪力墙单元长度隐含为1m，并改进了墙单元的划分方法，剪力墙边界节点都作为出口节点。

China Academy of Building Research

墙元细分最大控制长度（m）

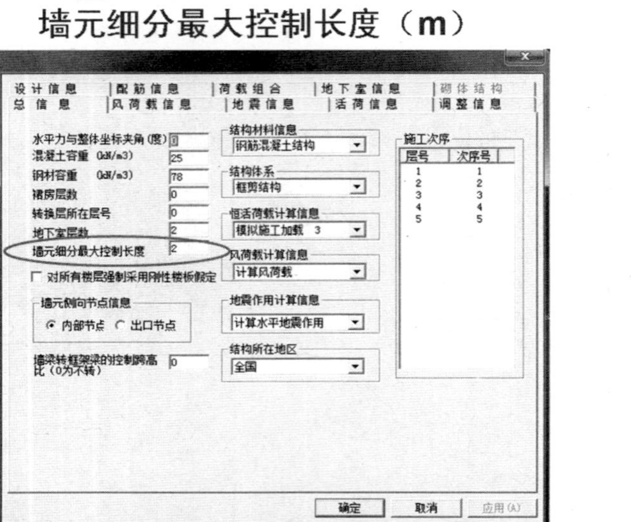

中国建筑科学研究院 China Academy of Building Research　PKPM

框支梁上部墙体内力的起拱作用

起拱对下部墙、梁产生拉力

China Academy of Building Research

框支转换层楼板定义的工程实例

工程概况

某工程为框支剪力墙结构，共30层，带一层地下室，地面以上第4层为框支转换层，地震设防烈度为80，地震基本加速度为0.2g，场地类别为三类场地土，中梁刚度放大系数取2.0，边梁刚度放大系数取1.5，转换层楼板厚度为180mm，结构体系按复杂高层计算，并考虑偶然偏心的影响。该结构的三维轴测图、框支转换层和框支转换层上一层的结构平面图如下图所示。

框支剪力墙转换结构

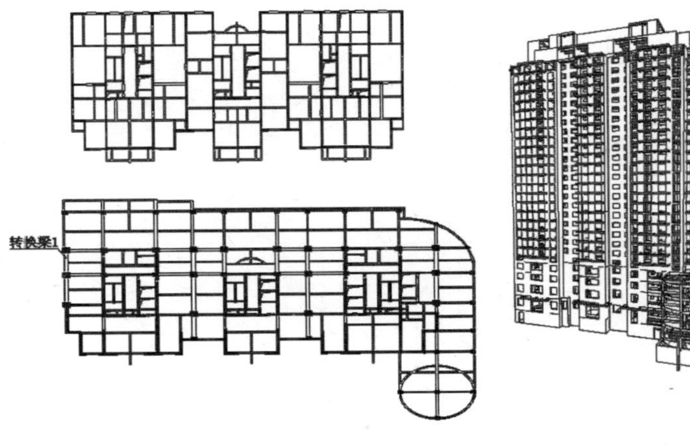

表2 转换层处层间位移角计算表

层间位移角	弹性板 6	弹性膜	刚性板
X 向	1/2933	1/2899	1/3187
Y 向	1/3006	1/2995	1/3274

表3 转换梁1的内力和配筋计算表

内力与配筋	弹性板 6	弹性膜	刚性板
-M(kNm)	-218(30)	-225(30)	-198(29)
Top Ast	2000	2000	2000
+M(kNm)	1060(30)	1071(30)	1015(30)
Btm Ast	4116	4156	2814
Shear	-587(30)	-597 (30)	-538(30)
Asv	825	825	825
Nmax	567(29)	572(29)	0

表4 相应工况下的荷载组合分项系数

Ncm	V-D	V-L	X-W	Y-W	X-E	Y-E	Z-E
29	1.20	0.60	-0.28	0.00	-1.30	0.00	0.00
30	1.20	0.60	0.00	0.28	0.00	1.30	0.00

- 位移与内力比较： 弹性膜>弹性板6>刚性板

结果分析：

- 弹性膜刚度比刚性板和弹性板6都小，使结构的位移和周期均较大。
- 三种计算模式下梁端负弯矩和梁跨中弯矩相差不大，但弹性板6和弹性膜的梁跨中纵向配筋面积明显大于刚性板，这是由于采用刚性板假定时框支梁的轴力为0。
- 由于弹性板6考虑了楼板的平面外刚度，使框支梁的配筋减少，安全储备降低，且楼板越厚安全储备降低越多。

结论：框支剪力墙转换结构的楼板定义为弹性膜较好

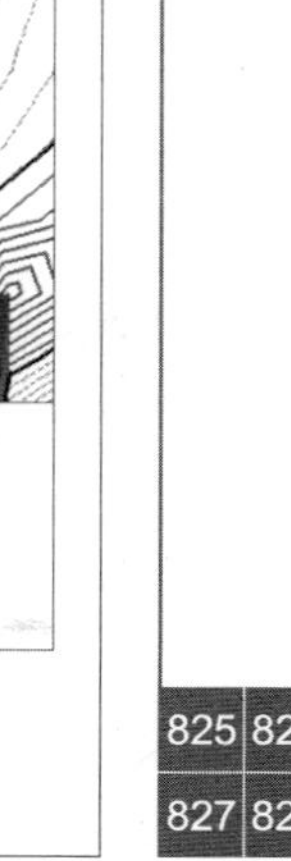

框支剪力墙有限元分析程序（FEQ）

选择某一榀框支结构进行平面分析验算

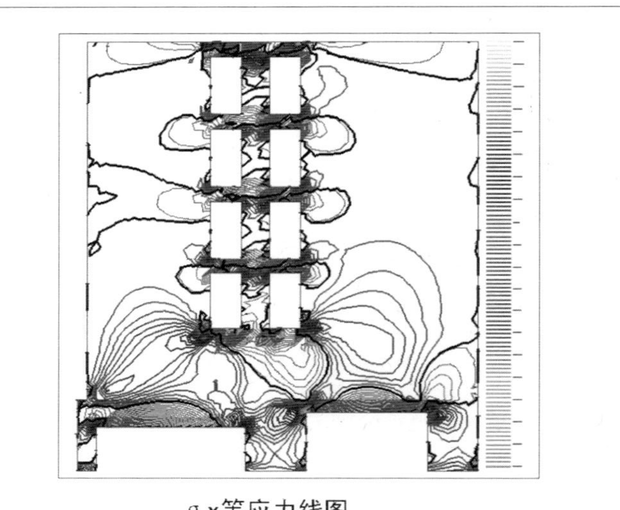

σ x等应力线图

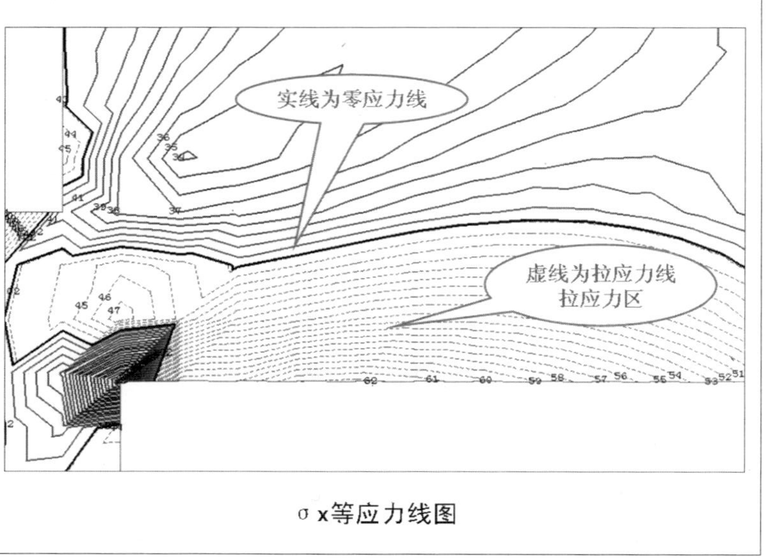

σ x等应力线图

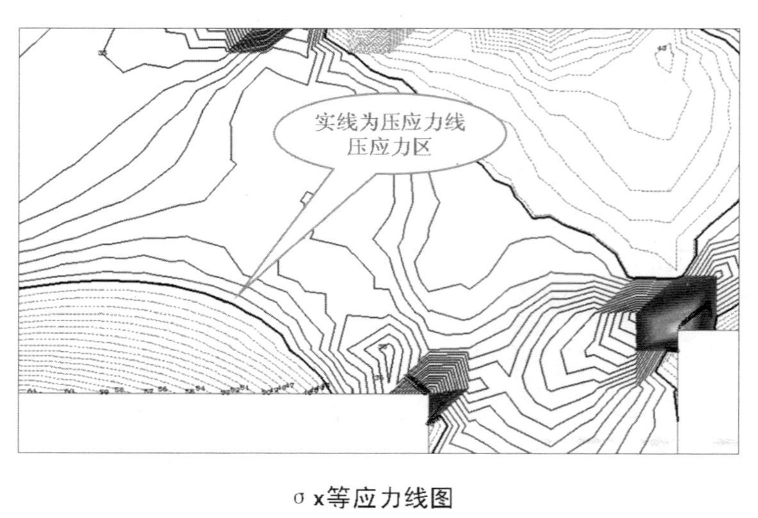

σ x等应力线图

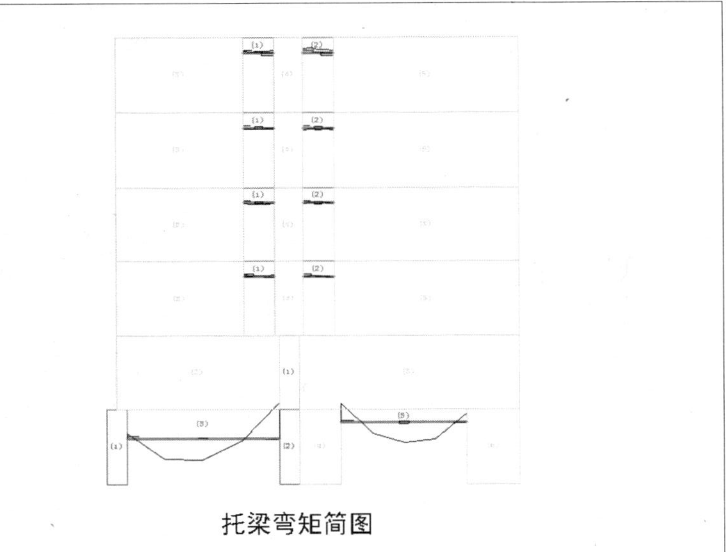
托梁弯矩简图

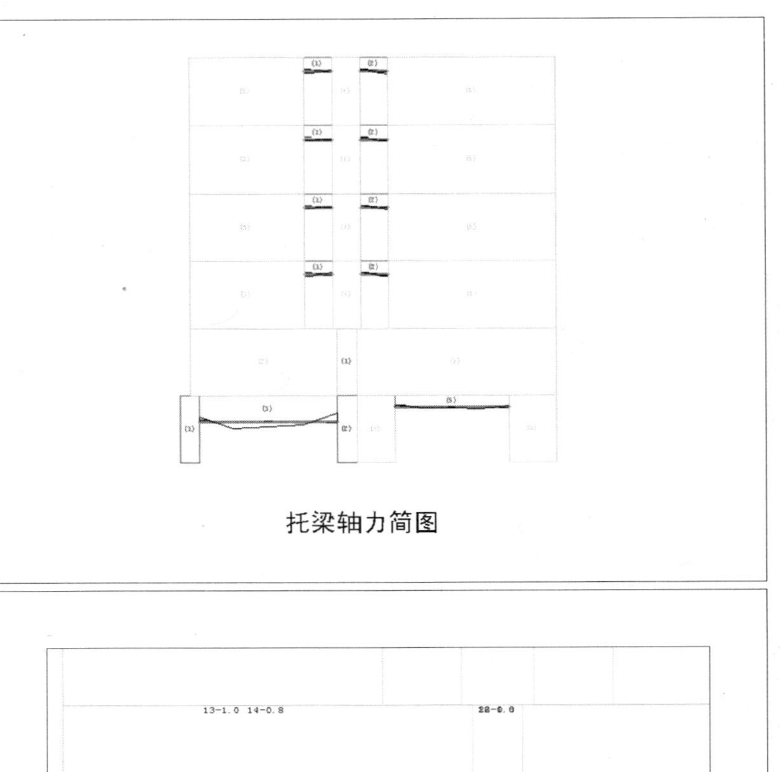
托梁轴力简图

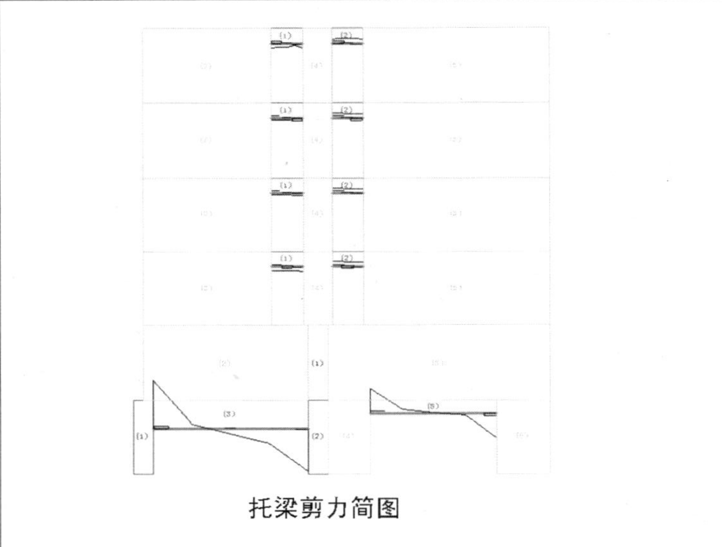
托梁剪力简图

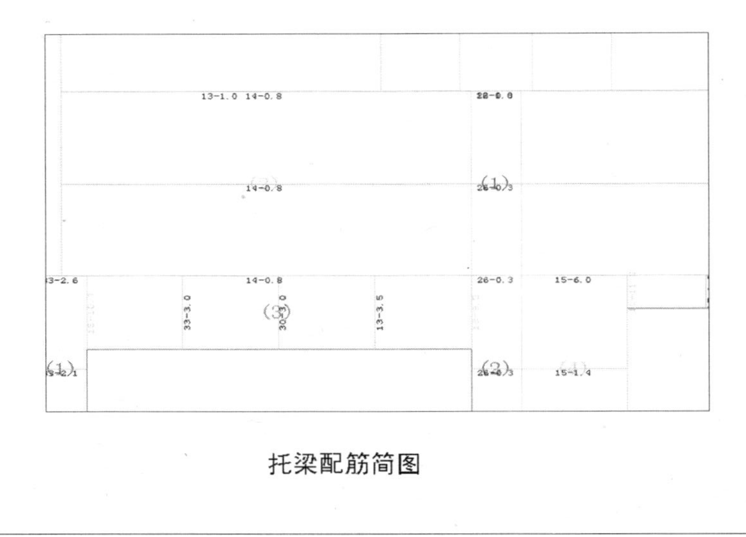

托梁配筋简图

833 834
835 836

中国建筑科学研究院 China Academy of Building Research　PKPM

框支转换梁计算软件FEQ的改进

- 08版软件增加“转换梁内的多轴线合并计算”
- 可以将转换梁上的折线墙投影到平面计算榀
- 可以将转换梁上的两道重合墙打断合并
- 可以考虑转换梁内所有墙的荷载与刚度
- 可以对按主梁输入的转换次梁进行计算
- FEQ平面计算不考虑梁柱的扭转效应

China Academy of Building Research

中国建筑科学研究院 China Academy of Building Research　PKPM

5. 厚板转换层结构

- 《高规》10.2.1条规定，非抗震设计和6度抗震设计时转换结构可采用厚板。
- 厚板不应单独设为一层，厚板中心线对准层高
- 楼板可设置为弹性楼板3或弹性楼板6
- 支撑厚板的柱应定义为框支柱
- 厚板轴线上应布置100mm×100mm虚梁
- 厚板可用SLABCAD软件分析验算
- 建议：将厚板转换结构改为梁托柱转换或框支转换结构

《抗规》3.5.2条规定，结构体系应具有明确的计算简图和合理的地震作用传递途径。

China Academy of Building Research

厚板转换结构上下楼层平面图

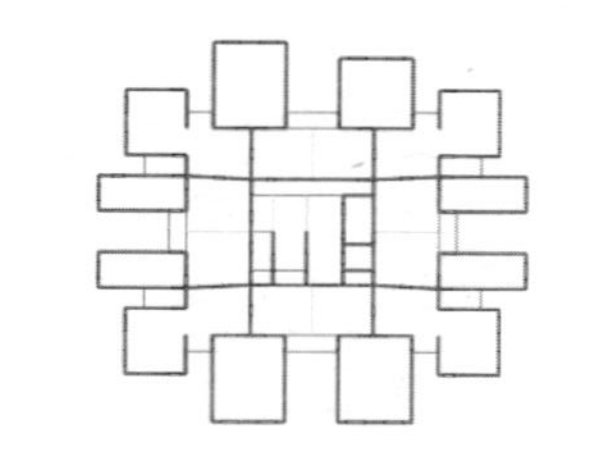

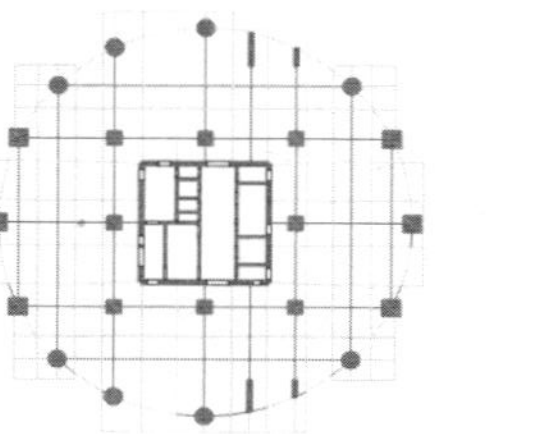

837 838
839 840

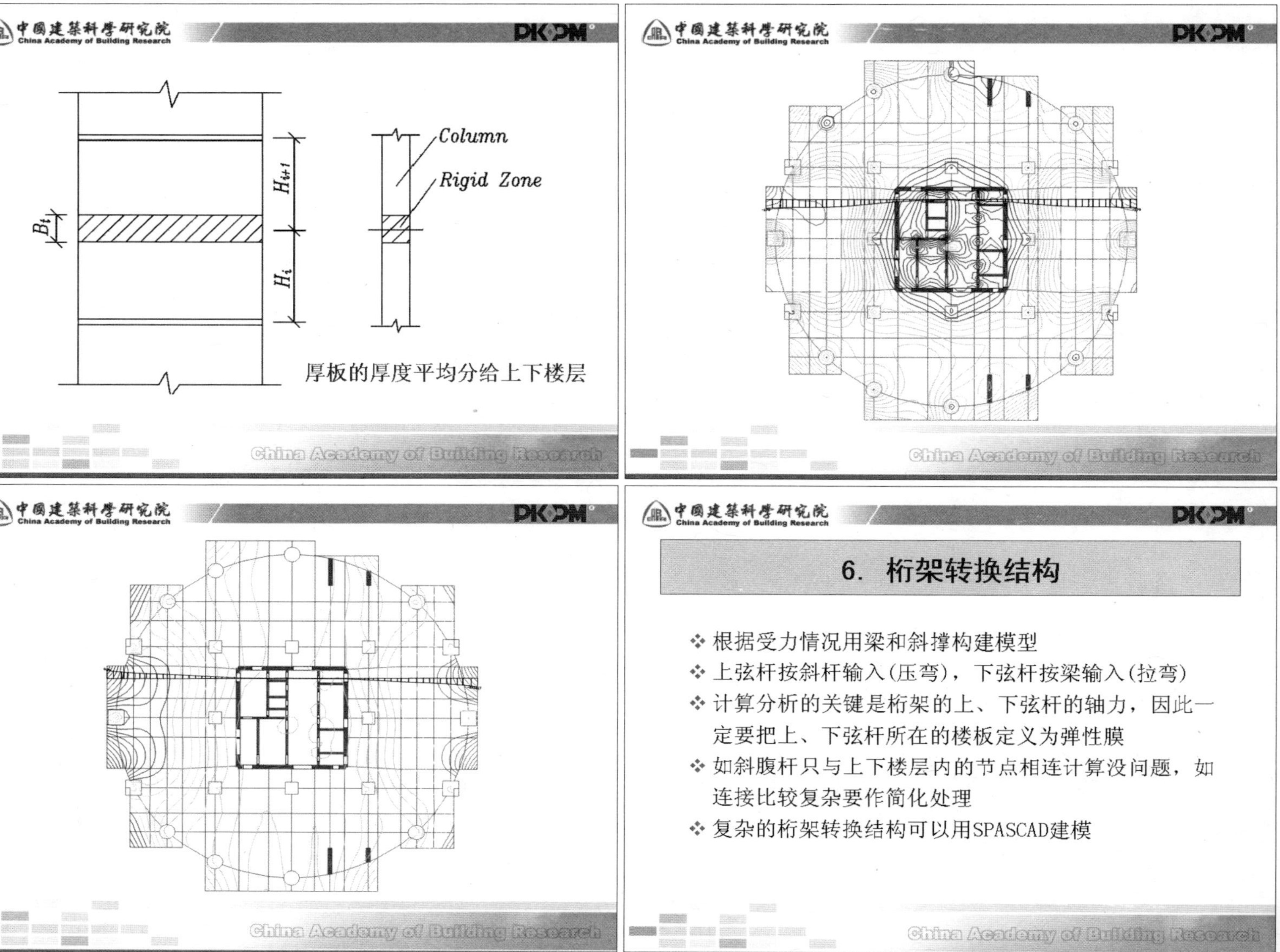

841 842
843 844

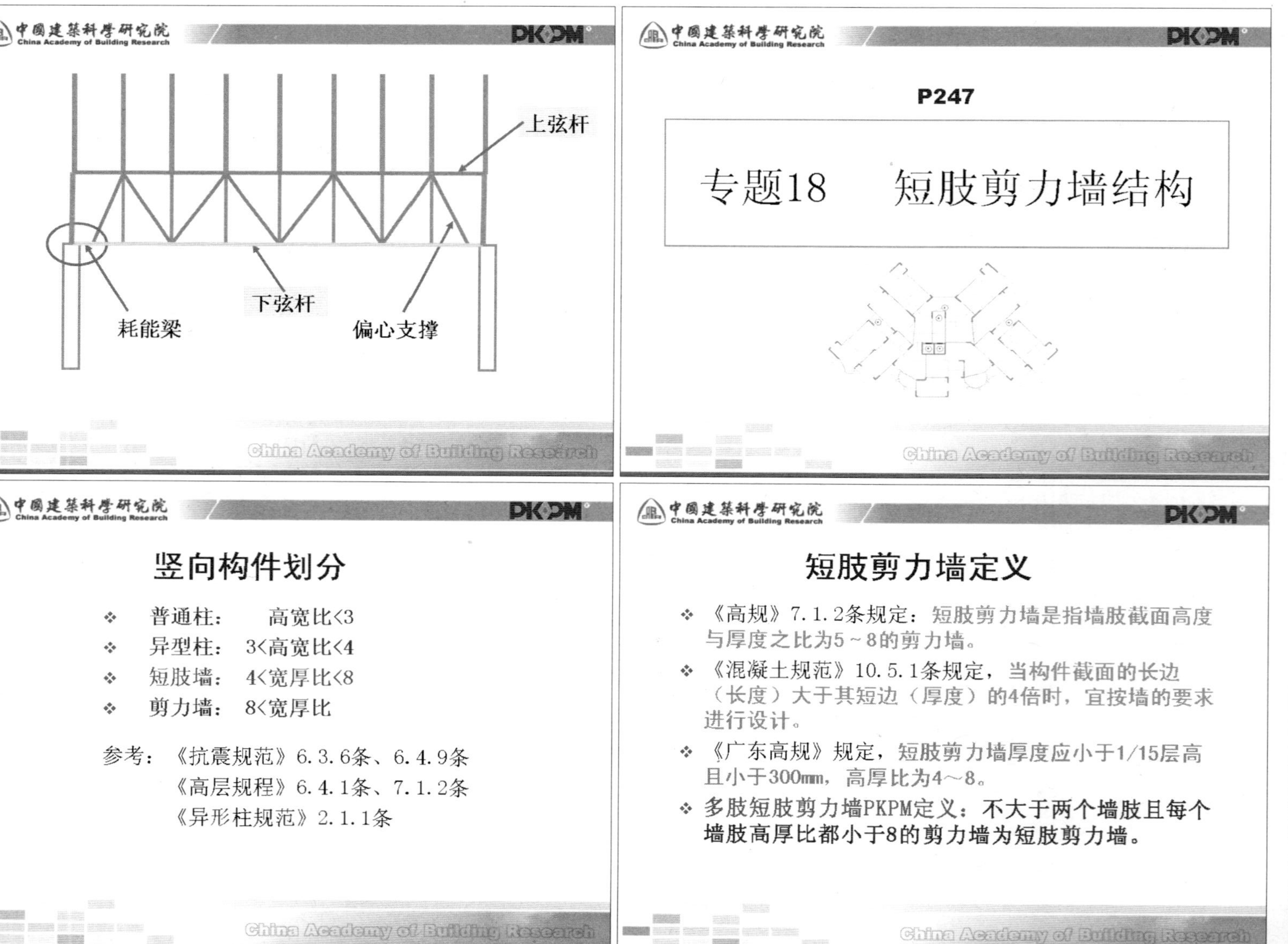

短肢剪力墙判断标准

■ 《北京细则》5.5.5条规定，短肢剪力墙的墙肢两侧不应与较强连梁相连(连梁跨高比≤2.5)或与翼墙(翼墙长度与厚度之比≥3)或与端柱相连。

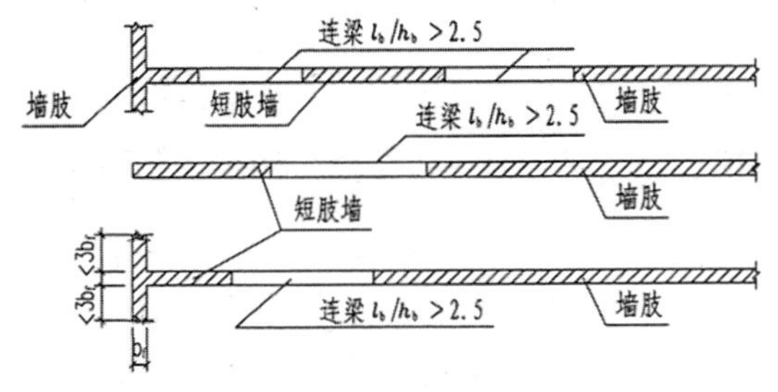

PKPM软件短肢剪力墙判定实例—浅色圈内为短肢墙

短肢剪力墙结构的判定—上限

《高规》7.1.2条规定，高层建筑结构不应采用全部为短肢剪力墙的剪力墙结构。

抗震设计时，筒体和一般剪力墙承受的第一振型底部地震倾覆力矩不宜小于结构总底部地震倾覆力矩的50%。

注意：

抗震设计时：

1、短肢剪力墙结构首先应当是剪力墙结构，应有足够的普通剪力墙或筒体。

2、上限：短肢剪力墙的倾覆力矩所占比值不宜超过50%。

短肢剪力墙结构的判定—下限

- 抗震设计时，短肢剪力墙承受的第一振型底部覆力矩与结构总底部地震倾覆力矩之比为40%～50%。参看《高规解说》
- **当由短肢剪力墙负荷的楼面面积占全楼楼面面积超过60%（高层结构为50%）时，属于“短肢剪力墙较多的结构”。不宜超过总剪力墙截面面积的2/3。**参看《北京细则》5.4.6条
- 短肢剪力墙的截面面积占剪力墙总截面面积的50%以上。参看《广东高规》
- **短肢剪力墙承受竖向荷载的面积较大，达到楼层面积的40%～50%以上（较高的建筑允许的面积应该取更小的数量）**

  参看《建筑结构设计规范应用图解手册》7.1.2条

■ 总结：下限：短肢剪力墙的倾覆力矩所占比值应控制在略低于上限的一个较小范围内（10%左右），约为40%。

849 850
851 852

中国建筑科学研究院 China Academy of Building Research　PKPM

短肢剪力墙结构总结

- 上限：短肢剪力墙结构应布置足够数量的筒体或普通剪力墙，以形成共同抵抗水平力的剪力墙结构。短肢剪力墙承担的第一振型底部地震倾覆力矩不应大于结构底部总倾覆力矩的50%，否则应调整设计。
- 下限：短肢剪力墙结构中所包含的短肢剪力墙应当“较多”，应为上限向下10%左右，即40%以上，否则不是短肢剪力墙结构。
- 小墙肢：对不是短肢剪力墙结构中的短肢剪力墙，不应按短肢剪力墙结构的要求调整，但须符合《高规》7.2.5条有关剪力墙小墙肢的要求。

China Academy of Building Research

中国建筑科学研究院 China Academy of Building Research　PKPM

规范对短肢剪力墙结构的有关规定

《高规》7.1.1条对短肢剪力墙结构的要求：

- 建筑高度：7度和8度抗震设计时分别不应大于100m和60m。
- 抗震等级：提高一级采用，程序自动实现
- 轴压比：抗震等级为一、二、三时分别不宜大于0.5、0.6和0.7；对于无翼缘或端柱的一字形短肢剪力墙，其轴压比限值相应降低0.1；
- 剪力调整：抗震设计时，底部加强部位应按本规程7.2.10条调整剪力设计值，其他各层短肢剪力墙的剪力设计值，一、二级抗震等级应分别乘以增大系数1.4和1.2
- 配筋率：截面的全部纵向钢筋的配筋率，底部加强部位不宜小于1.2%，其他部位不宜小于1.0%。

China Academy of Building Research

中国建筑科学研究院 China Academy of Building Research　PKPM

短肢剪力墙结构是否造价较低

短肢剪力墙结构与普通剪力墙结构比较：

- 可以减轻结构自重，普通剪力墙13～16kN/m²，而短肢剪力墙10～12kN/m²，由此减少桩基础费用。
- 可以降低结构造价，一般15层左右剪力墙结构用钢量约为65kg/m²，而采用短肢剪力墙结构时，用钢量约为53kg/m²。
- 增加综合造价，如工时费，控制裂缝费，工期延长费等。
- 短肢剪力墙结构的抗震性能较差，所以在地震区高层住宅中，剪力墙不宜过少，墙肢不宜过短，必须设置一定数量的普通剪力墙。

结论：因地制宜，扬长避短。

China Academy of Building Research

工程实例：某15层短肢剪力墙住宅楼，抗震设防烈度为7度，设计基本地震加速度为0.1g，构件抗震等级为三级

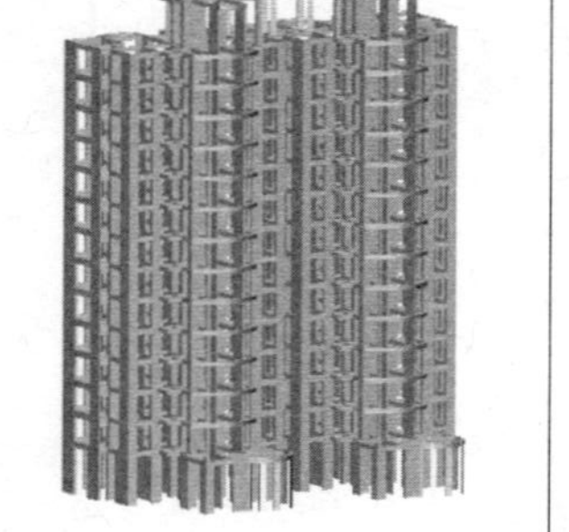

短肢墙倾覆弯矩所占的比值

框架柱及短肢墙地震倾覆弯矩百分比

	柱及短肢墙倾覆弯矩	墙倾覆弯矩	柱及短肢墙倾覆弯矩百分比
15层 X向地震：	586.7	1266.7	31.65%
15层 Y向地震：	580.6	1221.6	32.22%
14层 X向地震：	3798.6	2569.9	59.65%
14层 Y向地震：	3096.6	3842.4	44.63%
13层 X向地震：	6678.0	5208.7	56.18%
13层 Y向地震：	5195.1	6678.5	43.75%
12层 X向地震：	9982.2	8406.7	54.28%
12层 Y向地震：	7785.5	10044.0	43.67%
11层 X向地震：	13826.7	12254.1	53.01%
11层 Y向地震：	10967.5	14088.2	43.77%
10层 X向地震：	18180.6	16660.9	52.18%
10层 Y向地震：	14609.0	18738.1	43.81%
9层 X向地震：	23001.4	21581.4	51.59%
9层 Y向地震：	18668.9	23944.8	43.81%
8层 X向地震：	28231.5	26959.3	51.15%
8层 Y向地震：	23111.2	29655.3	43.80%
7层 X向地震：	33823.8	32740.8	50.81%
7层 Y向地震：	27900.1	35801.9	43.80%
6层 X向地震：	39700.1	38910.1	50.50%
6层 Y向地震：	33003.0	42318.2	43.82%
5层 X向地震：	45792.0	45376.8	50.23%
5层 Y向地震：	38386.3	49128.3	43.86%
4层 X向地震：	51969.9	52131.6	49.92%
4层 Y向地震：	44053.3	56119.2	43.98%
3层 X向地震：	58335.7	59052.0	49.69%
3层 Y向地震：	49754.7	63454.6	43.95%
2层 X向地震：	63036.9	67372.8	48.34%
2层 Y向地震：	56614.7	69757.6	44.80%
1层 X向地震：	66370.9	86725.4	43.35%
1层 Y向地震：	57775.2	91342.9	38.74%

注意：1）主要考察底部剪力墙加强区加上一层的范围
2）X方向和Y方向可以分别考虑

短肢墙截面积所占的比值

各楼层剪力墙截面积(m**2)

层号	剪力墙总截面积	短肢墙截面积	短肢墙截面积百分比(%)
15	4.74	0.86	18.140
14	22.16	13.14	59.295
13	23.50	12.49	53.127
12	23.50	12.49	53.127
11	23.50	12.49	53.127
10	23.50	12.49	53.127
9	23.50	12.49	53.127
8	23.50	12.49	53.127
7	23.50	12.49	53.127
6	23.50	12.49	53.127
5	23.50	12.49	53.127
4	23.50	12.49	53.127
3	23.50	12.49	53.127
2	23.50	12.49	53.127
1	40.66	8.54	21.004

注意：需要按面积比考察短肢剪力墙时，可预先设定为“短肢剪力墙结构”和“广东”地区

上部短肢剪力墙下部框支转换的结构如何分析

- 问题：结构体系是“复杂高层”还是“短肢剪力墙”
- 规范规定不同：

（1）抗震等级

- 复杂高层： 当转换层的位置在3层以上时，框支柱、剪力墙底部加强部位的抗震等级宜按表4.8.2和表4.8.3的规定提高一级采用，已经是特一级的不再提高。
- 短肢剪力墙： 抗震等级，应比表4.8.2规定提高一级采用。注意，这里不含表4.8.3，这是因为B级高度的高层建筑和9度抗震设计的A级高度的高层建筑，不应采用短肢剪力墙结构。

（2）剪力墙轴压比

- 复杂高层：剪力墙轴压比限值不要求降低。
- 短肢剪力墙：当抗震等级为一、二、三级时，分别不宜大于0.5、0.6、0.7；对于无翼缘或端柱的一字形短肢剪力墙，其轴压比限值应再降低0.1。

（3）内力计算

- 复杂高层：特一、一、二级落地剪力墙底部加强部位的弯矩设计值，应按墙体底截面有地震组合的弯矩值乘以增大系数1.8、1.5、1.25；其剪力设计值，应按规程第7.2.10条的规定调整，特一级应乘以增大系数1.9。
- 短肢剪力墙：除底部加强部位应按规程第7.2.10条的规定调整外，其他各层短肢剪力墙的剪力设计值，一、二级抗震等级应分别乘以增大系数1.4和1.2，不对底部加强部位的弯矩设计值乘放大系数。

（4）配筋率

- 复杂高层：底部加强部位墙体水平和竖向分布筋最小配筋率，抗震设计时不应小于0.3%，强调的是水平和竖向分布筋的配筋率。
- 短肢剪力墙：其截面的全部纵向钢筋的配筋率，底部加强部位不宜小于1.2%，其他部位不宜小于1.0%，强调的是纵向钢筋的配筋率。

(5)底部加强部位高度

- 复杂高层：剪力墙底部加强部位高度取框支层加上两层的高度和墙肢总高度1/8的较大值。
- 短肢剪力墙：其底部加强部位高度为墙肢总高度的1/8和底部二层的较大值。

工程实例：

某高层带短肢剪力墙的框支转换结构，地上30层，地下一层。该工程的第6层为框支转换层，转换层以上为短肢剪力墙结构。抗震设防烈度为7度（0.15g），框支框架的抗震等级为一级，剪力墙抗震等级为二级。

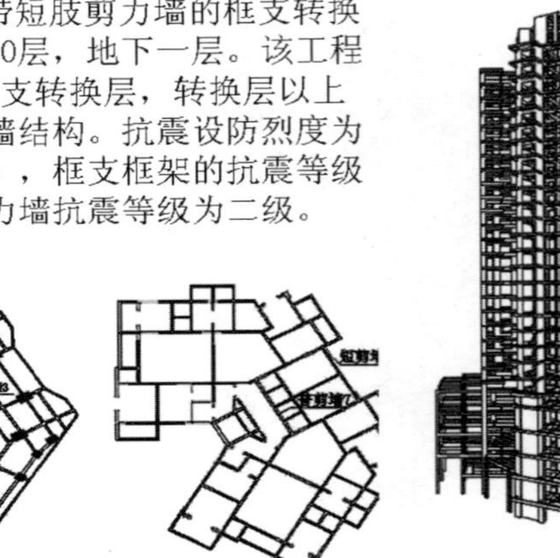
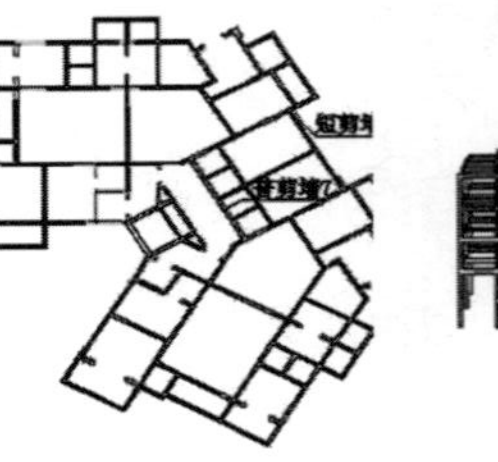

按“短肢剪力墙”结构体系计算分析结果

楼层	第3层		第7层		第11层	
剪力墙类别	短剪墙$_3$	普剪墙$_3$	短剪墙$_7$	普剪墙$_7$	短剪墙$_{11}$	普剪墙$_{11}$
抗震等级	特一级	一级	一级	一级	一级	二级
M_1 (kn.m)	-168 (1)	160 (1)	807 (37)	402 (1)	286 (39)	121 (1)
N_1 (kn)	-3372 (1)	-15677 (1)	-949 (37)	-15183 (1)	-457 (39)	-9136 (1)
A_s (mm²)	9898 (1)	14700 (1)	1600 (37)	2875 (1)	678 (39)	1280 (1)
ρ_{sv}	1.82	1.82	2.01	2.01	0.8	0.8
V_2 (kn)	564 (31)	-6401 (39)	56 (1)	140 (1)	307 (35)	9 (1)
N_2 (kn)	-3191 (31)	-7209 (39)	-4546 (1)	-15183 (1)	-1615 (35)	-9136 (1)
A_{sh} (mm²)	324.9 (31)	547.1 (39)	200 (1)	125 (1)	223.7 (35)	100 (1)
N_3 (kn)	-2895	-13483	-3913	-13057	-1271	-7851
U_C	0.48	0.32	*0.43	0.34	*0.45	0.45

按“复杂高层”结构体系计算分析结果

楼层	第3层		第7层		第11层	
剪力墙类别	短剪墙$_3$	普剪墙$_3$	短剪墙$_7$	普剪墙$_7$	短剪墙$_{11}$	普剪墙$_{11}$
抗震等级	一级	一级	二级	一级	二级	二级
M_1 (kn.m)	-168 (1)	-26595 (39)	840 (37)	402 (1)	238 (39)	121 (1)
N_1 (kn)	-3372 (1)	-7209 (39)	-949 (37)	-15183 (1)	-457 (39)	-9136 (1)
A_s (mm²)	9898 (1)	15315 (39)	1600 (37)	2875 (1)	2039 (39)	1280 (1)
ρ_{sv}	1.82	1.82	2.01	2.01	0.8	0.8
V_2 (kn)	475 (31)	-6401 (39)	407 (41)	140 (1)	220 (35)	9 (1)
N_2 (kn)	-3191 (31)	-7209 (39)	-1199 (41)	-15183 (1)	-1615 (35)	-9136 (1)
A_{sh} (mm²)	202.8 (31)	547.1 (39)	200 (41)	125 (1)	100 (35)	100 (1)
N_3 (kn)	-2895	-13483	3913	-13057	-1217	-7851
U_C	0.48	0.32	0.43	0.34	0.45	0.45

结论：

- 在地震组合作用下“复杂高层结构”的弯矩值大于“短肢剪力墙结构”。
- 而地震组合作用下“短肢剪力墙结构”的剪力值大于“复杂高层结构”。
- 框支转换短肢剪力墙结构应分别定义为“短肢剪力墙”结构和“复杂高层”结构，分别进行两次计算，考虑最不利情况。
- 这类结构属于“复杂高层结构”，不是短肢剪力墙结构。

857 858
859 860

861 862
863 864

中國建築科學研究院 China Academy of Building Research PKPM

P253

专题19　其他特殊结构

China Academy of Building Research

中國建築科學研究院 China Academy of Building Research PKPM

P253

异形柱结构

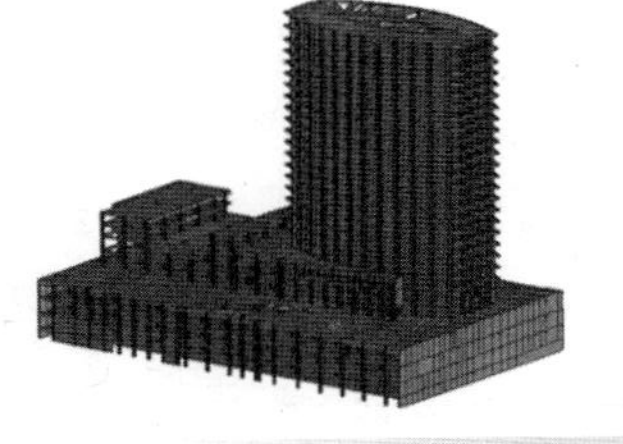

China Academy of Building Research

中國建築科學研究院 China Academy of Building Research PKPM

异形柱结构的基本要求

- 《异形柱规程》（JGJ149/J514-2006）2.1.1条规定，异形柱是：截面几何形状为L形、T形和十字形，且截面各肢的肢高肢厚比不大于4的柱。
- 普通异形柱截面形状：L形、T形和十字形
- 特殊异型柱截面形状：工字形、槽形和Z形

只有这六种截面类型可以按《异形柱规程》计算

China Academy of Building Research

中國建築科學研究院 China Academy of Building Research PKPM

规范对不规则异形柱结构的要求

- 扭转不规则时，结构位移比和层间位移比不应大于1.45
- 楼层承载力突变时，薄弱层地震剪力应放大1.2倍，楼层承载力之比不应小于65%
- 底部抽柱带转换层异形柱结构，转换构件地震内力应放大1.25～1.5倍
- 《异形柱规程》3.2.4条规定，受力复杂部位的异形柱，宜采用一般框架柱。

China Academy of Building Research

865 866
867 868

规范对异形柱结构的要求

- 《异形柱规程》4.1.1条规定，居住建筑异形柱结构的安全等级应采用二级。
- 《异形柱规程》4.2.3条规定，抗震设防烈度为6度、7度及8度的异形柱结构应进行地震作用计算及结构抗震验算。－6度地区进行抗震分析
- 《异形柱规程》4.2.4条规定，

  1、7度及8度时尚应对与主轴成45度方向进行补充验算；－设定多方向水平地震

  2、对扭转不规则的结构，水平地震作用应计入双向水平地震作用下的扭转影响。－设定双向地震

规范对异形柱结构的要求

中国建筑科学研究院 China Academy of Building Research PKPM

- 混凝土强度等级C25～C50
- 异形柱截面的肢厚不应小于200mm，肢高不应小于500mm
- 异形柱的剪跨比宜大于2，抗震设计时不应小于1.5
- 异形柱的轴压比见表6.2.2
- 异形柱最小配筋率和配箍率见表6.2.5和表6.2.9
- 异形柱箍筋加密区、搭接锚固长度……

China Academy of Building Research

08版增加异形柱截面类型，可以直接定义

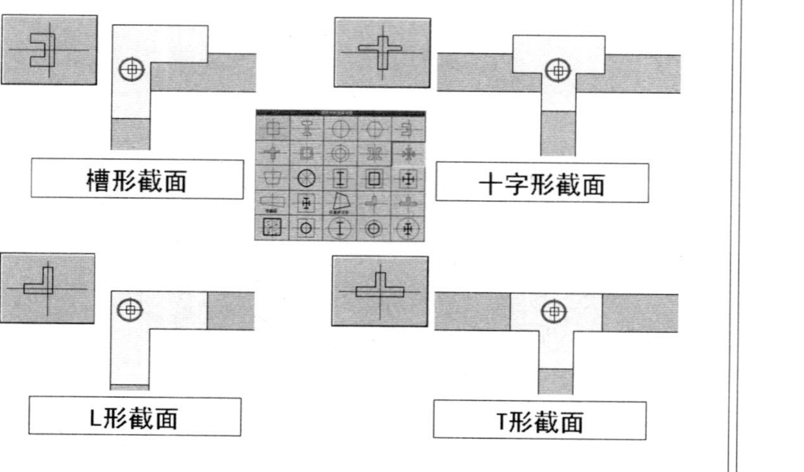

结构体系增加异形柱结构

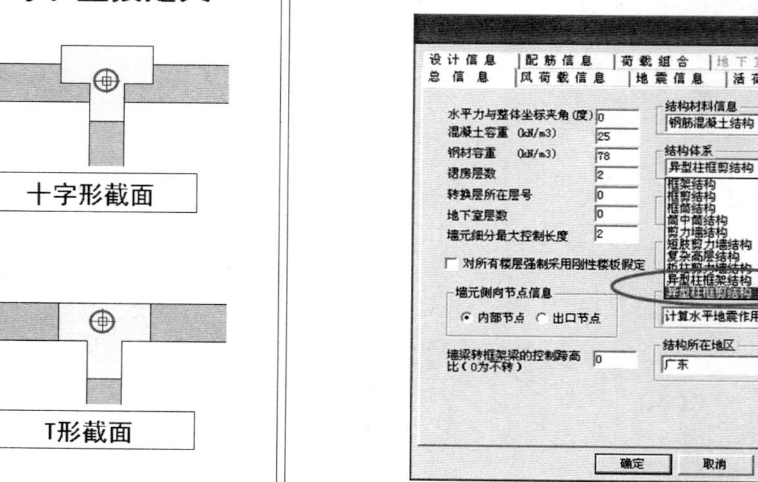

869

异形柱结构的分析计算要求

- 按《规程》要求异形柱纵向受力钢筋配筋率，非抗震设计不大于4%，抗震设计不大于3%（不同于高规）；
- 按异形柱正截面承载力计算纵向主筋；
- 按异形柱分柱肢验算截面的抗剪承载力；
- 按异形柱分柱肢验算异形柱节点域抗剪承载力；
- 根据《规程》的要求，调整了异形柱强柱弱梁、强剪弱弯的调整系数。

注意：异型柱的位移比控制，薄弱层放大系数等与其他规范要求不同，应人工调整。

870

异形柱结构的分析模型

- 异形柱通常应采用双偏压计算
- 异形柱应考虑特有的“剪切不均匀系数”：异形柱的剪切不均匀系数采用分块积分法计算。
- 异形柱的局部坐标：截面形心主轴，如下图所示：

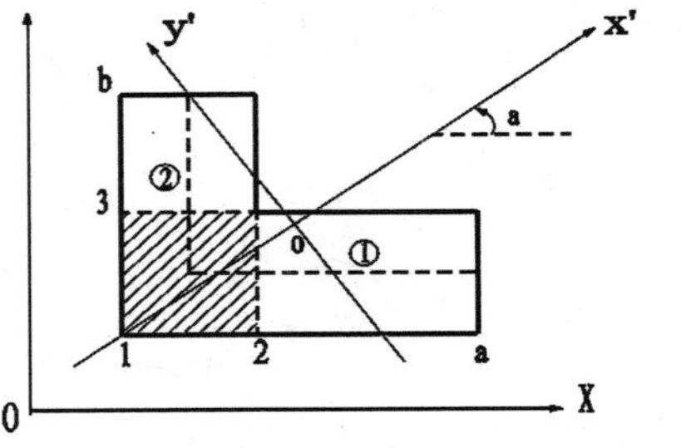

871

梁柱重叠作为刚域

- 《高层规程》5.3.4条规定，在内力与位移计算中，可考虑框架或壁式框架梁柱节点区的刚域影响。
- 当异形柱柱肢较长时，由于梁长度的变化造成结构刚度变化较大，应选择“梁柱重叠部分简化为刚域”。

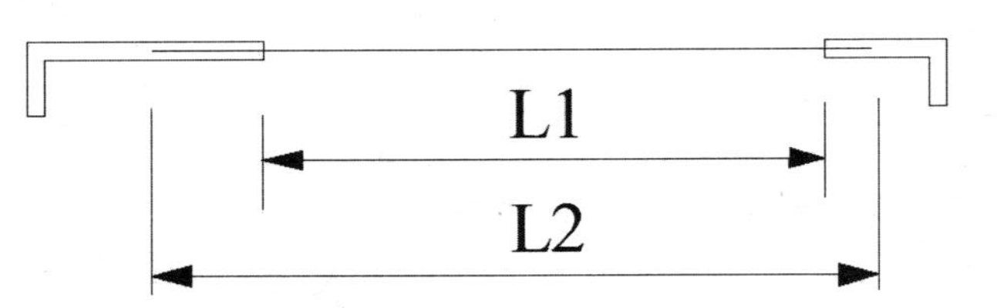

872

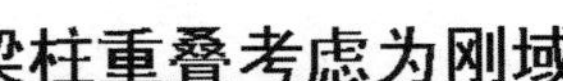

梁柱重叠考虑为刚域

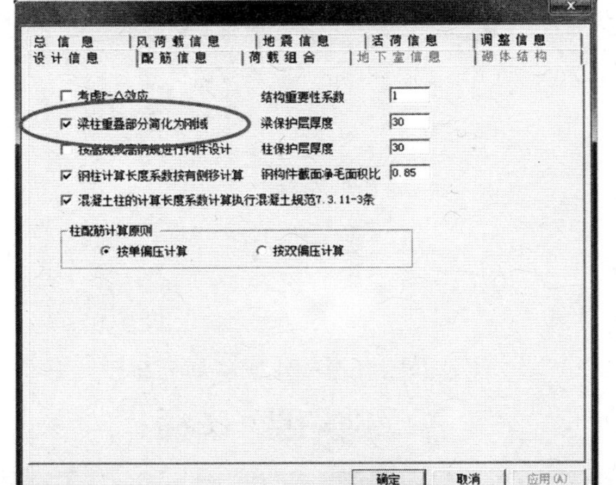

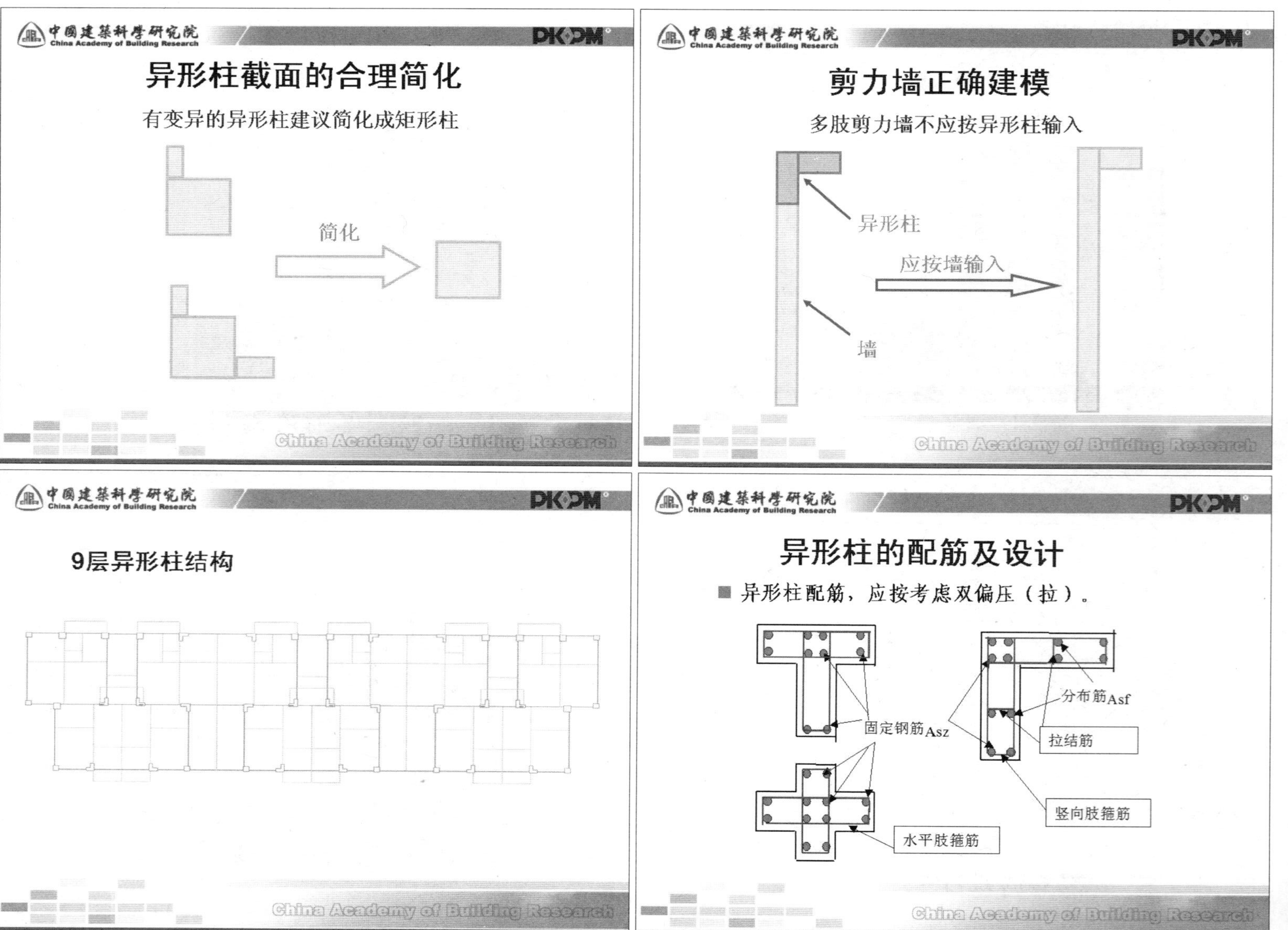
异形柱截面的合理简化
有变异的异形柱建议简化成矩形柱
简化
剪力墙正确建模
多肢剪力墙不应按异形柱输入
异形柱
应按墙输入
墙
9层异形柱结构
异形柱的配筋及设计
■ 异形柱配筋，应按考虑双偏压（拉）。
固定钢筋Asz
分布筋Asf
拉结筋
竖向肢箍筋
水平肢箍筋

异形柱斜截面受剪配筋计算

- 按单向受剪计算配筋
  - 取x向剪力Vx和该方向的柱肢截面计算箍筋 Asvx
  - 取y向剪力Vy和该方向的柱肢截面计算箍筋 Asvy
  - SATWE、TAT输出Asv=max{Asvx, Asvy}

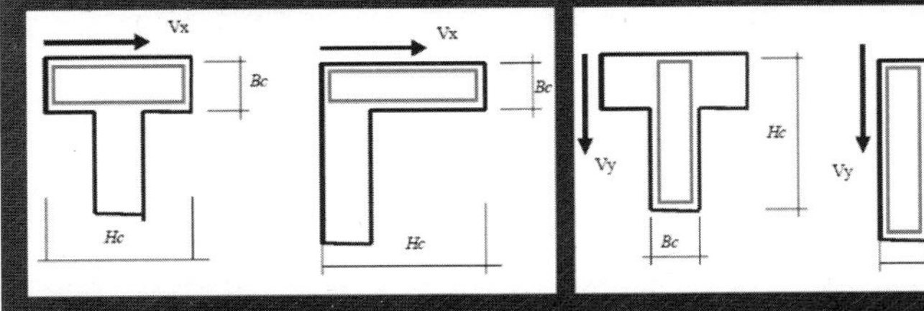

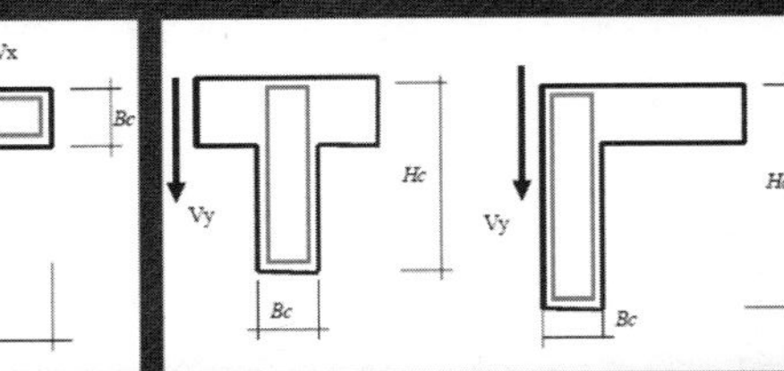
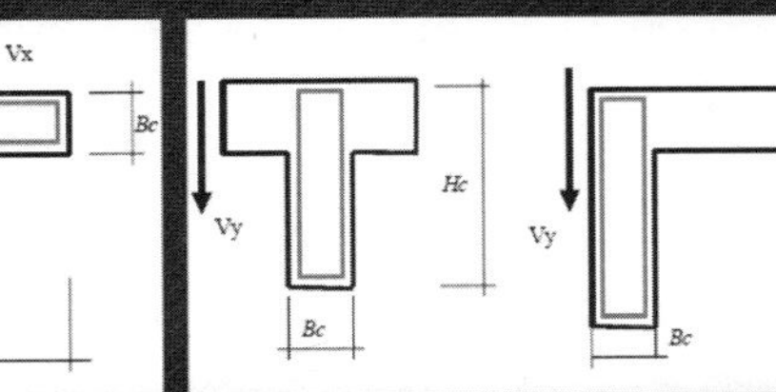
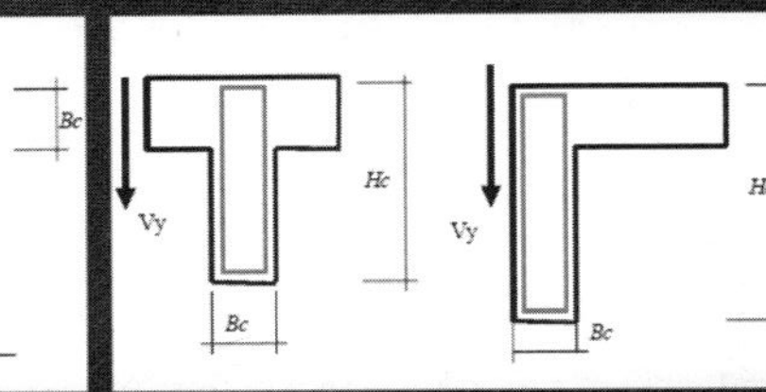
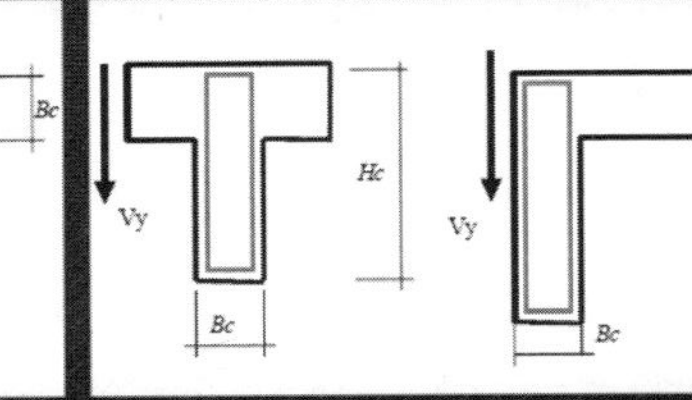
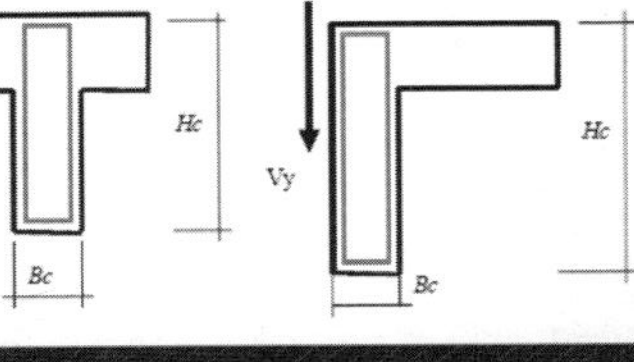
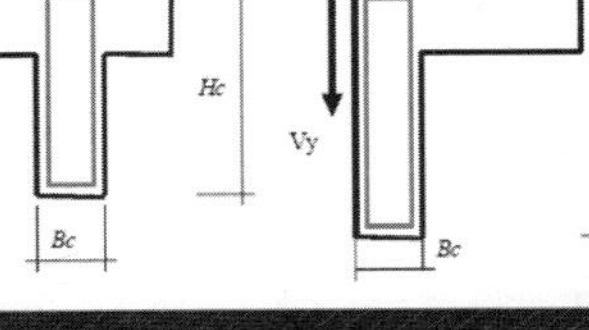

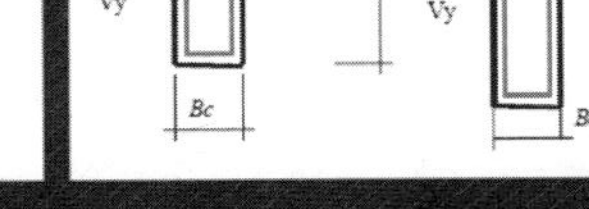

异形柱框架节点核心区受剪配筋计算

- 节点核心区受剪最小截面要求
  - 非地震作用组合：

$$V_j \le 0.24\zeta_f \zeta_h f_c b_j h_j$$

  - 地震作用组合：

$$V_j \le \frac{0.19}{\gamma_{RE}} \zeta_N \zeta_f \zeta_h f_c b_j h_j$$

- 节点核心区受剪承载力计算
  - 非地震作用组合：

$$A_{svj} = \frac{s}{f_y(h_{bo} - a_s^{'})}(V_j - 1.38(1 + \frac{0.3N}{f_c A})\zeta_f \zeta_h f_j b_j h_j)$$

  - 地震作用组合：

$$A_{svj} = \frac{s}{f_y(h_{bo} - a_s^{'})}(V_j - 1.1\zeta_N(1 + \frac{0.3N}{f_c A})\zeta_f \zeta_h f_j b_j h_j)$$

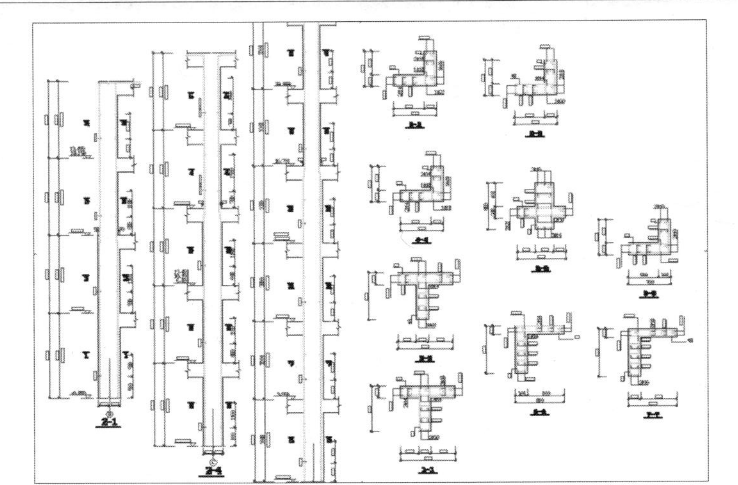

异形柱立剖面施工图

881 882
883 884

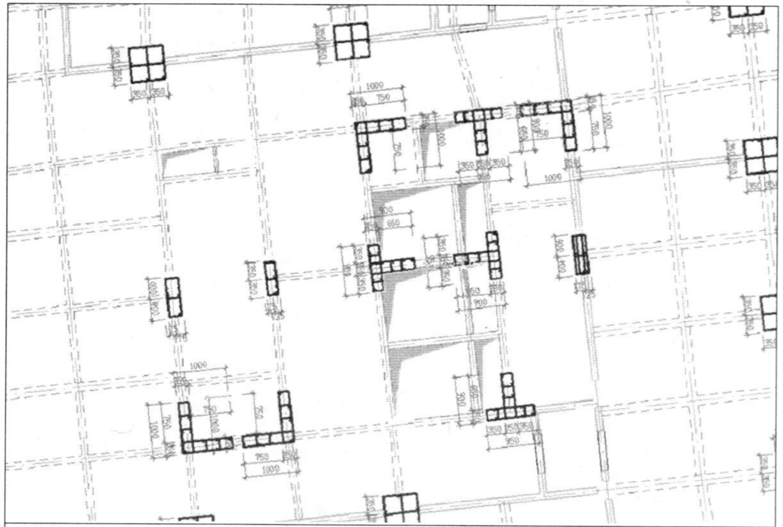

异形柱平法施工图

中国建筑科学研究院 China Academy of Building Research PKPM

P255

板柱—抗震墙结构（无梁楼盖）

China Academy of Building Research

中国建筑科学研究院 China Academy of Building Research PKPM

板柱-抗震墙结构的优点

- 板柱结构（无梁楼盖）常采用现浇后张预应力混凝土楼盖，是近年来发展迅速的新技术。
- 预应力混凝土楼盖种类：密肋板、空心板、夹层板。
- 无梁楼盖优点：增加有效楼层高度，地震效应小于层高较大的梁板建筑物，支模简单、楼面钢筋绑扎方便，管道铺设和设备安装方便，提高了施工速度。
- 板柱-抗震墙结构必须有剪力墙，实现四点支撑。
- 板柱-抗震墙结构广泛用于写字楼。

China Academy of Building Research

1、有限元法计算

- 《高规》5.3.3条规定，对平板无梁楼盖，在计算中应考虑板的面外刚度影响，其面外刚度可按有限元方法计算。
- 采用SATWE整体分析，定义无梁楼盖为弹性楼板6。
- 采用空心楼板时，应取实心楼板折算厚度。
- 建模时应布置100mm×100mm的虚梁，虚梁无刚度、无自重，不参与结构计算。
- 虚梁的作用：1、提供楼板的边界信息；2、传递上部结构的竖向荷载；3、为有限元计算时的单元的划分提供必要条件。

做整体分析设计的板柱结构

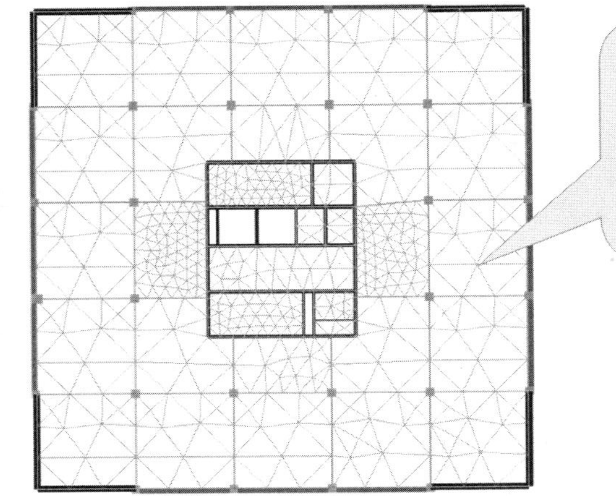

结构体系应设置为板柱—抗震墙结构

规范：《抗震规范》6.6.5条规定，板柱—抗震墙结构的抗震墙，应承担结构的全部地震作用，各层板柱部分应满足计算要求，并应能承担不少于各层全部地震作用的20%。

实现：SATWE软件增加了“板柱剪力墙结构”，程序按规范要求调整：地震作用剪力墙承担100%，框架承担20%，但最大调整5倍。

注意：1）查看计算书中输出的墙、柱倾覆弯矩值

2）有支撑的钢结构可设定为框剪结构

2、等代框架梁法计算

- 《抗震规范》6.6.6条规定，板柱结构在地震作用下按等代平面框架分析时，其等代梁的宽度宜采用垂直于等代平面框架方向柱距的50%。
- 执行混凝土升板规范(GBJ 130-90)的有关规定
- 确定等代框架梁的截面，如取柱距的1/2为等代梁宽，布置在无梁楼盖上，等代梁的计算结果即为板带的配筋。
- 建议板带宽度也可以采用柱宽+3倍板厚
- TAT可以采用等代框架梁法进行整体分析。

3、复杂楼板有限元分析程序SLABCAD

P256

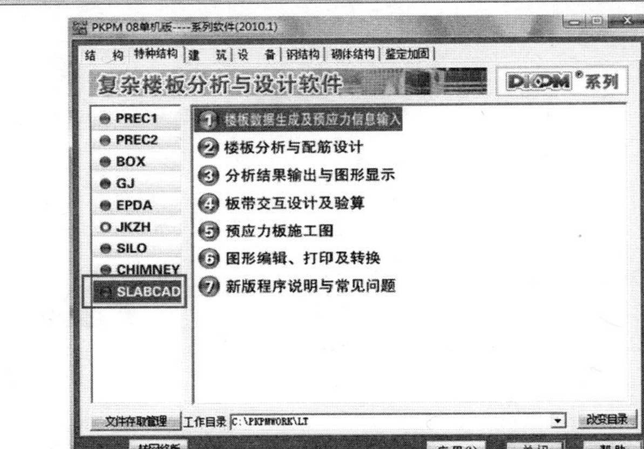

889 890
891 892

SLABCAD的主要功能

SLABCAD是专为多、高层建筑结构中各种复杂楼板的有限元分析与配筋设计而开发的，其分析对象是结构的某一层楼板或局部楼板。

- 板柱-剪力墙结构的楼板
- 厚板转换层结构的楼板
- 局部开大洞结构的楼板
- 地下室有人防设计要求的楼板
- 大开间的预应力楼板等

无梁楼盖
普通楼板
预应力楼盖
厚板
地下车库

SLABCAD的分析方式

- SLABCAD进行楼板分析有两种方式:

  1、 独立计算。直接读取PMCAD的楼层模型和恒、活荷载，把楼板从整体结构中剥离出来，作为一个单独构件分析计算;

  2 、接力计算。接力SATWE，把SATWE计算的各工况位移，作为SLABCAD中各荷载工况的已知位移，并考虑水平荷载对楼板的影响进行分析。

SLABCAD的主要功能

- 允许补充输入无梁楼盖的洞口和柱帽，修改板厚，输入支座沉降及约束条件。
- 对边界、洞口复杂的楼板进行有限元分析，配筋计算，及挠度验算。
- 对柱上板带、跨中板带作二次分析，考虑水平荷载的作用，进行配筋计算，裂缝验算和挠度验算。
- 对预应力楼板计算板带非预应力配筋、板带截面抗裂验算、挠度验算，及预应力楼板施工图设计。

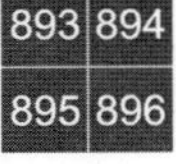

实例介绍

➢ 工程概况：某板柱体系结构，标准柱网8.4m×8.4m，无粘结预应力混凝土板厚450mm，抗震等级为2级。

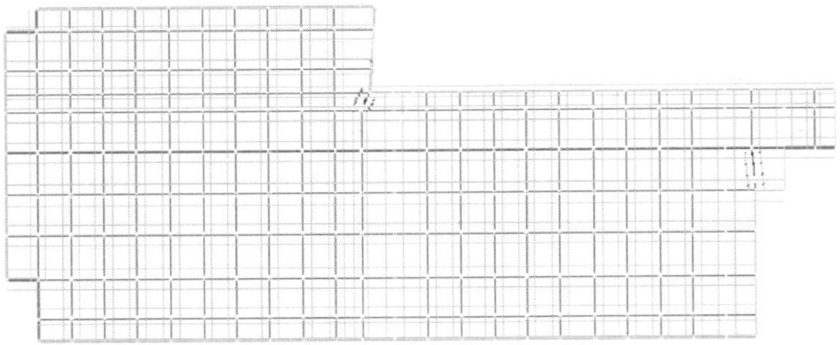

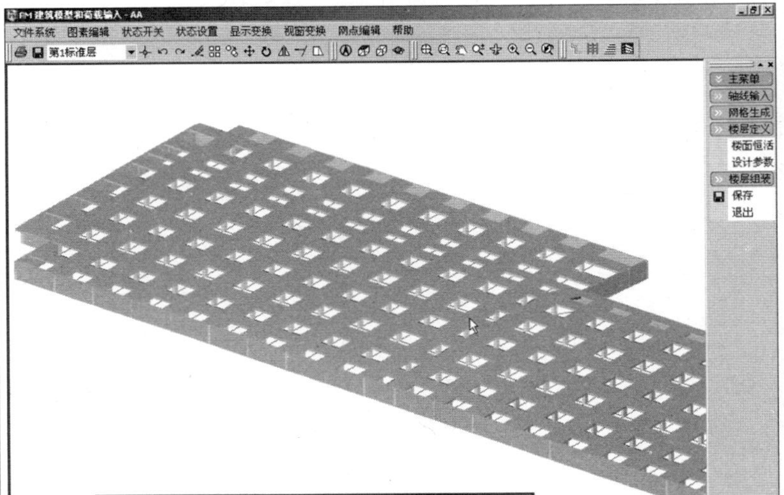

在PM中按照等代梁的宽度进行建模

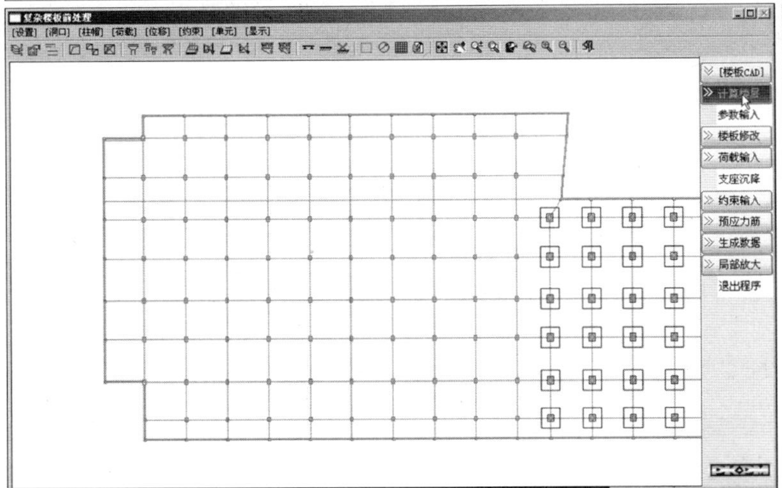

使用SLABCAD进行楼板的补充建模及有限元分析

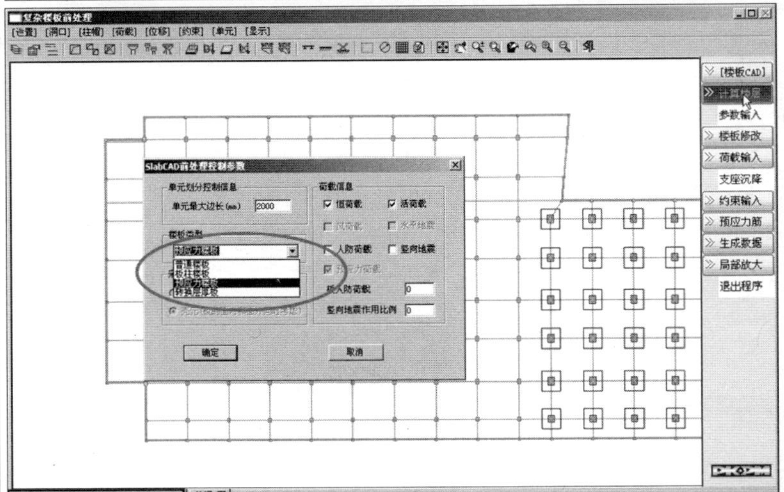

设置楼板类型

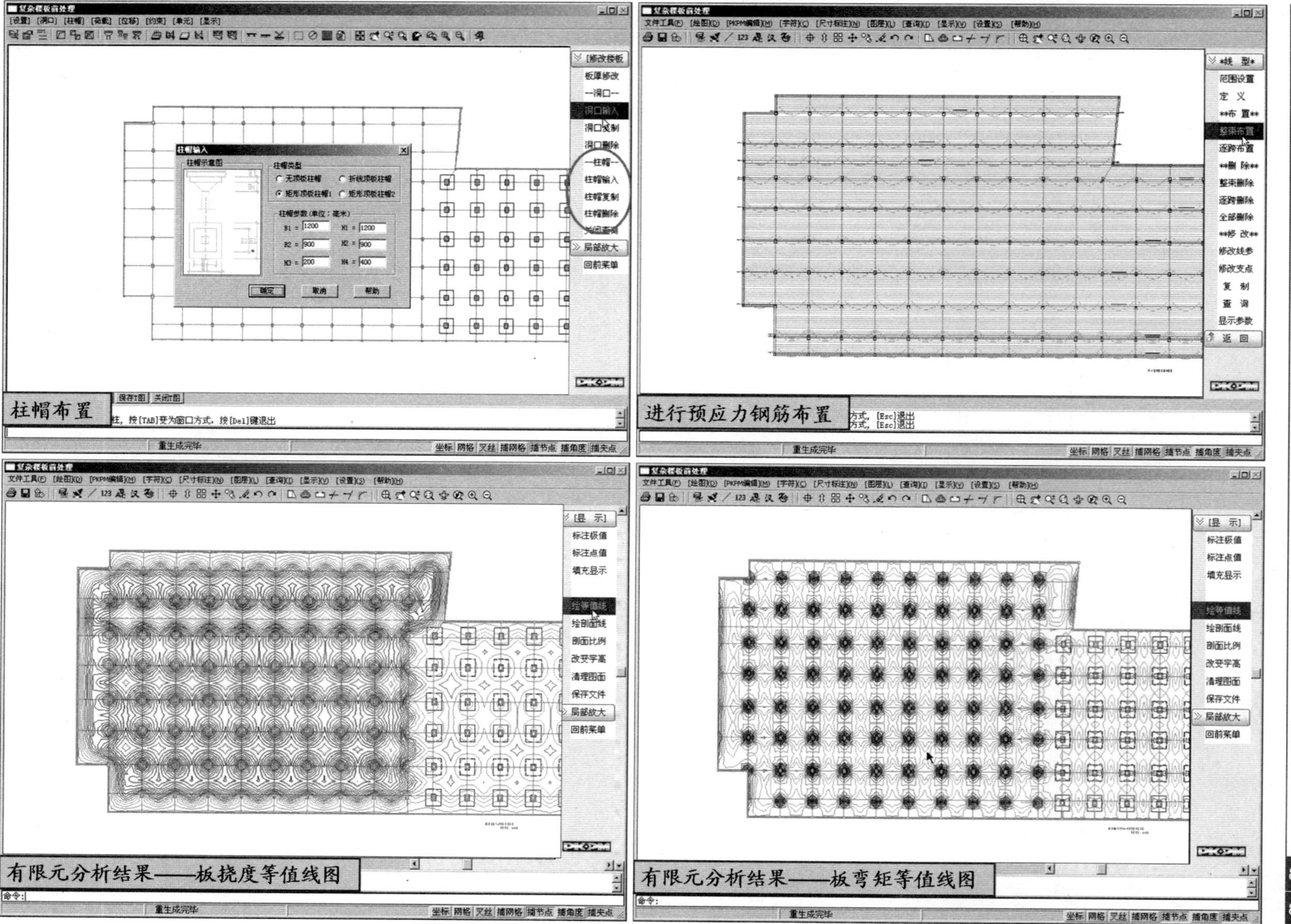

柱帽布置

进行预应力钢筋布置

有限元分析结果——板挠度等值线图

有限元分析结果——板弯矩等值线图

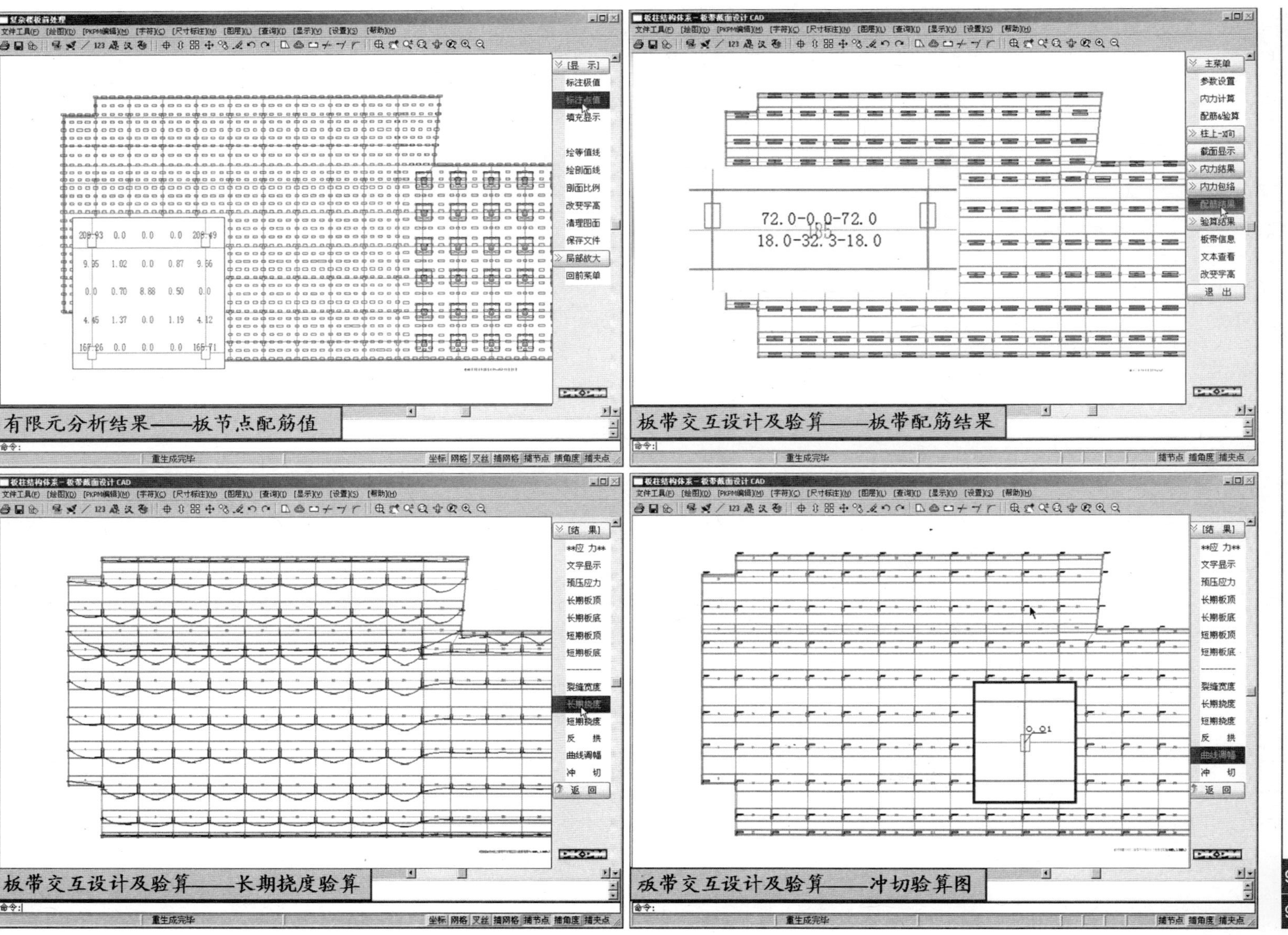
有限元分析结果——板节点配筋值
板带交互设计及验算——板带配筋结果
板带交互设计及验算——长期挠度验算
板带交互设计及验算——冲切验算图

板带交互设计及验算——裂缝验算图
板带交互设计及验算——板带信息查看
板带信息
一、板带几何材料信息
1. 板带编号 77
2. 板带位置 柱上板带
3. 板带方向 Y 向
4. 是否为预应力板带（0 非/1 是） 0
5. 板带长度 8400.0
6. 截面宽度 4200.0
7. 截面高度 450.0
8. 上保护层厚度 10
9. 下保护层厚度 10
10.混凝土强度等级 C 40
11.受拉强度等级 Fy = 210
12.受压强度等级 Fyc = 210
13.抗震等级 NFE = 2
14.本板带共有跨数 1
第 1 跨信息
(1).起始节点 46
(2).终止节点 47
(3).对应PM梁号 211
(4).是否为边跨(0是/1否) 1
(5).该跨划分的截面数 9
(6).对应的截面号： - 685 - 686 - 687 - 688 - 689 - 690 - 691 - 692 - 693
二、板带内力信息
说明：
M --- 表示板带各截面上的弯矩
板带交互设计及验算——文本信息查看
第 1层楼板截面设计和验算结果
一 设计参数
(一)材料参数
1.混凝土 ：C20.0, fc= 9.6Mpa, ftk=1.54Mpa
2.普通钢筋：fy=210.Mpa, fyp=300.Mpa
3.预应力筋：无粘结低松弛 , fptk=1860Mpa, fpy=1320Mpa
(二)计算方法
1.考虑外荷载产生的轴力
2.考虑侧向约束产生的预应力次轴力
(三)应力验算参数
1.标准组合拉应力限制系数：0.40 标准组合(即短期)下的拉应力限值(MPa)：1.54
准永久组合(即长期)拉应力限制系数：1.00 准永久组合下的限值(MPa)：0.62
2.活荷载准永久系数：0.5
3.压应力限值与砼抗压强度之比：0.5 压应力限值大小(MPa) -4.78
4.最大平均预压应力(MPa)：3.50，最小平均预压应力(MPa)： 1.00
5.预应力板带裂缝控制等级： 1 非预应力板带裂缝控制宽度(mm)： 0.20
2.柱上板带板端预应力强度比限值(λ)：0.75
3.柱上板带板端纵向受拉钢筋换算最大配筋率(%bh)：2.50
预应力钢筋线形定位图

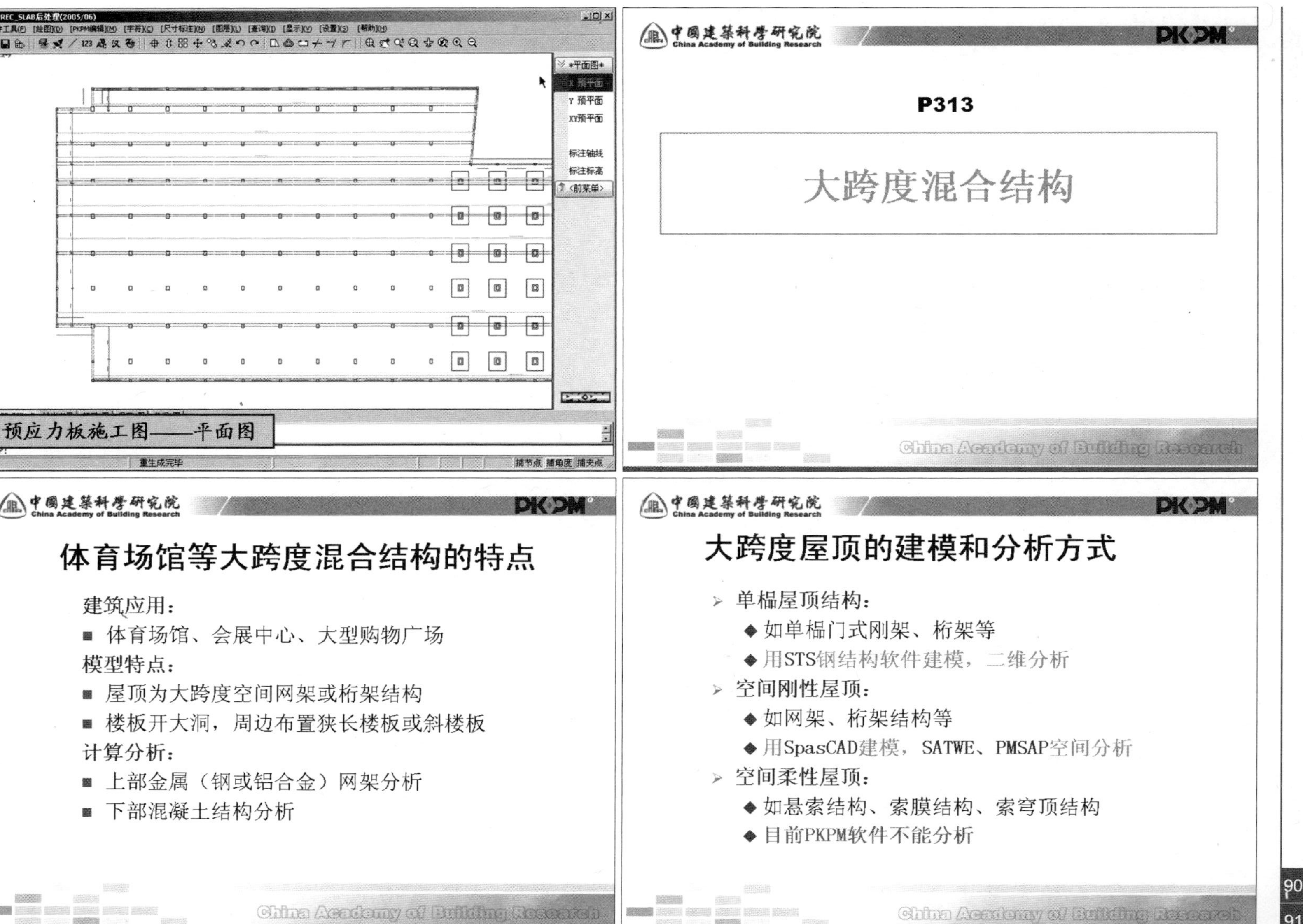

909 910
911 912

空间网架结构的简化设计

- 目前设计单位的通行做法：
  - 将网架部分与主体结构分开
  - 网架公司设计网架，提供竖向和水平等内力
  - 设计人员将网架内力输入到柱顶，进行主体分析
- 采用MSGS等网架分析软件
  - 计算网架各支撑点的反力（轴力、剪力及弯矩）
  - 按集中荷载输入到各框架梁和柱上
- 模型简化存在的问题：
  - 难以考虑网架刚度对整体结构和地震作用的影响
  - 难以考虑网架与竖向杆件的真实连接关系

考虑网架刚度的常见做法：

1、可以简化为二维结构，近似按刚性杆设计
布置刚性杆
2、假设网架完全刚性，近似按刚性板假定设计
布置楼板
3、忽略网架刚度，近似按屋顶楼板开洞设计
布置板洞
4、将网架等代为钢梁，近似按钢梁屋顶设计
布置钢梁
5、按网架建模，整体建模，整体计算
布置三维网架

第一种方式：用刚性杆代替网架

第二种方式：用楼板代替网架

- 具体做法：
  - 假设网架完全刚性，按刚性楼板假定设计
  - 以楼板自重代替网架自重
  - 简单方便
- 存在问题：
  - 网架刚度被放大
  - 网架与柱顶的铰接、滑动支座关系不能设定
  - 无法考虑网架对结构周期、位移、内力的影响
  - 计算误差大

913 914
915 916

917 918
919 920

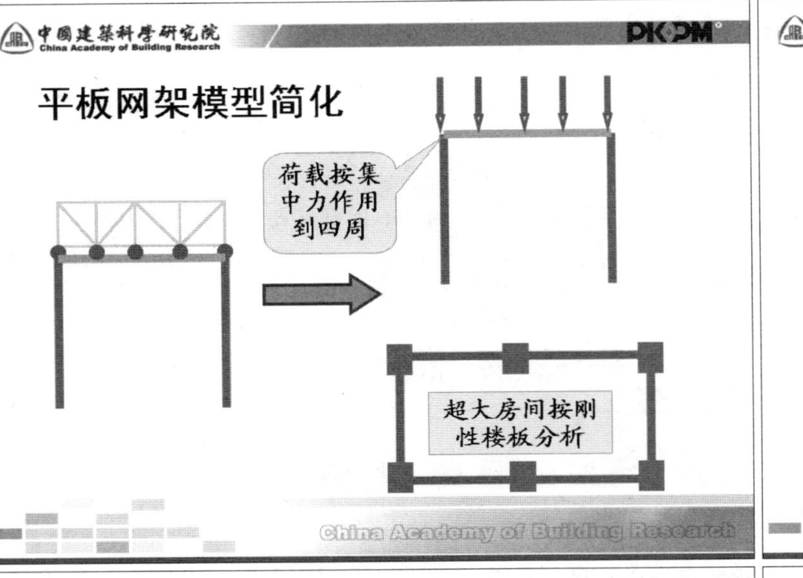

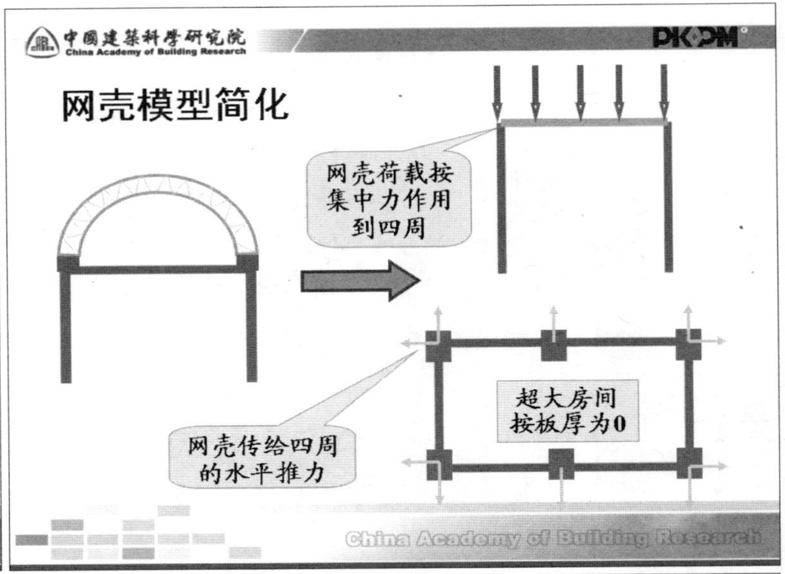

中国建筑科学研究院 China Academy of Building Research PKPM

网壳模型简化

网壳荷载按
集中力作用
到四周

超大房间
按板厚为0

网壳传给四周
的水平推力

China Academy of Building Research

中国建筑科学研究院 China Academy of Building Research PKPM

第三种方式：用开洞楼板代替网架

- 具体做法：
  - ◆ 忽略网架刚性，按屋顶楼板开洞（板厚0）计算
  - ◆ 以楼板荷载代替网架自重
  - ◆ 简单方便
- 存在问题：
  - ◆ 网架刚度被缩小，柱顶缺少水平约束
  - ◆ 网架与柱顶的铰接、滑动支座关系不能设定
  - ◆ 无法考虑网架对结构周期、位移、内力的影响
  - ◆ 计算误差大

China Academy of Building Research

中国建筑科学研究院 China Academy of Building Research PKPM

第四种方式：用钢梁等代网架

- 具体做法：
  - ◆ 将网架按惯性矩换算成近似的钢梁输入
  - ◆ 输入网架对框架产生的荷载
  - ◆ 钢梁的支座可以设置铰接和滑动
  - ◆ 近似考虑网架对结构周期、位移、内力的影响
- 存在问题：
  - ◆ 等代钢梁截面的确定
  - ◆ 混凝土等代梁问题
  - ◆ 计算结果误差不大

China Academy of Building Research

钢梁等代网架分析实例

某体育馆工程：

- 主体为框架剪力墙结构，地上4层，顶部采用曲面网架结构
- 抗震设防烈度8度，地震基本加速度0.3g，场地土二类
- 考虑水平和竖向地震作用，阻尼比取0.05

网架等代成钢梁后，周期和位移计算结果如表所示：

结构类型	周期			最大位移	
	T1	T2	T3	X	Y
网架结构	0.143	0.133	0.121	2.061	1.407
钢梁结构	0.139	0.125	0.117	1.795	0.990

1、从表中数据可以看出，按网架的最大竖向位移进行等代，没有比较水平位移，但将网架简化成钢梁后，结构的周期和位移比较接近。

2、大开洞楼板宜设置为弹性膜 。

3、注意避免网架自重重复计算。

4、检查振型图，如有局部振动应调整。

5、从各层平面中选择四根角柱的位移值，作为计算结构位移比和层间位移角的数据。

第五种方式：SpasCAD建模

1、向网架公司索要AutoCAD三维网架模型图（或自行建立网架模型）

2、执行SpasCAD【导入AutoCAD网格线】命令，将三维网架模型导入SpasCAD

3、在SpasCAD中输入杆件和荷载，完成网架建模

4、导入PMCAD的主体模型

5、将网架模型与主体模型拼接，设置支座属性

6、由SATWE或PMSAP软件进行整体结构计算分析

工程实例：带波浪形网架的体育馆分析方法

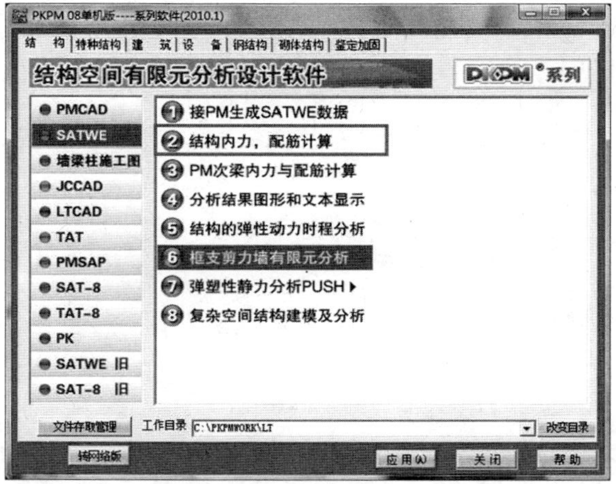

接SATWE三维计算分析

波浪形网架空间分析

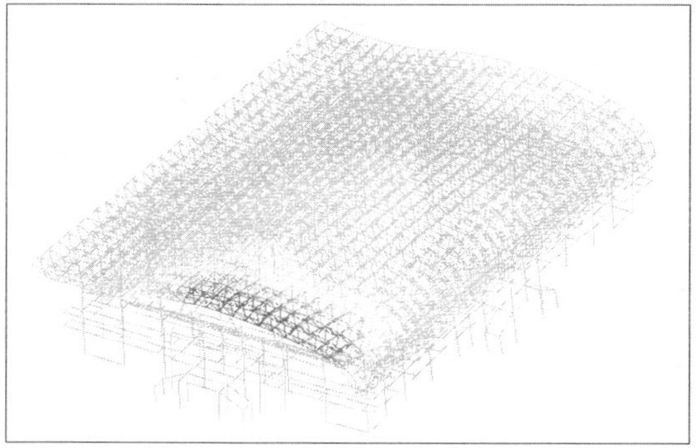

SATWE动态云斑图

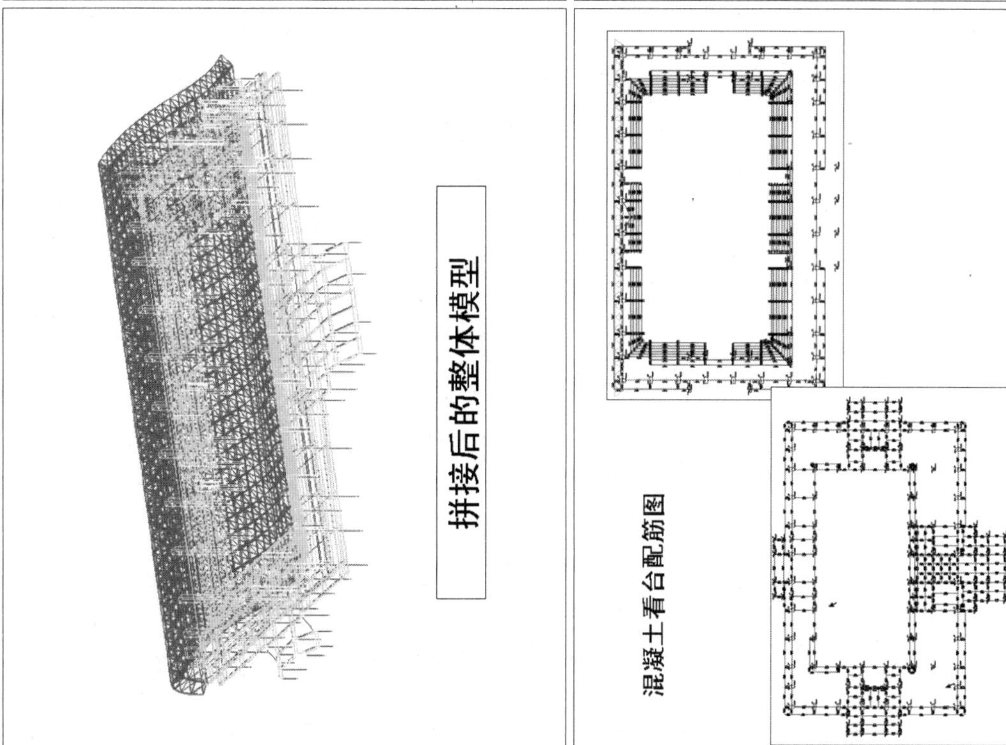

拼接后的整体模型

混凝土看台配筋图

SATWE配筋简图

第四篇
基础工程设计与分析

929 930
931 932

中国建筑科学研究院 China Academy of Building Research　PKPM

第四篇

基础工程设计与分析

中国建筑科学研究院 China Academy of Building Research　PKPM

第2天下午讲课内容

- 各类基础设计与分析
- 集体答疑

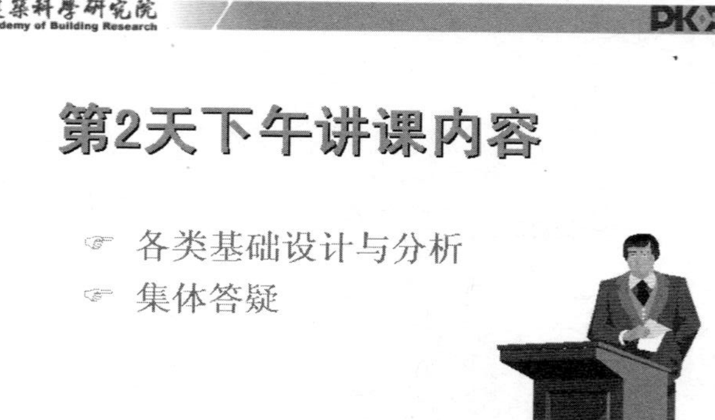

China Academy of Building Research

中国建筑科学研究院 China Academy of Building Research　PKPM

设计规范

- 《建筑结构荷载规范》GB50009-2001（2006年版）
- 《建筑抗震设计规范》GB50011-2001（2008年版）
- 《混凝土结构设计规范》GB50010-2002
- 《建筑地基基础设计规范》GB50007-2002
- 《高层建筑混凝土结构技术规程》JGJ3-2002
- 《人民防空地下室设计规范》GB50038-2003
- 《建筑地基处理技术规范》JGJ79-2002
- 《高层建筑箱形与筏形基础技术规范》JGJ6-99
- 《建筑桩基技术规范》JGJ94-2008
- 上海市《地基基础设计规范》

China Academy of Building Research

中国建筑科学研究院 China Academy of Building Research　PKPM

JCCAD基础类型

- 墙下条形基础
- 柱下独立基础
- 弹性地基梁基础（肋梁、桩格梁）
- 桩基础（承台桩、非承台桩）
- 筏板基础（平板、肋板、桩筏板）

各类混合基础与组合基础

China Academy of Building Research

P139

专题20　地质资料输入

JCCAD继承上部结构信息接力运行

- 读取上部轴线、柱墙信息
- 读取上部软件生成的荷载信息
- 读取上部结构刚度对基础的影响
- 读取上部软件生成的柱插筋信息
- 08版读取上部结构支座信息
- 08版桩承台和筏板读取SATWE人防荷载
- 08版独基、桩承台读取吊车荷载

有些上部信息不能接力传递：

- 活荷载按楼层折减系数
- 温度荷载、特殊风荷载等

规范的基础分类

《基础规范》第8章有关规定：

1、无筋扩展基础
　1）墙下条形基础——条基（砌体墙）
　2）柱下独立基础——独基
2、扩展基础
　1）柱下钢筋混凝土独立基础——独基
　2）墙下钢筋混凝土条形基础——地梁（剪力墙）
3、柱下条形基础——(弹性)地梁
4、高层建筑筏形基础
　1）梁板式筏板——梁筏板
　2）平板式筏板——平筏板
5、桩基础——承台桩、非承台桩
　1）摩擦型桩　　2）端承型桩

JCCAD的基础分类

1、柱下独立基础
　—独基
2、砌体墙下条形基础
　—条基
3、剪力墙或柱下条形基础
　—地梁
4、柱、墙下平筏板或 梁筏板
　—筏基
5、柱、墙、板下桩基础
　—桩基

937 938
939 940

地 勘 报 告

规定：《建设工程质量管理条例》（国务院令第279号）第63条规定：**设计单位未根据勘查成果文件进行工程设计的，责令改正，处10万元以上30万元以下的罚款。**

《基础规范》3.0.3条规定，**地基基础设计前应进行岩土工程勘察。**

《住宅建筑设计规范》6.1.4规定，**住宅设计应取得合格的岩土工程勘察文件。**

注意：

不允许无地质勘查报告进行工程设计

地 质 资 料

规范：

《基础规范》4.2.1条规定，土的工程特性指标应包括强度指标、压缩性指标以及静力触探探头阻力，标准贯入试验锤击数、荷载试验承载力等其他特性指标。

实现：

- 输入各勘测孔竖向土层厚度及物理参数
- 输入勘测孔口标高
- 输入水头高度
- 输入勘测孔平面相对坐标

地质资料输入步骤

命名文件名 → 输入标准孔点土厚度 → 布置其他孔点 → 修改各孔点土厚度 → 形成网格 → 结束退出

形成网格 → 显示土层图，单桩承载力 → 结束退出

孔口土层输入

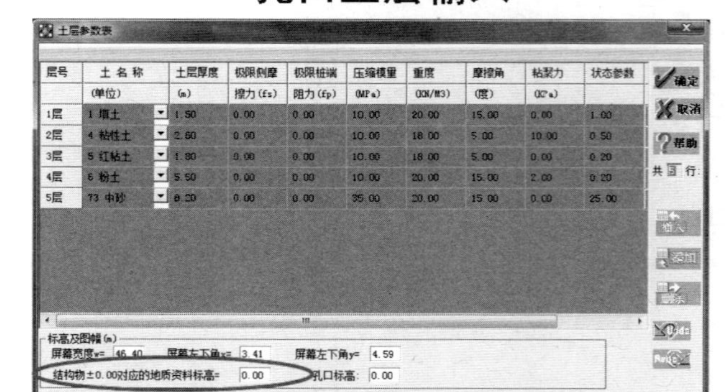

结构物±0.00对应的地质资料标高：

为0，是结构标高（相对标高）－与地面最接近的楼层标高

非0，是海拔高度（绝对标高）－黄海平均海平面的绝对高程

输入地质资料注意事项

- 摩擦桩基础需要输入全部5个参数
- 基础沉降计算仅需要输入压缩模量1个参数
- 允许输入相同的土层名称，但土参数不同
- 各孔点土层数量应相同，允许土层厚度为0（如夹层处）
- 各孔位按相对座标，米为单位输入
- 输入地下水位标高，地质资料中的土重度改为浮重度
- 程序自动将各孔点用三角网格线连接，网线不应交叉和重叠（否则应人工修改），程序用插值原理计算土层
- 输入地质资料后，可以完成单桩承载力试算，显示土层孔点柱状图、剖面图、等高线图、水头图等。

CCTV新址土层断面图

动态拖动孔点编辑方式

- 08版先输入标准孔点土层，再编辑各孔点土层
- 可用两种方式显示孔点土层信息：
  - 孔点柱状图
  - 孔点剖面图
- 【动态编辑】：在屏幕上用动态拖动方式修改孔点土层，形象直观。

用动态拖动方式修改土层标高和厚度

单桩承载力试算

- 设定单桩参数:
  桩的类型、尺寸、位置
- 计算各持力层土的承载力
  - 竖向力承载
  - 水平承载力
  - 竖向抗拔力
- 桩长和桩承载力互算

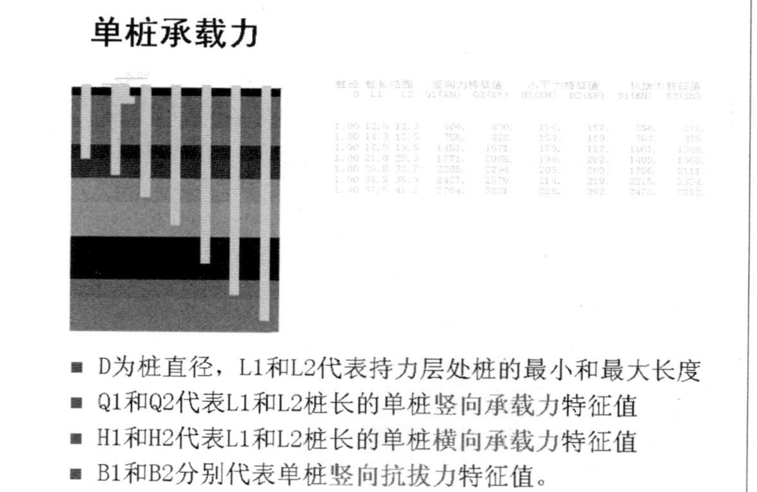

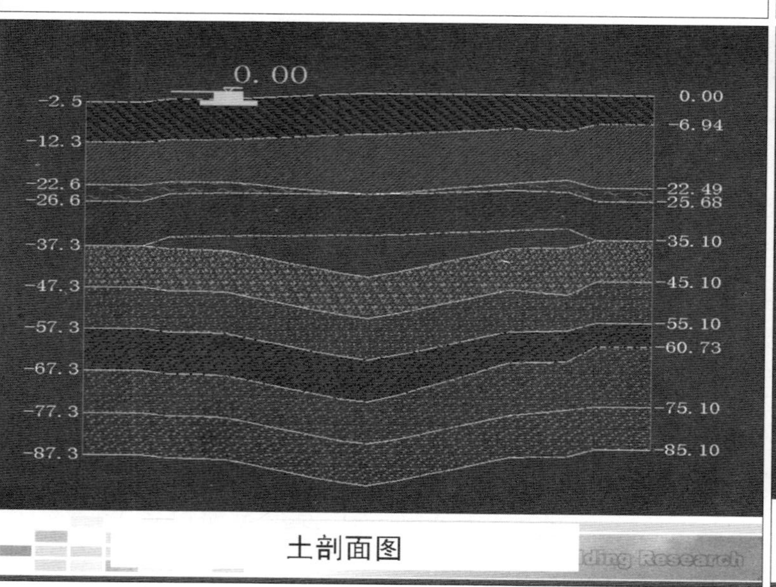

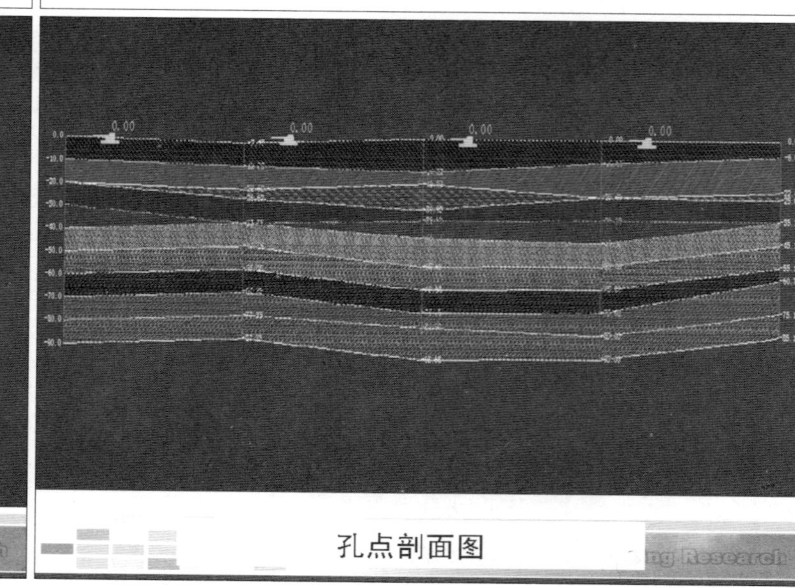

949 950
951 952

-20.0
-20.0
-22.6
-19.0
-17.8
-25.0
-22.0 -21.0 -20.0
-17.5
-22.5

土层等高线

P145

专题21 基础荷载组合

基础荷载组合类型

根据《荷载规范》程序生成三类荷载组合：

- 基本组合，相当于旧规范的设计荷载
- 标准组合，相当于旧规范的标准荷载
- 准永久组合，相当于旧规范的准永久荷载

其他荷载：

- 人防荷载
  - 独基、条基、地梁、承台桩使用人防顶板等效静荷载
  - 筏板基础应该使用人防底板等效静荷载设计
- 附加荷载

1. 基本组合

- 《混凝土规范》2.1.22条规定，基本组合：承载能力极限状态计算时，永久荷载和可变荷载的组合。
- 《基础规范》3.0.4条规定，在确定基础或桩台高度、支挡结构截面、计算基础或支挡结构内力、确定配筋和验算材料强度时，上部结构传来的荷载效应组合和相应的基底反力，应按承载能力极限状态下荷载效应的基本组合。
- 《荷载规范》3.2.3条用于基础内力和配筋计算的公式：

可变荷载控制 $S=\gamma_G S_{Gk}+\gamma_{Q1}S_{Q1k}+\sum_{i=2}^{n}\gamma_{Qi}\psi_{ci}S_{Qik}$

永久荷载控制 $S=\gamma_G S_{Gk}+\sum_{i=1}^{n}\gamma_{Qi}\psi_{ci}S_{Qik}$

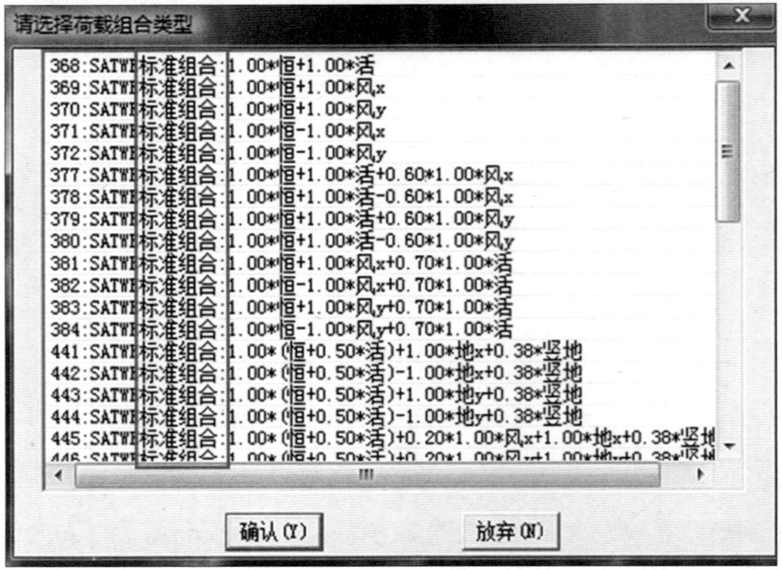

953 954

955 956

基本组合分项系数取值

《荷载规范》3.2.5条规定基本组合分项系数：

- γG 取值为：
  - ◆ 对结构有利取1.0
  - ◆ 抗浮计算取0.9
  - ◆ 永久荷载控制的组合取1.35
  - ◆ 其他取1.2
- 可变荷载分项系数取值为：
  - ◆ 一般取1.4
  - ◆ 标准值大于4kN/m²的工业房屋楼面结构的活荷载取1.3

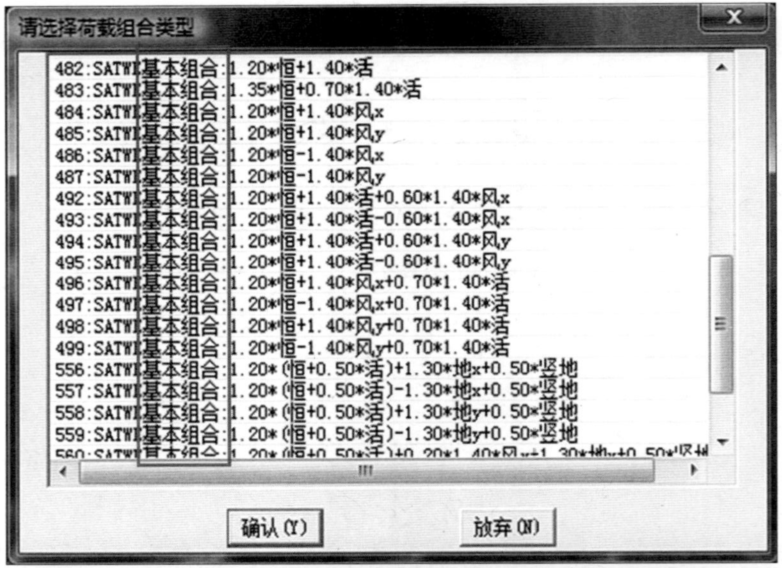

请选择荷载组合类型

482:SATWE基本组合:1.20*恒+1.40*活
483:SATWE基本组合:1.35*恒+0.70*1.40*活
484:SATWE基本组合:1.20*恒+1.40*风x
485:SATWE基本组合:1.20*恒+1.40*风y
486:SATWE基本组合:1.20*恒-1.40*风x
487:SATWE基本组合:1.20*恒-1.40*风y
492:SATWE基本组合:1.20*恒+1.40*活+0.60*1.40*风x
493:SATWE基本组合:1.20*恒+1.40*活-0.60*1.40*风x
494:SATWE基本组合:1.20*恒+1.40*活+0.60*1.40*风y
495:SATWE基本组合:1.20*恒+1.40*活-0.60*1.40*风y
496:SATWE基本组合:1.20*恒+1.40*风x+0.70*1.40*活
497:SATWE基本组合:1.20*恒-1.40*风x+0.70*1.40*活
498:SATWE基本组合:1.20*恒+1.40*风y+0.70*1.40*活
499:SATWE基本组合:1.20*恒-1.40*风y+0.70*1.40*活
556:SATWE基本组合:1.20*(恒+0.50*活)+1.30*地x+0.50*竖地
557:SATWE基本组合:1.20*(恒+0.50*活)-1.30*地x+0.50*竖地
558:SATWE基本组合:1.20*(恒+0.50*活)+1.30*地y+0.50*竖地
559:SATWE基本组合:1.20*(恒+0.50*活)-1.30*地y+0.50*竖地

确认(Y) 放弃(N)

2. 标准组合

- 《混凝土规范》2.1.23条规定，标准组合：正常使用极限状态验算时，对可变荷载采用标准值、组合值为荷载代表值的组合。
- 《基础规范》3.0.4条规定，按地基承载力确定基础底面积及埋深或按单桩承载力确定桩数时，传至基础或承台底面上的荷载效应应按正常使用极限状态下荷载效应的标准组合。
- 《荷载规范》3.2.8条用于地基承载力和裂缝计算的公式：

$$S_k = S_{Gk} + S_{Q1k} + \sum_{i=2}^{n} \psi_{ci} S_{Qik}$$

注意：包含地震作用的标准组合由软件自动生成：
恒+0.5活+水平地震+0.38竖向地震+0.2风

请选择荷载组合类型

368:SATWE标准组合:1.00*恒+1.00*活
369:SATWE标准组合:1.00*恒+1.00*风x
370:SATWE标准组合:1.00*恒+1.00*风y
371:SATWE标准组合:1.00*恒-1.00*风x
372:SATWE标准组合:1.00*恒-1.00*风y
377:SATWE标准组合:1.00*恒+1.00*活+0.60*1.00*风x
378:SATWE标准组合:1.00*恒+1.00*活-0.60*1.00*风x
379:SATWE标准组合:1.00*恒+1.00*活+0.60*1.00*风y
380:SATWE标准组合:1.00*恒+1.00*活-0.60*1.00*风y
381:SATWE标准组合:1.00*恒+1.00*风x+0.70*1.00*活
382:SATWE标准组合:1.00*恒-1.00*风x+0.70*1.00*活
383:SATWE标准组合:1.00*恒+1.00*风y+0.70*1.00*活
384:SATWE标准组合:1.00*恒-1.00*风y+0.70*1.00*活
441:SATWE标准组合:1.00*(恒+0.50*活)+1.00*地x+0.38*竖地
442:SATWE标准组合:1.00*(恒+0.50*活)-1.00*地x+0.38*竖地
443:SATWE标准组合:1.00*(恒+0.50*活)+1.00*地y+0.38*竖地
444:SATWE标准组合:1.00*(恒+0.50*活)-1.00*地y+0.38*竖地
445:SATWE标准组合:1.00*(恒+0.50*活)+0.20*1.00*风x+1.00*地x+0.38*竖地

确认(Y) 放弃(N)

3. 准永久组合

- 《混凝土规范》2.1.24条规定，准永久组合：正常使用极限状态验算时，对可变荷载采用准永久值为荷载代表值的组合。
- 《基础规范》3.0.4条规定，计算地基变形时，传至基础底面上的荷载效应应按正常使用极限状态下荷载效应的准永久组合。
- 《荷载规范》3.2.10条用于地基沉降计算及重心校核公式：

$$S = S_{Gk} + \sum_{i=1}^{n} \psi_{qi} S_{Qik}$$

请选择荷载组合类型

446:SATWE标准组合:1.00*(恒+0.50*活)+0.20*1.00*风y+1.00*地y+0.38*竖地
447:SATWE标准组合:1.00*(恒+0.50*活)-0.20*1.00*风x-1.00*地x+0.38*竖地
448:SATWE标准组合:1.00*(恒+0.50*活)-0.20*1.00*风y-1.00*地y+0.38*竖地
481:SATWE准永久组合:1.00*恒+0.50*活
482:SATWE基本组合:1.20*恒+1.40*活
483:SATWE基本组合:1.35*恒+0.70*1.40*活
484:SATWE基本组合:1.20*恒+1.40*风x
485:SATWE基本组合:1.20*恒+1.40*风y
486:SATWE基本组合:1.20*恒-1.40*风x
487:SATWE基本组合:1.20*恒-1.40*风y
492:SATWE基本组合:1.20*恒+1.40*活+0.60*1.40*风x
493:SATWE基本组合:1.20*恒+1.40*活-0.60*1.40*风x
494:SATWE基本组合:1.20*恒+1.40*活+0.60*1.40*风y
495:SATWE基本组合:1.20*恒+1.40*活-0.60*1.40*风y
496:SATWE基本组合:1.20*恒+1.40*风x+0.70*1.40*活
497:SATWE基本组合:1.20*恒-1.40*风x+0.70*1.40*活
498:SATWE基本组合:1.20*恒+1.40*风y+0.70*1.40*活
499:SATWE基本组合:1.20*恒-1.40*风y+0.70*1.40*活
556:SATWE基本组合:1.20*(恒+0.50*活)+1.30*地y+0.50*竖地

确认(Y) 放弃(N)

荷载选用原则

- 分散基础（独基和桩承台）
  - 可以是非同工况荷载，应选尽量多的荷载组合：PK，TAT，SATWE，PMSAP
- 整体基础（地梁、筏基）
  - 选同工况荷载：PM，TAT，SATWE，PMSAP
- 墙下条基
  - 采用PM荷载、砖混荷载
- 增加"单工况值"功能，可以选择恒载、地震荷载等显示在图中。

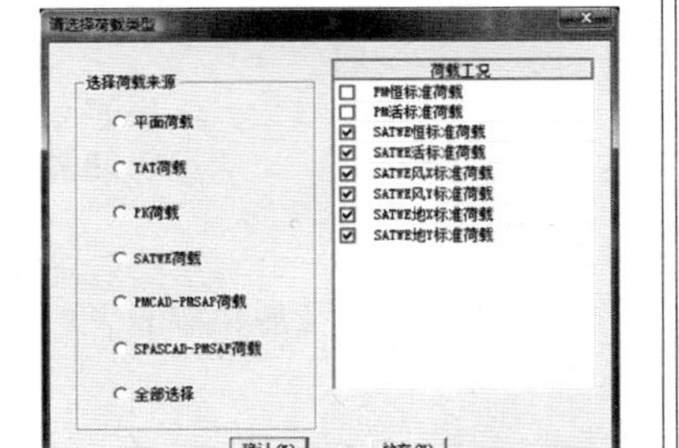

中国建筑科学研究院 China Academy of Building Research PKPM

砌体荷载与PM荷载的对比 P148

- 节点荷载：
  - 砌体荷载：无节点荷载，荷载均布在墙上
  - PM荷载：有节点荷载
- 梁传来的集中力处理：
  - 砌体荷载：不论有无构造柱，集中力均布在墙上
  - PM荷载：有构造柱时将集中力直接传到基础，无构造柱时均布在该墙段上
- 荷载大小：
  - 砌体荷载：同一轴线上的连续墙体荷载相同
  - PM荷载：一般不同，适用于楼层不同高度建筑

China Academy of Building Research

中国建筑科学研究院 China Academy of Building Research PKPM

砌体墙下条基中不生成独基的方法

■ 采用PM恒活荷载

◆ [v] 分配无柱节点荷载

选择该项，程序将墙间无柱节点荷载或无基础柱上的节点荷载分配到周围墙线上

◆【无基础柱】：

用围区指定不生成独基的范围

注意：两条命令须配合使用

■ 采用砌体荷载

没有节点荷载，不会生成独基

China Academy of Building Research

荷载组合参数设置

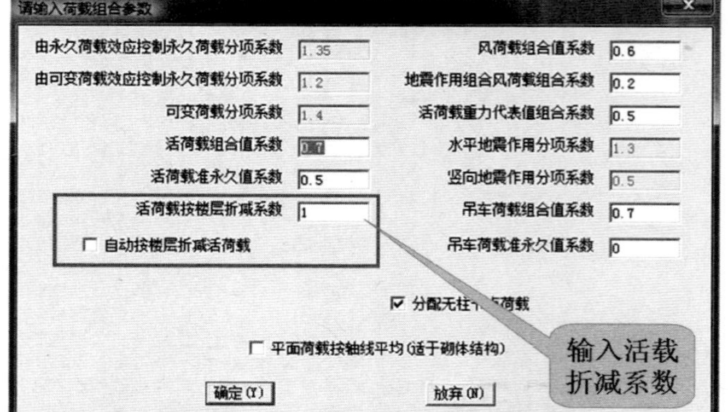

楼面均布活荷载组合系数

■ 《荷载规范》4.1.1条规定，民用建筑楼面均布活荷载的标准值及其组合值、频遇值和准永久值系数，应按表4.1.1的规定采用。

类别	标准值(kN/m²)	组合值系数ψ_c	频遇值系数ψ_f	准永久值系数ψ_q
住宅、宿舍、办公楼 教室、实验室、会议室	2.0	0.7	0.5 0.6	0.4 0.5
食堂、餐厅	2.5	0.7	0.6	0.5
礼堂、剧场、影院	3.0	0.7	0.5	0.5
商店、车站、机场大厅	3.5	0.7	0.6	0.3
健身房、舞厅	4.0	0.7	0.6	0.5
书库、档案库	5.0	0.9	0.9	0.8

活荷载按楼层折减系数

请输入荷载组合参数

由永久荷载效应控制永久荷载分项系数 1.35
由可变荷载效应控制永久荷载分项系数 1.2
可变荷载分项系数 1.4
活荷载组合值系数 0.7
活荷载准永久值系数 0.5
活荷载按楼层折减系数 1
自动按楼层折减活荷载
风荷载组合值系数 0.6
地震作用组合风荷载组合系数 0.2
活荷载重力代表值组合系数 0.5
水平地震作用分项系数 1.3
竖向地震作用分项系数 0.5
吊车荷载组合值系数 0.7
吊车荷载准永久值系数 0
分配无柱节点荷载
平面荷载按轴线平均(适于砌体结构)
确定(Y) 放弃(N)

输入活载折减系数

中國建築科學研究院 China Academy of Building Research PKPM

活荷载折减系数讨论

设计楼面梁、墙、柱及基础时活荷载折减

《荷载规范》要求从两个方面考虑活荷载折减：

1、楼面梁

2、墙、柱、基础

PKPM软件有三次活荷载折减参数设置机会：

- PMCAD建模软件参数设置
- SATWE、TAT等计算软件前处理参数设置
- JCCAD基础软件参数设置

China Academy of Building Research

1、设计楼面梁时的活荷折减系数

《荷载规范》4.1.2条规定，

1、设计楼面梁时的折减系数：

1）第1（1）项当楼面梁从属面积超过25m²时，应取0.9；

2）第1（2）－7项当楼面梁从属面积超过50m²时应取0.9；

……

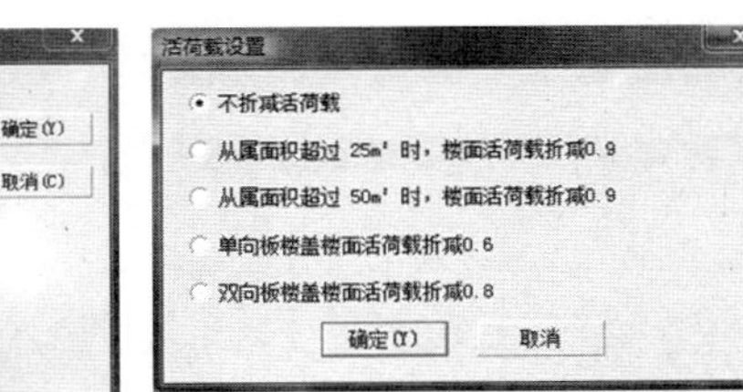

PMCAD建模对话框

2、设计墙，柱和基础时的活荷折减系数

《荷载规范》4.1.2条规定，

2、设计墙、柱和基础时的折减系数：

1）第1（1）项应按表4.1.2规定采用；

2）第1（2）－7项应采用与楼面梁相同的折减系数；

……

表4.1.2　　活荷载按楼层的折减系数

计算截面以上的层数	1	2~3	4~5	6~8	9~20	>20
总活荷载的折减系数	1.00	0.85	0.70	0.65	0.60	0.55

中國建築科學研究院 China Academy of Building Research PKPM

柱、墙和基础的活荷折减系数

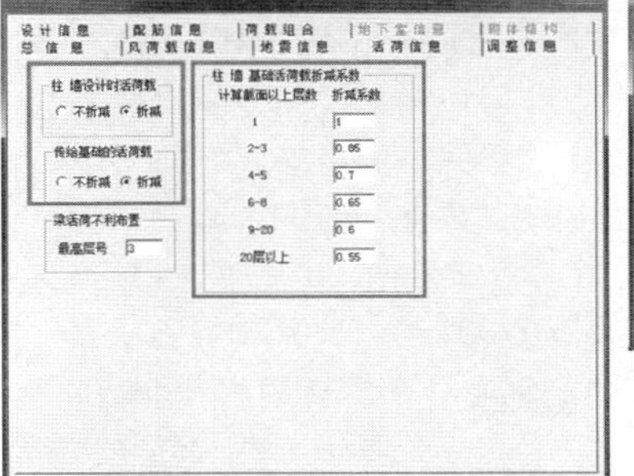

SATWE参数对话框

JCCAD参数对话框

China Academy of Building Research

自动按楼层折减活荷载

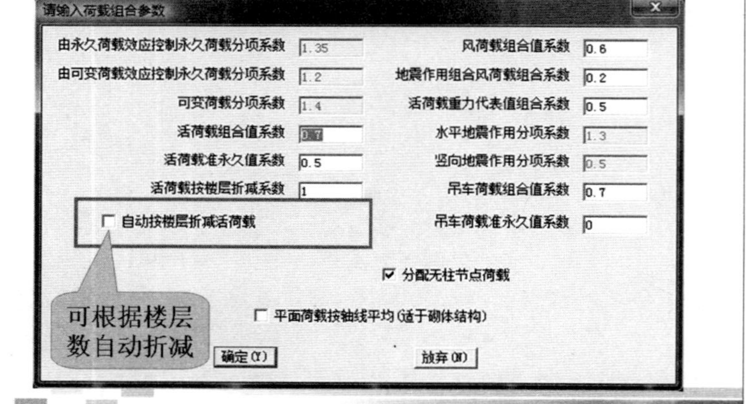

活荷载折减注意事项

- 活荷载折减有两次机会：对楼面梁的折减和对柱、墙及基础的折减，通常宜折减一次。
- SATWE的活载折剪系数仅用于内力输出没有传给基础程序，JCCAD应重输入。
- 08版SATWE和JCCAD可以自动判断柱、墙，基础上方的楼层数，对不等高建筑可分别给出相应的活荷载折减系数，也可以设置统一的折减系数。
- JCCAD对特殊情况，如局部错层、竖向构件既属于主体又属于裙房等情况不能考虑。

荷载组合及特征值显示

- 【当前组合】显示某一荷载组合值
- 【目标组合】显示荷载组合的最大、最小特征值

不能用上部计算的内力设计基础

- SATWE“底层柱、墙最大组合内力简图”只有基本组合和最大轴力，仅用于上部结构计算结果校核，不能用于基础设计
- 原因是：

1、基础设计时计算承载力需用标准组合，计算沉降需用准永久组合，内力简图中没有给出

2、基础设计应取最不利荷载组合，而不是仅取最大轴力组合

969 670
971 972

973 974
975 976

中国建筑科学研究院 China Academy of Building Research PKPM

向基础传递荷载

- 吊车荷载：
  PK、STS的吊车荷载可以传给基础
  08版吊车荷载可以传给独基、桩承台基础
  筏基和基础梁需要人工输入吊车荷载
- 温度荷载、特殊风荷载等不能传递给基础，需要人工输入
- 基础荷载组合在文件JC0.OUT中输出

China Academy of Building Research

独基和桩承台基础可以读取SATWE吊车荷载

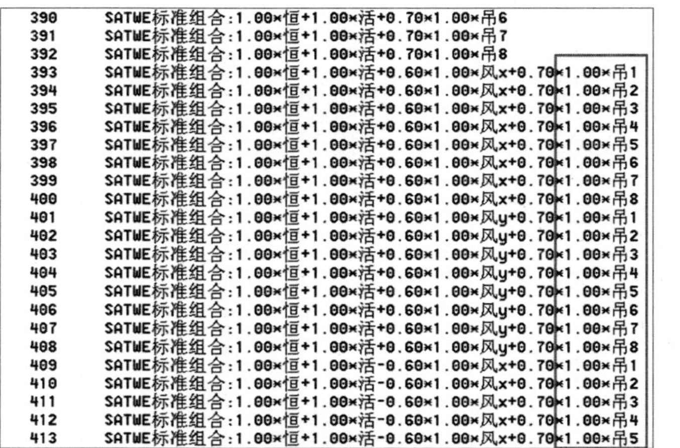

```
390  SATWE标准组合:1.00×恒+1.00×活+0.70×1.00×吊6
391  SATWE标准组合:1.00×恒+1.00×活+0.70×1.00×吊7
392  SATWE标准组合:1.00×恒+1.00×活+0.70×1.00×吊8
393  SATWE标准组合:1.00×恒+1.00×活+0.60×1.00×风x+0.70×1.00×吊1
394  SATWE标准组合:1.00×恒+1.00×活+0.60×1.00×风x+0.70×1.00×吊2
395  SATWE标准组合:1.00×恒+1.00×活+0.60×1.00×风x+0.70×1.00×吊3
396  SATWE标准组合:1.00×恒+1.00×活+0.60×1.00×风x+0.70×1.00×吊4
397  SATWE标准组合:1.00×恒+1.00×活+0.60×1.00×风x+0.70×1.00×吊5
398  SATWE标准组合:1.00×恒+1.00×活+0.60×1.00×风x+0.70×1.00×吊6
399  SATWE标准组合:1.00×恒+1.00×活+0.60×1.00×风x+0.70×1.00×吊7
400  SATWE标准组合:1.00×恒+1.00×活+0.60×1.00×风x+0.70×1.00×吊8
401  SATWE标准组合:1.00×恒+1.00×活+0.60×1.00×风y+0.70×1.00×吊1
402  SATWE标准组合:1.00×恒+1.00×活+0.60×1.00×风y+0.70×1.00×吊2
403  SATWE标准组合:1.00×恒+1.00×活+0.60×1.00×风y+0.70×1.00×吊3
404  SATWE标准组合:1.00×恒+1.00×活+0.60×1.00×风y+0.70×1.00×吊4
405  SATWE标准组合:1.00×恒+1.00×活+0.60×1.00×风y+0.70×1.00×吊5
406  SATWE标准组合:1.00×恒+1.00×活+0.60×1.00×风y+0.70×1.00×吊6
407  SATWE标准组合:1.00×恒+1.00×活+0.60×1.00×风y+0.70×1.00×吊7
408  SATWE标准组合:1.00×恒+1.00×活+0.60×1.00×风y+0.70×1.00×吊8
409  SATWE标准组合:1.00×恒+1.00×活-0.60×1.00×风x+0.70×1.00×吊1
410  SATWE标准组合:1.00×恒+1.00×活-0.60×1.00×风x+0.70×1.00×吊2
411  SATWE标准组合:1.00×恒+1.00×活-0.60×1.00×风x+0.70×1.00×吊3
412  SATWE标准组合:1.00×恒+1.00×活-0.60×1.00×风x+0.70×1.00×吊4
413  SATWE标准组合:1.00×恒+1.00×活-0.60×1.00×风x+0.70×1.00×吊5
```

输入基础梁吊车荷载

中国建筑科学研究院 China Academy of Building Research PKPM

P150

专题22　各类基础设计

China Academy of Building Research

基础上部构件

- 框架柱筋：用于在基础图中生成柱的插筋
- 填充墙：用于生成填充墙的条基
- 拉梁：不能导荷、不能计算配筋
- 圈梁：不能计算配筋及生成详图
- 柱墩：仅用于柱下平筏板基础

注意：1）能计算柱墩与筏板的冲切和验算刚性角
2）不能计算柱与柱墩的冲切和柱墩配筋
3）不能设计板底反柱墩

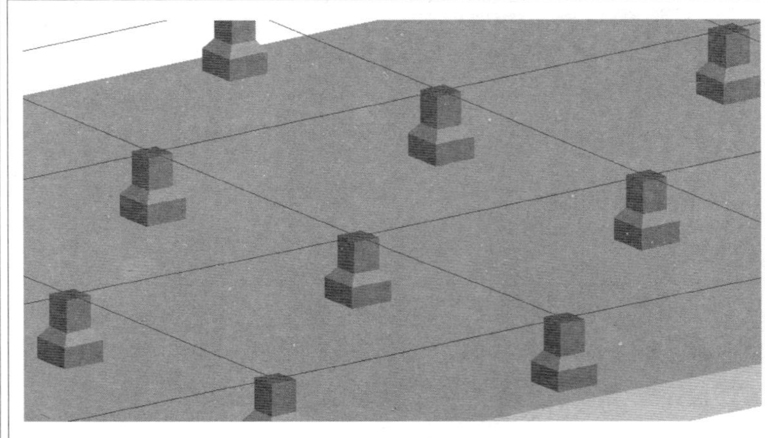

柱 墩

基础类型

- 筏板：可以有桩、有肋、有坑、不等厚、不等边
- 地梁：可以有翼缘、有桩
- 板带：无梁筏板应布置板带
- 桩基：承台桩、非承台桩
- 独基：单柱独基、多柱独基
- 条基：单墙条基、双墙条基

建议混合基础按菜单顺序布置，防止冲突：
筏板 ⟶ 地梁/板带 ⟶ 桩基 ⟶ 独基/条基

中国建築科學研究院 China Academy of Building Research PKPM

P151

筏板基础

- 梁筏板
- 平筏板
- 桩筏板

China Academy of Building Research

977 978
979 980

筏基布置注意事项

- 可以布置不等边，不等厚，不等荷载，有凹坑（子筏板），有肋，有桩的筏板
- 一个工程的基础最多布置20块筏板（含子筏板）
- 子筏板不得与主筏板交叉和重叠，类似“回”字形
- 可以进行柱对板、柱墩对板、桩对板和内筒对板的冲切计算，未做柱对柱墩、柱对地梁的冲切计算
- 08版增加异型柱、单肢剪力墙和多肢剪力墙对筏板的冲切计算
- 为便于计算和出图，筏板上应布置肋梁、暗梁或板带
- 有地下室时应布置子筏板或悬挑板，分别设置覆土重

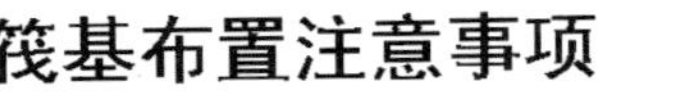

带坑的筏板

不等厚筏板

梁 筏 板

平筏板

圆形梁筏板

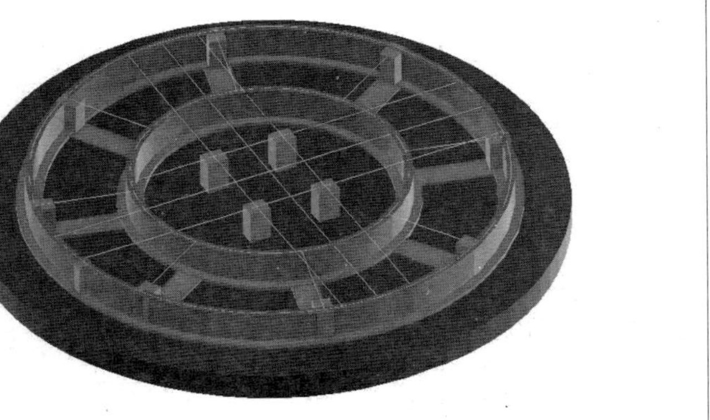

斜撑可以向
基础传递荷载

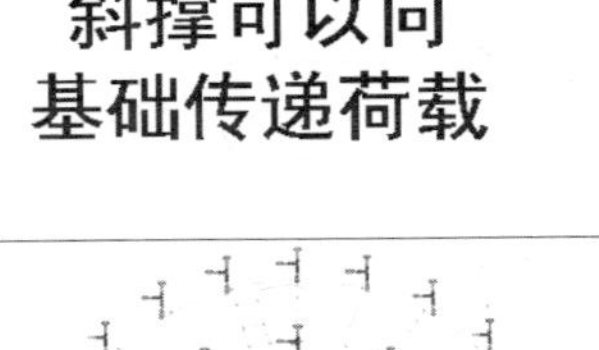

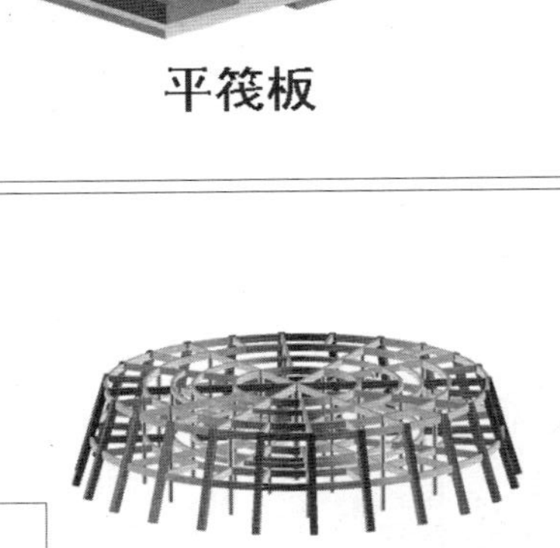

985 986
987 988

SpasCAD模型向基础传递荷载

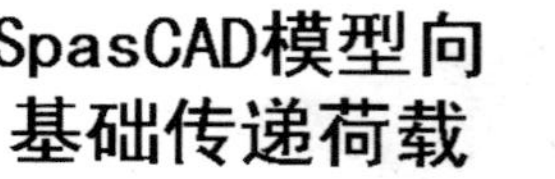
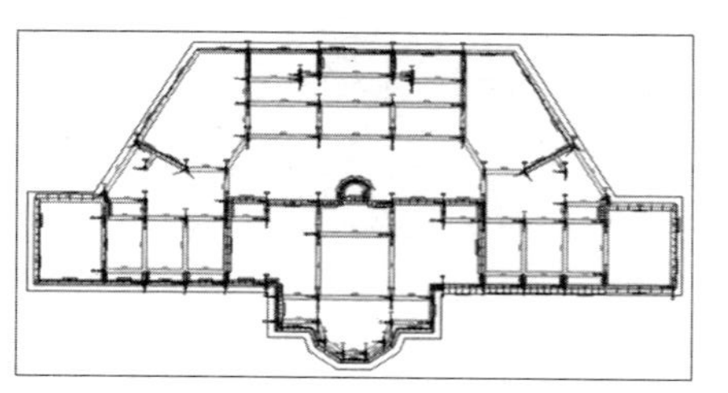
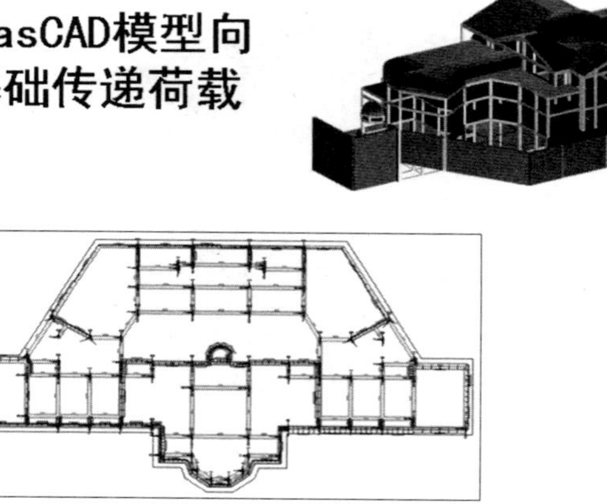

《高规》12.4.2条规定，平板式桩筏基础，桩宜布置在柱下或墙下。

筏板不均匀布桩

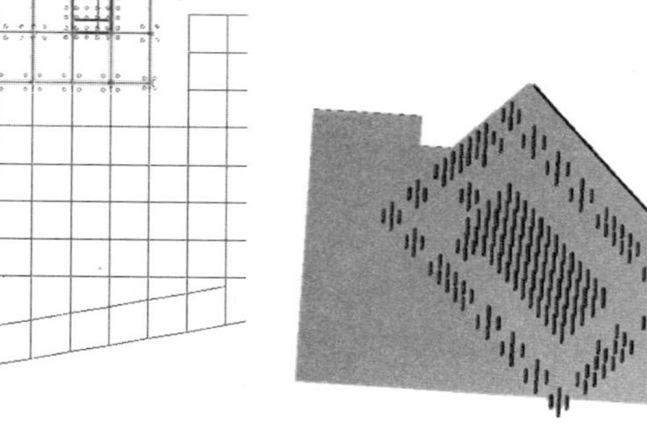

筏板不均匀布桩

筏板不均匀布桩方法

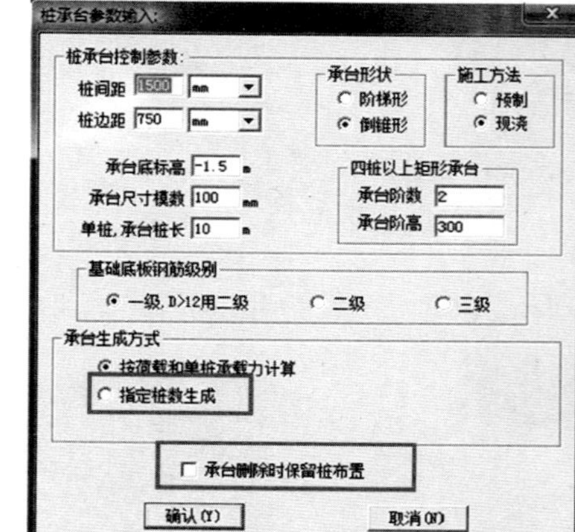
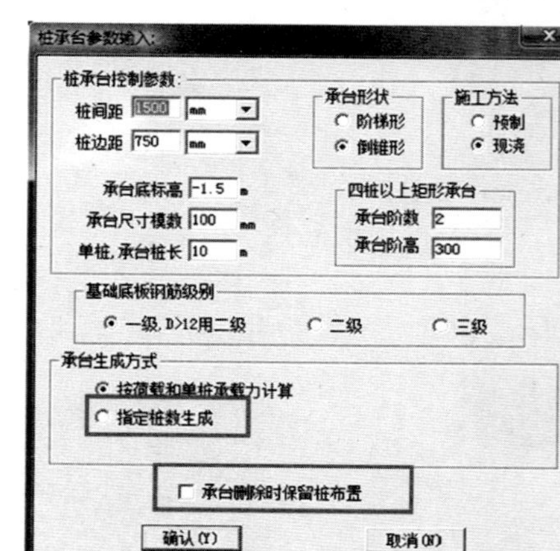

柱下布桩:

1、选择“承台删除时保留桩布置”
2、按“指定桩数生成”桩承台
3、删除承台，保留桩
4、布置筏板

墙下布桩:

1、墙下布置地梁
2、地梁下布置桩
3、保留或删除地梁
4、布置筏板

筏板基础施工图

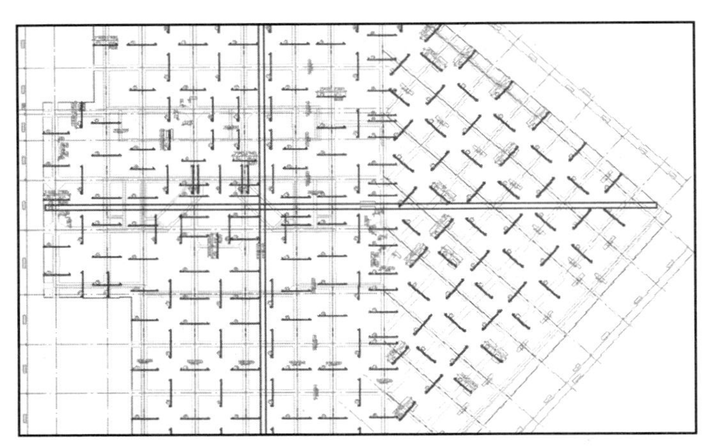

筏板基础抗剪、抗冲切计算

- 《基础规范》8.4.5条和8.4.7条规定，梁板式筏基底板，平板式筏基，其厚度尚应满足受冲切承载力、受剪切承载力的要求。
- 《基础规范》8.4.9条规定，平板式筏板除满足受冲切承载力外，尚应验算距内筒边缘或柱边缘h_0处筏板的受剪承载力。
- 平板基础内筒冲切、剪切计算
  - 冲切计算和剪切计算的位置不同
  - 内筒外边缘的确定
- 内筒冲切需要输入内筒外伸距离，可取1/2内筒墙厚
- 冲切计算采用准永久荷载，计算书显示荷载组号

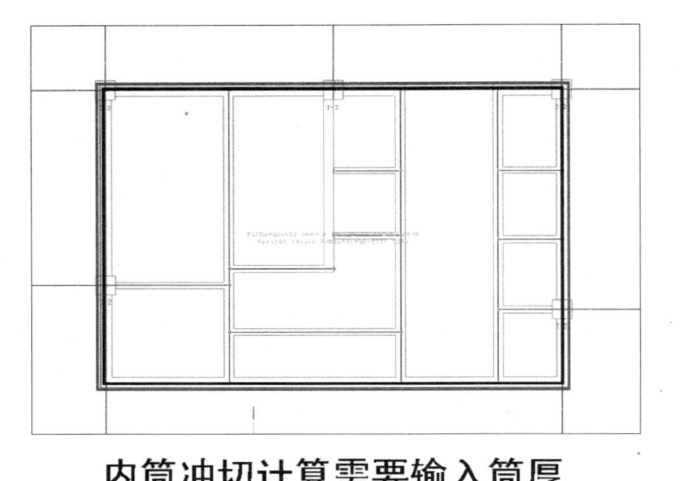

内筒冲切计算需要输入筒厚

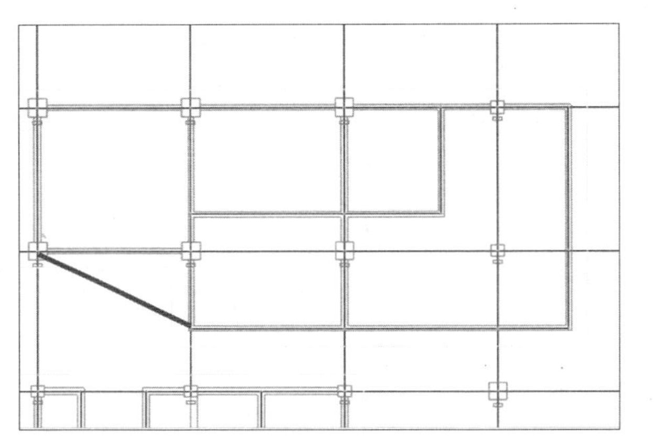

凹角内筒冲切计算应增加斜轴线

08版增加柱墩对平筏板冲切验算

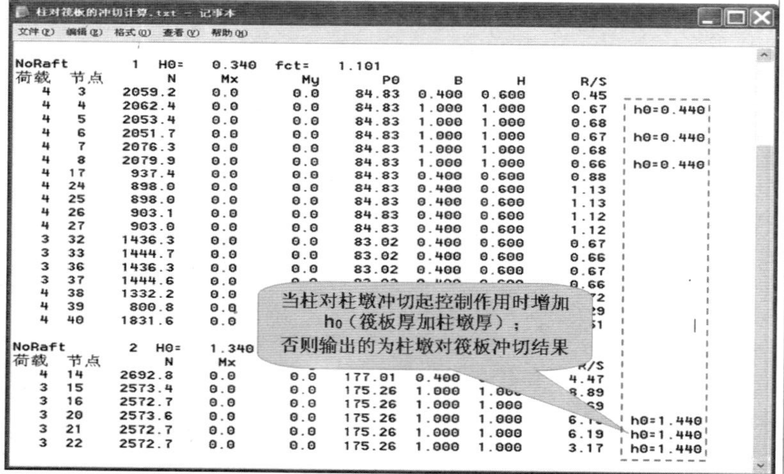

```
柱对筏板的冲切计算.txt - 记事本
文件(F)  编辑(E)  格式(O)  查看(V)  帮助(H)

NoRaft      1   H0=    0.340   fct=    1.101
荷载  节点        N      Mx       My       P0       B       H       R/S
  4    3    2059.2    0.0      0.0    84.83   0.400   0.600    0.45
  4    4    2062.4    0.0      0.0    84.83   1.000   1.000    0.67   h0=0.440
  4    5    2053.4    0.0      0.0    84.83   1.000   1.000    0.68
  4    6    2051.7    0.0      0.0    84.83   1.000   1.000    0.67   h0=0.440
  4    7    2076.3    0.0      0.0    84.83   1.000   1.000    0.68
  4    8    2079.9    0.0      0.0    84.83   1.000   1.000    0.66   h0=0.440
  4   17     937.4    0.0      0.0    84.83   0.400   0.600    0.88
  4   24     898.0    0.0      0.0    84.83   0.400   0.600    1.13
  4   25     898.0    0.0      0.0    84.83   0.400   0.600    1.13
  4   26     903.1    0.0      0.0    84.83   0.400   0.600    1.12
  4   27     903.0    0.0      0.0    84.83   0.400   0.600    1.12
  3   32    1436.3    0.0      0.0    83.02   0.400   0.600    0.67
  3   33    1444.7    0.0      0.0    83.02   0.400   0.600    0.66
  3   36    1436.3    0.0      0.0    83.02   0.400   0.600    0.67
  3   37    1444.6    0.0                                      0.66
  4   38    1332.2    0.0                                      .72
  4   39     800.8    0.0                                      .29
  4   40    1831.6    0.0                                      .51

NoRaft      2   H0=    1.340
荷载  节点        N      Mx                                     R/S
  4   14    2692.8    0.0      0.0   177.01   0.400             4.47
  3   15    2573.4    0.0      0.0   175.26   1.000   1.000    8.89
  3   16    2572.7    0.0      0.0   175.26   1.000   1.000    .59
  3   20    2573.6    0.0      0.0   175.26   1.000   1.000    6.     h0=1.440
  3   21    2572.7    0.0      0.0   175.26   1.000   1.000    6.19   h0=1.440
  3   22    2572.7    0.0      0.0   175.26   1.000   1.000    3.17   h0=1.440
```

当柱对柱墩冲切起控制作用时增加 h_0（筏板厚加柱墩厚）；
否则输出的为柱墩对筏板冲切结果

993

筏板重心校核

- 《基础规范》8.4.2条规定，对单栋建筑物，在地基土比较均匀的条件下，基底平面形心宜与结构竖向永久荷载重心重合。当不能重合时，在荷载效应准永久组合下，偏心据e宜符合下列式要求：　$e \leq 0.1W/A$
- 【重心校核】：程序显示重心、形心及板底最大、最小反力值和偏心距，没有考虑水浮力。
- 自动校核：基础建模退出时程序自动进行重心校核，考虑水浮力，两次计算结果可能不同。

注意：1）多塔大底盘结构仅考虑各塔楼的重心校核，可以切开裙房，用准永久荷载分别作计算。

2）重心校核不满足，可以加配重或调整板边、板厚。

994

中国建筑科学研究院 China Academy of Building Research　PKPM

P151

弹 性 地 基 梁

- 剪力墙下地梁
- 框架柱下地梁
- 带桩地梁

China Academy of Building Research

995

中国建筑科学研究院 China Academy of Building Research　PKPM

地基梁布置

【地梁布置】：用于布置地基梁、板上肋梁和带桩地梁
注意：按上部荷载大小设置地梁翼缘的宽度
08版增加按荷载分布自动生成地梁翼缘宽度

【墙下布梁】：用于布置平筏板墙下暗梁
注意：用于在墙下布置平筏板暗梁，暗梁宽度同墙厚，高度同板厚，可以传递荷载，不生成施工图

【板带布置】：设置板带，用于柱下平板的计算和出图
注意：没有明梁或暗梁，宜布置板带
板带自动沿轴线布置，抽柱处不布置
板带用于划分有限元，相当于地上结构的虚梁

China Academy of Building Research

996

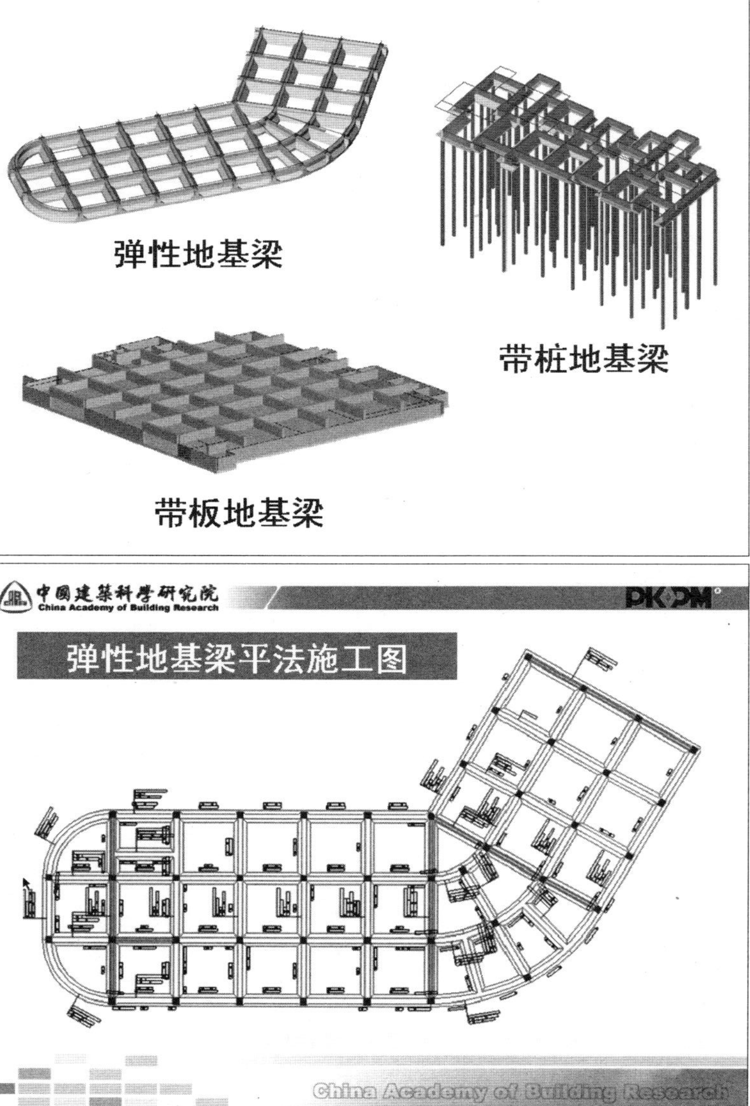

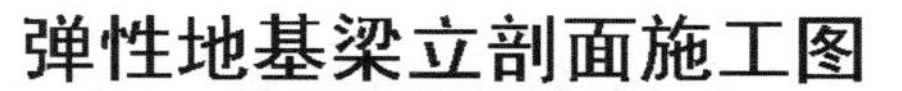

弹性地基梁立剖面施工图

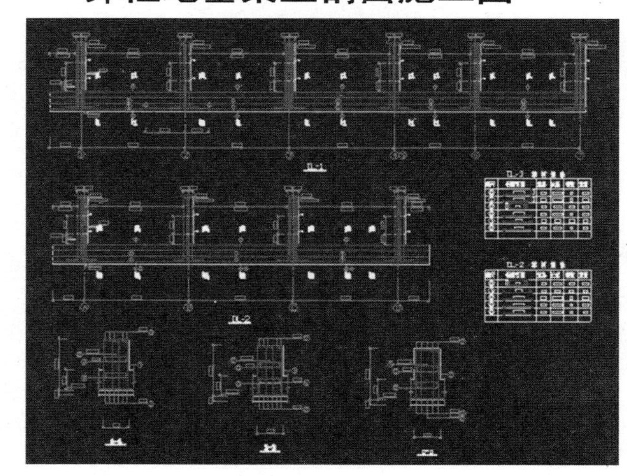

08版按荷载分布生成地梁翼缘宽度

- 根据恒+活荷载标准组合的分布情况以及地梁的尺寸自动生成地梁翼缘的宽度
- 输入地梁翼缘放大系数
- 生成地梁翼缘的原则：
  - ◆同轴线同尺寸荷载差异不大的地梁，按平均荷载计算翼缘宽度
  - ◆自动生成的地梁翼缘宽度如差异较大，可以在“基础梁标准截面定义”对话框中修改

- 梁元法计算覆土重的方法与独基、桩承台相同

1001 1002
1003 1004

08版自动按荷载分布生成地梁的翼缘宽度

08版增加偏心地基梁生成

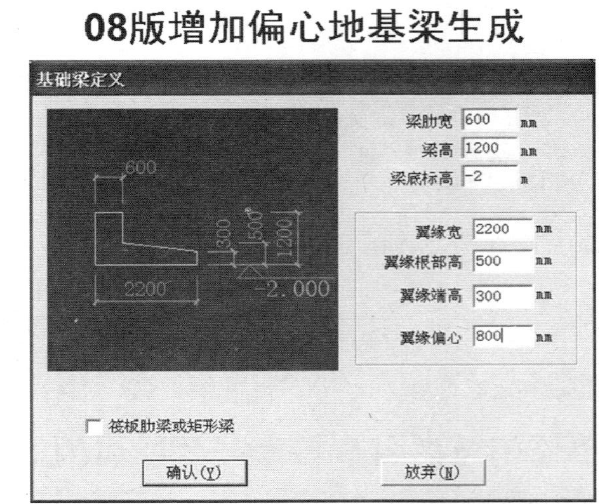

P153

桩　基　础

- 承台桩
- 非承台桩

桩承台基础布置方式

【选 择 桩】：定义桩的类型、直径和单桩承载力
- ◆ 桩定义中增加是否采用后压浆工艺的选项

【承台生成】：在指定范围内布置桩承台：
- ◆ 按上部荷载和单桩承载力计算桩数生成承台；
- ◆ 按用户指定的桩数生成承台；
- ◆ 按围区内用户布置的桩生成承台。

【联合承台】：用于生成多柱下的联合承台。
【承台布置】：将用户自定义承台布置到基础中
【围桩承台】：用于把非承台的群桩或几个独立承台的桩合并为一个承台桩。

08版桩承台自动计算功能

- 在生成桩承台时，完成桩冲切、剪切、配筋等计算

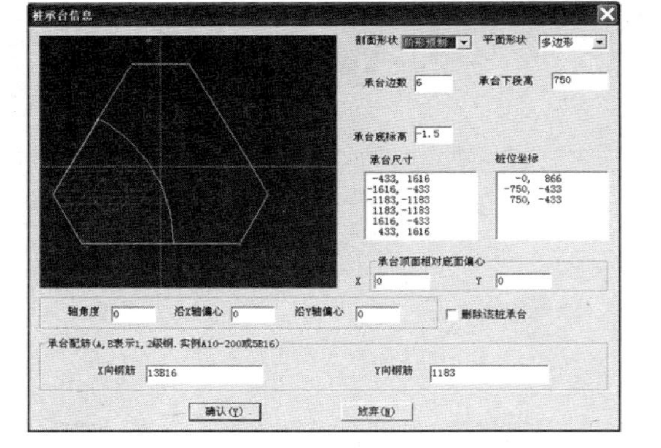

非承台桩布置方式

【筏板布桩】：在筏板下按设定的参数布置桩

【群桩布置】：在筏板下按指定的间距和方式布置群桩

【单桩布置】：按用户指定的桩型布置单根桩

【等分桩距】：在用户指定的两桩间等分点上插入桩。

【梁下布桩】：按指定方式布置基础梁下的桩

注意：1）可以借助承台桩布置方式，进行不均匀布桩

2）08版增加异形桩承台的冲切和配筋计算

3）对于非承台桩基础增加桩替换功能

4）桩数查询命令【桩数量图】和【区域桩数】

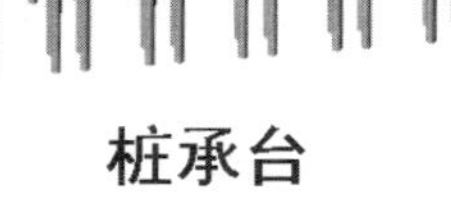

桩承台

桩筏板

1009 1010
1011 1012

桩基础设计注意事项

- 设计摩擦桩基础应输入全部地质资料。
- 可以辅助绘制人挖桩承台
- “单桩、承台桩长”，用于在桩长计算前，按10m初始桩长进行三维显示，不必修改。
- “承台删除时保留桩布置”，用于在筏板下疏密布桩。
- 非承台桩除了指桩筏板和带桩地梁外，还包括柱（墙）下条形承台桩、十字交叉条形承台桩、筏板承台桩和箱形承台桩，且必须布置筏板或地梁，以便形成无承台桩柱基础、桩墙基础、桩梁基础、桩筏基础、桩箱基础等。

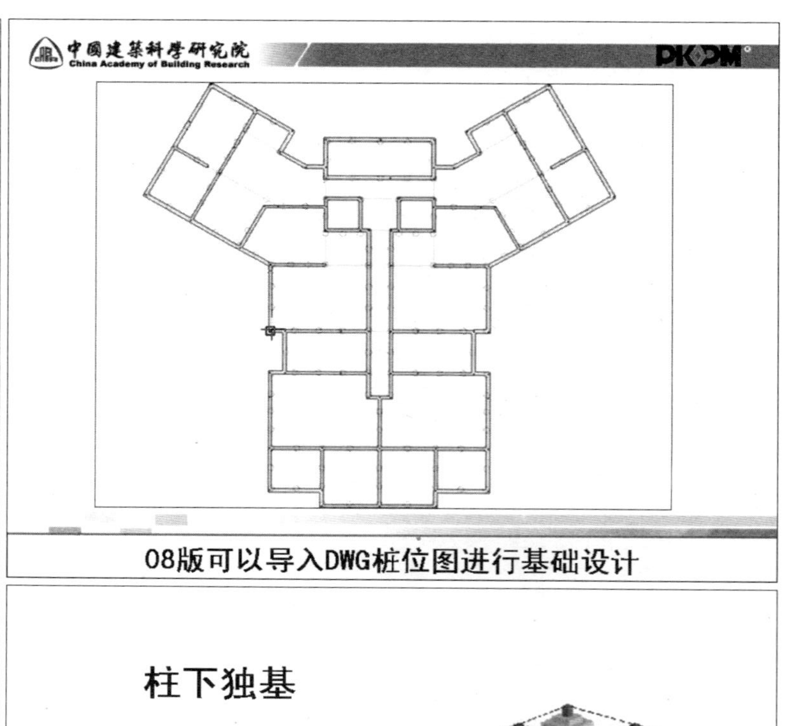

08版可以导入DWG桩位图进行基础设计

中國建築科學研究院
China Academy of Building Research
PKPM

P154

柱 下 独 立 基 础

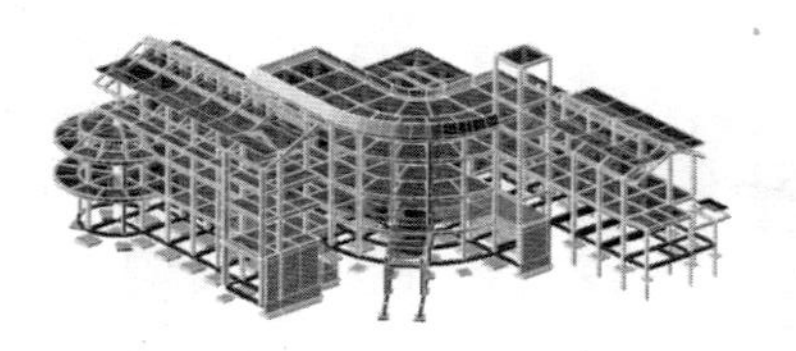

China Academy of Building Research

柱下独基

柱下独立基础详图

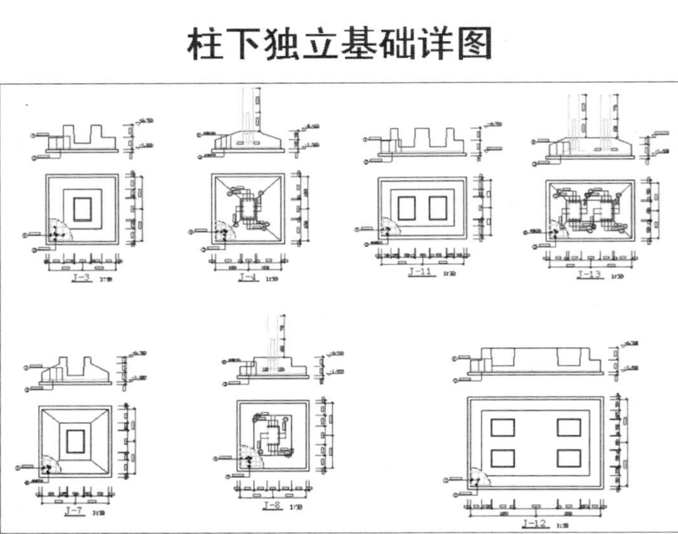

柱下独立基础布置方式

【自动生成】：在指定区域按用户设定的参数布置独基

- 自动进行碰撞检查，可以生成多柱独基
- 程序自动进行承载力、冲切、配筋、局部承压计算
- 柱的插筋根据锚固长度确定
- 生成计算书可供查询校对

【独基布置】：修改已有独基或布置用户自定义独基

【双柱基础】：修改原有的单柱基础为双柱基础，或布置用户自定义的双柱、多柱基础

【控制荷载】：用于显示独基承载力、冲切、XY向板底配筋计算时的控制荷载图

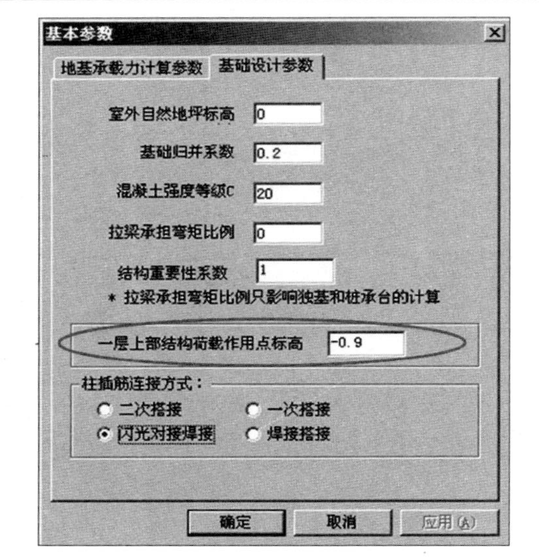

■ 一层上部结构荷载作用点标高 -0.9

05版用该参数计算基础底面的附加弯矩

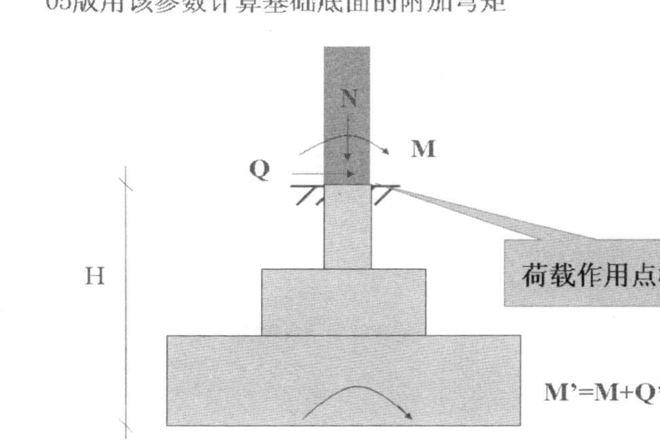

1017 1018
1019 1020

08版上部结构支座信息自动传给基础

☑ 生成与基础相连的墙柱支座信息

08版软件对不同层的构件可以同时生成支座信息

独基底面受拉面积控制

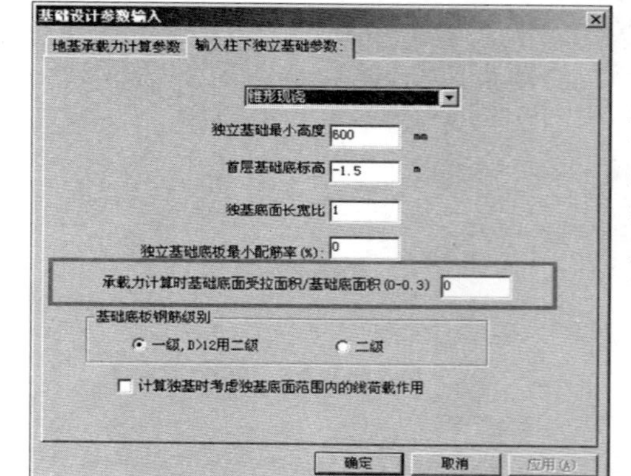

《高规》12.1.6条规定，高宽比不大于4的高层建筑，基础底面与地基之间零应力区面积不应超过基础底面面积的15%。

承载力计算时基础底面受拉面积/基础底面积 0

jc0.out - 记事本

文件(F) 编辑(E) 格式(O) 帮助(H)

节点号= 10 C20.0 fak(kPa)= 180.0 q(m)= 1.20 Pt= 30.0 kPa fy=210 mPa

Load	Mx'(kN-m)	My'(kN-m)	N(kN)	Pmax(kPa)	Pmin(kPa)	fa(kPa)	S(mm)	B(mm)
368	2.62	12.35	363.28	221.02	166.64	194.00	1489	1489
369	2.39	11.70	274.49	232.38	154.65	194.00	1295	1295
370	0.43	10.34	358.47	213.70	173.81	194.00	1479	1479
371	1.93	6.06	311.02	212.15	175.50	194.00	1377	1377
372	3.89	7.42	227.04	231.07	150.28	194.00	1188	1188
377	2.75	14.04	352.32	225.72	161.84	194.00	1466	1466
378	2.48	10.66	374.24	216.24	170.73	194.00	[illegible]	[illegible]
379	1.58	13.22	402.70	216.50	170.54	194.00	[illegible]	[illegible]
380	3.65	11.47	323.85	226.64	161.26	194.00	[illegible]	[illegible]
381	2.71	14.13	323.85	230.33	157.56	194.00	[illegible]	[illegible]
382	2.25	8.49	360.39	212.04	173.02	194.00	1489	1489
383	0.75	12.77	407.83	213.25	172.35	194.00	1582	1582
384	4.21	9.85	276.41	230.19	154.32	194.00	1305	1305
441	8.37	41.51	10.63	91.16	0.00	252.20	1595	159[illegible]
442	-3.60	-20.28	645.40	280.08	222.54	252.20	1707	170[illegible]
443	-8.27	23.83	779.28	280.25	222.02	252.20	1877	187[illegible]
445	8.42	42.08	6.98	87.15	0.00	252.20	1626	162[illegible]
446	-8.62	24.12	792.43	279.68	221.89	252.20	1894	189[illegible]
447	-3.65	-20.85	649.05	280.87	222.26	252.20	1711	1711

柱下独立基础冲切计算:

Area_1:不受压面积与底面积的比值

Area_1=.166

Area_1=.167

中国建筑科学研究院 China Academy of Building Research PKPM

浅基础最小配筋率要求

- 《混凝土规范》9.2.5条规定，对卧置于地基上的混凝土板，板中受拉钢筋的最小配筋率可适当降低，但不应小于0.15%。
- 《基础规范》没有规定最小配筋率
- 设置参数，由用户确定独基最小配筋率，缺省值为0.15%
- 基础分类:
  - 1 /h<1.0 (pk<200kPa) 无筋扩展基础
  - 1 /h<2.5 柱下独立基础
  - 1 /h>2.5 柱下平板

China Academy of Building Research

独基设计注意事项

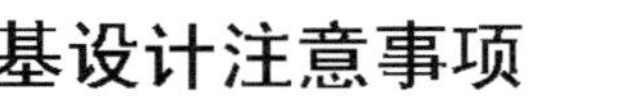

- 偏心和转角独基生成方法：
  - 删除自动布置的独基
  - 执行【独基布置】，定义较小面积的独基
  - 按需要的偏心和角度布置独基
  - 执行【自动生成】，使独基由小变大满足承载力要求
- 阶梯型独基阶数按冲切验算并满足高宽比要求：
  - H<600 设一阶
  - 600<H<900 设二阶
  - H>900 设三阶（最多设三阶）
- 多柱独基不能自动进行冲切、暗梁的计算

P155

墙下条形基础

墙下条形基础

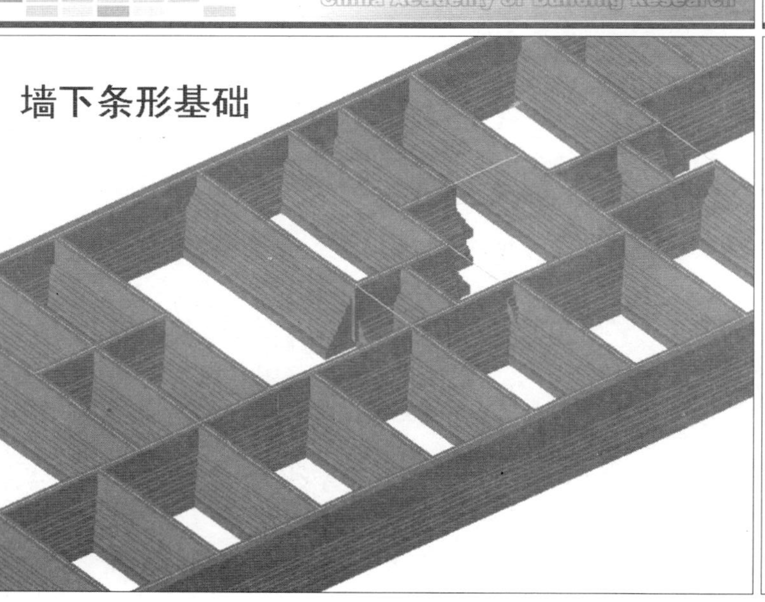

墙下条形基础详图

1025 1026

墙下条形基础布置方式

【自动生成】：在指定区域布置条基

1、用于生成砌体墙下的条形基础
2、自动进行碰撞检查，生成双墙条基
3、计算承载力、素混凝土抗剪、钢筋混凝土配筋

【条基布置】：可以修改已有条基或布置自定义条基

【双墙基础】：可以自动或人工方式布置双墙条基

条基相交处底面积不重复计算

- 原理
- 实现

1027 1028

条基设计注意事项

- 程序自动实现在墙下条形基础相交处，不应重复计入基础面积。参看《基础规范》8.2.7条
- 钢筋混凝土条基边缘高度取值：
  - 隐含值为200mm，用户可以修改
  - 条基宽度小于1500mm时基础为等高度
  - 带卧梁的混凝土条基悬挑长度小于750mm时为等厚翼板
- 钢筋混凝土条基高度由冲切验算确定
- 双墙条基自动取两墙体荷载之和，但配筋只计算双墙外边处的截面，不适合墙间距较大的情况

专题23　基础计算分析

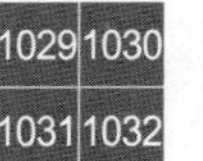

PKPM 08单机版----系列软件(2010.1)

结　构 | 特种结构 | 建　筑 | 设　备 | 钢结构 | 砌体结构 | 鉴定加固

基础工程计算机辅助设计　PKPM®系列

- PMCAD
- SATWE
- 墙梁柱施工图
- JCCAD
- LTCAD
- TAT
- PMSAP
- SAT-8
- TAT-8
- PK
- SATWE 旧
- SAT-8 旧

1. 地质资料输入
2. 基础人机交互输入
3. 基础梁板弹性地基梁法计算
4. 桩基承台及独基沉降计算
5. 桩筏、筏板有限元计算
6. 防水板抗浮等计算
7. 基础施工图
8. 图形编辑、打印及转换
9. 工具箱
A. Autocad基础图向基础模型转化

文件存取管理　工作目录 C:\PKPMWORK\LT　改变目录

转网络版　应用(A)　关闭　帮助

基础计算程序　P157

1、基础梁板弹性地基梁法计算（梁元法）

按T形梁计算，板作为梁的翼缘考虑

适用于计算：地梁、薄筏板，条基沉降

2、桩基承台及独基沉降计算　（承台桩）

适用于计算：承台桩，独基沉降

3、桩筏筏板有限元计算（板元法）

考虑梁与板共同作用，按有限元计算

适用于计算：平筏板、梁筏板、桩筏板、地梁、带桩地梁、桩承台

以板元法为主作介绍

板元法计算参数设定

计算参数

计算模型
- 弹性地基梁板模型（桩和土按WINKLER模型）
- 倒楼盖模型（桩及土反力按刚性板假设求出）
- 单向压缩分层总和法－弹性解：Mindlin应力公式
- 单向压缩分层总和法－弹性解修正*0.5ln(D/Sa)

上部结构影响（共同作用计算）
- 不考虑
- 取 TAT 刚度 TATFDK.TAT
- 取SATWE刚度 SATFDK.SAT
- 取PMSAP刚度 SAFFDK.SAP

地基基础形式及参照规范
- 天然地基（地基规范）、常规桩基（桩基规范）
- 复合地基（地基处理规范JGJ79-2002）
- 复合桩基（桩基规范JGJ94-2008）
- 沉降控制复合桩基（上海地基规范-1999）

网格划分依据
- 所有底层网格线
- 布置构件（墙、梁、板带）的网格线
- 布置构件（墙、梁、板带）的网格线及桩位

采用新方法加密网格

有梁无板时按梁单元计算

各工况自动计算水浮力

底板抗浮验算（抗浮验算不考虑活载）

筏板(梁)混凝土级别　20

筏板(梁)受拉区钢筋级别　HRB335

梁箍筋级别　HPB235

筏板受拉区构造配筋率（0为自动计算）　0

有限元网格控制边长(M)　2

板上剪力墙考虑高度(M)（0为不考虑）　10

混凝土模量折减系数(0.7~1.0)　1

如设后浇带，浇后浇带前的加荷比例(0~1)　0.5

桩混凝土级别　30

桩钢筋级别　HRB335

桩顶的嵌固系数（铰接0~1刚接）　0

水浮力的组合系数　1.4

考虑筏板自重

采用YSS向量稀疏求解器

沉降计算考虑回弹再压缩

回弹再压缩模量与压缩模量之比　2

天然地基承载力特征值(kPa)　180

复合地基承载力特征值(kPa)　180

复合地基处理深度(m)　0

计算模型　复合模量法　mindlin法

自动计算Mindlin应力公式中的桩端阻力比

确定　取消

板元法参数设置（一）　P160

■ 有限元网格控制边长（m）　2.000

每个房间划分的区格不应少于四个，也不必太多

■ 板上剪力墙考虑高度（m）　10.000

TAT对板上剪力墙按深梁考虑，SATWE不考虑此参数，如上部是砌体结构此参数填0

■ 计算板底水浮力的稳定水头　0.000

《基础规范》3.0.2条规定，当地下水埋藏较浅，建筑地下室或地下构筑物存在上浮问题时，尚应进行抗浮计算。

■ ☐ 计算筏板水浮力

输入最不利稳定水头，进行抗浮计算。

■ ☑ 考虑筏板自重

筏板单元划分改进

- 自动划分单元，不需要人工干预
- 考虑筏板变厚度
- 依据上部结构的轴网，或地梁、板带划分房间
- 对凹形房间加辅助线转成凸形房间，自动生成四边形(8节点)及三角形(6节点)高精度等参单元

工程实例：北京巴黎城
43层，5塔，大底盘尺寸
210m×200m

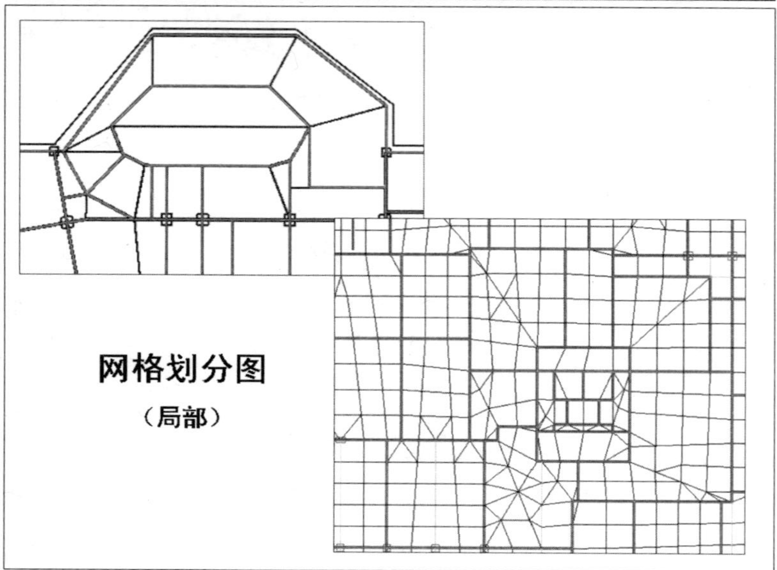

网格划分图
（局部）

板元法参数设置（二）

如设后浇带，浇后浇带时的荷载系数 0.50

- 填0取整体计算结果，为单块永久筏板
- 填1取分别计算结果，为分块独立筏板
- 取值在0.0～1.0为设置后浇带，按加权平均值计算，该值与浇后浇带时沉降完成的比例相关

《基础规范》8.4.15条规定：当高层建筑与相连的裙房之间不设置沉降缝时，宜在裙房一侧设置后浇带，后浇带的位置宜设在距主楼边柱的第二跨内。后浇带混凝土宜根据实测沉降值并计算后期沉降差能满足设计要求后方可进行浇注。

设置后浇带加荷比例系数

筏板(梁)混凝土级别	30
筏板(梁)受拉压钢筋级别	HRB400
梁箍筋级别	HPB235
筏板受拉区构造配筋率(0为自动计算)	0
有限元网格控制边长(M)	2
板上剪力墙考虑高度(M)(0为不考虑)	10
混凝土模量折减系数(0.7~1.0)	1
如设后浇带，浇后浇带前的加荷比例(0~1)	0.5
桩混凝土级别	30
桩钢筋级别	HRB335
桩顶的嵌固系数(铰接0~1刚接)	0

0.0 = 不设缝
整块筏板
1.0 = 永久设缝
分块筏板
0.5 = 完成一半时浇注后浇带
后浇带筏板

注意：最终沉降量根据地基土确定，参考《基础规范》5.3.3-2条

中国建筑科学研究院 China Academy of Building Research PKPM

后浇带计算原理 P161

- 后浇带是解决基础差异沉降的重要方法
- 计算时分成后浇带前内力计算与后浇带后内力计算。
- 后浇带前内力是按独立的几块板分开计算，相互不连接，不传递弯矩与剪力。
- 后浇带后内力是按整体计算弯矩与剪力。
- 总内力是将前后内力进行叠加。通过设置加荷比例系数来模拟后浇带浇注时间。

China Academy of Building Research

恒富家园

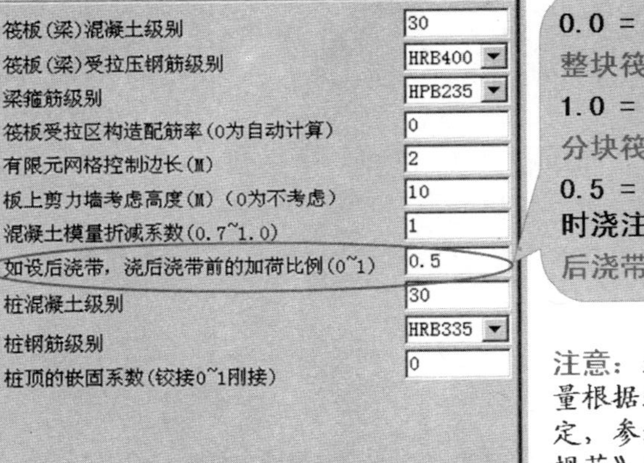

设后浇带

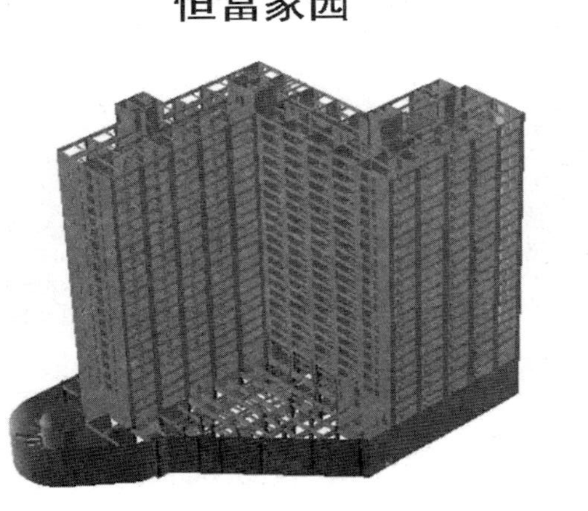

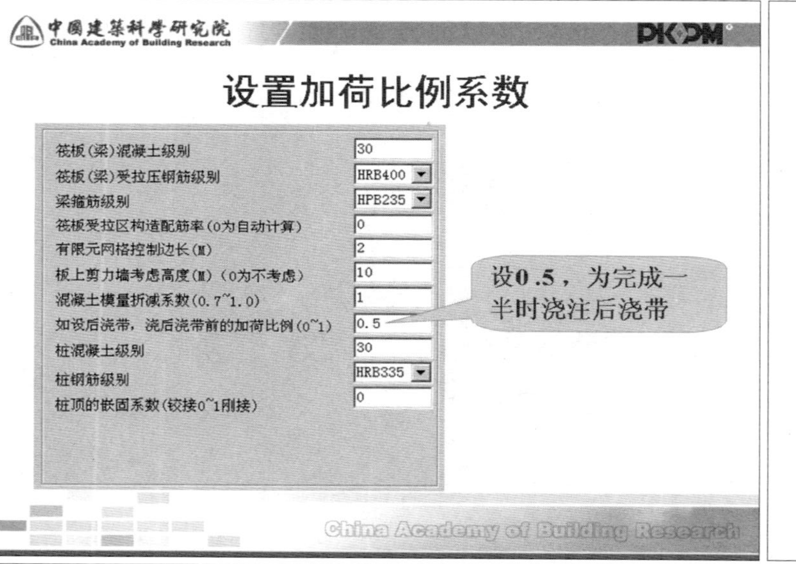
中国建筑科学研究院
China Academy of Building Research
PKPM
设置加荷比例系数
筏板(梁)混凝土级别 30
筏板(梁)受拉压钢筋级别 HRB400
梁箍筋级别 HPB235
筏板受拉区构造配筋率(0为自动计算) 0
有限元网格控制边长(M) 2
板上剪力墙考虑高度(M)(0为不考虑) 10
混凝土模量折减系数(0.7~1.0) 1
如设后浇带，浇后浇带前的加荷比例(0~1) 0.5
桩混凝土级别 30
桩钢筋级别 HRB335
桩顶的嵌固系数(铰接0~1刚接) 0
设0.5，为完成一半时浇注后浇带
China Academy of Building Research

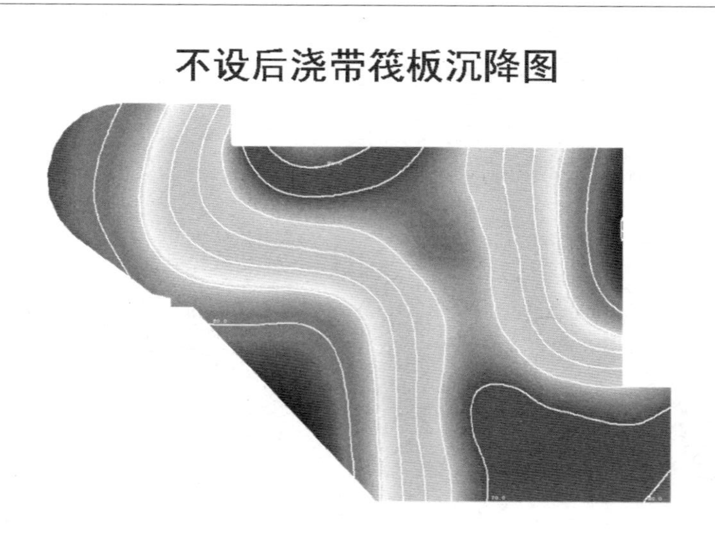
不设后浇带筏板沉降图

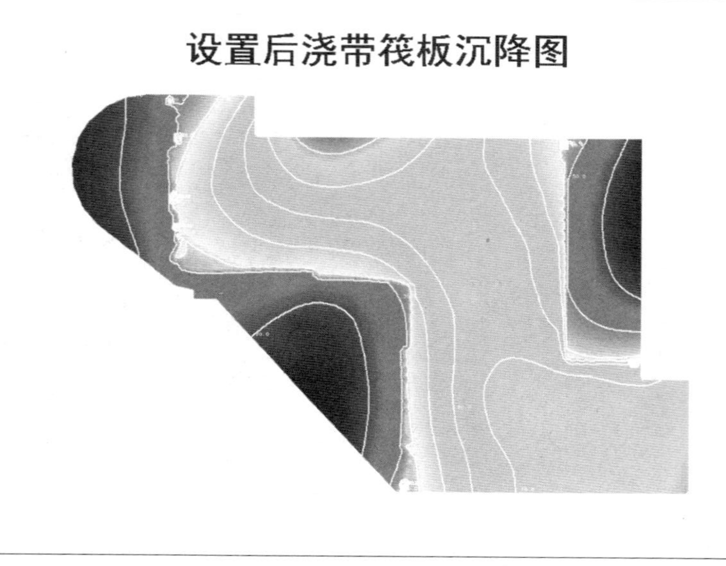
设置后浇带筏板沉降图

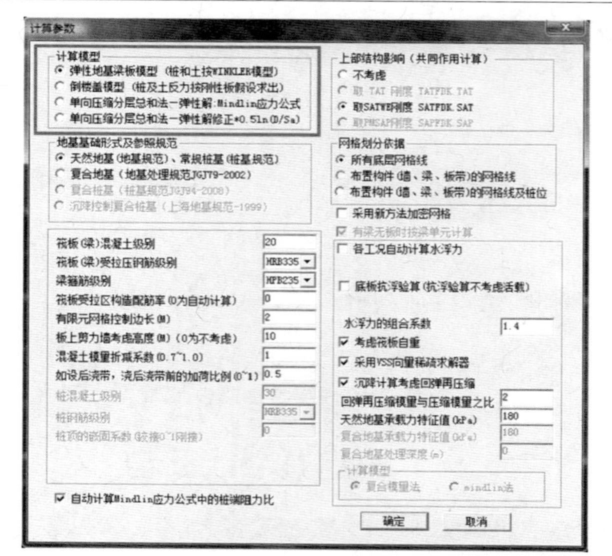
板元法计算模型选择
计算参数
计算模型
弹性地基梁板模型（桩和土按WINKLER模型）
倒楼盖模型（桩及土反力按刚性板假设求出）
单向压缩分层总和法－弹性解:Mindlin应力公式
单向压缩分层总和法－弹性解修正*0.5ln(D/Sa)
上部结构影响（共同作用计算）
不考虑
取 TAT 刚度 TATFDK.TAT
取SATWE刚度 SATFDK.SAT
取PMSAP刚度 SAPFDK.SAP
地基基础形式及参照规范
天然地基(地基规范)、常规桩基(桩基规范)
复合地基（地基处理规范JGJ79-2002）
复合桩基（桩基规范JGJ94-2008）
沉降控制复合桩基（上海地基规范-1999）
网格划分依据
所有底层网格线
布置构件(墙、梁、板带)的网格线
布置构件(墙、梁、板带)的网格线及桩位
采用新方法加密网格
有梁无板时按梁单元计算
各工况自动计算水浮力
底板抗浮验算(抗浮验算不考虑活载)
筏板(梁)混凝土级别 20
筏板(梁)受拉压钢筋级别 HRB335
梁箍筋级别 HPB235
筏板受拉区构造配筋率(0为自动计算) 0
有限元网格控制边长(M) 2
板上剪力墙考虑高度(M)(0为不考虑) 10
混凝土模量折减系数(0.7~1.0) 1
如设后浇带，浇后浇带前的加荷比例(0~1) 0.5
桩混凝土级别 30
桩钢筋级别 HRB335
桩顶的嵌固系数(铰接0~1刚接) 0
水浮力的组合系数 1.4
考虑筏板自重
采用YSS向量稀疏求解器
沉降计算考虑回弹再压缩
回弹再压缩模量与压缩模量之比 2
天然地基承载力特征值(kPa) 180
复合地基承载力特征值(kPa) 180
复合地基处理深度(m) 0
计算模型
复合模量法
Mindlin法
自动计算Mindlin应力公式中的桩端阻力比
确定
取消

板元法计算模型选择　　P158

1、弹性地基梁板模型（WINKLER模型）

土与桩按弹性假定，适于上部刚度较小，薄筏板，非黏性土情况

2、倒楼盖模型（桩及土反力按刚性板假设求出）

按刚性板假定计算桩顶反力，适于上部刚度较大，厚筏板情况

3、单向压缩分层总和法—弹性解:Mindlin应力公式

规范推荐的桩筏计算方法，适于上部刚度较小，黏性匀质土情况

4、单向压缩分层总和法—弹性解修正:Mindlin应力公式

对3改进的计算方法，应用范围更广泛

建议：先选择程序缺省的计算模型，结果不满意再选择其他模型

板元法基础形式选择

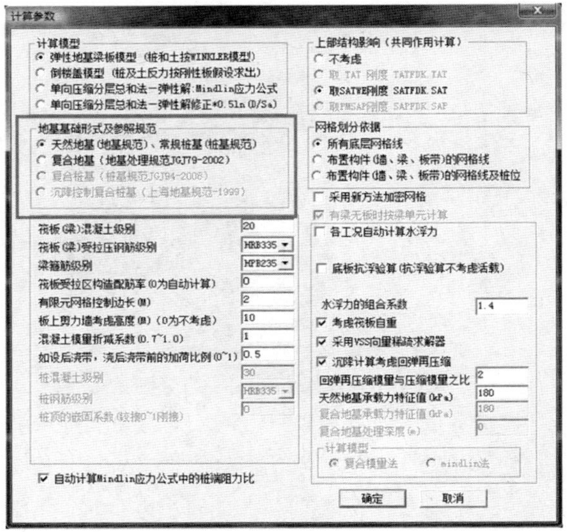

板元法基础形式及规范选择

1、天然地基、常规桩基（基础规范BG5007）

无桩按天然地基计算，有桩不考虑桩间土承载力

2、复合地基（地基处理规范JGJ79-2002）

适用于复合地基，可以无桩或有桩，如CFG桩

3、复合桩基（桩基规范JGJ94-2008）

复合桩基考虑桩土共同作用，分担系数参考规范

4、沉降控制复合桩基（上海地基规范-1999）

对桩与土共同作用分担计算方法参考上海规范

常用地基处理方法

- 密实法
  - 排水固结法、碾压法、动力夯实法
- 置换法
  - 粗粒土垫层、细粒土垫层
- 复合地基法
  - 散体材料、一般粘结强度、高粘结强度
- 加筋法
  - 土工织物、加筋土
- 灌浆法

1049 1050
1051 1052

复 合 地 基

❖《地基规范》2.1.10条规定，**复合地基：部分土体被增强或置换，而形成的由地基土和增强体共同承担荷载的人工地基。**

❖复合地基分类（根据桩体材料）：

- ➢散体材料桩的复合地基，如碎石桩、渣土桩
- ➢低粘结强度桩复合地基，如石灰桩、粉煤桩
- ➢中粘结强度桩复合地基，如夯实水泥土桩
- ➢高粘结强度桩复合地基，如CFG桩、素砼桩

❖复合地基四要素：土、桩、褥垫、基础

❖**复合地基设计应满足建筑物承载力和变形要求。**参看《地基规范》7.2.7条

CFG桩复合地基

- CFG桩是水泥粉煤灰碎石桩的简称，它是由水泥、粉煤灰、石屑和砂加水搅拌形成的高粘结强度桩，和桩间土、褥垫层一起形成复合地基。
- 与桩基相比，由于CFG桩掺入工业废料粉煤灰，不配筋，发挥桩间土的承载力，造价是桩基的1/3～1/2，比桩基经济。
- 采用CFG桩加固技术大多为20～30层住宅，也有30～35层的超高建筑。
- CFG桩适于黏土、粉土、砂土和已自重固结的素填土。
- 建议复合桩采用大桩长，大桩距，桩端落在好土层，且不超过土层的一半。

复合地基参数

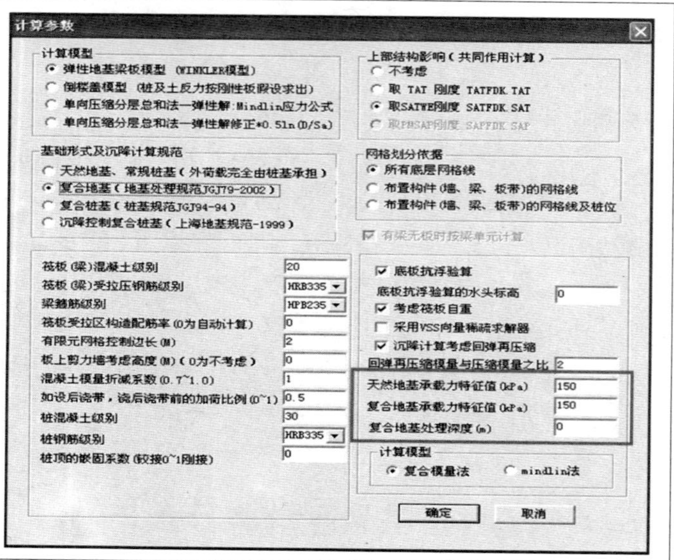

1、CFG桩型的选择

JCCAD软件的桩定义中没有CFG桩，但由于该桩的成桩方式属于灌注桩，可以选择沉管灌注桩代替。

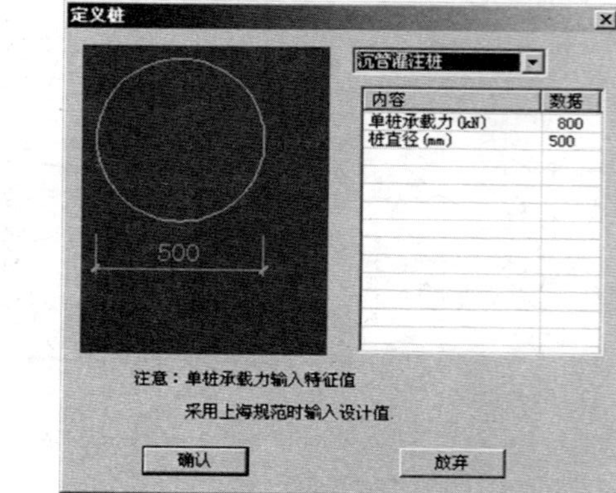

1053

2、复合地基承载力的计算

- 布置CFG桩后，程序能够自动计算出复合地基承载力，其计算方法是将天然地基的承载力与桩基承载力叠加。
- 设计人员也可以按压桩测试值指定复合地基承载力。
- 目前的JCCAD程序只能按同一种地基承载力进行设计，或者全部都是复合地基承载力，或者全部都是天然地基承载力。对于同一结构部分是天然地基承载力，部分是复合地基承载力这种基础形式，只能分开设计。

1054

筏板参数修改及计算结果显示

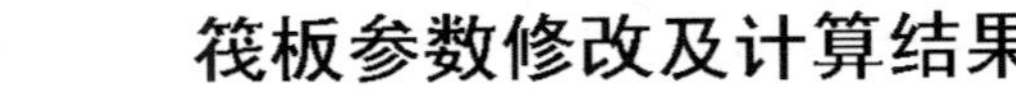

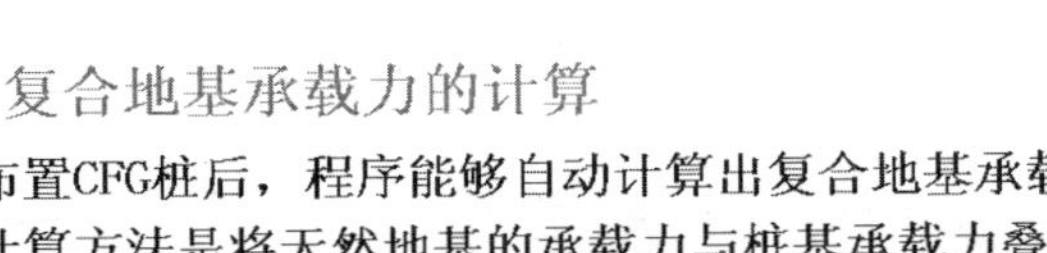

1055

防水板设计

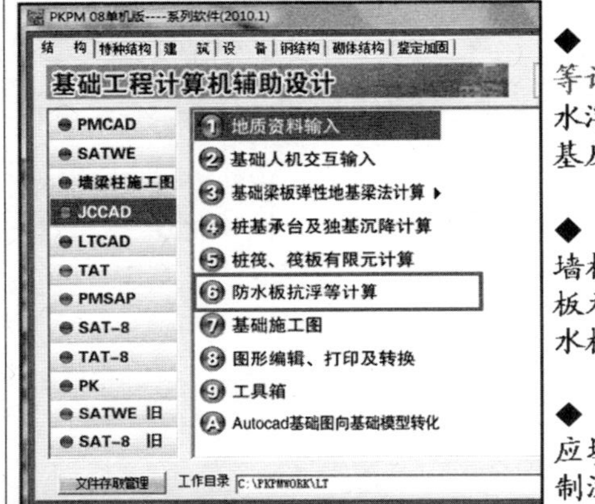

- ◆ 08版增加【抗浮板抗浮等计算】菜单，该板考虑水浮力和板重，不考虑地基反力和墙柱竖向位移。
- ◆ 如防水板计算需要考虑墙柱的竖向位移，可以用板元法计算，设置架空防水板的K值为0。
- ◆ 防水板内宜设梁，板下应填充易压缩材料，并控制沉降。

1056

基础沉降计算

地基变形—沉降计算

《基础规范》5.3.10条规定，在同一整体大面积基础上建有多栋高、低层建筑，沉降计算时应考虑上部结构、基础与地基的共同作用。

《基础规范》5.3.1条规定，建筑物的地基变形计算值，不应大于地基变形允许值。

沉降计算特点

- 基础沉降对结构安全和建设成本影响很大
- 沉降计算离散性大，计算结果不准确，需要对计算结果修正，取各地区的经验和观测数据
- 沉降计算的核心是分层总和法，各规范要求不同
- 沉降计算应考虑结构上部刚度影响
- 无桩大开挖基础可以考虑回弹再压缩

沉降共同作用示意图

基础沉降公式

沉降计算公式：

$$s=\psi_s \cdot s'=\psi_s\sum_{i=1}^{n}\frac{p_0}{E_{si}}(z_i\overline{a_i}-z_{i-1}\overline{a_{i-1}})$$

回弹再压缩量计算：

$$s_c=\varphi_c\sum_{i=1}^{n}\frac{p_c}{E_{ci}}(z_i\overline{a}_i-z_{i-1}\overline{a}_{i-1})$$

1057 1058
1059 1060

1061 1062 1063 1064

地基变形计算

《基础规范》第5.3.2条规定，地基变形特征可分为沉降量、沉降差、倾斜、局部倾斜。

❖ 考虑土压缩性指标（《基础规范》第4.2.5条）：

高、中、低压缩性土

❖ 沉降差（《基础规范》第5.3.4条）：

可以控制在30～50mm

❖ 倾斜：

控制在1.5‰～3‰

❖ 翘曲：

控制在3.0‰左右

❖ 增加“底板抗浮验算”，计算结果查看计算书

沉降考虑回弹再压缩

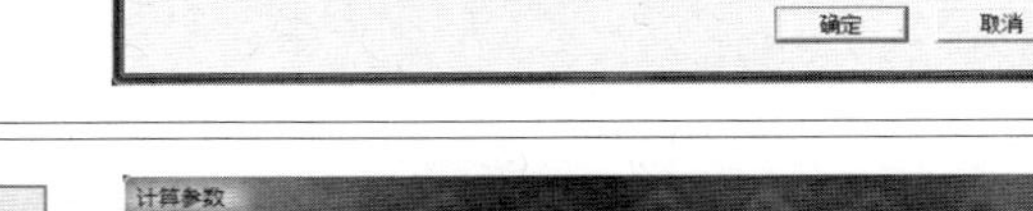

中国建築科學研究院 China Academy of Building Research　PKPM

板元法沉降计算参数

- □沉降计算考虑回弹再压缩
- 回弹再压缩模量与压缩模量之比 2.000
- 天然地基承载力特征值（kPa） 150.000

《基础规范》4.2.5条规定，当考虑深基坑开挖卸载和再加载时，应进行回弹再压缩试验，其压力的施加应与实际的加卸载状况一致。

《基础规范》5.3.9条规定，当建筑物地下室基础埋置较深时，需要考虑开挖基坑地基土的回弹。

注意：对桩筏板可以不考虑回弹再压缩

China Academy of Building Research

变形计算考虑上部结构刚度

1065 1066
1067 1068

中國建築科學研究院 China Academy of Building Research PKPM

考虑上部结构刚度的影响 P159

- 取TAT、SATWE、PMSAP的上部结构刚度

  上部刚度凝聚的过程实际上是将上部结构作为整个上下部结构的子结构，对于基础筏板计算是一个准确解
- 倒楼盖模型

  上部结构为刚性（计算局部内力）
- 不考虑上部结构刚度

  上部结构刚度为0

China Academy of Building Research

算 例

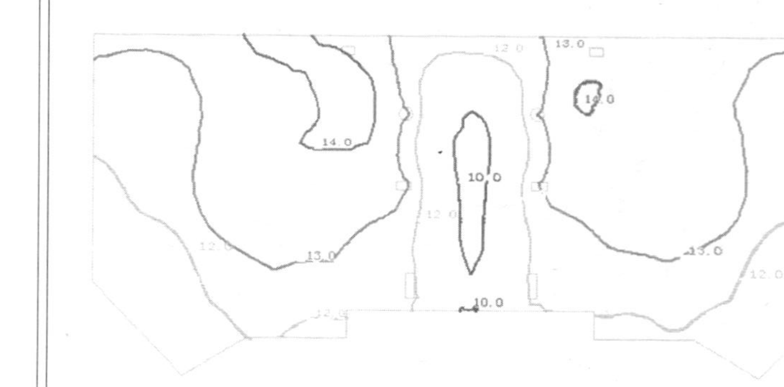

不考虑上部结构刚度沉降图

考虑上部结构刚度沉降图

注：考虑上部刚度应不采用模拟施工 2，因其人为改变了上部刚度

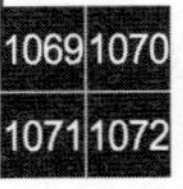

巴黎城单塔计算

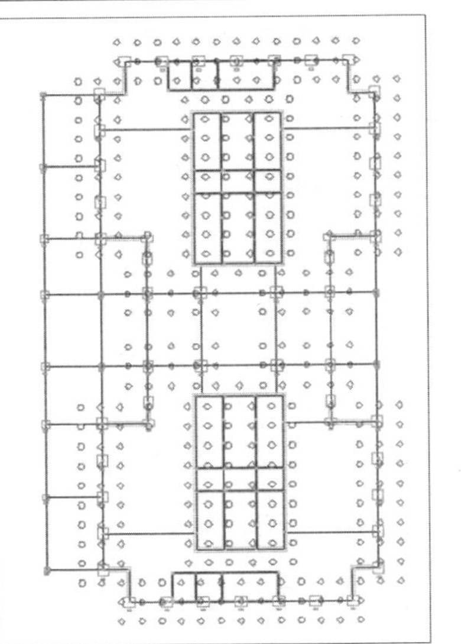

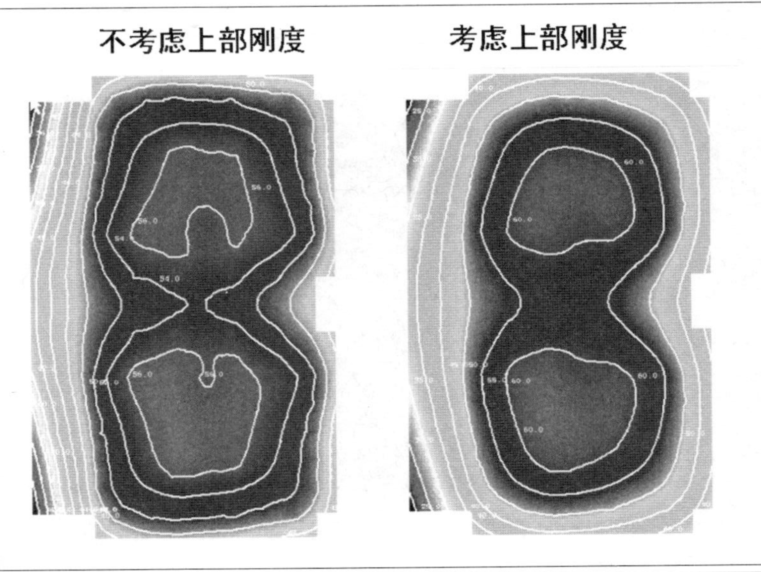

配筋比较

	考虑上部刚度	不考虑上部刚度
■ X上筋	4955	4184
■ Y上筋	5992	7694
■ X下筋	9414	9461
■ Y下筋	6945	8234

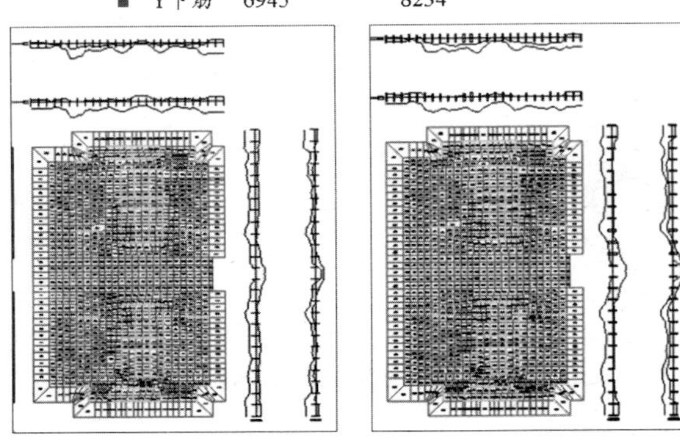

基础沉降等值线图

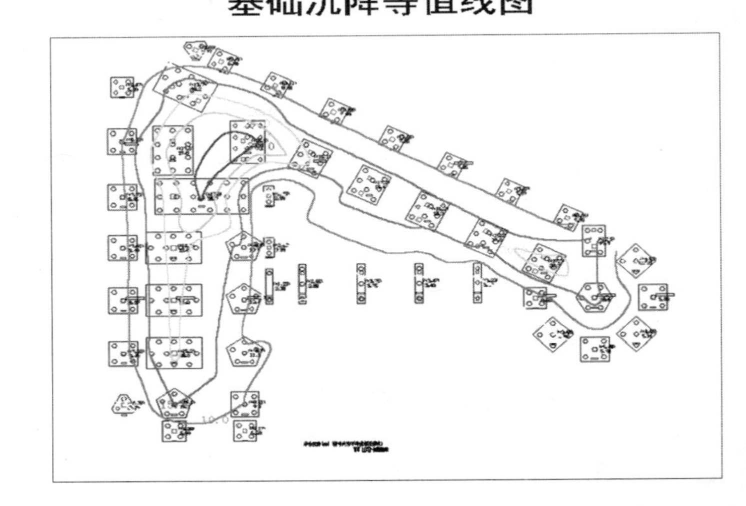

1073 1074
1075 1076

中国建筑科学研究院 China Academy of Building Research PKPM

算例：上海地区油罐设计

- 板厚1.1m
- 桩长36m
- 油罐直径26.44m
- 荷载300kPa

China Academy of Building Research

中国建筑科学研究院 China Academy of Building Research PKPM

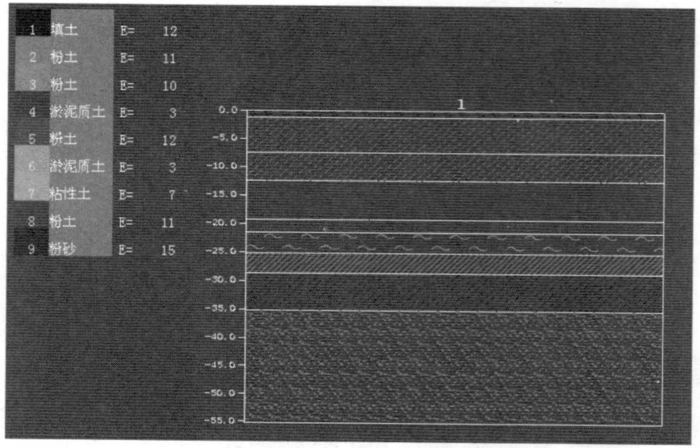

	土层		E
1	填土	E=	12
2	粉土	E=	11
3	粉土	E=	10
4	淤泥质土	E=	3
5	粉土	E=	12
6	淤泥质土	E=	3
7	粘性土	E=	7
8	粉土	E=	11
9	粉砂	E=	15

0.0 -5.0 -10.0 -15.0 -20.0 -25.0 -30.0 -35.0 -40.0 -45.0 -50.0 -55.0

China Academy of Building Research

基础沉降渲染图

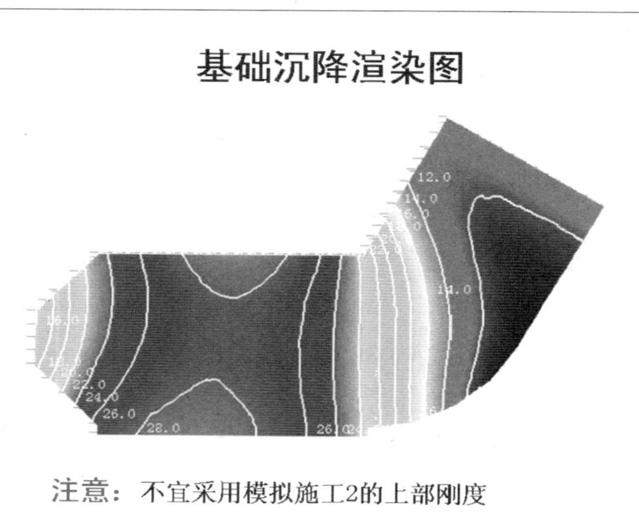

注意：不宜采用模拟施工2的上部刚度

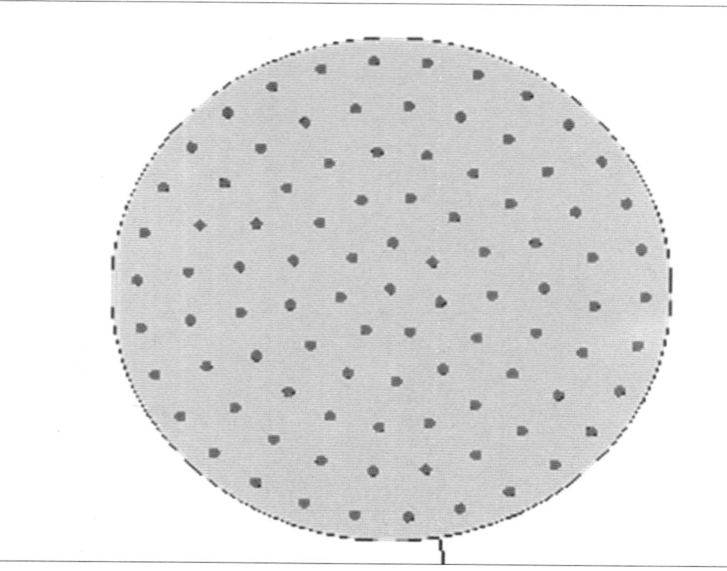

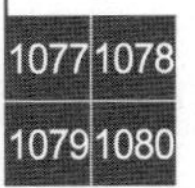

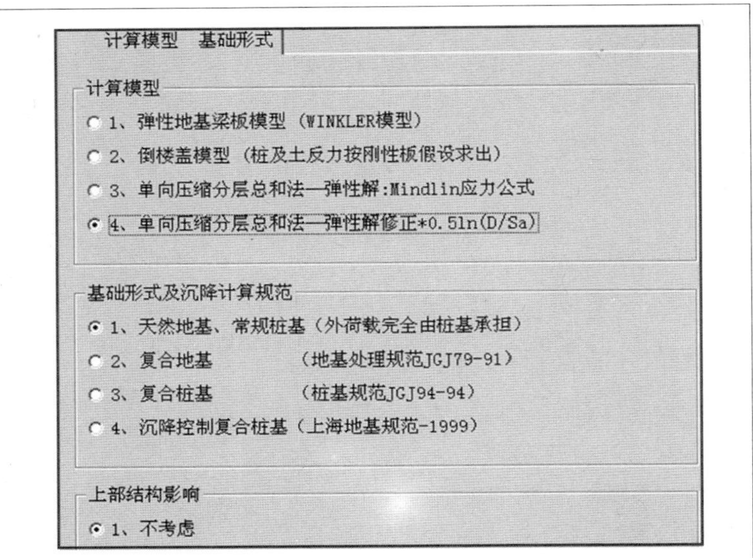

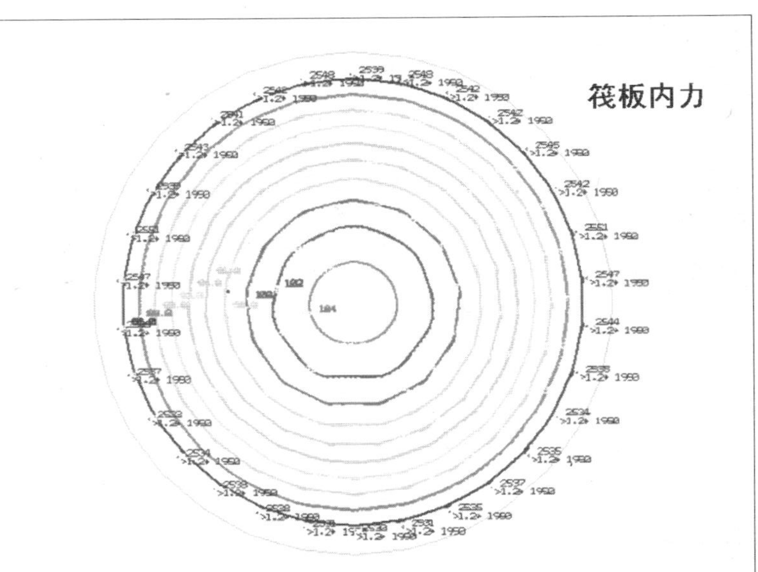

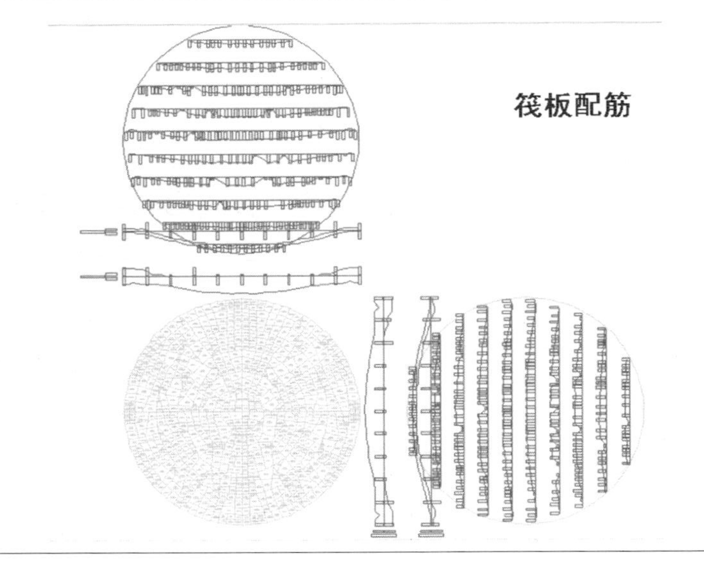

筏板计算结果

位置（离中心距m）	0	2.42	4.82	7.22	9.12	12.02	比值	中心处结果
桩数	1	7	13	19	24	30	总桩94	
上海规范沉降	126	125	120	111	97	80	1.575	
MINDLIN解沉降（mm）	105	104	101	96.7	91.2	85.1	1.234	M=1952 kNm/m
MINDLIN解桩反力（kN）	1338	1372	1426	1449	1630	2539	1.898	A=6862 mm2/m
修正解沉降（mm）	98.1	97.9	97.1	95.8	94.1	92.4	1.065	M= 620 kNm/m
修正解桩反力（kN）	1529	1550	1605	1692	1837	2105	1.377	A=2364 mm2/m
WINKLER解沉降（mm）	92.7	93.0	93.8	94.9	91.1	97.4	0.952	M=-840 kNm/m
WINKLER解桩反力（kN）	1779	1786	1801	1822	1845	1869	1.051	A=2761 mm2/m

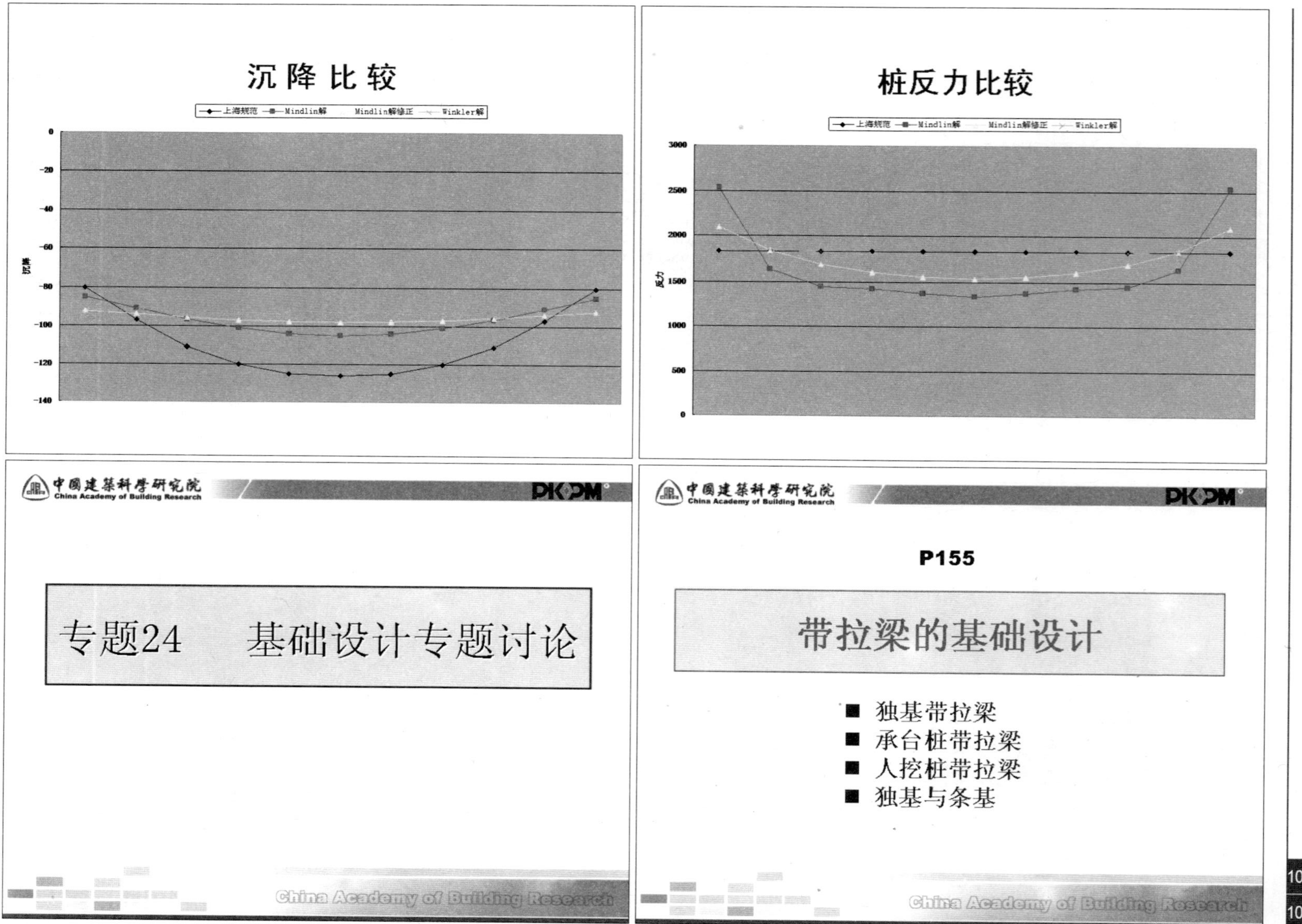

1081 1082
1083 1084

1085

柱下独立基础

独基带拉梁

1086

中国建筑科学研究院 China Academy of Building Research PKPM

带拉梁的基础设计

◆ 基础承担上部结构全部荷载：

如独立基础 、承台桩基础、人挖桩基础

◆ 拉梁的作用：

- 承担柱间填充墙的荷载
- 加强分散基础的整体性
- 不考虑地基土承载力

框架柱 框架柱 拉梁 柱下独基

■ **拉梁承担弯矩比例** 0

指由拉梁承受独基或桩承台沿梁方向上的弯矩以减少独基底面积，其值为承受弯矩的比例。

China Academy of Building Research

1087

拉梁承担弯矩比例

基本参数

地基承载力计算参数 | 基础设计参数 | 其它参数

室外自然地坪标高(m)	-0.3
基础归并系数	0.2
独基、条基、桩承台底板混凝土强度等级C	20
拉梁承担弯矩比例	0
结构重要性系数	1

＊ 拉梁承担弯矩比例只影响独基和桩承台的计算

确定 取消 应用(A)

1088

中国建筑科学研究院 China Academy of Building Research PKPM

带拉梁的基础设计

◆ 框架结构基础宜设置拉梁的情况：

- 一级框架、Ⅳ类场地的二级框架
- 各柱基础承受的重力荷载代表值差异较大
- 首层层高较高，基础埋深较深
- 各基础埋深差异较大
- 地基土质不好
- 桩承台之间

◆ 拉梁与地梁的区别：

- 拉梁不考虑土承载力
- 地梁考虑土承载力

框架柱 框架柱 拉梁 柱下独基

China Academy of Building Research

1089 1090
1091 1092

中国建筑科学研究院 China Academy of Building Research PKPM

08版增加独基与地梁的组合基础设计

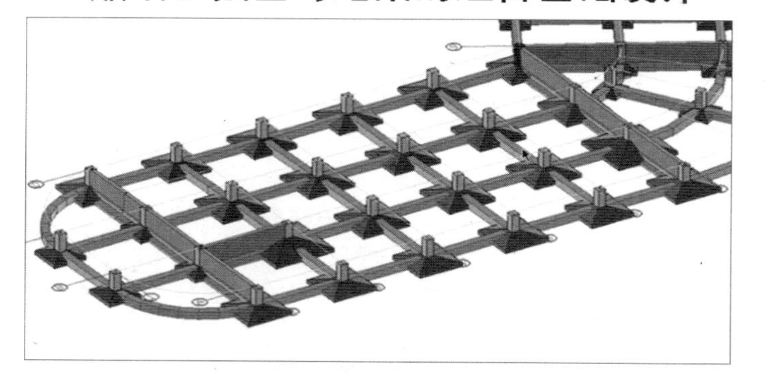

注意区分地基梁与拉梁的不同

China Academy of Building Research

中国建筑科学研究院 China Academy of Building Research

带拉梁的独基设计

- ◆ 在JCCAD中拉梁的设计方法：
  - ■ 在基础上部构件中仅布置拉梁
  - ■ 不要在基础上部构件中输入填充墙
  - ■ 不要在拉梁上布置附加荷载
  - ■ 应将填充墙和拉梁的荷载作为附加荷载手工输入到节点上，与上部荷载叠加进行基础计算
  - ■ 拉梁的配筋手工计算
- ◆ 拉梁没有导荷和计算功能，仅在施工图中绘标识线

注意：09更新版软件可以设计桩承台之间的拉梁，并根据《桩基规范》计算拉梁截面的配筋。

China Academy of Building Research

带拉梁的独基设计

- ◆ 拉梁配筋的电算方法—增加标准层
  - ● 在PMCAD建模时增加一个标准层，并设置为地下室，楼板开洞，回填土约束刚度填“1”
  - ● 拉梁按框架梁布置荷载，计算配筋
  - ● 柱有可能是短柱，但其位于地下，箍筋全高加密增加和不增加楼层各算一次，柱纵筋取较大值
- ◆ 带拉梁的承台桩、人挖桩基础参照此方法

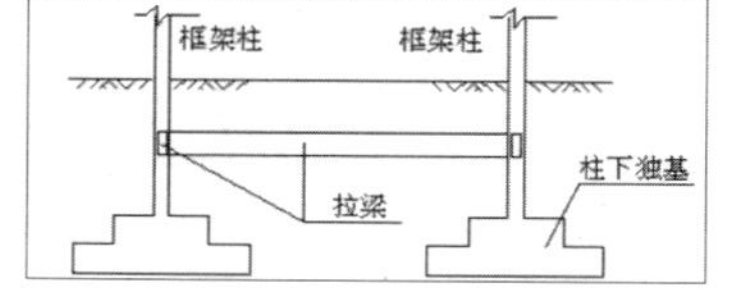

带条基的独基设计

- ◆ 基础建模：
  - ■ 在基础上部构件中输入填充墙
  - ■ 布置独基基础和条形基础
  - ■ 在条基的轴线上布置填充墙的附加荷载
- ◆ 基础计算
  独基和条基各自计算
- ◆ 不布置填充墙，不能生成条基或筏板暗梁
- ◆ 程序自动考虑独基范围内的线荷载

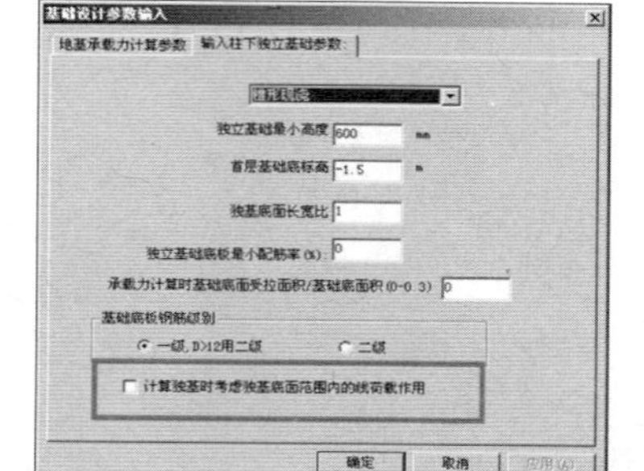

1093 1094
1095 1096

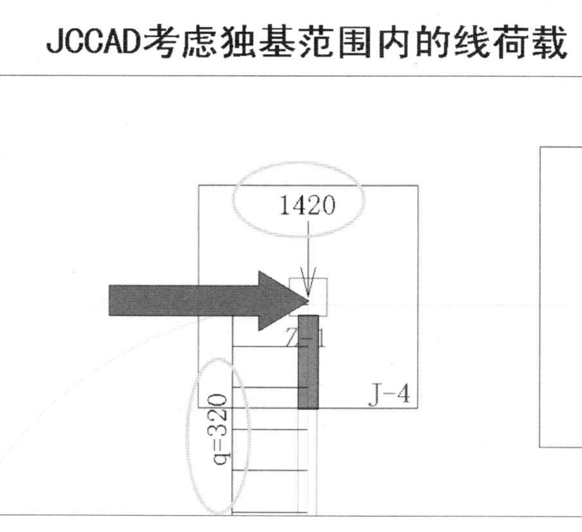

中國建築科學研究院 China Academy of Building Research PKPM

P355

弹性地基梁的设计调整

China Academy of Building Research

中國建築科學研究院 China Academy of Building Research PKPM

地基梁超筋的处理方法

- 增加地梁的数量和长度
- 提高混凝土强度等级
- 考虑上部结构刚度
- 不考虑地梁抗扭
- 适当减小地梁的截面面积（减小梁刚度）
- 小于梁宽的超短梁超筋可不考虑

□弹性基础考虑抗扭

考虑不考虑都可以，不考虑抗扭刚度，抗扭钢筋量减少，但梁的弯矩会增加。

China Academy of Building Research

工程实例： 某工程为框剪结构，地上20层，地下1层，基础埋深5.5m，基床反力系数K取20000kN/m^3。采用梁筏板基础，板厚500mm，外挑1000mm，地梁为600mm×1000mm和600mm×800mm两种。基础平面图如下：

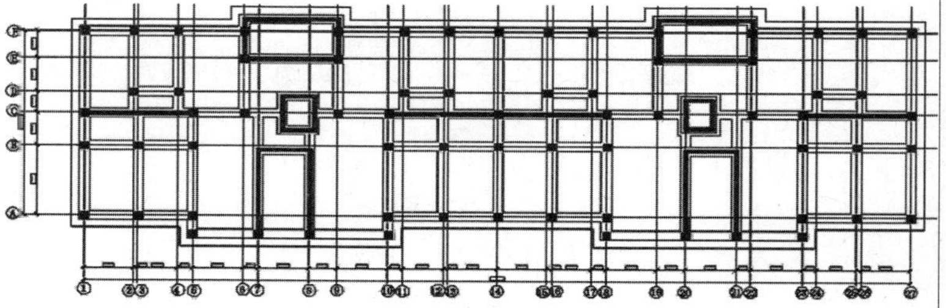

采用JCCAD梁元法计算后，地梁箍筋超筋：

本工程地梁多处出现抗剪不够，超筋部位主要在：

（1）地梁纵、横向突出部位

（2）核心筒超筋

（3）短梁超筋

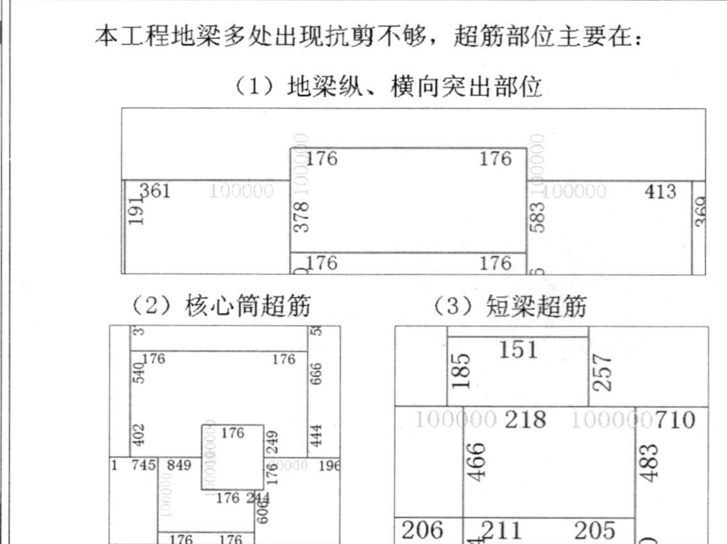

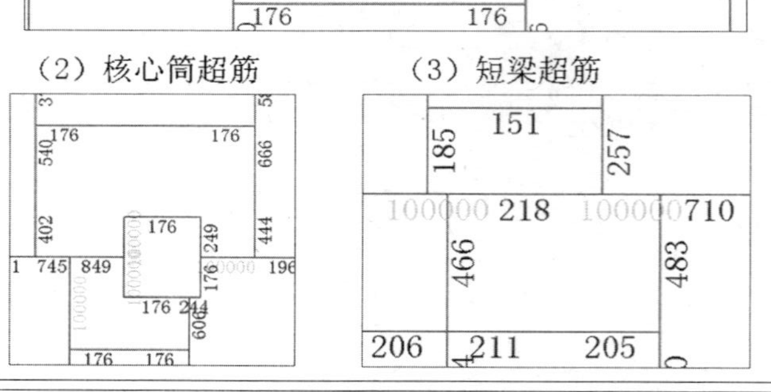

弹性地基梁的计算是按T形梁采用空间交叉梁系的方法。各水平构件的内力通过交叉点处的变形和各段梁的刚度进行分配。因此弹性地基梁的边角部位，尤其是L型位置容易出现梁抗剪超筋情况。解决方法：

- 增加地梁的数量和长度
- 减小超筋短梁的刚度
- 不考虑超短梁的超筋

具体调整方案：

- 增加地梁的长度：

（1）将弹性地基梁向基础外延伸1米至筏板边缘；

（2）将剪力墙核心筒下所围成的口字形地基梁向周边延伸，形成井字形地基梁。

- 减小地梁的刚度：

（3）将C轴处布置的600mm×1000mm的地基梁截面改为600mm ×800mm，以降低短梁刚度。

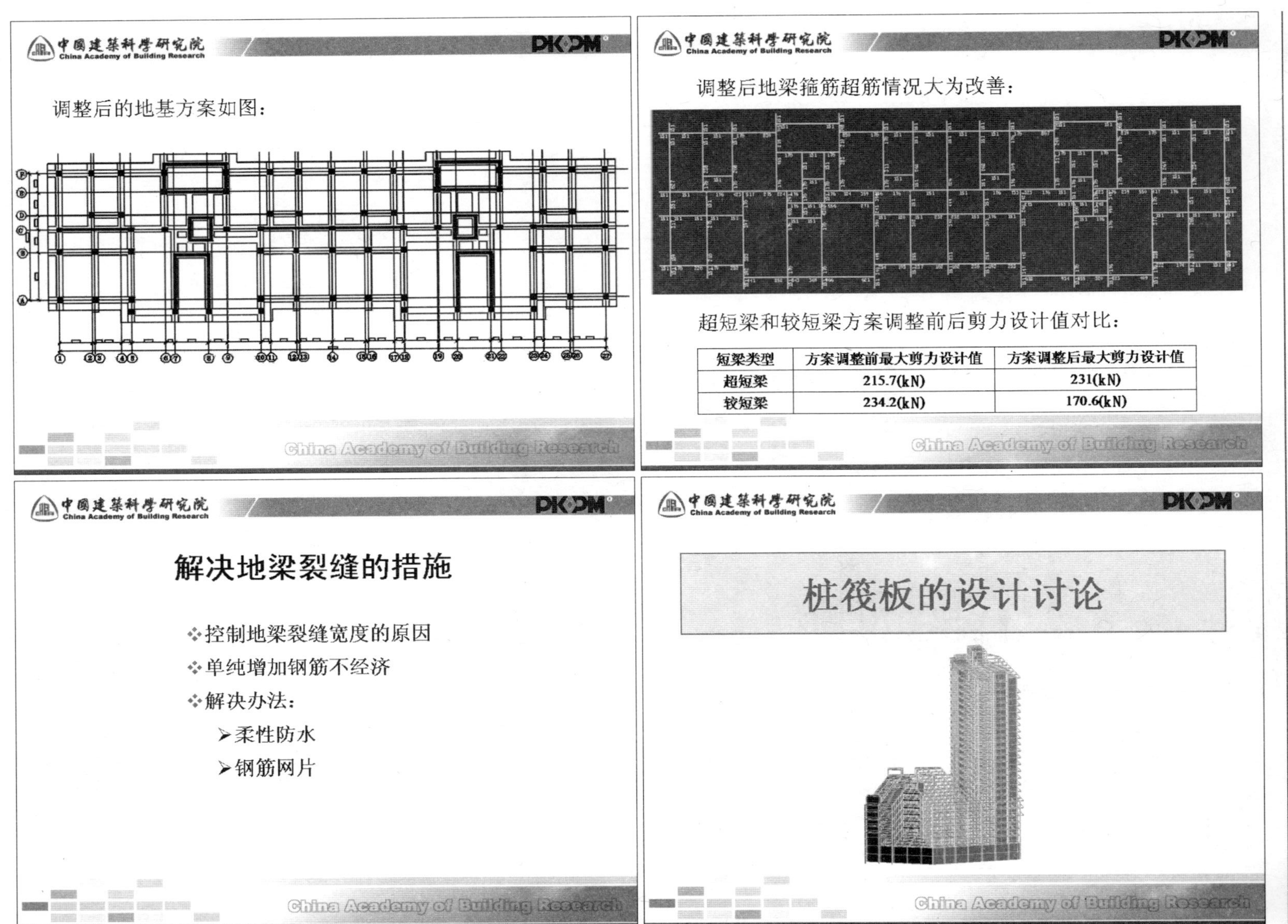

短梁类型	方案调整前最大剪力设计值	方案调整后最大剪力设计值
超短梁	215.7(kN)	231(kN)
较短梁	234.2(kN)	170.6(kN)

1105 1106 1107 1108

中国建筑科学研究院 China Academy of Building Research PKPM

工程概况：

某医院主体结构27层，裙房2层。为解决差异沉降，主体结构下采用桩筏板基础，裙房下采用梁筏板基础。裙房下筏板厚0.6m，主体结构下的筏板厚1.5m。桩基础采用预制砼管桩，桩长22m，直径500mm，壁厚12mm，单桩承载力特征值为2300Kn，基础平面图如图所示：

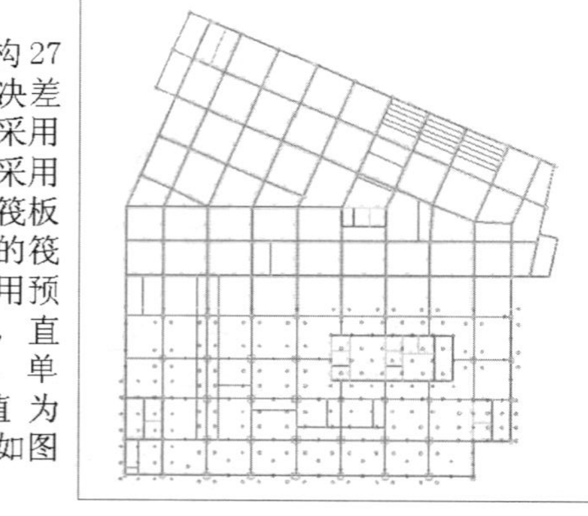

China Academy of Building Research

问题1：主、子筏板交界处没有布板

该工程采用板元法计算，基础选择“天然地基、常规桩基”、“不考虑上下部分共同作用”。在进行初步设计时，发现主、子筏板交界处没有布板。

- 原因是设计人员布置主筏板挑出宽度为400mm，布置子筏板挑出宽度为1500mm，两块筏板交叉，使计算结果出错。
- 为此，将母筏板边挑出宽度改为1510mm，网格划分成功。

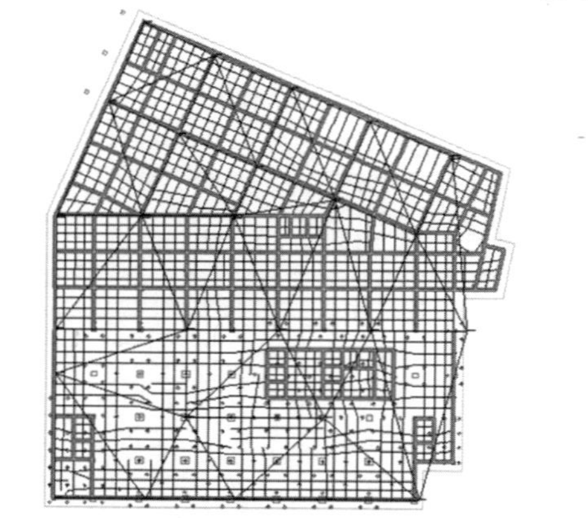

中国建筑科学研究院 China Academy of Building Research PKPM

问题2：沉降计算不对

计算发现，该工程裙房部分基础的沉降计算结果异常，很多处达到数米。

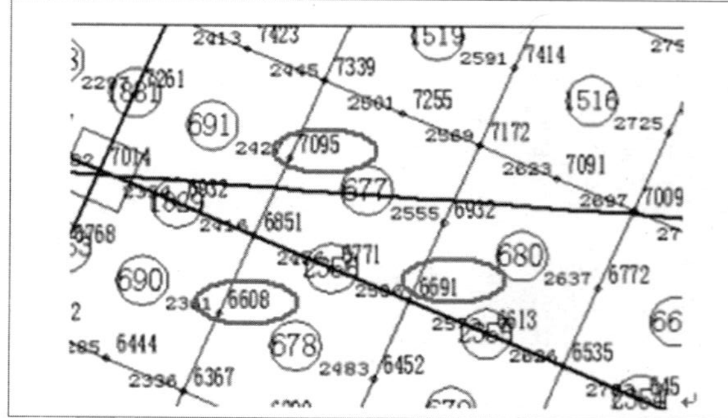

China Academy of Building Research

- 原因是设计人员没有给裙房部分的筏板赋予基床反力系数K，造成该部分筏板与地基脱离，成为悬臂板。
- 在基础“沉降试算”中输入基床反力系数K值，比如K=20000kN/m³，重新计算基础沉降正常。

问题3：单桩承载力小于地基反力

在进行桩筏基础设计时，经常会出现地基反力大于单桩承载力的情况。此时可以通过调整基床反力系数K值，增加地基土承担的反力值（但不应超过地基土的承载力），降低桩端反力，达到满足单桩承载力的目的。一般地基土承担的上部荷载应控制在总荷载10%左右。

例如，当基床反力系数K值为1000kN/m³时，某桩单桩反力大于其承载力，如左图所示。如将K值增加到6000kN/m³，其反力值小于承载力值，如右图所示，实现桩土共同作用，满足设计要求。

问题4：核算桩筏基础是否满足整体倾斜要求

按照《基础规范》的要求，高层建筑基础要控制基础整体倾斜。具体计算步骤如下：

1）在主体结构中选取典型的特征的轴线，如图所示。

2）读取该轴线两端的沉降值，计算出沉降差，再除以轴线长度即可。

该轴线左、右端沉降值分别为21.9mm和24.5mm，两点间的距离为61200mm。则结构主体整体倾斜为：

（39.4-20.7）/61200=0.3‰ < 2.5‰

满足规范整体倾斜要求。

P262

基础变刚度调平技术

- 高塔大底盘基础
- 多塔大底盘基础

1113 1114
1115 1116

巴黎城基础：桩筏板

北京巴黎城（北京院），43层，大底盘尺寸210m×200m

上海陆家嘴金融贸易区X2地块

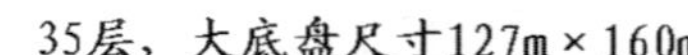
35层，大底盘尺寸127m×160m

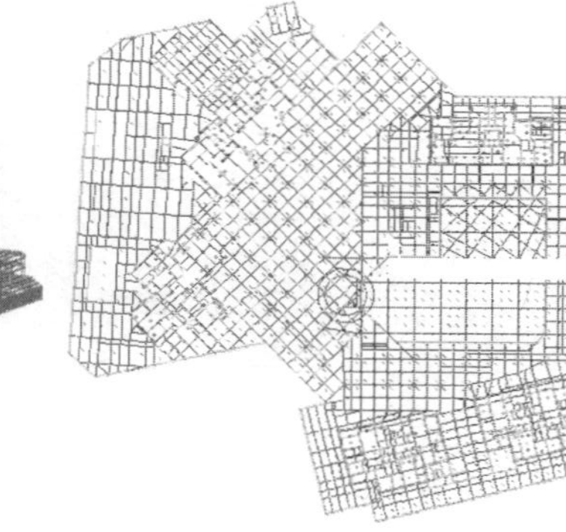

解决高塔大底盘不均匀沉降的措施

高塔大底盘结构荷载不均匀，基底反力不均匀，引起基础底板不均匀变形，如不加以控制，会使基础开裂防水失效。

1、设置永久沉降缝

塔楼和裙房的筏板各自独立

基础设置沉降缝影响地下室的使用功能，一般不采用。

2、设置施工后浇带

采用施工后浇带技术，在中、低压缩性土层一般在主体结构封顶后浇筑后浇带，降水周期通常需要1年或1年半时间

基础施工后浇带的保护及降水周期较长，费用可观，且增加施工难度，在地下水位较高的地区不宜采用。

3、整体设计

筏板整体施工不设缝

基础施工方便，但必须控制基础的绝对沉降、不均匀沉降、倾斜、挠曲，整体设计应采用变刚度调平技术。

中国建筑科学研究院 China Academy of Building Research　PKPM

传统均匀布桩基础的缺点

- 对于高层建筑桩筏、桩箱基础，按传统设计理念是只重视满足总体承载力和沉降要求，采用均匀布桩，甚至对边角桩实施加强，由此导致：
  - 基础沉降呈蝶形分布
  - 反力呈马鞍形分布
  - 主裙楼差异变形显著
  - 基础整体弯距和核心区冲切力过大

China Academy of Building Research

均匀布桩基础沉降变形大

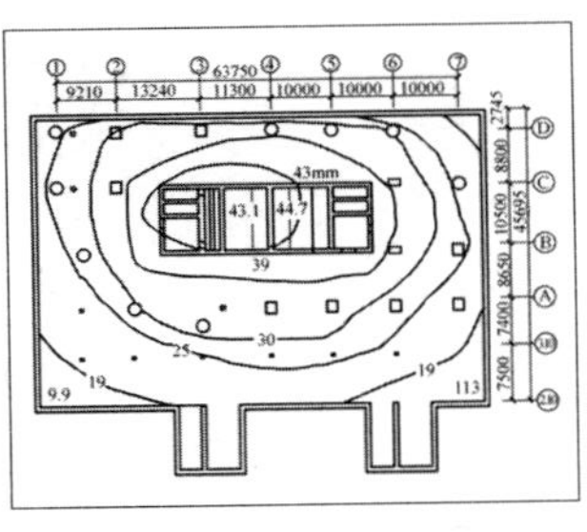

南银大厦桩筏基础建成一年沉降等值线（单位：cm）

建筑高113m，框筒结构，ϕ400PHC桩，L=11m，均匀布桩，筏板厚2.5m，　Smax=44.7cm；△Smax=0.002L，沉降差大

均匀布桩桩顶反力差异大

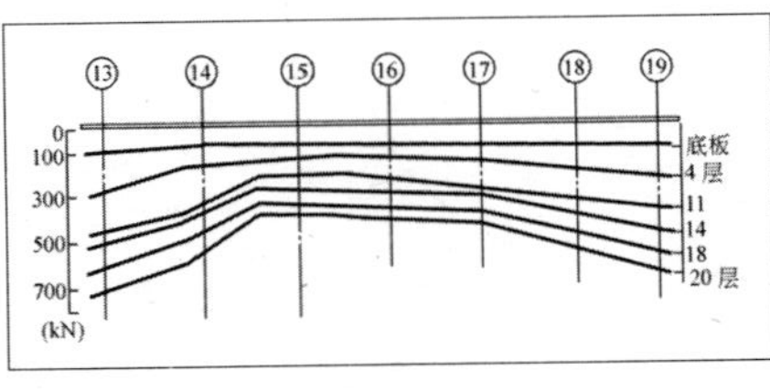

武汉某大厦桩箱基础桩顶反力差异较大

高层框剪结构，ϕ500PHC桩，L=22m，均匀布桩；中桩与边桩反力比为 1:1.9，桩顶反力差异大

如何进行主楼与裙房基础的整体设计

主楼、裙房与基础的整体设计，即筏板基础不设缝和后浇带，采用变刚度调平技术，这是目前基础设计的总趋势。

为此必须将差异沉降、整体倾斜和挠曲控制在一定范围，一般差异沉降控制在30mm以内，整体倾斜控制在1.5‰～3.0‰，整体挠曲控制在3.0‰以内。

《高规》12.1.8条规定，当不设沉降缝时，应采取有效措施减少差异沉降及其影响。

《北京细则》3.10.1条规定，如高低层之间不设沉降缝，应采取措施以减少高层建筑的沉降，同时使裙房的沉降量不致过小，从而使两者之间的沉降差，尽量减少。

基础变刚度调平设计做法

按强化主体，弱化裙房的原则设计：

- 主楼采用复合地基，裙房采用天然地基

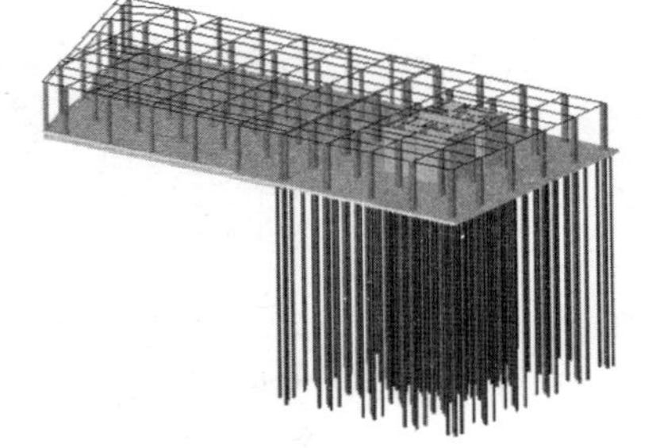

基础变刚度调平设计做法

按强化主体，弱化裙房的原则设计：

- 主楼采用筏板基础，裙房采用独基和条基

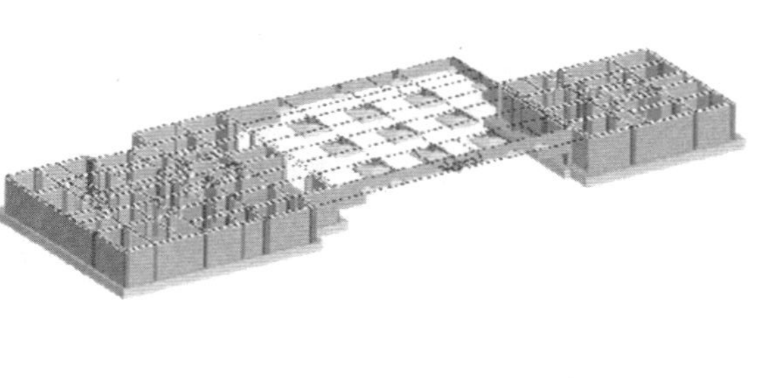

基础变刚度调平设计做法

按强化主体，弱化裙房的原则设计：

- 主楼采用桩筏基础，裙房采用筏板基础

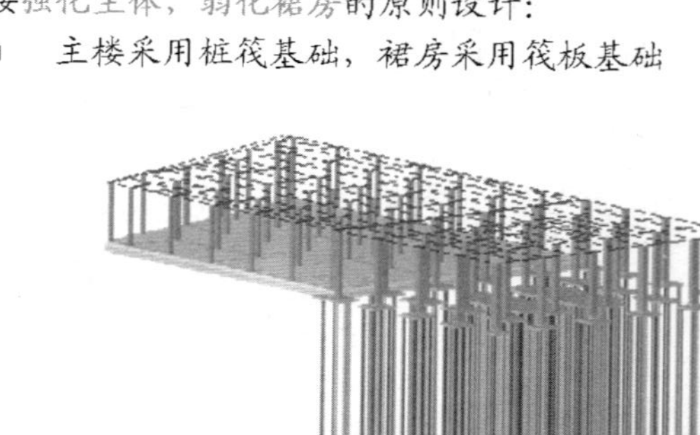

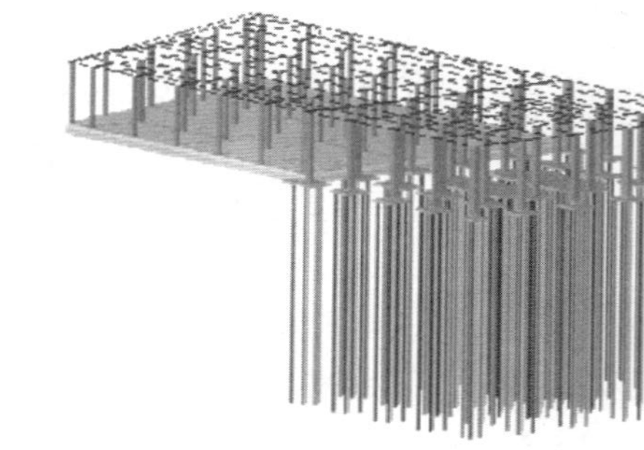

基础变刚度调平设计做法

按强化主体，弱化裙房的原则设计：

- 主楼采用长、密、粗桩
  裙房采用疏、短、细桩

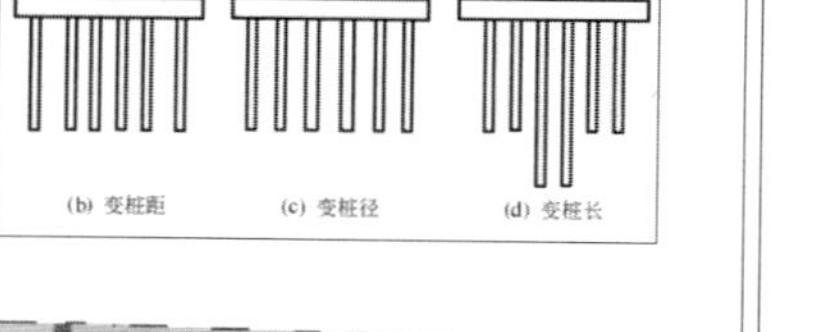

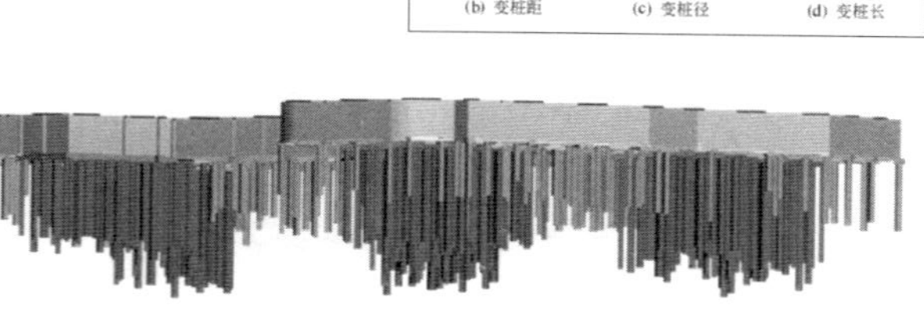

试验验证：

粉质黏土地基，20层框筒结构，1/10现场模型，等桩长与变桩长试验

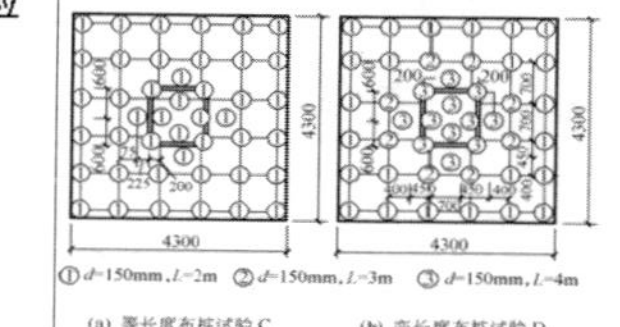

桩顶反力（F=3250kN）

试验细目	内部桩	边桩	角桩
	Qᵢ /Qav	Qₑ/Qav	Qc/Qav
等长桩基 C	76%	140%	115%
变长桩基 D	105%	93%	92%

1121 1122 1123 1124

1125 1126
1127 1128

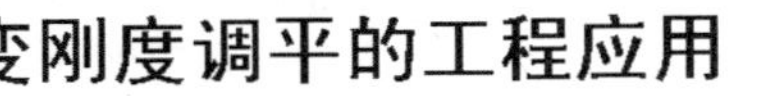

变刚度调平的工程应用

- 北京皂君庙电信楼、山东农业银行大厦、北京长青大厦等10余项工程桩基设计进行优化，节约造价2100余万元；Smax≤35mm，ΔSmax≤0.0008L
- 近两年建设项目：北京电视中心，北京万豪大酒店，威海海悦国际大酒店等数十个工程的桩基础均采用变刚度调平概念设计

China Academy of Building Research

北京京澳中心

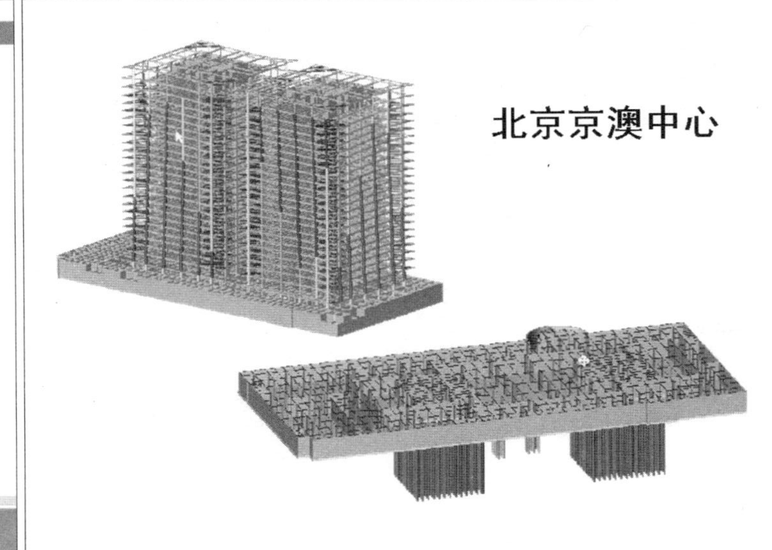

北京市西雅图

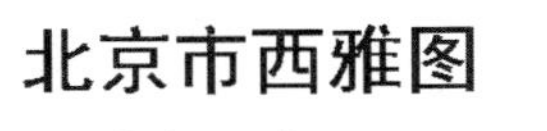

34层，大底盘尺寸230m×220m

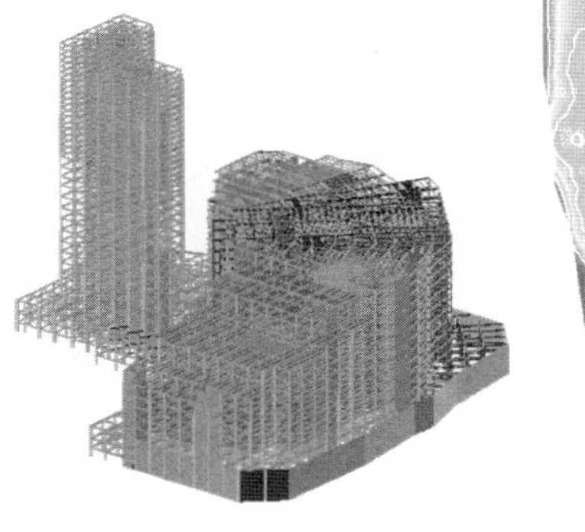

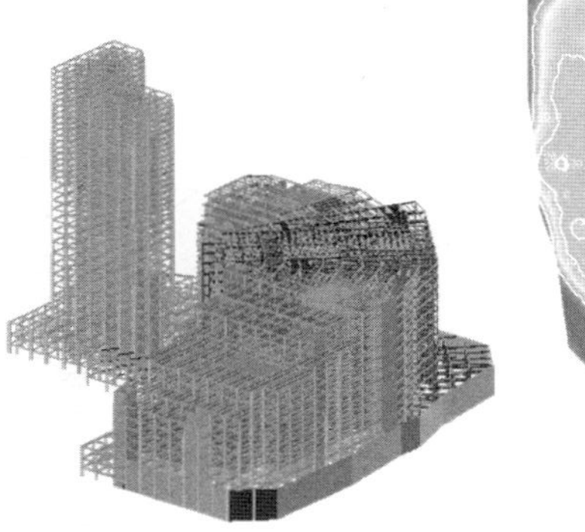

巴黎城基础：桩筏板

北京市巴黎城，43层，大底盘尺寸210m×200m

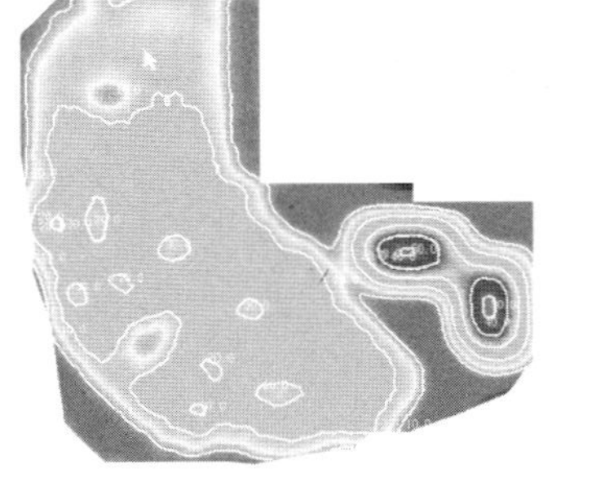

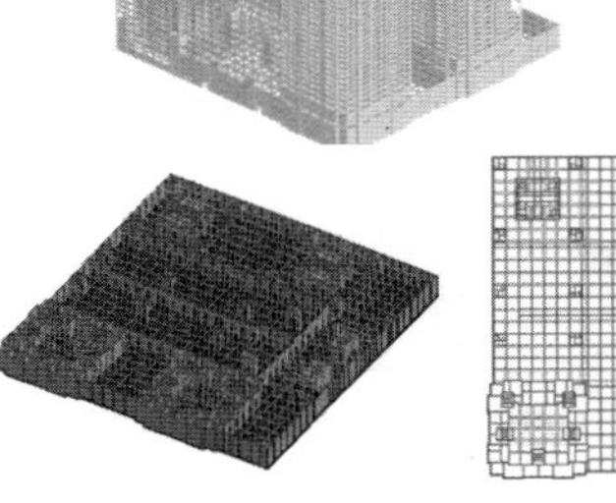

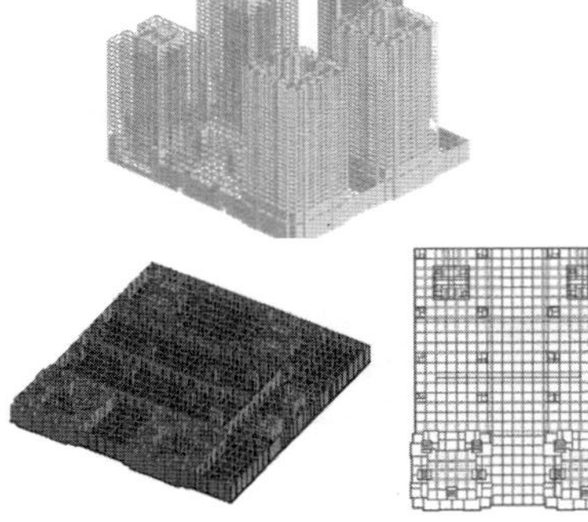

1129

实例：威海海悦国际大厦设计方案

- 威海市海悦国际大厦由主楼与裙楼连体组成
- 主楼建筑物地上30层，裙楼地上4层，地下2层
- 建筑高度99.90m，外框内筒结构
- 整个建筑东西长142.5m，南北宽44m，建筑面积约12万m^2
- 建筑物安全等级为一级
- 建筑场地属II类，抗震设防为7度
- 采用筏基和CFG桩复合地基

1130

威海海悦国际大厦基础设计方案

- 核心筒部分CFG桩桩长22m，桩径400mm，桩间距1.6m左右，单桩承载力特征值为800kN，桩数为182根。
- 柱下CFG桩桩长19m，桩径400mm，桩间距1.6m左右，单桩承载力特征值为700kN，桩数为451根。
- 主楼部分基础底板厚1.6m，核心筒部分板厚2.2m。
- 裙房部分采用梁板式基础，梁尺寸是800mm宽、1400mm高，板厚0.5m。
- 主裙楼之间设后浇带。
- 裙房的抗浮设计不设置抗拔桩，利用建筑物的自重和配重平衡水浮力。
- 筏板砼强度等级C40，CFG桩混凝土强度等级是C30，纵筋是三级钢，箍筋是二级钢。±0标高处于地质资料标高4.30m，筏板底标高为-10m，处于地质资料标高-5.70m，埋深8.70m。
- 筏板下天然地基承载力特征值270kPa。

1131

基础布置图

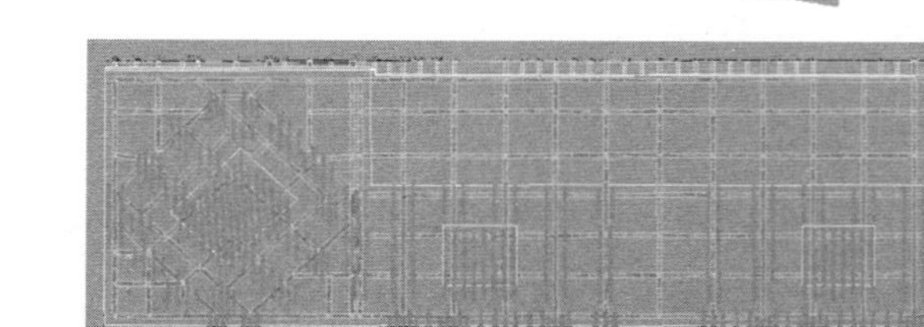

1132

基础布置图

基础沉降图

摄于2009. 9. 20
摄于2006. 8. 10

中国建筑科学研究院
China Academy of Building Research
PKPM

基床反力系数的取值
China Academy of Building Research

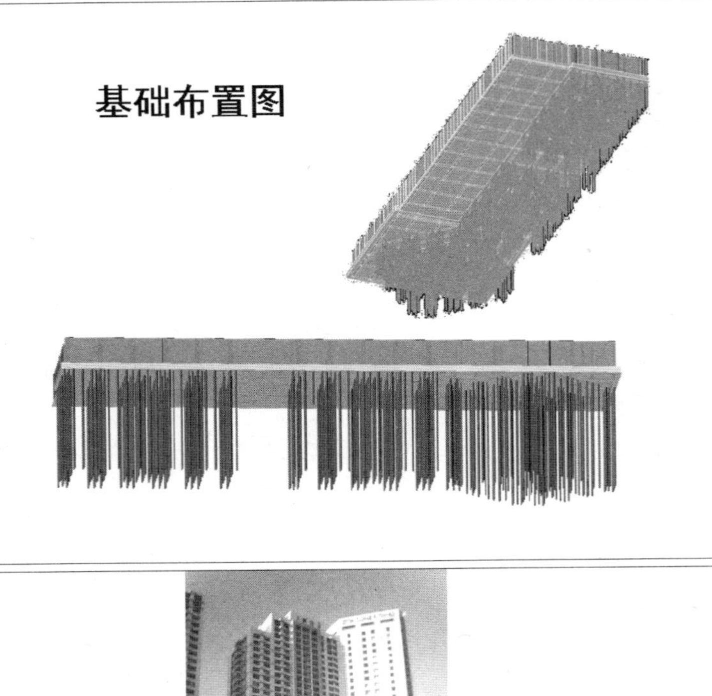

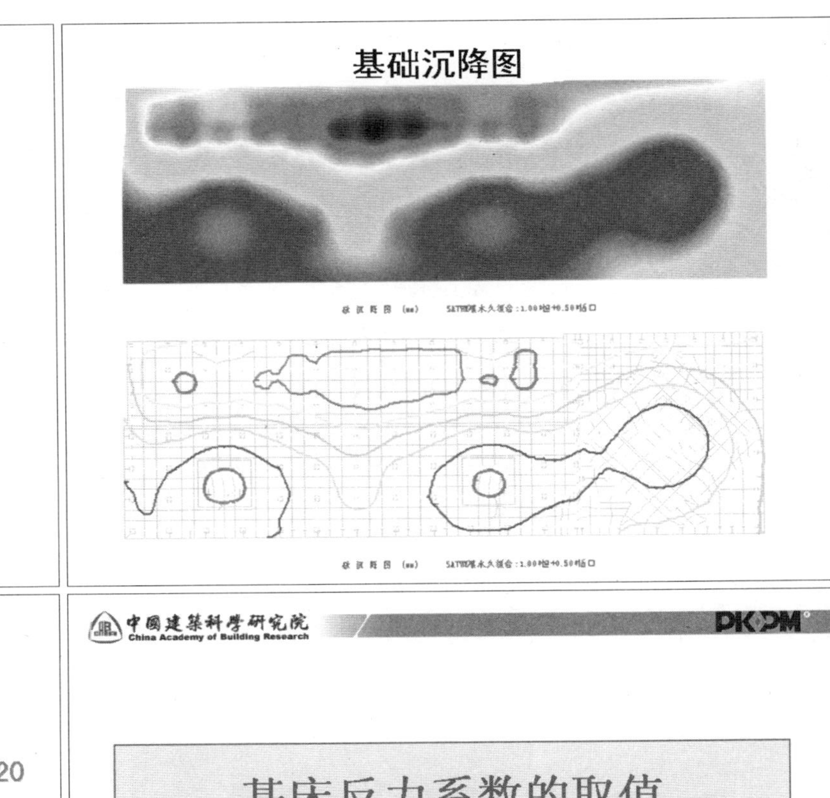

基床反力系数（K值）

- 基床反力系数（K）定义：
  在单位面积上引起单位位移需要施加的外力
- 取与基础接触处的土参数，偏硬土取大，埋置深取大，考虑垫层取大。
- K值的大小与土的类型、基础埋深、基础底面积形状、基础刚度及荷载作用时间等因素有关。
- 基床反力系数K是基础设计中的重要参数，其值影响基础反力的计算。

（1）实测法

静载试验法是在现场进行静压试验，通过此方法可以得到荷载—沉降曲线（即P-S曲线）：

P1　P2　P
S1
S2
S

图：　静载试验法得到的P-S曲线

根据图中的P-S曲线，K值计算公式如下：

$$K = \frac{P_2 - P_1}{S_2 - S_1}$$

- 其中，P2、P1——分别为基底的接触压力和土自重压力，
- S2、S1——分别为相应于P2、P1的稳定沉降量。

静载试验法计算出来的K值是不能直接用于基础设计，必须经太沙基修正，因为此种方法确定K值所用的荷载板底面积远小于实际结构的基础底面积，需要对K值折减。

从公式可以看出，P2-P1和S2-S1实际上就是在试验中所施加的荷载及其引起的稳定沉降量，其计算出来的K值比较符合地基的实际情况。

（2）查表法（梁元法）

选用JCCAD用户手册附录C中建议的K值

引自前苏联的教科书，数值较大，仅考虑了上部结构刚度和垫层的影响，未考虑土层厚度，不够准确，仅供参考

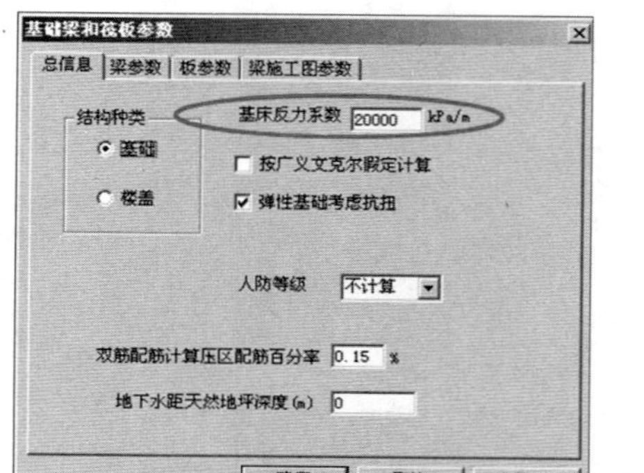

1137 1138
1139 1140

文克尔模型的基床反力系数

基床反力系数K的推荐值

地基一般特性	土的种类	K (KN/m³)
松软土	流动砂土、软化湿土、新填土 流塑粘性土、淤泥及淤泥质土、有机质土	1000～5000 5000～10000
中等密实土	粘土及亚粘土:软塑的 可塑的 轻亚粘土:软塑的 可塑的 砂土:松散或稍密的 中密的 密实的 碎石土:稍密的 中密的 黄土及黄土亚粘土	10000～20000 20000～40000 10000～30000 30000～50000 10000～15000 15000～25000 25000～40000 15000～25000 25000～40000 40000～50000
密实土	硬塑粘土及粘土 硬塑轻亚土 密实碎石土	40000～100000 50000～100000 50000～100000
极密实土	人工压实的填亚粘土、硬粘土	100000～200000
坚硬土	冻土层	200000～1000000
岩石	软质岩石、中等风化或强风化的硬岩石 微风化的硬岩石	200000～1000000 1000000～15000000
桩基	弱土层内的摩擦桩 穿过弱土层达密实砂层或粘土性土层的桩 打至岩层的支承桩	10000～50000 5000～150000 8000000

摘自本院地基所(TJ7—74)修改序号16"筏式基础的设计和计算"专题报告的附件之二。

（3）按基础平均沉降反算K值（板元法）

用规范推荐的分层总和法计算若干点沉降后取平均值S_m，得：

$$K = P / S_m$$

式中p为基底平均附加压力

$$K值（kN/m^3）= \frac{总面荷载值（kN/m^2）}{平均沉降S1（m）}$$

注意：1）沉降值直接影响K值的计算准确度和可信度

2）若桩筏板K值取0，表示上部荷载完全由桩承担，筏板不承担荷载，如防水板

3）如考虑桩间土作用，应修改群桩作用系数

用光标点明要修改的项目 [确定]返回

筏板（ 1）平均沉降试算结果

板底土反力基床系数建议(kN/m^3) 3042.516

基床系数是否赋值筏板

总面荷载值(准永久值) (kN/m^2) 97.694

附加面荷载值(kN/m^2): 58.99

平均沉降 S1 (mm): 32.11

国家规范沉降S2 (mm): 32.11

压缩深度 (m): 12.00

上海规范沉降S3 (mm): 61.51

压缩深度 (m): 17.60

S1/S2 : 1.00

说明 筏板底面积(m2): 555.24 桩数: 0

国家规范沉降为地基规范提供的均布矩形中心沉降

上海规范沉降为上海规范提供的均布矩形中心沉降

用户可调整板底土反力基床系数来修改平均沉降。

确定 取消 帮助

05版K值调整：

- 板元法计算前，先考察平均沉降是否与当地实际沉降情况相符
- 如果有实测数据，可修改基床反力系数，使沉降值与实际情况相符
- 如没有实测数据，只能采用理论计算的沉降值，误差可能较大

08版用沉降调整系数取代基床反力系数

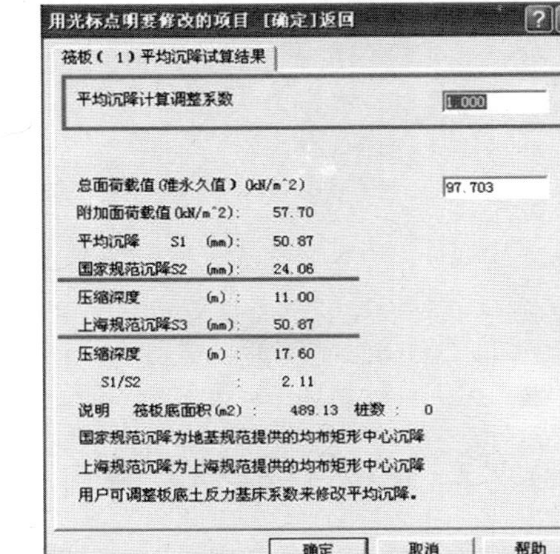

基础沉降观测方法

沉降观测点布置在下列位置：

- 建筑物的四角、沿外墙壁每10～15m及每隔1～2根柱基。
- 主楼部分与裙房部分相邻处。
- 主体结构的核心筒部分四角及部分内柱。

沉降观测的周期和观测时间要求：

- 建筑物施工阶段的观测，应随施工进度及时进行。在基础底板完工后开始观测。每建一层观测一次。施工过程中如暂时停工，在停工时及重新开工时应各观测一次。停工期间，可每隔2～3月观测一次。
- 建筑物使用阶段的观测次数，在第一年观测3～4次，第二年观测2～3次，第3年后每年1次，直至稳定为止。

上海地区沉降实测与分析

许多建筑物从基础施工时就进行了沉降观测，下表给出了上海地区26幢桩箱基础的建筑物沉降的实测结果。沉降观测从箱基底板浇注时开始，历时3～6年。其中包括：

桩长： l =36～50m的建筑物 7 幢

l =17～26m的建筑物 15幢

l =7.5～8m的建筑物 4 幢

实测沉降与分析

上海26幢高层建筑桩箱基础实测沉降和倾斜值 表2

序号	建筑物	基础平面尺寸 $L\times B$ (m×m)	桩数 n	桩长 L_p (m)	桩径或边长 (m)	实测平均沉降 (mm)	基础整体横向倾斜 (‰)
1	26层宾馆	63.6×29.5	400	40.5	0.50×0.50	116	0.125
2	25层公寓	44×32.6	205	50.0	0.609	69	0.441
3	20层住宅	25×23.7	174	25.0	0.45×0.45	153	0.938
4	20层住宅	25×23.7	174	25.0	0.45×0.45	143	1.041
5	20层住宅	25.2×23.9	174	24.5	0.45×0.45	84	0.434
6	20层住宅	25.2×23.9	174	24.5	0.45×0.45	120	1.090
7	20层住宅	25.2×23.9	174	24.5	0.45×0.45	130	0.127
8	20层住宅	25.2×23.9	174	24.5	0.45×0.45	121	1.121
9	20层住宅	26.6×25.3	174	25.0	0.45×0.45	96	0.640
10	19层办公楼	40.0×140	160	36.0	0.45×0.45	103	0.800
11	16层住宅	30.5×21	53	47.5	0.45×0.45	40	0.708
12	16层住宅	30.5×21	53	47.5	0.45×0.45	38	0.486

上海市建筑物计算沉降和实测沉降对比

- 上海绢花厂，七层厂房，格筏基础，计算沉降55cm，最终沉降为59cm
- 上海第五服装厂，五层，格筏基础，计算沉降70cm，最大沉降为48cm
- 上海衬衫第三厂，五层，片筏基础，计算沉降72cm，最终沉降为35cm
- 上海康乐大楼，十二层，箱形基础，计算沉降21cm，最终沉降为16cm
- 上海四平大楼，十二层，箱形基础，计算沉降21cm，最终沉降为12cm
- 上海华盛大楼，十二层，箱形基础，计算沉降19cm，最终沉降为24cm
- 上海胸科大楼，共十层，箱形基础，计算沉降49cm，竣工时沉降35cm
- 温州华侨饭店，条基，1.2m砂垫层，计算沉降130cm，最终沉降113cm
- 上海衡器厂，三层厂房，片筏基础，计算沉降37cm，竣工时沉降6cm

从统计情况看，大多数工程实测沉降量小于计算沉降量

1145 1146 1147 1148

1149

中国建筑科学研究院 China Academy of Building Research PKPM

基础设计计算特点

- 地基土质情况的复杂性和基础模型假定的不确定性，给基础分析计算带来了很大难度，地基基础的受力状况比上部结构要复杂得多。
- 程序计算是在很多假设和简化的前提下进行的，因此程序给出的计算结果仅起参考作用，必须进行反复试算对比，与手工复核结果比较，与以往的工程设计经验，特别是当地同类工程的设计经验相结合，才能得到比较符合工程实际的计算结果。
- 从这个意义上讲，如果对上部结构设计分析的要求是算准，计算结果正确；那么对基础设计分析的要求是能算，计算结果合理。

China Academy of Building Research

1150

中国建筑科学研究院 China Academy of Building Research PKPM

本讲稿参考了中国建筑科学研究院等单位多位专家、学者、同事的论著及讲稿，他们是：

容柏生、徐培福、傅学怡、魏　琏、龚思礼、
王亚勇、戴国莹、赵西安、魏文郎、李国胜、
陈岱林、李云贵、邵　弘、黄吉锋、刘经伟、
金新阳、张志远、朱春明、张志宏、邹积麟、
杨志勇、刘金砺、阎明礼、黄小坤、张维斌、
张汉义、肖　丽、赵　兵、刘民易、王　强

由于人员多不能一一列举，在此一并致谢！

China Academy of Building Research

1151

请提宝贵意见

1152

图书在版编目（CIP）数据

PKPM结构软件工程应用及实例剖析/杨星编著. —北京：中国建筑工业出版社，2010
ISBN 978-7-112-12009-3

Ⅰ.P… Ⅱ.杨… Ⅲ.建筑结构－计算机辅助设计－应用软件，PKPM Ⅳ.TU311.41

中国版本图书馆CIP数据核字（2010）第065831号

责任编辑：咸大庆　封　毅
责任设计：李志立
责任校对：兰曼利　王雪竹

PKPM结构软件工程应用及实例剖析
杨　星　编著
*
中国建筑工业出版社出版、发行（北京西郊百万庄）
各地新华书店、建筑书店经销
北京嘉泰利德公司制版
北京云浩印刷有限责任公司印刷
*
开本：787×1092毫米　1/16　印张：19　字数：474千字
2010年4月第一版　　2013年8月第四次印刷
定价：49.00元
ISBN 978－7－112－12009－3
(19276)